与您分享编程思想，助您提升开发技能

程序员软件开发名师讲坛·从入门到精通

C语言从入门到精通

案例视频版

丁亚涛 / 编著

内 容 摘 要

《C语言从入门到精通（案例视频版）》基于编者20余年C语言教学实践和软件开发经验，从初学者角度，用通俗易懂的语言、丰富有趣的经典案例，全面系统地介绍C语言程序设计的语法、核心知识点、应用开发技术和编程技巧。全书分为14章，主要内容包括：C语言概述、类型系统、运算符和表达式、混合运算和类型转换、结构化程序设计、数组、函数、指针、结构与联合、编译预处理、位运算、文件、算法案例精选、综合案例精选等。

《C语言从入门到精通（案例视频版）》语法介绍精炼，知识点全面且深入浅出、循序渐进，遵循ANSI C语言标准并适当介绍新标准，程序生动易懂、代码注释详细，具有很好的启发性和应用参考价值。算法案例和综合案例注重问题分析和编程思想、给出程序框架、进行算法分析、运行显示效果，且部分案例来自实际应用系统，代码设计新颖独具特色，益于读者轻松领悟C语言编程的精髓，快速提高开发技能。

《C语言从入门到精通（案例视频版）》配有234集（41小时）同步视频讲解、180个实例源码分析、20个算法案例解析、10个综合案例实战，并提供丰富的教学资源，包括题库软件、自测试卷、教学大纲、PPT课件及上课视频和在线交流服务QQ群，既适合作为零基础的C语言编程自学者和爱好者、程序开发人员的实战指南和参考书，又适合作为本专科院校和相关培训机构C语言程序设计课程的教材，还可供参加计算机等级考试二级C语言的读者参考。

图书在版编目（CIP）数据

C 语言从入门到精通：案例视频版 / 丁亚涛编著 .
—北京：中国水利水电出版社，2020.4（2020.8 重印）

ISBN 978-7-5170-8472-3

Ⅰ . ① C… Ⅱ . ①丁… Ⅲ . ① C 语言—程序设计
Ⅳ . ① TP312.8

中国版本图书馆 CIP 数据核字 (2020) 第 046810 号

书　　名	C 语言从入门到精通（案例视频版） C YUYAN CONG RUMEN DAO JINGTONG（ANLI SHIPIN BAN）
作　　者	丁亚涛　编著
出版发行	中国水利水电出版社 （北京市海淀区玉渊潭南路 1 号 D 座 100038） 网址：http: //www.waterpub.com.cn E-mail：zhiboshangshu@163.com 电话：（010）62572966-2205/2266/2201（营销中心）
经　　售	北京科水图书销售中心（零售） 电话：（010）88383994、63202643、68545874 全国各地新华书店和相关出版物销售网点
排　　版	北京智博尚书文化传媒有限公司
印　　刷	三河市龙大印装有限公司
规　　格	185mm×260mm　16 开本　28 印张　787 千字
版　　次	2020 年 4 月第 1 版　2020 年 8 月第 2 次印刷
印　　数	8001—16000 册
定　　价	99.80 元

前　言

背景

现在的读者很幸运，可选的书籍很多，但烦恼的是选择合适的书并不容易。我的学生也经常提出这样的问题，学习C语言如何快速有效？我通常会告诉他们，先以教材为主，再配套几本有实战案例和深度的参考书。我理解他们，参加比赛、就业、项目研发都需要非常扎实的C语言基本功，基础教材只能解决简单的语法问题，而有深度的书籍往往阅读起来难度较大。我一直在思考这个问题，我能做些什么？如何让入门部分和提高部分有机地结合起来，这也让我产生了写一本这样的书的冲动。

因为忙于几个项目，我的写书计划持续搁浅。一直到2018年春天，我的一位老朋友，中国水利水电出版社的雷顺加先生希望能合作出版一本C语言从入门到精通的图书，将我二十多年积累的C语言教学实践和C语言软件开发经验及丰富的教学资源分享给读者，力争做到“手把手教读者从零基础入门，快速学会C语言高级编程”。

感谢雷先生的信任，我同意了这个有挑战性的合作，我知道这将是一次艰难的旅程。自2018年8月开始我全力编写这本书，到2019年10月完成初稿，历时14个月，我终于兑现了这个艰难的承诺。本书内容包括C语言大部分有实用价值的知识点，在遵循初学者认知规律、语法规则和实际应用需求的基础上，充分展示了有价值的观点和见解，我几乎重写了书中的大部分代码，以区别于其他书籍。为了读者自学方便，本书中主要知识点和所有的案例都录制了讲解视频；为了能有效检测学习效果，本书还配套了测试题库和软件；为了教学方便，本书提供了全程上课的教学视频。

第1部分　基础入门篇

基础入门篇（第1～12章），从初学者入门角度，全面系统地介绍C语言程序设计的语法、核心知识点、应用开发技术和编程技巧，内容包括C语言概述、类型系统、运算符和表达式、混合运算和类型转换、结构化程序设计、数组、函数、指针、结构与联合、编译预处理、位运算、文件等。在文字描述上力求简练、通俗易懂，知识点介绍深入浅出、循序渐进，语法介绍精炼，程序代码注释详细，案例丰富有趣，且大部分案例难度不大。为了能快速提高编程能力，也加入了一些略有深度的案例（标注*号），这些案例可以开拓读者的思路，具有很好的启发性和应用参考价值，刚入门的读者可以先了解或者暂且跳过。

本部分内容编排的几点说明：

（1）枚举放在第2章，并在后续章节中穿插应用，这样安排的原因是枚举类型其实只是一种简单类型，不需要太多篇幅。

（2）将类型系统单独设立为一个章节，目的在于让读者对类型有较为深刻的理解。类型是数据和运算的基础，读者必须充分重视。对于程序语言，数据类型虽然复杂，但高水平程序员是需要精通的。精通类型的好处还在于容易掌握运算符及表达式。这就类似于开车一样，高水平的车手必须清楚每一个交通规则，包括交通标识、路况甚至是前后车辆行人的瞬间特征意向等。

（3）函数是程序模块化的基础，涉及数据存储类型、作用域、生存期等，本书力求详细全面地介绍并特别注意文字描述，以免读者理解上出现偏差，产生误读。函数的调用是模块化程序重复使用的形式，本书加入了多年积累的优秀案例，希望读者喜欢。

（4）指针是C语言的难点，也是高水平程序员的必备技术，本书分三个层次介绍。首先，在类型章节进行初步介绍（让读者在学习指针章节时不至于感觉很突兀，这也是尝试解决指针学习的一种渐进式方法），并在后续章节加入简单形式的应用；其次，在指针章节，系统全面地介绍指针，剖析其概念、本质和应用特点。指针成为读者喜爱的编程工具，对于学习并掌握有趣有用的案例非常重要；最后，在本书的后两部分设计了多个使用指针解决问题的案例，并与无指针程序对比，充分凸显出指针的特色。

（5）结构类型关系到C语言后续的课程，比如数据结构、面向对象程序设计等。本书不吝啬笔墨，加入了一定篇幅的扩展内容，读者会从中体验到数据结构与算法密切的关系以及与时间、空间的关系等。

（6）联合（共用体）、自定义类型、编译预处理、位运算、文件等知识点也必不可少，本书分别根据其特点按顺序编入，部分内容做了扩展。

这部分包括一些简单的算法，如求和、阶乘、素数、斐波那契数列、打印日历、黑洞数、猴子吃桃问题、小球落地问题、费马猜想、冒泡排序、选择排序、字符串查找和统计、杨辉三角、循环冗余码计算、汉诺塔游戏、进制转换、零比特填充、复数计算、汉字显示、字符串加密解密、网络地址计算等。

第2部分　算法案例篇

本部分包括第13章算法案例精选。这部分选择并设计了20个经典的极具代表性的算法案例，其中，基础算法包括计算10000的阶乘、猜数游戏、黄金连分数、分解质因数、排序、定积分的计算、运动的小球、贪吃蛇游戏；进阶算法包括银行家算法、迷宫算法、八皇后、数字三角形、递归追踪、熄灯问题、整数拆分、分解24点、棋盘问题、带分数、剪邮票、分鱼问题等。这些算法案例注重问题分析和算法解析，期望读者可以借鉴并能灵活运用。

第3部分　综合案例篇

本部分包括第14章综合案例精选（共7类，10个）。10个精心设计的综合性案例注重编程思想、给出程序框架、进行算法分析、运行显示效果，且部分案件来自实际应用系统，代码设计新颖独具特色。其中，应用程序包括基于Excel文档的管理系统、多用户的停车场管理系统、基于SQLite数据库的通讯录管理系统、高精度算术运算、五子棋游戏、俄罗斯方块等；图形程序包括分形图形、代码雨、闪闪红星、月亮和星星等。

C语言程序的评价指标主要是时间和空间的利用效率和水平，也有其他因素，如可读性、兼容性等，其实都是以解决问题满足需求为基础。本部分选择并设计的案例覆盖面极广，并且没有超出C语言课程能力的范围，大部分程序并不需要数据结构等其他课程的知识储备。通过这些案例的调试和学习，相信读者一定能达到一个较高的编程水平。

第4部分　精选测试试卷及配套软件（赠送品）

本书没有在1~12章后附习题，主要是基于以下几点考虑：

（1）类似的习题太多，网络上随处可见。

（2）本书赠送的配套软件中包含近1000道试题，这些试题是经过百所高校十多年测试过的，质量非常高，另外这些习题在软件中都可以自动进行评阅。

（3）为了能测试学习效果，本书精心设计制作了三套试卷供读者自我评测，需要者可以自行下载（详见“本书资源获取方式”）。

本书特色

■ 知识点深入浅出，分布合理连贯，益于初学者快速入门

本书基于作者20多年的C语言教学和软件开发经验的积累，核心内容由作者独立完成，书中知识点深入浅出、分布合理连贯，精讲基础，突出应用，重视方法的多样性，注重编程思维能力的训练和提高。

■ 基于 ANSI C 标准，兼顾 C 新标准，适合不同的编译平台

本书基于ANSI C标准，同时也介绍最新标准，案例主要基于Visual C++和Dev C++两个常用平台，个别综合案例也涉及传统的Turbo C平台，视频讲解中也涉及移动平台的C编译器的使用，益于读者提高对多种平台的认识，有助于读者工程应用中应变能力的提升。

■ 深度讲解类型系统和指针，益于读者掌握 C 语言的核心知识点

本书关于类型、指针的讲解有一定的深度，旨在统一C语言标准的框架下诸多图书中关于这些知识点的认识，同时考虑到不同平台对类型、指针的处理方式，通过本书的讲解可以深度掌握C语言的核心知识点。

■ 精选 20 个算法案例和 10 个综合案例，且代码设计新颖并独具特色

本书以解决问题、满足需求为导向，精心设计210个经典且极具代表性的案例。其中，20个算法案例和10个综合案例注重问题分析/编程思想、给出程序框架、进行算法分析、运行显示效果，且部分案件来自实际应用系统，自主设计和优化的代码新颖并独具特色，满足需要提升C语言编程能力的读者阅读。

■ 丰富的配套资源和及时的在线服务，方便读者自学与教师教学

（1）提供234集视频讲解（210集案例视频+24学时课程讲解），完整的程序源代码，手把手教你学会C语言高级编程。

（2）提供成熟的题库软件系统，读者通过访问http://www.yataoo.com自行下载使用。

（3）创建学习交流服务群（群号：743550367），群中编者与读者互动，并不断增加其他视频（包括上课视频、知识点专项讲解视频、新案例视频、不定期的直播辅导等）、PPT课件、教学设计、教学大纲、应用程序和学习文档等各种时时更新的资源。

本书资源获取方式

（1）读者可以手机扫描下面的二维码或在微信公众号中搜索“人人都是程序猿”，关注后输入本书书名发送到公众号后台，获取本书资源下载链接（注意，本书提供百度网盘和360云盘两种下载方式，资源相同，选择其中一种方式下载即可）。

（2）将该链接复制到电脑浏览器的地址栏中，按Enter键进入网盘资源界面（一定要复制到计算机的浏览器地址栏，通过计算机下载，手机不能下载，也不能在线解压，没有解压密码）。

如果用百度网盘下载，建议先选中资源前面的复选框，然后单击“保存到我的百度网盘”按钮，弹出百度网盘账号密码登录对话框，登录后，将资源保存到自己账号的合适位置。启动百度网盘客户端，选择存储在自己账号下的资源，单击“下载”按钮即可开始下载（注意，不能在网盘内在线解压。另外，下载速度受网速和网盘规则所限，请耐心等待）。

如果用360云盘下载，进入云盘后不要直接下载整个文件夹，需打开文件夹，将其中的压缩包及文件一个一个单独下载（不要全选下载），否则容易下载出错！

（3）读者也可以进入“亚涛电脑”个人资源网站，获取更多教学资源 ，网址为：http://www.yataoo.com。

本书在线交流方式

（1）学习过程中，为方便读者间的交流，本书特创建QQ群：743550367（若群满，会建新群，请注意加群时的提示，并根据提示加入对应的群），供广大C语言爱好者与作者在线交流学习。

（2）如果您在阅读中发现问题或对图书内容有什么意见或建议，也欢迎来信指教，来信请发邮件到375066556@qq.com，笔者看到后将尽快回复。

本书阅读温馨提示

鉴于学习C语言的编译器及环境较多，本书以常见的Visual C++和Dev C++为主，入门读者可以先以Dev C++为主。

本书入门部分的个别案例大胆地采用后续章节的知识点，这点与传统书籍不同，小心起见，都作了说明，初学者可以先跳过。这些案例不多，其主导思想是展示程序的多样性和灵活性，避免编程思想的固化。

本书中所有案例都在Visual C++和Dev C++平台环境中运行通过，并提供所有程序的源代码，但限于篇幅，有些案例的程序代码没有全部出现在书中，读者可以扫描二维码查看完整程序代码或下载后阅读使用。

本书由丁亚涛编写，参与部分习题、软件设计与开发的有刘涛、黄晓梅、程一飞、韩静、肖建于、宋万干、储岳中、汪采萍、吴长勤、袁琴、李京文、李治能、谢杨梅、杞宁、朱薇、马春、杨晔、谢啸、包新月、杞珍、丁卓雅等。

作者联系方式：

Website:http://www.yataoo.com

QQ:375066556

丁亚涛

2019年10月

目　录

第1部分　基础入门篇

第5章 结构化程序设计........................071

第6章 数组........................118

第2部分 算法案例篇

第3部分 综合案例篇

附录

第1部分

基础入门篇

CHAPTER 1 C语言概述

学习目标：

- 了解C语言的历史、发展和基本特点，掌握C语言程序的基本结构和组成
- 掌握计算机算法的基本概念和算法描述的基本工具，学会运用传统流程图描述一个具体的算法
- 熟悉C语言编程环境Visual C++和Dev C++，学会调试简单的程序

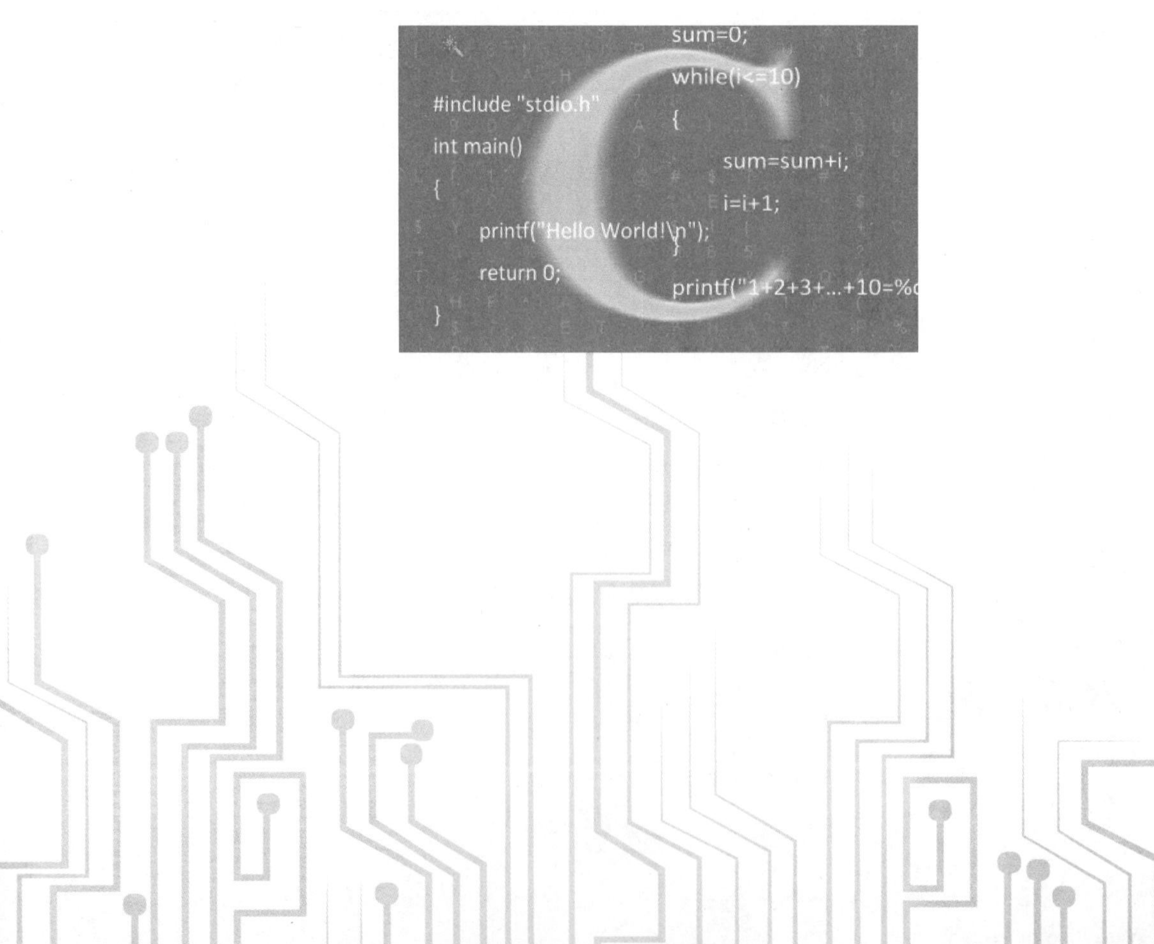

1.1 C语言的历史

C语言是目前国际上最流行的高级程序设计语言之一，一直处在TIOBE编程语言排行榜前列。C语言具备低级语言如汇编语言的很多特点，有时又被称作“中级语言”。与其他高级语言相比，C语言的硬件控制能力和运算表达能力强，可移植性好，效率高，许多大型软件如UNIX、Windows和Office的核心程序都是用C语言编写的。

C语言起源于美国贝尔实验室Ken Thompson发明的B语言，而B语言来自CPL语言，CPL语言参考了ALGOL 60语言。1972年，同是贝尔实验室的 D. M. Ritchie 在B语言的基础上设计出了一种新的语言:C语言，1973年二人用C语言重写了UNIX。

1989年美国标准化协会制订了C语言标准ANSI C（C89标准），即现在流行的C语言。1990年，ISO一字不差地接受了C89标准，所以C89标准又称为C90标准。之后，ISO发布了C99标准（1999年）、C11标准（2011年），C18标准（2018年）。

C99标准大部分向后兼容于C89标准，但在某些方面更加严格。C99标准引入了几个新功能，包括内联函数、几个新的数据类型（包括long long int和表示复数的复杂类型）、可变长度数组和灵活的数组成员、对IEEE 754浮点的改进支持、对可变宏（可变Arity的宏）的支持以及对单行注释的支持（增加用“//”注释符），如在BCPL或C++中。C99标准已经作为扩展在几个C编译器中实现或部分实现。

C11标准添加了许多新功能，包括类型通用宏、匿名结构、改进的Unicode支持、原子操作、多线程和边界检查函数。它还使现有C99库的某些部分成为可选的，并提高了与C++的兼容性。

C18标准于2018年6月出版，是C语言的现行标准。它没有引入新的语言特性，只是对C11标准中的缺陷进行了技术修正和澄清。

Embedded C（嵌入式C）是一种非标准C，对C语言进行了一些非标准扩展，以支持诸如定点算术、多个不同的内存库和基本I/O操作之类的特殊功能。

许多后来的语言都直接或间接地从C语言中借用，包括C++、UNIX的C shell、D、GO、Java、JavaScript、LIMBO、LPC、Objy-C、Perl、PHP、Python、Rub、Swift、Verilog和System Verilog（硬件描述语言）。这些语言从C语言中提取了许多控制结构和其他基本特征，有的语言在语法上与C语言极为相似，是将C语言的可识别表达式和语句语法与根本不同的底层类型系统、数据模型和语义结合起来形成的。

考虑到兼容性，本书以ANSI C为基础，部分案例参考了新的标准，会在文中标注出来。

1.2 C语言的特点

本节先来阅读历史上的第一个C语言程序。

【例1-1】输出“Hello,World!”

程序代码：

```
/*c1_1.c*/
#include "stdio.h"
int main()
```

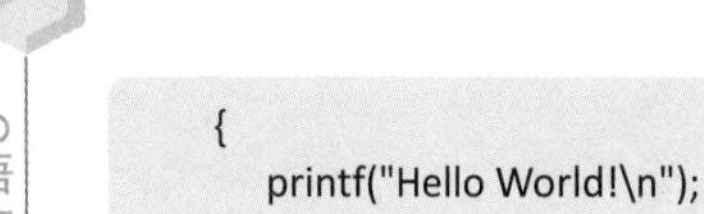

```
{
    printf("Hello World!\n");
    return 0;
}
```

扫一扫，看视频

运行结果：

```
Hello World!
```

分析：

程序第一行的“/*c1_1.c */”是本书作者加上的，表示程序文件的名称。

/*和*/表示注释。现在的很多C语言编辑器都支持两种注释，除了/*和*/外，还支持//，所以也可以写成：

```
//c1_1.c
```

为了阅读方便，本书大部分注释采用“//”的形式。

#include "stdio.h"是一条预处理命令，用“#”号开头，后面不能加“;”号。stdio.h是系统提供的头文件，其中包含有关输入输出函数的信息。#include "stdio.h"也可以写成：

```
#include <stdio.h>
```

二者的区别在于前者先搜索当前目录，再搜索系统目录，后者只搜索系统目录。如果是系统提供的头文件，后者更为合适。

main是主函数名，int 表示主函数的数据类型是整型。C语言规定有且只有一个主函数，主函数必须用main作为函数名，函数名后的一对圆括号不能省略，圆括号中的内容可以为空。一个C语言程序可以包含任意多个函数（包括一个主函数），C语言程序总是从main函数开始执行最后以main函数结束。

很多扩展的C语言程序借用了一些C++的函数库，所以会将主函数作宏变换，例如：

```
#define WinMain(...)        main(int argc, char* argv[])
#define WinMain             main
```

这种替换的好处在于降低了C语言入门读者阅读这些扩展程序的难度。

程序中的一对花括号一起构成函数体，左括号表示函数体的开始，右括号表示函数体的结束。其间可以有定义（说明）部分和执行语句部分；每一条语句都必须用分号“;”结束，语句的数量不限，程序中由这些语句向计算机系统发出指令。

printf是一个库函数，用来输出各种数据，当前程序用来输出一串字符“Hello World!”，“\n”表示输出字符后换行。

return 0表示函数的返回值为0。

通常，程序约定不能调用main函数，这样可以保证程序是从main函数进入，从main函数退出。但main函数并非不能调用，例如：

程序代码：

```
//c1_1_2.c
#include "stdio.h"
int n=0;                    //定义一个全局变量n，初始化值为0
int main()
{
    if(n<5)                     //判断变量n是否小于5
    {
```

扫一扫，看视频

```
        printf("Hello World!\n");
        n=n+1;                      //全局变量n加1
        main();                     //调用主函数
    }
    else
        return 0;                   //main函数中返回，相当于程序结束
}
```

运行结果：

```
Hello World!
Hello World!
Hello World!
Hello World!
Hello World!
```

上面程序段中，在main函数中调用main函数的情况，在实际的程序设计中是需要尽量避免的，可以改写成：

程序代码：

```
//c1_1_3.c
#include "stdio.h"
int main()
{
    int n=0;                        //定义一个局部变量n，初始化值为0
    while(n<5)                      //判断变量n是否小于5，若不小于则退出while循环
    {
        printf("Hello World!\n");   //两条重复执行的语句
        n=n+1;
    }
    return 0;                       //main函数中返回，相当于程序结束
}
```

扫一扫，看视频

或者写成：

程序代码：

扫一扫，看视频

```
//c1_1_4.c
#include "stdio.h"
int n=0;
int print()                         //用户自定义函数
{
    if(n<5)                         //判断变量n是否小于5
    {
        printf("Hello World!\n");
        n=n+1;                      //每次调用print函数，n加1，直至n=5时退出
        print();                    //调用自定义函数print
    }
    return 0;
}
int main()
{
    print();
    return 0;                       //main函数中返回，相当于程序结束
}
```

甚至可以写成：

程序代码：

```
//c1_1_5.c
#include "stdio.h"
int print(int n)                    //int n是形式参数，用来接收实际参数的值
{
    if(n>0)
   {
       printf("Hello World!\n");
       print(n−1);                  //调用print函数，实际参数的值为n−1，即每次调用减1，直至n=0退出
    }
    return 0;
}
int main()
{
    print(5);                       //首次调用print函数，实际参数的值是5
    return 0;                       //main函数中返回，相当于程序结束
}
```

扫一扫，看视频

提示：

可能刚入门的读者并不能完全理解以上程序的运行机制，不过没关系，后面将会详细介绍。对于程序语言的学习，过于简单的程序会影响程序员的思维能力和兴趣的提高，这不是我们所期望的，程序语言的美妙之处不仅仅表现在运行的结果和具备的功能，更在于一行行密切相关的代码的“连锁反应”，这些更能体现程序员的能力和魅力。

下面再看一个例子。

【例 1-2】输入一个长方形的两个边长值，计算其面积

程序代码：

```
// c1_2.c
#include "stdio.h"
int  s;                              //定义全局变量s

int area(int a, int b)               //定义函数area，int a和int b是形式参数，用来接收数据
{
    return  a*b;
}
int main()
{
    int a,b;                         //定义局部变量a,b
    printf("Input a,b:");            //提示输入a,b
    scanf("%d,%d",&a,&b);            //键盘输入a,b，%d用来控制输入的数据格式
    s=area(a,b);                     //调用函数area，传递a,b，计算返回的结果交给s
    printf("area is %d\n",s);        //输出s
    return 0;
}
```

扫一扫，看视频

分析：

程序由主函数main和被调用函数area组成。在主函数中输入边长a、b，然后通过语句s=area(a,b)调用函数area，计算结果由return语句返回给主函数的s。

scanf是一个标准输入函数，&a中“&”的含义是“取地址”。scanf函数的作用是程序运行后，将键盘上输入的2个数分别输入到变量a、b标志的内存单元中，或者称为对a、b赋值。

运行结果：

```
Input a,b:3,4
area is 12
```

其中“3,4”是运行后从键盘输入的。“area is 12”是程序的输出结果。

接下来改造程序c1_2.c，计算 $1^2+2^2+3^2+4^2+5^2$。

程序代码：

```
// c1_2_2.c

#include "stdio.h"
int square(int a)              //自定义函数square，计算并返回a的平方
{
    return  a*a;
}
int main()
{
    int i,s=0;                 //定义局部变量i,s
    s=s+ square(1);            //计算1的平方并累加到s中
    s=s+ square(2);            //计算2的平方并累加到s中
    s=s+ square(3);            //计算3的平方并累加到s中
    s=s+ square(4);            //计算4的平方并累加到s中
    s=s+ square(5);            //计算5的平方并累加到s中
    printf("s=%d\n",s);        //输出最后的累加值s，相当于1至n的平方和
    return 0;
}
```

扫一扫，看视频

分析：

程序中执行了5次计算平方、求和，对应执行语句的中间结果如下：

```
s=s+ square(1);            //0+1
s=s+ square(2);            //1+4
s=s+ square(3);            //5+9
s=s+ square(4);            //14+16
s=s+ square(5);            //30+25
```

问题：

如果计算到n=10、100、1000呢？显然这个程序的局限性就体现出来了，有没有其他方法来实现呢？下面的程序利用循环结构解决了类似的问题。

【例1-3】计算1+2+3+…+10

程序代码：

```
//c1_3.c

#include<stdio.h>
int main()
{
```

扫一扫，看视频

```
    int i,sum;
    i=1;
    sum=0;
    while(i<=10)
    {
        sum=sum+i;
        i=i+1;
    }
    printf("1+2+3+…+10=%d\n",sum);

    return 0;
}
```

分析：

程序中用到了while循环语句，在满足i<=10的情况下，重复执行：

```
sum=sum+i;                    //将i加到sum中
i=i+1;                        //i加1
```

相当于：

```
sum=sum+1; i=i+1;
sum=sum+2; i=i+1;
sum=sum+3; i=i+1;
   ……
sum=sum+9; i=i+1;
sum=sum+10; i=i+1;
```

退出循环时i等于11，不满足i<=10的循环条件。

参考例1-3的程序c1_3.c，c1_2_2.c可以相应地改成：

程序代码：

```
// c1_2_3.c

#include "stdio.h"
int square(int a)             //自定义函数square,计算并返回a的平方
{
    return  a*a;
}
int main()
{
    int i=1,n,s=0;            //定义局部变量i,n,s
    printf("Input n:");       //输出提示信息Input n:
    scanf("%d",&n);           //键盘输入n的值
    while(i<=n)
        {s=s+ square(i);i=i+1;}   //计算i的平方并累加到s中，累加后i加1
    printf("s=%d\n",s);       //输出最后的累加值s，相当于1至n的平方和
    return 0;
}
```

扫一扫，看视频

程序的计算范围是可以变化的，n的值可以运行程序时输入。

阅读了以上几个小程序，读者可能对C语言程序有了一定的了解，下面来具体介绍C语言的特点。

1. 具有低级语言功能的高级语言

C语言把高级语言的基本结构和语句与低级语言的实用性结合起来，是处于汇编语言和高

级语言之间的一种程序设计语言。

2. 简洁紧凑，使用方便灵活

ANSI C一共只有32个关键词（C99标准增加了5个关键词，C11标准增加了9个关键词），9种控制语句。C程序书写形式自由，区分大小写字母，代码以小写为主，相对于其他高级语言来说源程序短。C语言可以直接进行位、字节和地址操作。

3. 运算符和数据类型丰富，表达能力强

C语言共有34种运算符，范围广泛，除一般高级语言所使用的算术运算符、关系运算符和逻辑运算符外，还可以实现以二进制位为单位的运算。C语言具有丰富的数据结构，其数据类型有整型、实型、字符型、数组类型、指针类型、结构类型、联合类型、枚举类型等，因此能实现复杂的数据结构的运算。所以，C 语言对问题的表达可通过多种途径实现，程序设计主动、灵活，语法限制不太严格，程序设计的自由度大。

4. 结构式编程语言

所有C程序的逻辑结构都可以划分为由顺序、选择（分支）和循环（重复）3种基本结构组成。采用函数结构便于把整体程序分割成若干相对独立的功能模块，并且为程序模块间的相互调用以及数据传递提供了便利。

5. 代码质量和执行效率高

C语言描述问题比汇编语言迅速，工作量小，可读性好，易于调试、修改和移植，而代码质量只略低于汇编语言，甚至与之相当。

6. 可移植性好

与汇编语言相比，C程序基本上不作修改就可以运行于各种型号的计算机和各种操作系统。

C语言也有一些不足之处，例如C语言的运算符及其优先级过多、语法定义不严格等，对于初学者有一定的困难。

除了上面提到的特点之外，C语言以下特点也会在后续学习中逐步提及，例如：

- 所有数据都有一个类型，但可以执行隐式转换。
- 数组索引“[ ]”是一种辅助符号，根据指针算术定义。
- 在C语言中，所有可执行代码都包含在函数中，函数的参数总是按值传递，C语言中通过显式传递指针值（传址）来模拟引用传递。
- 预处理器执行宏定义、源代码文件包含和条件编译。

C语言不包括在某些其他语言中发现的某些功能，例如对象定向或垃圾收集，但是这些功能可以在C语言中实现或仿真，通常通过外部库（例如Boehm垃圾收集器或glib对象系统）实现或仿真。

正是由于具有上述优点，C语言得到了迅速推广，成为人们编写大型软件的首选语言之一，许多原来用汇编语言处理的问题可以用C语言来处理了。

一个C语言程序的设计过程可以用如图1-1所示的框图描述。

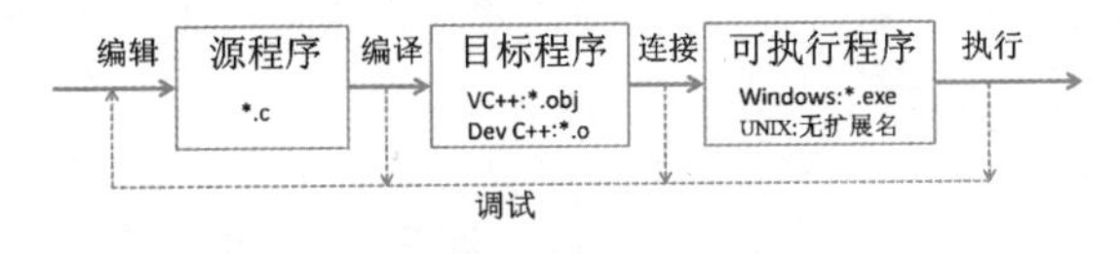

图 1-1　C 语言程序的设计过程框图

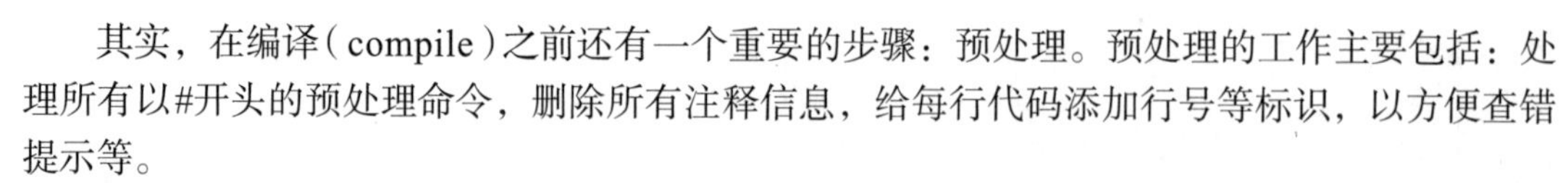

其实，在编译（compile）之前还有一个重要的步骤：预处理。预处理的工作主要包括：处理所有以#开头的预处理命令，删除所有注释信息，给每行代码添加行号等标识，以方便查错提示等。

编译的过程包括词法分析、语法分析、语义分析、语句优化并生成汇编代码、二进制编码。编译是以文件为单位的。编译过程中会生成中间代码，不同的编译器生成的中间代码可能不一样，但目的都是方便连接和运行。

连接（link）是把目标文件、操作系统的启动代码和用到的库文件组织起来，最终生成可执行代码的过程。

1.3 C语言编程环境

集成开发环境（IDE）给程序员带来极大的方便，通常包括编辑、编译、调试、运行等多项功能，有的IDE集成了多种编译器。有的工程设计类软件可以编辑与编译多种计算机语言。

下面介绍几种常用的C语言集成开发环境。

1.3.1 Visual C++

Visual C++ 是美国微软公司开发的C++集成开发环境，它集源程序的编写、编译、连接、调试、运行以及应用程序的文件管理于一体，是当前PC机上最流行的C++程序开发环境。Visual C++ 执行ANSI C标准和部分C99 标准。

Visual C++也可以编写控制台程序，系统中包含C语言的编译器，可以用来编译C程序，不过要求源程序文件的扩展名必须是“.c”。

本书选择Visual C++的两个版本：Visual C++ 6.0 和Visual Studio 2010（内含Visual C++ 2010）。下面先介绍Visual C++ 6.0。

1. Visual C++ 6.0 界面

Visual C++ 6.0集成开发环境被划分成四个主要区域：菜单栏和工具栏、项目工作区窗口、代码编辑窗口和输出窗口，如图 1-2 所示。

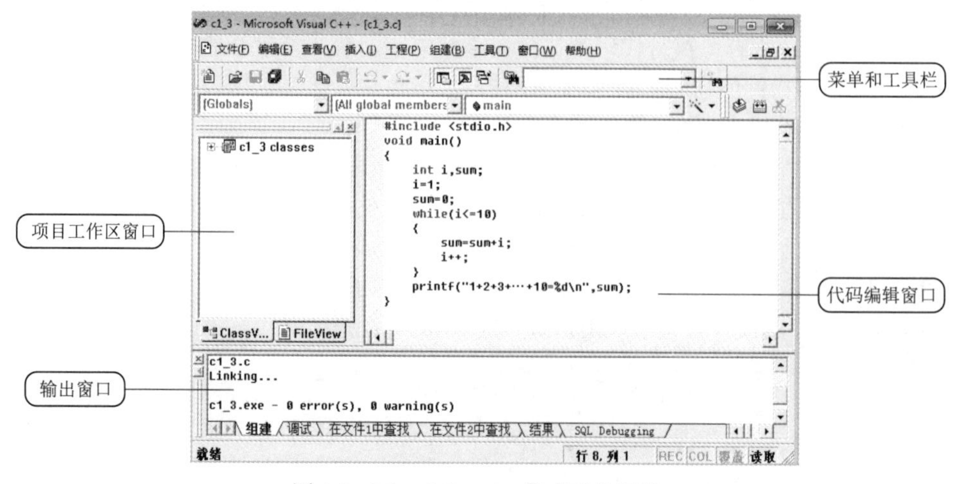

图 1-2 Visual C++ 6.0 集成开发环境

（1）菜单栏。Visual C++ 6.0菜单栏包含开发环境中几乎所有的命令，它为用户提供了代码操作、程序的编译、调试、窗口操作等一系列功能。与一般Windows应用程序一样，菜单栏包括文件、编辑、查看、插入、工程、组建、工具、窗口、帮助等菜单。

（2）工具栏。通过工具栏，可以迅速地使用常用的菜单命令。最常用的工具栏是标准工具栏，当鼠标指向这些工具时，通常有信息提示工具的含义。若要显示或隐藏某个工具栏，则在任一工具栏的快捷菜单中选择相应的命令即可。

（3）项目工作区。项目是开发一个程序时需要的所有文件的集合，而工作区是进行项目组织的工作空间。利用项目工作区窗口可以观察和存取项目的各个组成部分。在Visual C++ 6.0中，一个项目工作区可以包含多个项目。

项目工作区有ClassView、Resource和FileView三个选项卡，分别用来浏览当前项目所包含的类、资源和文件。

在Visual C++ 6.0中，项目中所有的源文件都是采用文件夹的方式进行管理的，它将项目名作为文件夹，在此文件夹下包含源程序代码文件（.cpp、.h）、项目文件（.dsp）以及项目工作区文件（.dsw）等。若要打开一个项目，只需打开对应的项目工作区文件即可。

- ClassView选项卡：显示当前项目的类，全局的变量和函数也在这里显示。
- FileView选项卡：显示当前项目的源文件、头文件、资源文件等。

（4）代码窗口。代码窗口一般位于开发环境中的右边，各种程序代码的源文件、资源文件、文档文件等都可以通过该窗口显示。

（5）输出窗口。输出窗口有多个选项卡，最常用的是“组建”选项卡。在编译、连接时，这里会显示有关的信息，供调试程序用。

（6）状态栏。状态栏一般位于开发环境的最底部，它用来显示当前操作状态、注释、文本光标所在的行、列号等信息。

2. C程序的开发过程

在Visual C++ 6.0中，一个简单C程序的编写、运行过程是：创建一个空工程 ⇨ 创建一个C源文件，输入源程序 ⇨ 进行编译、连接、运行。

操作步骤如下：

（1）创建空工程。

① 选择“文件⇨新建”命令。

② 选定“工程”选项卡，选择Win32 Console Application（32位控制台应用程序），输入工程名:c1_3，确保单选按钮“创建新的工作空间”被选定，输入工程位置:D:\C\c1_3，如图1-3所示。

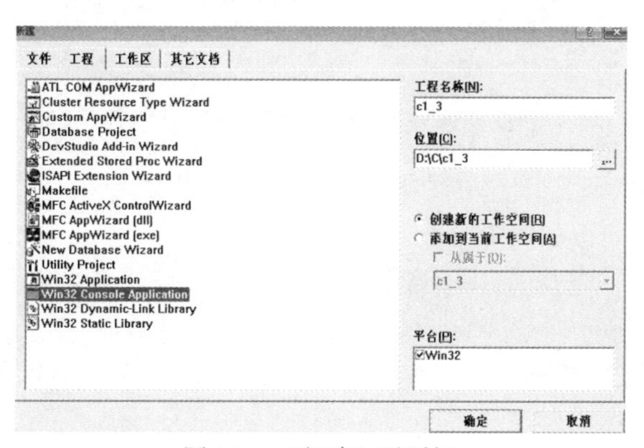

图 1-3　“新建”对话框

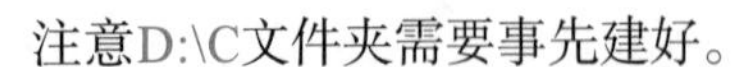

注意D:\C文件夹需要事先建好。

③ 在随后弹出的向导对话框中，选择“一个空工程”，并单击“完成”按钮，显示新建工程的有关信息。

④ 单击“确定”按钮，创建空工程的工作结束。

此时为工程c1_3创建了D:\C\c1_3文件夹，并生成了c1_3.dsp、c1_3.dsw、Debug文件夹。Debug文件夹用于存放编译、连接过程中产生的文件。

（2）创建C源文件。

① 选择“文件⇨新建”命令。

② 选定“文件”选项卡，选定C++ Source File，并输入源程序文件名c1_3.c，如图1-4所示。

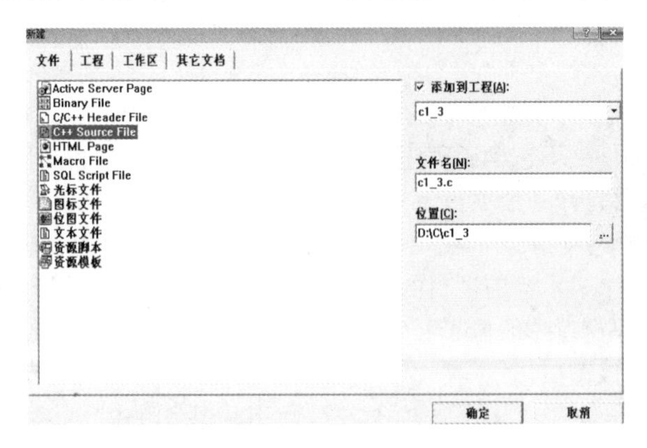

图 1-4　新建 C++ Source File 对话框

③ 输入、编辑源程序。在这个阶段，D:\C\c1_3文件夹中创建了c1_3.c。

（3）编译、连接和运行。选择“编译⇨执行c1_3.exe”命令进行编译、连接和运行，会在输出窗口中显示有关信息，如图1-5所示。若程序有错，则重新进行编辑。

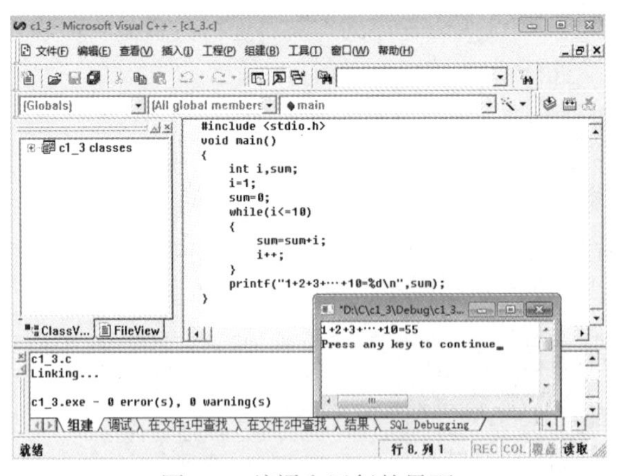

图 1-5　编译和运行的界面

编译、连接和运行可以分别执行。

① 编译（Ctrl+F7）。选择“编译⇨编译c1_3.c”命令，编译结果显示在输出窗口中，如果没有错误，则生成c1_3.obj。

② 连接（F7）。选择“编译⇨构建c1_3.exe”命令，连接信息显示在输出窗口中，如果没有错误，则生成c1_3.exe。

③ 运行（Ctrl+F5）。选择“编译⇨执行c1_3.exe”命令。

在D:\C\c1_3\Debug中生成了c1_3.obj、c1_3.exe等文件，如图1-6所示。c1_3.obj是编译后产生的目标代码文件，c1_3.exe是最终生成的可执行文件。

至此，一个简单C程序的编写、调试过程结束。

图 1-6　c1_3 工程的文件夹

c1_3.c文件是最重要的一个文件，源程序就保存在这个文件中，其他文件一般都是系统自动生成的。但是，在Visual C++ 6.0中，仅有.c文件是不能直接编译、连接的，需要首先用“组建”命令让系统自动创建一个工程并将c1_3.c文件加入该工程中，然后才能执行各种操作。因此，程序员可以只复制.c文件，若要复制整个工程的文件夹，也请删除Debug文件夹，因为它占用相当多的存储空间。

3. Visual Studio 2010

Visual C++ 6.0可能在Windows的一些平台上有兼容性的问题，特别是64位的机器(网络上可以搜索到补丁程序)。Visual Studio 2010是目前常用的开发工具，内置C编译器，调试C程序也很方便，很多读者已经转向该工具或更高版本。

Visual Studio 典型的版本有Visual Studio 2010、2013、2015、2017、2019，自2015版开始逐步具备跨平台开发的能力。由于学习C语言并不需要复杂的开发环境，本书选用Visual Studio 2010，用其他版本调试C程序也可以。其中Visual Studio 2010 Express版简洁方便，非常适合C语言的学习和研究，虽然是Express版，但其功能并不弱，作为C语言的学习和开发应用平台完全可以胜任。

启动Visual Studio 2010，新建项目，左侧语言选择Visual C++，新建空项目，输入项目名称如“c1_3”，位置选择如D:\C，如图1-7所示。

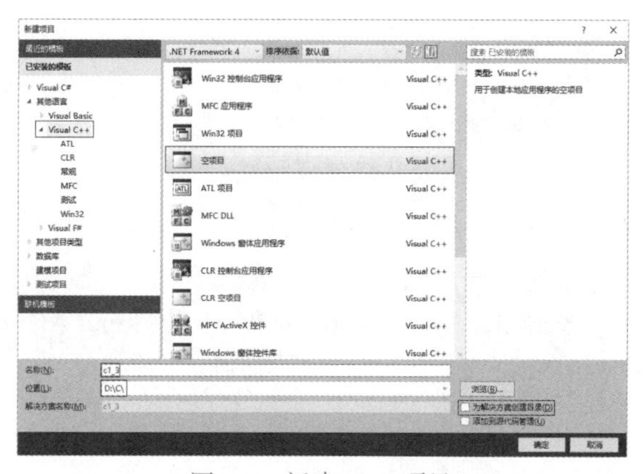
图 1-7　新建 c1_3 项目

在源文件中添加C++文件（.cpp），这里特别需要注意：输入文件名的扩展名为.c，如输入c1_3.c，如图1-8所示。

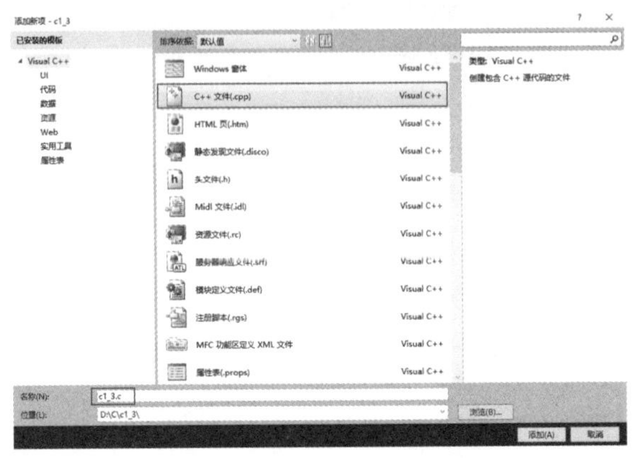

图 1-8　新建 c1_3.c 源文件

输入代码，按F5键（或单击工具栏中的启动调试按钮▶），即可运行调试，如图1-9所示。

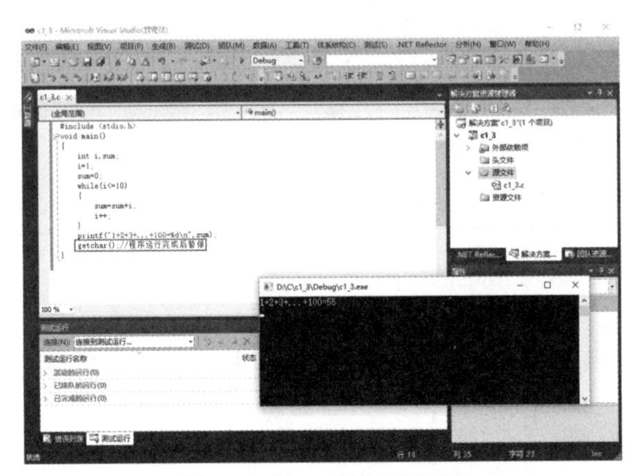

图 1-9　按 F5 键调试运行

程序代码的最后一行可以加上getchar();，程序运行后将暂停，按回车键结束，这样方便观察运行结果。也可以加上语句system("pause");，不过需要在前面加上一条预处理命令：

```
#include <stdlib.h>
```

也可以在右侧项目（c1_3）上右击，在弹出的快捷菜单上选择最后一项“属性”命令，在左边的一栏里找到“配置属性⇨链接器⇨系统”，单击“系统”项后，在右边栏的“子系统”中将项的值配置为“控制台(/SUBSYSTEM:CONSOLE)”。

运行时按Ctrl+F5键，将会暂停并出现“请按任意键继续”的提示。

部分Visual Studio 2010 Express版安装后编译报错：

```
fatal LNK1123:转换到COFF期间失败，文件无效或损坏
```

这是由于日志文件引起的错误，调整如下：选择项目⇨属性⇨配置属性（Configuration Properties）⇨清单工具（Manifest Tool）⇨输入和输出（Input And Output）⇨嵌入清单（Embed Manifest），将“是（Yes）”改成“否（No）”即可。

> 注意：
>
> 本书中涉及Visual C++的代码默认在Visual C++ 6.0中运行，但也会在Visual Studio 2010中测试。考虑到代码的美观，运行暂停的问题由读者自行按上面的说明处理。

1.3.2 Dev C++

Dev C++是Windows环境下的C&C++开发工具，它是一款自由软件，遵守GPL协议。它集合了GCC、MinGW32等众多自由软件，并且可以取得各种工具最新版本的支持。Dev C++是一个非常实用的编程软件，多款著名软件均由它编写而成，它在C语言的基础上增强了逻辑性。

图1-10是用Dev C++ 调试c1_3.c程序的界面。

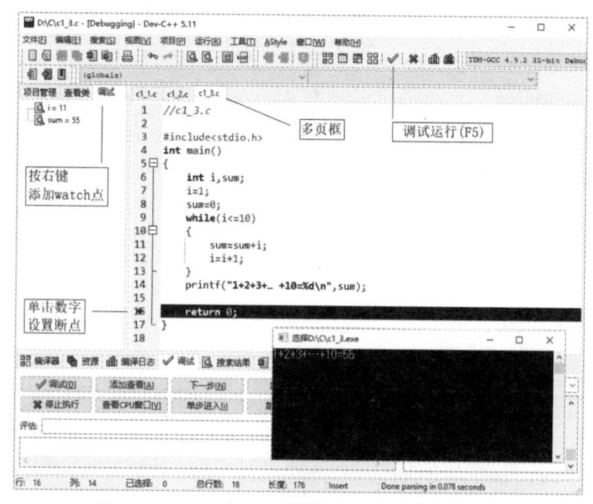

图 1-10 Dev C++ 编辑运行程序的界面

Dev C++编辑器可以同时编辑多个源程序，并且以页框的形式显示，比较简单方便。另外Dev C++内置的gcc编译器对C99标准的支持较好。Dev C++编辑器的缺点是版本较旧，没有更新，但对于C语言的学习和研究已经足够。Dev C++是很多用户喜爱的C编辑器，很多程序竞赛都选用Dev C++作为C语言的编辑与编译环境。初学者可先从该编辑器入手。

1.3.3 其他编辑器

1. Code::Blocks

Code::Blocks 是一款开源、跨平台、免费的 C/C++ IDE，它和 Dev C++ 非常类似，小巧灵活，易于安装和卸载，界面比 Dev C++复杂一些。

2. Turbo C

Turbo C是一款古老的、DOS 年代的C语言开发工具，程序员只能使用键盘来操作 Turbo C，不能使用鼠标，所以非常不方便，但是 Turbo C 集成了一套图形库，可以在控制台程序中画图，看起来非常炫酷，所以至今仍然有人在使用，不过，本书提供了替换方案。虽然有替换方案，但作为C语言程序员，还是需要学会使用这个软件，毕竟很多旧的程序是基于这个平台的。

在64位机器上如果想运行Turbo C，需要借助虚拟环境，例如DOSBOX，本书的综合案例中有相关的介绍。

3. Visual Studio 2013/2015/2017/2019

Visual Studio 2013/2015/2017/2019是Visual C++的其他版本，除了Windows下的版本外，还有Mac OS版本。

4. 其他

Linux下可以用gcc，Mac OS下可以用Xcode。

说明：

本书以Visual C++和Dev C++为主要编程环境，个别程序虽然使用了Turbo C，但也提供了Visual C++或Dev C++的替换代码。本书使用的Visual C++的版本包括Visual C++ 6.0、Visual Studio 201X/Express。Dev C++版本为5.11，编译器版本为gcc 4.9.2，编译器分为32位和64位，大部分程序选择32位编译器，若选择64位方式会指出。

本书IDE运行在Windows下，如需要在Linux下调试，请以Dev C++代码为主，编译器参考gcc的相关说明，限于篇幅，本书就不再赘述了。

当然，读者通常选择一种编辑器学习即可，这不是关键。关键在于系统学习和经验积累，逐渐培养和提高阅读及设计程序的能力。

本书之所以涉及多个平台，主要是期望读者不受限于单一的编程环境。

1.4 程序的调试和错误处理

编写程序难免会遇到各种错误，如何发现和消除错误是程序员的重要能力之一。错误的发现首先从调试运行程序开始。下面以c1_3为例，了解如何调试程序，发现和处理错误。

1.4.1 调试运行程序

在Visual C++ 6.0下选择菜单“组建⇨开始调试⇨GO（F5）”命令，如图1-11所示，程序组建并调试运行。运行后，在信息窗口的调试栏可以看到调试运行的信息。

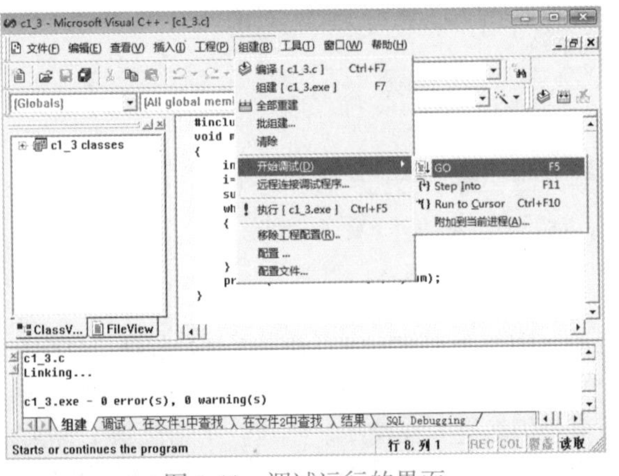

图 1-11　调试运行的界面

在while(i<=10)语句行上右击或者按F9键或者单击工具栏的✋按钮，可以插入断点，如图1-12所示，这时调试运行程序将停在该行，不再继续运行。

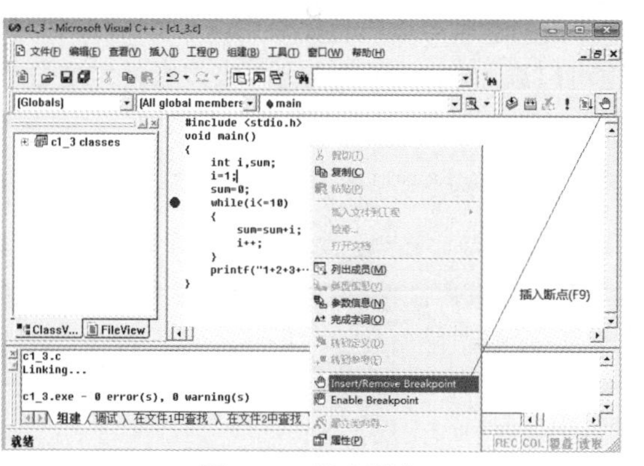

图 1-12　插入断点

调试运行后的状态如图1-13所示。

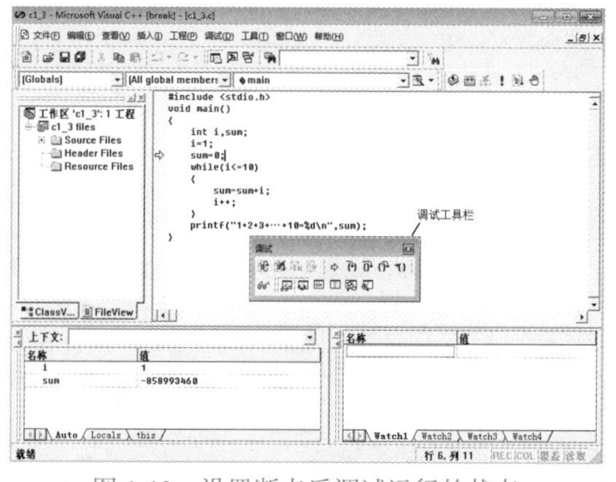

图 1-13　设置断点后调试运行的状态

程序中变量i和sum的值在下面有显示。所以，设置断点可以让程序的运行暂停下来，以便观察程序运行的状态，特别是一些关键变量的值的变化，查看是否达到预期的效果。

也可以采用单步执行的方式，让程序向前走一步。

按F10键单步执行，可以看到变量sum的值变成1，如图1-14所示，这是因为单步执行了sum=sum+i。

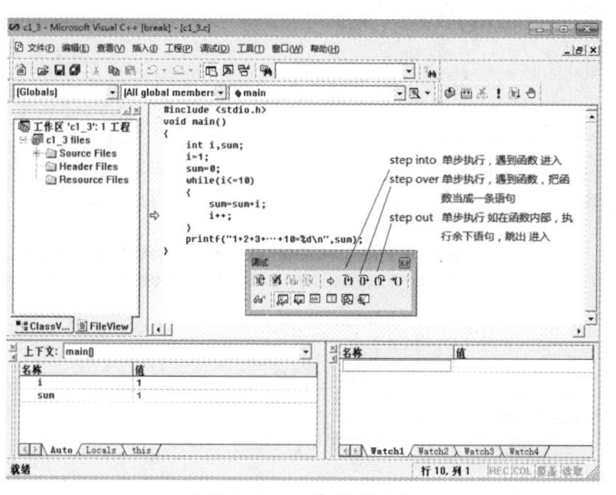

图 1-14　单步执行

单步执行有step into（F11）、step over（F10）和step out（Shift+F11）三种情况，由于涉及

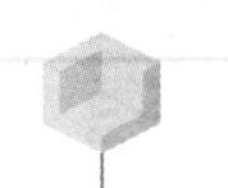

调用函数时会有所区别，作为初学者可以暂且先采用step over（F10）操作。

调试程序过程中，也可以添加Quick Watch命令来观察特定变量或表达式的值的变化，具体操作如图1-15所示。

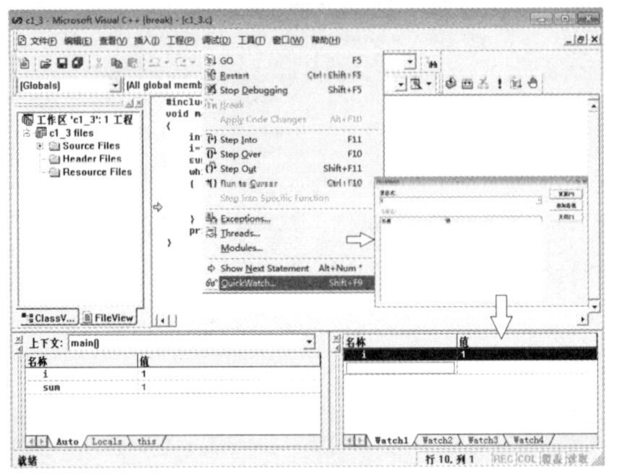

图 1-15　添加 Quick Watch 命令

Visual Studio 2010调试程序的方法类似以上操作，如图1-16所示，单步运行按F11键。

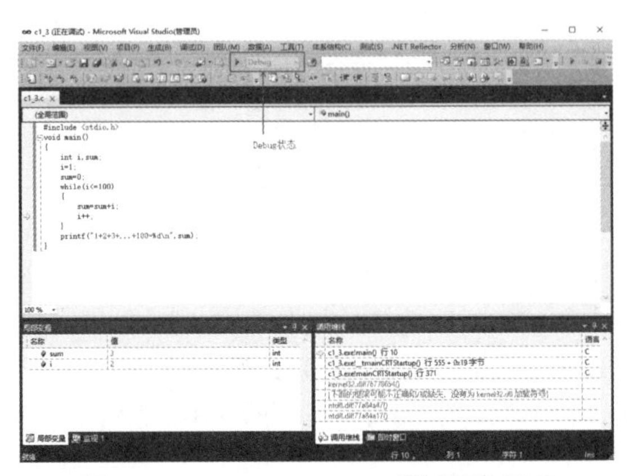

图 1-16　Visual Studio 2010 调试程序界面

Dev C++下调试程序的方法类似以上操作，要注意的是需要选择Debug的编译模式，设置断点，左侧窗口显示变量或表达式的值，如图1-17所示。

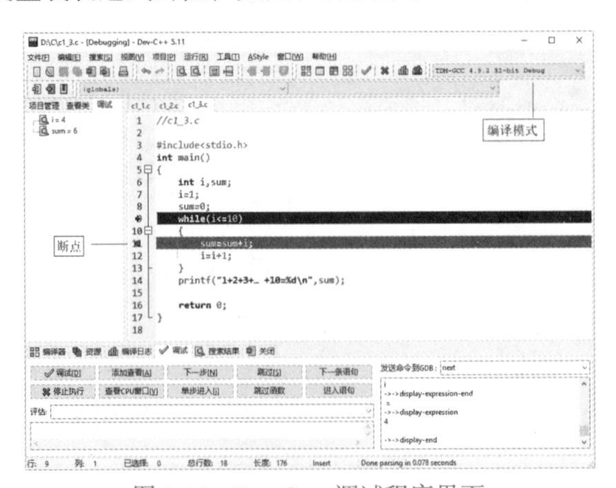

图 1-17　Dev C++ 调试程序界面

1.4.2 错误及处理方法

程序出现错误是很正常的，关键在于如何发现和消除错误。

当调试工具指向错误点的时候，程序员需要分析代码，可能是当前代码行有错，也有可能是其他代码导致的，有些错误通过调试运行也发现不了，需要通过其他测试方法，甚至需要采用专业的软件测试技术和工具。

下面先了解一下常见的错误种类。

1. 编译错误

编辑错误指编译过程中出现的错误，通常是语法错误，例如：

```
Printf("%d",n);        //printf函数要求都是小写字母
inti=1                 //int类型名和变量i之间没有空格，语句缺少分号
……
```

2. 运行错误

运行错误指程序编译通过，但运行时发生错误，通常是语义的问题，编译器无法检测，例如：

```
int a=0,b;
b=10/a;                //除0错误
```

3. 逻辑错误

程序编译、运行都没有问题，结果可能不对，甚至结果虽然对，更换输入数据，结果却不对，这就是逻辑错误。逻辑错误也是较难处理的一类错误，通常包括：

- 忘记给变量赋初值。
- 数据类型不一致，导致自动类型转换。
- 数组下标越界，但程序过界操作了。
- 程序中出现死循环。

避免以上三类错误，需要具备扎实的程序语法基础、不断积累的经验和反复有效地调试与修改。有时候可能需要付出时间和空间上的代价，就像交通管理一样，为了减少和避免司机违规，在道路上设置红绿灯、感应器、流量测试设备、各种警示牌等。学习编程语言总是在和错误打交道，相信随着对C语言语法的持续学习，由简单到复杂程序的调试、模仿和设计，对待错误的处理能力也会逐步提高，所犯的错误也会越来越少，就像熟练的司机不会轻易违反交规。

1.4.3 .c 文件和 .cpp 文件的区别

.c是C语言源程序文件默认的扩展名，.cpp是C++源程序文件默认的扩展名。本书大部分源程序以.c为扩展名，毕竟本书要学习的是C语言。

如果以.cpp为扩展名编译本书中扩展名为.c的程序，可能出现的问题主要有：

Visual C++和gcc会根据扩展名不同而启动不同的编译器，如果以.cpp为扩展名则启动C++编译器，以.c为扩展名则启动C编译器，其他编译器均启动C++编译器，如g++。

C编译器和C++编译器都会对符号名（函数名或变量名）作某些修正，但两者采用的修正方法不同，所以两者生成的目标文件不能互相连接。

在C++中使用extern "C"可以让C++符号获得C连接特性。通常C++编译器会自动定义__cplusplus宏，所以在C语言头文件中采用这种结构可以保证无论使用何种编译器，生成的目

标文件都具有C连接特性，能够与标准C编译器所生成的目标文件相连接。

.c文件中，对变量的声明必须放在函数开始的地方，不允许在函数声明语句块中插入任何语句，如赋值语句、函数执行语句等，否则会报错。

以.cpp为扩展名编译本书中扩展名指定为.c的程序大部分会进行通过，但要注意的是，编译后的结果差异是必然存在的，有时候无法连接成功，请读者注意。

1.5 算法

1.5.1 算法概述

1. 算法的含义

算法是指解决问题的方法和步骤。

编写程序是让计算机解决实际问题，是算法的程序实现。一般编制正确的计算机程序必须具备两个基本条件：一是掌握一门计算机高级语言的规则，二是掌握解题的方法和步骤。

计算机语言只是一种工具。简单地掌握语言的语法规则是不够的，最重要的是学会针对各种类型的问题，拟定出有效的解题方法和步骤的算法。

正确的算法有以下几个特征：

- 可行性　每一个逻辑块必须由可以实现的语句完成。
- 确定性　算法中每一个步骤都必须有明确定义，不允许有模棱两可的解释，不允许有多义性。
- 有穷性　算法必须能在有限的时间内做完，即能在执行有限个步骤后终止，包括合理的执行时间的含义。算法要能终止，不能造成死循环。
- 输入　一个算法有0个或多个输入，以刻画运算对象的初始情况。所谓0个输入是指算法本身定出了初始条件。
- 输出　一个算法有一个或多个输出，以反映对输入数据加工后的结果。没有输出的算法是毫无意义的。

图1-18描述的就不是一个正确的算法。如果利用计算机执行此过程，从理论上讲，计算机将永远执行下去，即死循环。

图1-19描述的是一个正确的算法。

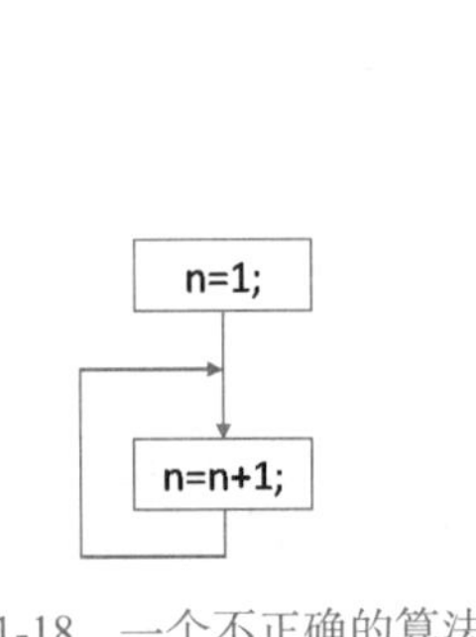

图1-18　一个不正确的算法

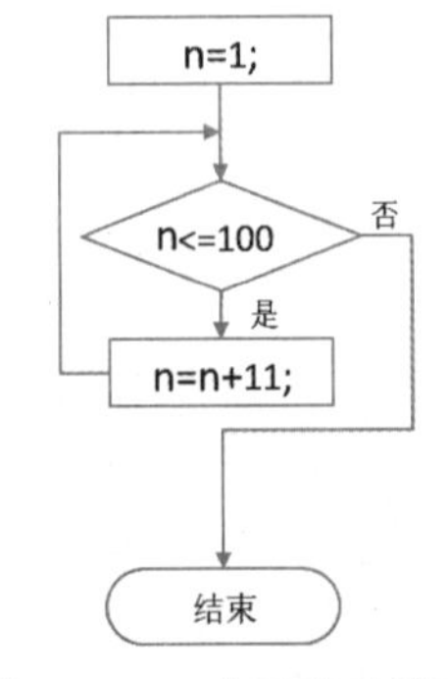

图1-19　一个正确的算法

实际上，算法反映的是解决问题的思路。只要仔细分析对象数据，许多问题就容易找到处理的方法。

1.5.2 算法的表示

算法的表示方法很多，主要有传统流程图、结构流程图（N-S图）、伪代码、自然语言和计算机程序语言等。这里只介绍传统流程图。

用图形表示算法，直观形象，易于理解。流程图是用一些图框来表示各种操作。美国国家标准化协会ANSI规定了一些常用的流程图符号，见表1-1。

表 1-1 流程图符号

图形	名称及含义
	处理框（矩形框），表示一般的处理功能
	判断框（菱形框），表示对一个给定的条件进行判断，根据给定的条件是否成立决定如何执行其后的操作。它有一个入口，两个出口
	起止框（圆弧形框），表示流程开始或结束
	连接点（圆圈），用于将画在不同地方的流程线连接起来。用连接点，可以避免流程线的交叉或过长，使流程图清晰
	流程线（指向线），表示流程的路径和方向
	注释框，是为了对流程图中某些框的操作做必要的补充说明，以帮助阅读流程图的人更好地理解流程图的作用。它不是流程图中必要的部分，不反映流程和操作
	输入输出框（平行四边形框）

例如菱形框的作用是对一个给定的条件进行判断，根据给定的条件是否成立来决定如何执行其后的操作。它有一个入口，两个出口，如图1-20所示。

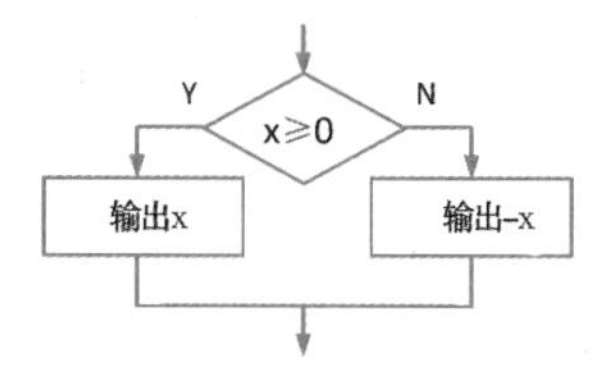

图 1-20 条件判断示意图

菱形框两侧的"Y"和"N"分别表示"是"（YES）和"否"（NO）。

扩展阅读：

读者可以利用一些专业的流程图绘图工具绘制流程图，如Visio、Mindmanager、XMind、FreeMind、MindMapper等，简单的流程图用Word、PowerPoint也可以完成。

流程图绘图软件通常新颖小巧，功能强大，可以很方便地绘制各种专业的业务流程图、程序流程图、数据流程图、网络拓扑图等。在设计时可采用全拖曳式操作，最大限度地简化用户的工作量，方便易用。软件提供各种图形模板库，方便专业人士的使用，通常都会提供图文混排和所见即所得的图形打印。

【例1-4】画出例1-3求1+2+3+…+100之和的流程图（如图1-21所示）

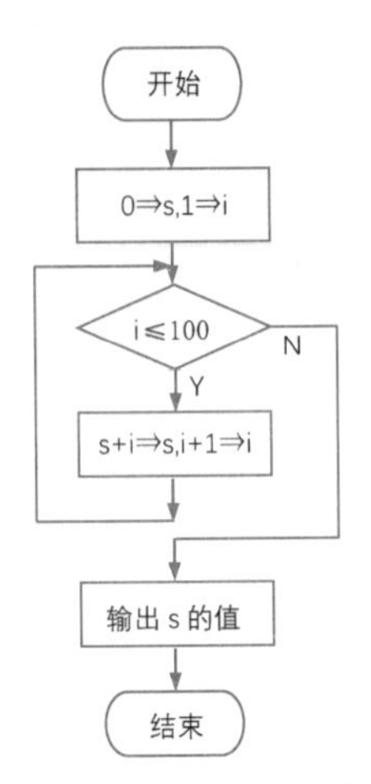

图1-21　例1-3流程图

1.5.3　算法的评价

算法的质量优劣将影响到程序的效率，同一问题可以用不同的算法解决。例如上面的计算1到100的和的程序，如下程序也可以：

```
for(i=1;i<=100;i++)  s=s+i;
for(i=1;i<=50;i++)   s=s+101;
s=50*101;
```

算法分析的目的在于选择和优化算法。一个算法的评价主要从时间复杂度和空间复杂度来考虑。

1. 时间复杂度

算法的时间复杂度是指执行算法所需要的计算工作量。一般来说，算法是问题规模n 的函数f(n)，算法的时间复杂度也因此记作：

```
T(n)=O(f(n))
```

因此，问题的规模n 越大，算法执行的时间的增长率与f(n) 的增长率正相关，称作渐进时间复杂度。

2. 空间复杂度

算法的空间复杂度是指算法需要消耗的内存空间。其计算和表示方法与时间复杂度类似，一般都用复杂度的渐近性来表示。和时间复杂度相比，空间复杂度的分析要简单得多。

3. 正确性

算法的正确性是评价一个算法优劣的最重要的标准。

4. 可读性

算法的可读性是指一个算法可供人们阅读的容易程度。可读性差的算法虽然效率高但也经常被舍弃。

5. 健壮性

健壮性是指一个算法对不合理数据输入的反应能力和处理能力，也称为容错性。

常见的算法有：基本算法、数据结构、数论与代数、几何、图论、动态规划以及数值分析、加密、排序、检索、随机化、并行、厄米变形模型、随机森林等。算法采用的方法通常有：递推、递归、穷举、贪心、分治、动态规划、迭代、分支界限、回溯等。

本章小结：

C语言是最为广泛使用的程序设计语言之一，也是众多其他计算机语言如C++、C#、Java、Python等的语法基础。

C语言具有简洁、灵活、运算符和数据类型丰富等特点。一个正确的C语言程序由一个主函数和若干个子函数组成，从主函数开始运行，最后在主函数结束。

算法是指解决问题的方法和步骤，是程序设计的精华和核心。算法具有有穷性、确定性、输入输出和可行性等特征。算法描述工具很多，主要有传统流程图、N-S图、伪代码、自然语言和计算机程序语言等，其中传统流程图的结构清晰、模块明了。本书后续各章中全部使用传统流程图来描述算法。

本章介绍了C语言的编程环境Visual C++ 6.0、Visual Studio 2010和Dev C++，作为C语言的学习者，这几种环境最好都能熟悉。

扫一扫，看视频

CHAPTER

2 类型系统

学习目标：

- 掌握C语言的类型系统及其划分
- 掌握基本类型
- 了解指针类型、void类型、枚举类型、类型别名
- 理解数据存储和引用的基本原理
- 掌握标识符、关键字、常量和变量的使用

ANSI C中的类型系统（Type System）对于整数、浮点数和枚举等都有内置的匹配的类型，另外还有派生的类型，包括数组、指针、结构和联合。新的C标准也添加了部分新类型，如布尔类型、复数类型等。

C编译器试图确保大多数表达式的类型的正确性，但总存在类型不一致导致的数据的不确定性，包括精度改变、溢出和截断等。类型转换可以解决其中大部分的问题，也可以使用指针或联合重新解释或表达数据对象的含义。

考虑到类型系统的复杂性，本书将其单列为一个章节，在此基础上的运算符、表达式、类型混合运算和转换也分列两章。

读者需要注意的是：为了避免程序处理数据类型出现的各种问题，请系统了解和学习C语言的类型系统。

C中的类型系统包括数据类型、函数类型，也包括符号、长度、类型限制等修饰符。

这里重点介绍数据类型，其他类型与数据类型密切相关。

2.1 类型划分

划分C语言的类型通常是从内置类型开始的。

实际应用的类型主要分为整型和实型。为了编程和应用开发的方便，满足软硬件的复杂需求，类型需要进一步细化。有些计算机语言和系统不分类型，类型的细化由后台处理，C语言是强调类型划分的，这也是C语言的特点，与面向系统开发的需求有关。

2.1.1 类型的划分

ANSI C的类型划分见表2-1。

表 2-1 C 语言的类型划分（数据类型）

<table>
<tr><td rowspan="11">类型</td><td rowspan="6">基本类型</td><td colspan="2">字符型 char</td></tr>
<tr><td rowspan="3">整型</td><td>短整型 short int</td></tr>
<tr><td>整型 int</td></tr>
<tr><td>长整型 long int</td></tr>
<tr><td rowspan="2">浮点型</td><td>单精度浮点型 float</td></tr>
<tr><td>双精度浮点型 double,long double</td></tr>
<tr><td rowspan="4">构造类型</td><td colspan="2">数组 []</td></tr>
<tr><td colspan="2">结构 struct</td></tr>
<tr><td colspan="2">联合 union</td></tr>
<tr><td colspan="2">枚举 enum</td></tr>
<tr><td colspan="3">指针类型 *</td></tr>
<tr><td></td><td colspan="3">空类型 void</td></tr>
</table>

short int和long int可以简化为short和long。long double称作长双精度浮点型。浮点型是实型中的一种，大部分语言没有定点实型，C语言也不例外。

C99标准增加了long long int（8字节整数）、_Bool（布尔）和_Complex（复数），支持变长数组类型；C11标准支持unicode字符类型。

还有其他的划分方法，如聚合类型（struct、union、数组、enum）、算术类型（基本类型、enum）、派生类型（指针、数组、struct、union和函数类型）等。union有时候因为其只有一个成员有效的特性不被看作聚合类型。派生类型是由原生的类型和派生类型构造而成的。

划分类型的目的在于数据的分类表示和分别操作。

函数类型并未列入上面的表格中，因为其本质上是以上类型中的一种和函数参数的结合。函数类型表示了数据接口的数据类型。另外，存储类型也是类型系统的一部分，这里先省略。

扩展阅读：

如果不考虑符号、长度，基本类型其实可以只划分为两种：整型和实型，char、int、long的存储机制是一样的，只是长度不同，同样，float、double、long double也是存储长度不同，内在的数据构造机制是一样的。enum类型本质上也是整型，有些书籍将其归入基本类型，严格意义上，enum类型是一种基于多个整型常量的聚合类型；指针类型的值也是整型，只不过其类型的属性还包括所指向对象的类型；数组、结构、联合是其他类型的聚合类型。

有经验的读者甚至可以将指针和枚举也当作一种特殊的整型，因为其值都是整型的存储形式，只不过系统分别赋予了地址和符号常量的特性。

所以，离开类型的特征约束，值的运算是不可知的。

不同的编译器可能自定义了一些专属类型，读者可根据实际需要加以利用。

2.1.2　基本类型

1. 整型

整型指的是整数类型，这种类型数据没有小数部分。

整型int可以加上short、long来说明其存储的长短，这样就有几种形式：int、short int、long int。

每种形式可以再加上signed和unsigned说明其是否有符号，默认是signed。这样就扩展为几种形式：int、short int、long int；unsigned int、unsigned short int、unsigned long int。

除了单个的int形式以外，其他形式都可以省略int，例如：short，相当于short int；long，相当于long int；……。

C99标准增加了long long int类型（简写为long long）。

表2-2中列出了整型各种形式的相关数据。

表2-2　整型

类型名			字节数	取值范围	
C99	ANSI C C89/90	int	4	-2147483648 ～ 2147483647	$-2^{31} \sim 2^{31}-1$
		unsigned int	4	0 ～ 4294967295	$0 \sim 2^{32}-1$
		short	2	-32768 ～ 32767	$-2^{15} \sim 2^{15}-1$
		unsigned short	2	0 ～ 65535	$0 \sim 2^{16}-1$
		long	4	-2147483648 ～ 2147483647	$-2^{31} \sim 2^{31}-1$
		unsigned long	4	0 ～ 4294967295	$0 \sim 2^{32}-1$
	long long		8	-9223372036854775808 ～ 9223372036854775807	$-2^{63} \sim 2^{63}-1$
	unsigned long long		8	0 ～ 18446744073709551615	$0 \sim 2^{64}-1$

可以看出，unsigned类型表示0或正整数。

表2-2中字节数基于Visual C++，早期的Turbo C中int是2字节，相当于short。

C语言并未规定整型数据的字节长，只是约定了长度关系：short≤int≤long≤long long。

2. 浮点型

实型包括浮点型和定点型，C语言中只有浮点型。浮点型包括单精度浮点数类型（float）、双精度浮点数类型（double）和长双精度浮点数类型（long double）。

表2-3列出了实型的相关规定。表2-3中的数值范围因机器不同也有微弱的差异，读者可以有针对性地进行测试。

表2-3　实型

类型	字节数	有效数字位数	数值范围
float	4	7	$-3.4\times10^{-38} \sim 3.4\times10^{38}$
double	8	15	$-1.7\times10^{-308} \sim 1.7\times10^{308}$

有效数字是指一个数从左边第一个不为0的数字数起到精确的数位止的所有的数字（包括0）。

计算机中是以二进制形式存储小数，其有效位数和十进制的有效位数没有确定的对应关系，表2-3中的有效数字位数仅供参考。

long double在Turbo C下占10字节，用%Lf格式输出；Visual C++ 6.0中占8字节，相当于double，用%lf或%Lf格式输出；Dev C++ 32位下占12字节，64位下占16字节，用%Lf格式输出。例如，DEV C++ 32位下的程序test.c：

```
#include<stdio.h>
int main()
{
    long double x=3.14;
    printf("%Lf\n",x);
    printf("%d\n",sizeof(x));
    return 0;
}
```

在命令行下编译连接：

```
gcc –std=c99 test.c –o test
```

生成test.exe，执行后输出：

```
3.140000
12
```

结果如图2-1所示。

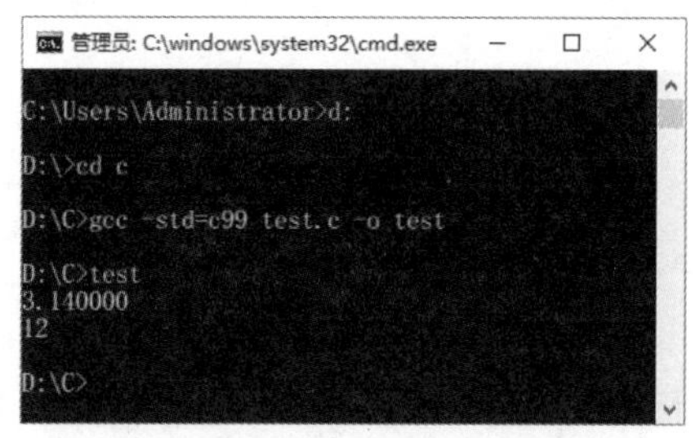

图2-1 gcc编译运行test.c

3. 字符型

字符型指的是字符类型的数据，包括有符号字符型（char）和无符号字符型（unsigned char）。

字符型数据占一个字节，其书写形式是用单引号括起的单个字符，例如：'a'、'A'、'0'分别表示字符a、A、0，这样的表示方法主要是为了和源程序中所用的其他字符相区别。char型的取值范围为-128～127，unsigned char型的取值范围为0～255。C语言中char型可以看成是“1个字节的int型”。

字符型数据包括计算机所用编码字符集中的所有字符。编码字符集包括“常用的ASCII字符集”和“扩展的ASCII字符集”。常用的ASCII字符集包括所有大小写英文字母、数字、各种标点符号字符，还有一些控制字符，一共128个，取值范围是0～127；扩展的ASCII字符集包括ASCII字符集中的全部字符和另外的128个字符，总共256个字符，取值范围是0～255。

字符型数据在内存中存储的是字符的ASCII码编码值，例如'A'和'0'分别存储ASCII值65和48。一个字符通常占用内存的一个字节。

C语言中还有一些特殊的控制字符因为无法直接写出，所以为它们规定了特殊写法：以反斜杠（\）开头的一个字符或一个数字序列，这类字符称为“转义字符”，如'\n'、'\0'等。

表2-4列出了C语言中常见的转义字符及其含义。

表 2-4 转义字符

转义字符	ASCII 值	含 义
\a	7	响铃
\b	8	退格（相当于 Backspace）
\n	10	换行
\r	13	回车（Enter）
\t	9	水平制表符（Tab）
\0	0	空字符
\\	92	反斜杠 \
\'	39	单引号 '
\"	34	双引号 "
\ddd	0 ～ 255	1 ～ 3 位八进制数所代表的字符
\xhh	0 ～ 255	1 ～ 2 位十六进制数所代表的字符

“\ddd” 指 1 ～ 3 位八进制数所代表的字符，例如，'\101'表示字符'A', '\60'表示字符'0'。

“\xhh” 指 1 ～ 2 位十六进制数所代表的字符，例如，'\x41'表示字符'A', '\x30'表示字符'0'。

要注意的是，'0'是字符常量，其值对应ASCII码值48，而0是整型常量，其值就是0。

C11 标准增加了unicode字符的表示形式，如 “\uXXXX” 或 “\uXXXXXXXX”，X是十六进制字符。

考虑到字符集的复杂性，C语言也支持多字节字符和宽字符，这里暂不讨论，本书后面的章节中根据需要适当介绍。

比较：signed 和 unsigned

整型和字符型存在有、无符号的两种形式。默认是signed（有符号），若为无符号（unsigned）则表示没有负数，从0开始，如:unsigned int、unsigned char、unsigned long int ……。

signed和unsigned表示的类型范围大小相同，但区间不同，例如:char的范围是-128~127，unsigned char的范围是0~255，二者都可表示256个字符，但范围不同，其中char相当于signed char。

signed和unsigned类型数据在内存中可能对应相同的存储格式，例如char型的-1和unsigned char型的255，二进制形式都是11111111。二者混合运算时，signed转换为unsigned，结果为unsigned，对于内存操作并没有什么影响。例如，图 2-2 中，最高位溢出，最后的结果是254，相当于-1+255等于254。255+255，结果应该是510，但因为char型只有8位，最高位进位1被舍弃，所以结果仍然是510-256，等于254。

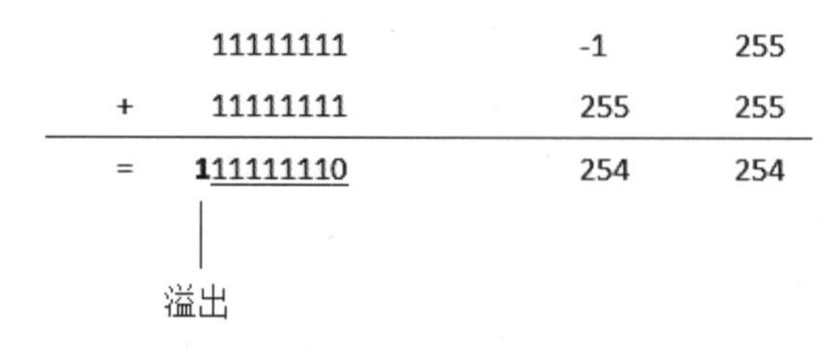

图 2-2 signed 和 unsigned 的混合运算

unsigned char型的254其实也就是char型的-2。

在实际运算时，用户基本上无须关心这些细节，系统会尽量保证计算的准确度和合理性。

2.1.3　数组类型 []

C语言的数组类型是通过数组名加上索引构造而成的，一对“[ ]”号用于定义和引用，数组元素的类型是基本数据类型或部分派生类型。例如定义并初始化一维int型数组a：

```
int a[5]={1,2,3,4,5};
```

数组名为a，共包含5个元素a[0]、a[1]、a[2]、a[3]、a[4]，分别是整数1、2、3、4、5。可以将这种构造类型理解成“int [5]”。

除了一维数组以外，还可以定义二维、多维数组。

数组类型是非常重要的聚合类型，和指针关系密切，具体的使用方法将会在第6章中详细介绍。

2.1.4　结构类型 struct 和联合类型 union

数组用于聚合相同类型，结构类型struct用于聚合不同类型，又称作记录、结构体，例如：

```
struct student
{
    int no;
    char name[20];
}
```

类型struct student中包含两个不同类型的成员no和name。

联合类型（union）的形式与struct类似，区别在于成员重叠，只有存储的最后一个成员有效。

联合类型在有些书籍中称作联合体、共用体，称作“共用体”主要是从字面上表达其成员共享数据存储空间的特点。

基于和数据结构、算法的密切关系，struct类型将在本书第9章中详细讲解。

union类型使用的场合不太多，本书只做简单介绍。

结构类型和联合类型也属于聚合类型。有些书籍不把联合类型作为聚合类型，因为联合类型总是只有一个成员有效。

2.1.5　枚举类型 enum

枚举类型是对整数序列的一种映射，将整数用易于理解的单词替换，本质上相当于一些整数的排列。枚举类型可用来提高程序的可读性，本书提倡在适当的场合采用这种类型。

枚举类型的定义形式为：

enum 类型名{标识符序列};

例如：

```
enum week {Sunday,Monday,Tuesday,Wednesday,Thursday,Friday,Saturday};
```

其中week是枚举类型名，Sunday、Monday、Tuesday、Wednesday、Thursday、Friday、Saturday是枚举值，又称枚举常量，分别对应0、1、2、3、4、5、6。

注意：

（1）枚举值的类型是整型常量，定义后不能修改。例如下面的语句是错误的：

```
Sunday=7;
```

（2）枚举值不能是普通的整型值。下面的定义是错误的：

```
enum week{0,1,2,3,4,5,6};
```

（3）可以在定义枚举类型时自定义枚举值，如：

```
enum week{Monday=1,Tuesday,Wednesday,Thursday,Friday,Saturday, Sunday};
```

这样对应的序列为：

```
1、2、3、4、5、6、7
```

下面的定义也是可以的：

```
enum color{black,blue,green,red=4,yellow=8,white};
```

此时red为4，yellow为8，white为9。

最早的C语言没有枚举类型，成为标准后才加入的，所以编译器实现的方式可能也有区别。例如ANSI C中允许枚举常量可以是负整数、可以重复等。例如：

```
enum collection{eof=-1,head=1,One=1,Two,Three,Five=5,Six,Seven};
```

重复的枚举常量意义不大。

（4）同一个程序不能定义相同名称的枚举类型，不同的枚举类型也不能出现相同名称的枚举常量。

枚举类型和基本类型统称算术类型。

基于枚举类型简单的特点，本书不再单独设置章节讲解，而是直接将其纳入各章节的应用中。

2.1.6 void 类型

void类型又称“无类型”，有些场合称为“空类型”。

void类型通常用于对不确定的参数类型、返回值、指针类型进行声明。例如：

```
void myfun(void)
{
    int a=100;
    double b=3.14;
    void *p;
    p=&a;
    printf("%d\n",*(int*)p);          //输出100
    p=&b;
    printf("%f\n",*(double*)p);       //输出3.140000
}
```

第1个void表示函数myfun不需要返回值；

第2个void表示参数表为空，即调用该函数时不用传递参数。

第3个void *表示指针p可以指向任何类型的数据。程序中p可以分别指向不同类型的a和b。

void不能直接定义一个变量，下面的语句是错误的：

```
void a=65;
```

有趣的是，sizeof(void)在Dev C++中等于1，在Visual C++中等于0，可见不同的C编译器的处理方式是不一样的。

由此可以看出，在C的类型系统中，void类型并非用来表示直接的数据，而是用来作为一种特别的声明符号，在不同的场合有不同的含义和功能。

2.1.7 指针类型

指针类型是记录对象在内存中的地址或位置的类型。这里提到的对象指的是变量、函数等实体。

指针类型与其指向的对象有关，其算法也因其指向的对象的类型的不同而不同。指针在很多书籍中都会重点介绍，由于指针类型区别于其他数据类型，其使用方法具有一定的特色。例如下面的程序：

```
int a=100;                                    //普通的int型变量 a
int *p;                                       //int型指针变量p
p=&a;                                         //p的值等于a的地址，相当于p指向a
printf("%d,%d,%p,%p,%p\n",a,*p,&a,p,&p);      //*p相当于*(&a)，即相当于a
```

输出结果为：

```
100,100,0028FEBC,0028FEBC,0028FEB8
```

程序中p的指针类型是int *型，语句“p=&a;”使得p指向a，输出a和*p的结果是一样的，用“%p”可以输出地址，&a表示a的地址，p的值也是一个地址，因为p指向a，所以地址输出都是0028FEBC。p的值是0028FEBC，p的地址是0028FEB8。

注意：

以上代码每次运行得到的地址可能不一样，与运行环境和时机有关，但并不影响对程序的阅读和理解。本书第8章指针也存在这种情况，这里统一说明。

指针与地址和对象类型密切相关，虽然其值是一个整型数，但其操作与地址密切关联，与用于算术运算的整型数差异很大。关于指针类型，本书将在第8章中重点介绍。

2.1.8 类型别名

除了内置的数据类型以外，C语言还允许用户自定义类型说明符，相当于允许用户为数据类型取“别名”。类型别名所用的类型定义符是typedef。

1. 名称替换

定义的形式为：

typedef 类型名 别名;

“类型名”必须是系统提供的数据类型或用户已定义的数据类型，“别名”是标识符。

例如：

```
typedef int     INTEGER;
typedef char*   CHAR;          //char* 是字符指针类型
```

有了上面的替换，就可以定义相应类型的变量了：

```
INTEGER a,b;                   //相当于int a,b
CHAR string="Hello World!";    //相当于char * string="Hello World!"
CHAR p=&s;                     //相当于char * p=&s
```

2. 定义数组类型

定义的形式为：

typedef 类型名 别名[数组长度];

例如：

```
typedef int   ARRAY[10];
typedef char  STRING[20];
```

定义相应类型的变量：

```
ARRAY a,b;            //相当于 int a[10],b[10]
STRING s;             //相当于char s[20]
```

注意：

（1）定义新类型名时一般用大写的标识符，以便区别于习惯的写法，但并不是必需的。

（2）用typedef定义的类型只是定义新的类型名，而不是创建新的数据类型。

（3）注意定义新类型名与宏替换的区别。例如：

```
typedef int INTEGER;
#define INTEGER int
```

上述定义的作用都是用标识符INTEGER代替int，但实质不同。

typedef是用标识符INTEGER代替类型“int”，而#define是用标识符INTEGER代替字符串“int”；typedef在编译时解释INTEGER，而#define是在编译之前将INTEGER替换成字符串“int”；typedef并不是做简单替换，例如：

```
typedef int ARRAY [10];
```

不是简单地将ARRAY [10]替换成int，例如：ARRAY a;相当于int a[10];，而不是int a;。

类型别名将会在相应的章节作详细说明，这里先简单了解一下。

2.2 数据的存储和引用

以上介绍了几种主要的类型，程序在处理不同类型数据的时候如何存储和引用呢？

一般来说，简单的数据通常用常量和变量来存储和引用。常量是指固定不变的数据，直接在程序代码中引用，如常数100、3.1415926。常量也可能表现为固定值的符号，如：符号常量、枚举常量等；有些数据在程序执行过程中是变化的，这种变化可能是自动的，也可能是程序员需要的或设计的，例如计算求和，结果值会因为不同的求和对象而不同，这时需要定义和引用变量才能解决问题。

使用变量或常量会涉及命名的问题，C语言中对象名基于统一的命名规则，即标识符规则，下面详细介绍。

2.2.1 标识符

标识符是指程序中的变量、符号常量、枚举常量、数组、函数、类型、文件等对象的名字。

标识符只能由字母、数字和下划线组成，且第一个字符必须为字母或下划线。如：student、name、Name，由于C语言区分大小写，所以“name”和“ Name”是两个不同的标识符。

注意：

- 不能使用系统的关键字（保留字），如char 、int、float、double等。

- 不建议使用系统预定义的标识符，如define、include、scanf、printf等。
- 尽量做到“见名知义”，如max、name等，而不用xyz、x1、x2等。
- 避免使用易混字符，如(1、l、i)，(0、o)，(2、z)等。

关键字(Key Words)是指系统预定义的保留标识符，又称之为保留字(Reserved Words)。它们有特定的含义，不能再作其他用途。

ANSI C定义的关键字共32个，C99增加了5个，C11增加了7个。

<table>
<tr><td rowspan="3">C11</td><td rowspan="2">C99</td><td>C89/90
ANSI C</td><td>auto，break，case，char，const，continue，default，do，double，else，enum，extern，float，for，goto，if，int，long，register，return，short，signed，sizeof，static，struct，switch，typedef，union，unsigned，void，volatile，while</td></tr>
<tr><td colspan="2">_Bool，_Complex，_Imaginary，inline，restrict</td></tr>
<tr><td colspan="3">_Alignas，_Alignof，_Atomic，_Generic，_Noreturn，_Static_assert，_Thread_local</td></tr>
</table>

2.2.2 常量

常量通常是指“不变的量”，“不变”是一种相对的概念，普通常量的值在程序运行期间保持不变，也可以将变量限定为不变的量，这种特殊的变量也称作常量，例如const常量。

1. 普通常量

(1)整型常量。整型常量即我们通常用到的直接整数，如100、0、-200等。

C语言中，整型常量可以用3种进制形式表示，分别是十进制、八进制、十六进制。

十进制的表示方法与数学上的表示方法相同，如65、0等。

八进制的表示方法是以0开头，由数字0～7组成，如0101、00等。

十六进制的表示方法是以0x或0X开头，由数字0～9和字母a～f(或A～F)组成，其中a～f(或A～F)分别表示10～15。如0x41、0x100等。

要注意的是：

- 除了单个的0是十进制常量外，其他以0开始的都是八进制常量，所以0是十进制，00是八进制。
- 数据后加u或U，表示是无符号类型，如65u、100U。
- 数据后加l或L，表示是long型，如-1L。由于小写的l容易和数字1混淆，建议用大写L。
- C99允许数据后加ll或LL，表示是long long型，如-1LL。例如:printf("%llu",-1LL);，将输出18446744073709551615，“-1”的存储形式为0xFFFFFFFFFFFFFFFF，按无符号形式(llu格式)输出即为18446744073709551615。
- C语言中不用二进制形式表示整数，所以01000110是八进制形式。
- C语言中，八进制数和十六进制数一般是无符号的。

以下是非法的整型常量：

```
019      // 八进制没有数码 9
0x6x     // 十六进制没有字母 x，只能有字母 a、b、c、d、e、f 或 A、B、C、D、E、F
```

以下是合法的整型常量：

```
3UL      // 表示 unsigned long 型
0101     // 八进制，相当于十进制的 65
```

(2)字符型常量。字符型常量是由一对单引号括起来的单个字符构成的，例如'A'、'0'等都是

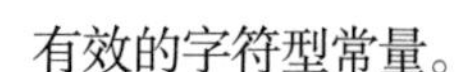

有效的字符型常量。

常用字符的ASCII编码值如下：

- 字符'A' ～ 'Z'的ASCII码值是65 ～ 90。
- 字符'a' ～ 'z'的ASCII码值是97 ～ 122。
- 字符'0' ～ '9'的ASCII码值是48 ～ 57。
- 空格字符'□'的ASCII码值是32。

这里用'□'表示空格，对应键盘的空格键输入的字符。

所有字符型常量都可以用转义字符形式表示，例如：\101表示'A'，\0x30表示'0'。

虽然如此，转义字符通常用于表示不可打印字符，例如：\n表示换行，\t表示TAB，\0表示空字符。

字符型常量的值相当于1个单字节的整型常量。

扩展阅读：

本书的字符编码指的是ASCII，即美国（国家）信息交换标准（代）码（ASCII 是 American Standard Code for Information Interchange 的缩写）。各个国家或地区根据自己语言的特点也对ASCII码进行了扩展，如中国的GB2312；中国台湾、香港与澳门地区的Big5；日本的JIS。有些系统有自己的编码，如邮件系统用的Base64。为了统一编码以方便信息交换，很多网络平台采用Unicode以及简化的UTF-8等。

（3）字符串常量。C语言没有字符串类型，但可以使用字符串常量。

字符串常量是由一对双引号括起的字符序列，例如"123456789"、"Hello World"等都是字符串常量。

字符串常量不同于单字节的字符常量。字符常量由单引号括起来，字符串常量由双引号括起来；字符常量只占一个字节的内存空间。字符串常量包括串中所有字符和串结束标记'\0'，'\0'字符的ASCII值为0，该字符由系统自动加入每个字符串的结束处。所以，字符串常量实际所占的内存字节数等于字符串中的字符数加1。

例如，字符串常量"123456789"的存储情况如图2-3所示。

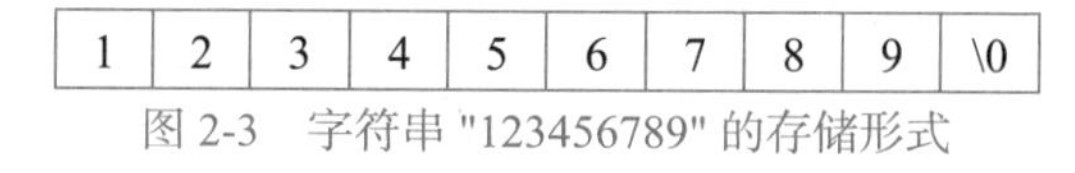

1	2	3	4	5	6	7	8	9	\0

图 2-3　字符串 "123456789" 的存储形式

所以，虽然""表示为空字符串，但由于包含'\0'，故仍占一个字节。

字符串中也可以包含转义字符，例如前面的程序中用到的转义字符\n。

```
"Hello World!\n"
```

（4）实型常量。C语言中，实型常量只能用十进制形式表示。

实型常量可以用小数形式或指数形式表示。

小数形式由数字序列和小数点组成，如3.1415926、.0、0.、0.0等。

指数形式由十进制数加上阶码标志“e”或“E”及阶码组成，如3.1415926e-2或3.1415926E-2表示3.1415926×10^{-2}。字母e或E前面称为尾数，后面称为指数，二者不能为空，例如E2和2E都是不合法的。指数部分要求必须是整数。

C语言中，默认实型常量为double类型，若有后缀“f”或“F”，则为float类型。两个float型常量在一起运算时，先转换为double型，计算完成后再转成float型。之所以需要将结果转换为float型，是因为需要保证结果的存储长度是4字节，而不是double的8字节。所以计算和存储长度密切相关。

2. 符号常量

C语言允许定义符号常量，用一个标识符来表示。定义符号常量的目的是方便批量修改和提高程序的可读性。

定义符号常量有多种方法。

(1)预处理命令#define定义的符号常量。

例如：

```
#define PI 3.1415926
```

PI相当于3.1415926，程序编译后将用3.1415926替换所有的PI。

用户不允许对常量PI寻址，“&PI”是错误的。由于是命令，不是语句，后面不需要加分号。

用预处理命令#define定义的常量也称作宏。

(2)枚举enum。

例如：

```
enum color{black,red,blue,white};
```

black、red、blue、white都是符号常量，相当于整数0、1、2、3。

枚举值是符号常量，是不允许寻址的，但枚举是一种数据类型，可以定义可寻址的枚举变量。枚举变量的取值范围限定在枚举类型所定义的全部枚举常量中。

(3) const常量。

const是一个类型限定词，主要用于定义一个不变的变量，或者称作只读的变量，相当于一个常量。const常量存储在数据区，可以寻址。由于不是预处理命令，从而具有更大的灵活性，特别是可以限定其作用范围。例如：

```
const  int a=100;          //变量a初始化后不能再更改，变成一个常量
printf("%u,%p",a,&a)
```

输出：

```
100,012FF95C
```

其中012FF95C是a的地址。由于有了const限定，不能通过a修改其对应的内存值，例如再有a=200将会报错。

定义a并加上const限定时需要同时给定值(初始化)，如果不给定，将是不确定的值，后续的语句也不能再指定。

#define定义的常量在编译时会被替换，枚举常量随枚举类型的创建而创建，const常量按其作用域和存储类型选择时机而创建。

【例2-1】演示常量的用法

程序代码：

```
//c2_1.c
#include<stdio.h>
const int a=10;
int s(const int b,int c)
{
    const d=20;
    return a+b+c+d;
}
int main()
```

扫一扫，看视频

```
{
    const int e=30;
    float f;
    f=s(40,50)+e;
    printf("%f",f);      // 输出150.000000
}
```

a编译时创建，b、c调用函数s时创建，e在进入主函数时创建，d省略了int类型符。

扩展阅读：

const定义的常量相当于一个不变的变量，可以寻址。当定义const指针类型时，有两种可变的形式。例如：

```
int a=100,b=200;
int const *p=&a;          //指针变量p
int * const q=&a;         //指针常量q，q的值不能修改
printf("%p,%p\n",p,q);
p=&b;                     //虽然不能通过*p=200来修改a的值，但可以转向b
printf("%d,%d\n",*p,*q);
printf("%p,%p\n",p,q);
```

运行结果：

```
012FFC7C,012FFC7C
200,100
012FFC70,012FFC7C
```

输出结果中每次地址值可能不同（本书后面不再重复说明），程序中p是指针变量，q是指针常量，程序中出现*p=300是不允许的，“int const *p=&a;”语句约束不能通过p修改其指定位置的值；q常量相当于一个不变的指针类型变量，其值不能修改，即不能像“p=&b”一样转而指向变量b。

下面的形式将定义一个指针常量，并且不能通过指针修改值：

```
const int * const q=&a;
```

2.2.3 变量

前面已经反复提到变量，下面作系统介绍。

相对于常量而言，变量的值是可以修改的，也是可以寻址的。变量的名称遵循标识符规则。

1. 变量的说明

在C语言中，变量说明的格式为：

数据类型 变量名1[,变量名2,…,变量名n];

其中[]括起来的部分为可选项，省略号为多次重复。例如：

```
int i,j;
double f;
long a,b,c;
```

变量具有4个基本要素：变量名、变量的数据类型、初值和作用域。

变量名是标识符的一种。可以利用变量名间接访问内存数据。变量的存储单元地址可用“&变量名”求得，例如“&a”表示变量a的地址。

变量的数据类型可以是基本数据类型，也可以是派生的数据类型。变量的数据类型决定了变量所占内存空间的大小。可以用长度运算符sizeof()求出任意类型变量存储单元的字节数，例如：sizeof(a)、sizeof(int)等；变量的数据类型也会决定变量可以进行的相应的操作，例如两个整型变量a,b可以进行a%b运算，实型的数据则不允许。

变量的作用域指变量在程序中作用的范围，即该变量名在某段代码区域是否有意义。按作用域划分，可将变量分为全局变量和局部变量。具体内容将在后面函数章节中详细介绍。

变量的初值指的是，第一次使用变量时，变量必须有一个唯一确定的值，这个值即是变量的初值。给变量赋初值有两种方式。

- 变量说明时直接赋初值，称为变量的初始化。例如：

```
int a=10,b=20;
```

初始化遵循赋值运算的类型转换规则，这个后面会详细介绍。静态变量的初始化必须使用常量表达式。下面的静态变量a的初始化是错误的，动态变量d的初始化是可以的。

```
int b=10;
int a=b+10;        //错误，使用了含有变量的表达式
int main()
{
    int c=10;
    int d=c+10;    //正确，可以使用含有变量的表达式
}
```

- 用赋值语句赋初值。例如：

```
double x;
x=10.0;
```

没有被赋值的变量其初值取决于存储类型，静态存储的变量将隐式初始化为空，自动存储或动态存储的变量不会被隐式初始化，有的编译系统会按一定的规则随机初始化或者赋予一个默认值。

除了上面提到的四大要素以外，变量作为C语言中最基本的对象实体，也存在存储类型问题和生存期的概念。由于这两个要素不专属于变量，这里没有列入变量的基本要素中。

变量的生存期主要由存储类型决定，有的变量的生存期为程序运行期，而有的变量的生存期只限于函数或分程序。这部分内容将在函数章节详细介绍。

变量可以被多次引用，其值可以随时修改。

变量定义时如果加const限定词则不可再修改，变成常量。这种常量不同于通常意义上的常数，是有作用范围和生存期的。

概括：

变量是有类型的标识符，可以按变量名寻址找到其对应的内存数据，由于其值的可变性，所以是程序语言灵活引用处理数据的主要载体。

2. 整型变量

整型数据分为有符号和无符号两类，其存储和使用有一定的区别。

下面定义一些整型变量。

```
int a=65,b=-2147483648,c=-1;
unsigned int d=65,e=4294967295;
```

这几个变量的实际存储形式如图2-4所示。

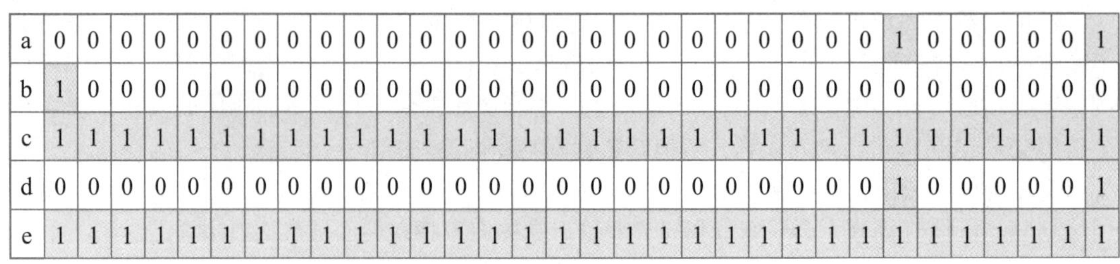

a	0	0	0	0	0	0	0	0	0	0	0	0	0	0	0	0	0	0	0	0	0	0	0	0	0	1	0	0	0	0	0	1
b	1	0	0	0	0	0	0	0	0	0	0	0	0	0	0	0	0	0	0	0	0	0	0	0	0	0	0	0	0	0	0	0
c	1	1	1	1	1	1	1	1	1	1	1	1	1	1	1	1	1	1	1	1	1	1	1	1	1	1	1	1	1	1	1	1
d	0	0	0	0	0	0	0	0	0	0	0	0	0	0	0	0	0	0	0	0	0	0	0	0	0	1	0	0	0	0	0	1
e	1	1	1	1	1	1	1	1	1	1	1	1	1	1	1	1	1	1	1	1	1	1	1	1	1	1	1	1	1	1	1	1

图 2-4　整数存储

a的存储形式和无符号的d一样，b是有符号整数的最小数（ 2147483648）。c的存储和无符号数e一样。

在了解具体原因之前，我们先了解一下补码。

对于有符号整数，C语言采用计算机领域通用的做法：用补码（complement）表示。假设int型整数a占4字节，32位二进制数，规则如式（2.1）所示。

$$\text{a的补码} = \begin{cases} a & (0 \leqslant a \leqslant 2147483647) \\ 2^{32}-|a| & (-2147483648 \leqslant a<0) \end{cases} \tag{2.1}$$

即：

（1）0和正数的补码与其原码相同　　　　　a和d

（2）负数的补码是借用2^{32}减去该数的绝对值　　　　　b、c

负数b、c的补码计算如下：

变量	十进制形式	2^{32}- 绝对值	转换为二进制形式
b	-2147483648	2^{32}-2147483648 = 2147483648	1000 0000 0000 0000 0000 0000 0000 0000
c	-1	2^{32}-|-1| = 4294967295	1111 1111 1111 1111 1111 1111 1111 1111

实际存储的二进制形式转化为十进制形式正好相反：

（1）最高位为0，非负数，无论是否有符号，直接将二进制数转换为十进制数。

（2）最高位为1，转换为无符号数，直接将二进制数转换为十进制数。

（3）最高位为1，转换为有符号数，先将二进制数转换为十进制数，再用2^{32}减去该十进制数，最后加上负号即可。

二进制形式	不考虑符号的十进制数	转换为	转换后的十进制形式	规则
00000000000000000000000001000001	65	无符号	65	（1）
		有符号		
10000000000000000000000000000000	2147483648	无符号	2147483648	（2）
		有符号	-(2^{32}-2147483648)，即 -2147483648	（3）
11111111111111111111111111111111	4294967295	无符号	4294967295	（2）
		有符号	-(2^{32}-4294967295)，即 -1	（3）

记住下面几个数据有助于实现快速转换：

（1）2^{32}等于4294967296，2^{16}等于65536，2^{8}等于256。

（2）全1的二进制形式对应有符号的-1，例如11111111111111111111111111111111，以此类推：

-1	1111 1111 1111 1111 1111 1111 1111 1111
-2	1111 1111 1111 1111 1111 1111 1111 1110
-3	1111 1111 1111 1111 1111 1111 1111 1101
…	
-2147483648	1000 0000 0000 0000 0000 0000 0000 0000
0	0000 0000 0000 0000 0000 0000 0000 0000
1	0000 0000 0000 0000 0000 0000 0000 0001
…	
2147483647	0111 1111 1111 1111 1111 1111 1111 1111

（3）参考的另外一种有符号转换方法，如图2-5所示。

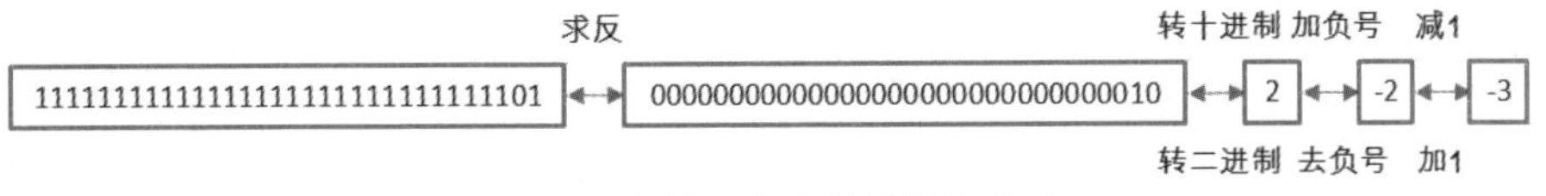

图 2-5　另外一种有符号转换方法

3. 实型变量

为了扩大表示数的范围，实型数据是按指数形式存储的，存储格式如图2-6所示。

float

1	8	23
符号位	指数	尾数

double

1	11	52
符号位	指数	尾数

图 2-6　实型数的存储示意图

尾数和指数以十进制数表示，二进制形式存储，至于尾数和阶码各占多少二进制位，标准C并无具体规定。尾数部分占的位数越多，数的有效数字越多，精度越高；指数占的位数越多，则表示的数的范围越大。

例如double型0.5在内存中实际存储形式为：

```
0011 1111 1110 0000 0000 0000 0000 0000 0000 0000 0000 0000 0000 0000 0000 0000
```

第一个0表示是正数，如果是1表示负数（符号位）

阴影部分是指数部分，共11位，按二进制展开等于2^{10}-2，实际计算要求统一减去2^{10}-1（1023），即2^{10}-2-(2^{10}-1)等于-1（float类型的指数部分有8位，需要减去2^7-1，即127）。

后面52个0表示尾数部分，要求计算时补上1，即：

```
1. 0000 0000 0000 0000 0000 0000 0000 0000 0000 0000 0000 0000 0000
```

结合指数部分-1，上面的二进制位右移1位，即0.1000000000000000000000000，按二进制展开即0.5（二进制的0.1相当于2^{-1}，0.01相当于2^{-2}，……）。

另外，指数为正整数，左移，指数部分全0不用补1，指数部分全1，尾数全0，表示无穷大，其他情况表示异常数。

实型数据的精度受限于系统内置的类型长度，不过可以用针对性的算法来进行弥补，比如计算$5/2^{50}$，如果一直除下去，程序可以设计如下：

```
double x=5.0;
int i;
for(i=0;i<50;i++)  x=x/2;
printf("%.50lf\n",x);         //.50表示取50位小数
```

运行结果：

```
0.00000000000000044408920985006262000000000000000000
```

很显然，结果只有17位有效数字。

下面的程序解决了精度的问题。

【例2-2】计算 $5/2^{50}$

程序代码：

```
//文件:c2_2.c
//作者:Ding Yatao
//日期:2019年4月
//说明:程序中用到了循环结构，入门读者可先了解或跳过

#include<stdio.h>
#define N 50
int main()
{
    //定义一个数组，保存有效数字
    int a[N]= {5};
    int i,j,k,t;
    for(i=0; i<N; i++)
    {
        k=0;
        //每次j循环都是从第一个数开始除2
        for(j=0; j<N; j++)
        {
            t=a[j]+k;
            a[j]=t/2;
            k=t%2*10;       //余数乘以10加到下一位被除数中
        }
    }
    for(i=0; i<N; i++)
        printf("%d",a[i]);
}
```

运行结果：

```
00000000000000044408920985006261616945266723632812
```

分析：

计算过程中a数组的变化如下：

```
25000000000000000000000000000000000000000000000000
12500000000000000000000000000000000000000000000000
06250000000000000000000000000000000000000000000000
03125000000000000000000000000000000000000000000000
01562500000000000000000000000000000000000000000000
```

```
00781250000000000000000000000000000000000000000
00390625000000000000000000000000000000000000000
00195312500000000000000000000000000000000000000
00097656250000000000000000000000000000000000000
00048828125000000000000000000000000000000000000
……
```

可以通过125到0625的计算过程观察j循环：

i	j	循环前		循环后		
		a[j]	k	t=a[j]+k	a[j]=t/2	k=t%2*10
2	0	1	0	1	0	10
	1	2	10	12	6	0
	2	5	0	5	2	10
	3	0	10	10	5	0
	……					

可以看出，算法得到的精度取决于数组a的长度N。注意，输出时第1个0后面省略输出一个小数点。

需要注意的是，C语言提供了long double数据类型，适当提高了浮点数的精度，不过在不同编译器中支持的情况略有不同，有的是10字节，19位精度（TC），有的视同double（Visual C++），有的是12、16字节（Dev C++32位或64位），请读者注意。

4. 字符变量

C语言中，字符类型数据的存储与整型数据的存储十分相似，也分成有符号和无符号两种，只是用一个字节8位二进制信息存储字符类型数据，相当于单字节的int。

下面的程序用多种方法实现输出字符'A'。

【例2-3】演示多种方法实现输出字符'A'

程序代码：

```
//文件:c2_3.c
//作者:Ding Yatao
//日期:2012年1月

#include <stdio.h>
#define CA  'A'                    //定义一个符号常量CA
int main()
{
    char c='A';                    //定义一个字符型变量c并初始化为'A'
    printf("%c",'A');              //直接输出字符'A'
    printf("%c",c);                //输出变量c，变量c存储的就是'A'
    printf("%c",'\101');           //以8进制转义字符形式输出'A'
    printf("%c",'\x41');           //以16进制的转义字符形式输出'A'
    printf("%c",0101);             //将8进制整型数0101以字符形式输出
    printf("%c",0x41);             //将16进制整型数0x41以字符形式输出
    printf("%c",0X41);             //将16进制整型数0X41以字符形式输出
    printf("%c",65);               //将10进制整型数65以字符形式输出
    printf("%c",'a'-32);           //将小写字母'a'转换成大写字母后输出
    printf("%c",CA);               //将宏定义的符号常量CA按字符方式输出
    return 0;
}
```

扫一扫，看视频

运行结果：

```
AAAAAAAAAA
```

如果将程序中的%c改成%d，输出结果将是：

```
65656565656565656565
```

C语言没有字符串变量，但可以用数组类型来模拟。

C语言中，char型是作为1个字节的整型来处理的。

5. 枚举变量

枚举变量的定义形式为：

```
enum 类型名  变量名表;                    //用定义过的枚举类型来定义枚举变量
enum 类型名{标识符序列} 变量名表;         //在定义类型的同时定义变量
enum {标识符序列} 变量名表;               //省略类型名直接定义变量
```

例如：

```
enum color backcolor;
enum color {black,blue,green,red=4,yellow=8,white}backcolor;
enum {black,blue,green,red=4,yellow=8,white}backcolor;
enum week{Monday=1,Tuesday,Wednesday,Thursday,Friday,Saturday, Sunday};
enum week firstweek,nextweek;
```

枚举变量的引用受限于枚举类型，其值只能在定义的范围内，例如：

```
enum color {black,blue,green,red=4,yellow=8,white}backcolor;
```

变量backcolor的值只能是0、1、2、4、8、9。

```
backcolor = red;              // 相当于backcolor等于4
backcolor = 4;
backcolor= backcolor+1;   // 相当于backcolor等于yellow，对应整型值8
```

以下是错误的引用方式：

```
backcolor = 3;               // 没有意义，不在枚举类型定义的值的范围之内
backcolor = grey;            // 不在枚举类型定义的范围之内
```

以上将整型值赋给枚举变量在很多编译器中会报错，这时需要进行类型转换，例如：

```
backcolor = (enum color)4;
backcolor = (enum color)(backcolor+1);
```

虽然枚举类型中的标识符名称和字符串中的星期名称一样，但程序不能直接输出标识符名称，只能引用标识符常量的值，例如上面程序中用%d格式输出week变量得到的是：

```
1,2,3,4,5,6,7
```

而不是：

```
Monday,Tuesday,Wednesday,Thursday,Friday,Saturday, Sunday
```

C语言中不能直接遍历输出枚举常量，有序的枚举常量可以按序输出对应的值。例如：

```
enum week{Monday=1,Tuesday,Wednesday,Thursday,Friday,Saturday, Sunday } w;
for(w= Monday;w<= Sunday;w++) printf( "%2d" ,w);
```

程序将输出1 2 3 4 5 6 7。

如果枚举值不连续，以上的程序输出就会不一致了。

```
enum week{ Monday=1,Tuesday,Wednesday,Friday=5,Saturday, Sunday } w;
```

```
for(w= Monday;w<= Sunday;w++) printf( "%2d" ,w);
```

输出结果还是1 2 3 4 5 6 7，其实没有4。

不过，现在很多新版本的计算机语言提供了遍历枚举常量的功能。

到这里，读者对C语言的类型系统有了较为全面的了解，虽然有些类型在后续章节中会详细介绍，但在这里全面了解有助于系统的学习。

类型是运算的基础，下面的两章将介绍数据运算的各种方式和运算中类型的影响和处理技术。运算的各种方式通常表现为利用运算符构造表达式，类型处理的方式包括不同类型的混合运算和转换。

2.3 综合案例

【例2-4】演示数据类型的差异

程序代码：

扫一扫，看视频

```
//文件: c2_4.c
//作者:Ding Yatao
//日期:2019年4月

#include<stdio.h>
int main()
{
    char c='A';
    unsigned char uc='A';
    int i=-1;
    unsigned int ui=-1;  //-1不在unsigned int的取值范围，需要转换
    long l=-1;
    unsigned long ul=-1;    //-1不在unsigned long的取值范围，需要转换
    float f=1.2345678901234567890123456789;  //赋给f一个超出其精度范围的数
    double d=1.2345678901234567890123456789; //赋给d一个超出其精度范围的数

    printf("c=%c,uc=%c,c=%d,uc=%d\n",c,uc,c,uc) ;
    c='A'-256;
    uc='A'+256;
    printf("c=%c,uc=%c,c=%d,uc=%d\n",c,uc,c,uc) ;
    printf("i=%d,ui=%u,i=%u,ui=%d\n",i,ui,i,ui) ;
    printf("l=%ld,ul=%lu,l=%lu,ul=%ld\n",l,ul,l,ul) ;
    printf("f=%.15f,d=%.15lf,f=%.15lf,d=%.15f\n",f,d,f,d) ;

    f=1.23456789023456789;
    printf("f=%.15f,%X\n",f,(*(long*)&f));
    f=f+0.000000009;
    printf("f=%.15f,%X\n",f,(*(long*)&f));

    //如果编译器不支持C99标准，请删除第2个输出项
    printf("d=%.15lf,%llX\n",d,(*(long long*)&d));
    d=d+0.000000009;
    printf("d=%.15lf,%llX\n",d,(*(long long*)&d));

    f=0.99999994039535522; //赋给f一个看上去超出其精度范围的数，实际上是有效的赋值
```

```
    printf("f=%.20lf,%lX\n",f,*((long *)&f));
}
```

运行结果：

```
c=A,uc=A,c=65,uc=65
c=A,uc=A,c=65,uc=65
i=-1,ui=4294967295,i=4294967295,ui=-1
l=-1,ul=4294967295,l=4294967295,ul=-1
f=1.234567880630493,d=1.234567890123457,f=1.234567880630493,d=1.234567890123457
f=1.234567880630493,3F9E0652
f=1.234567880630493,3F9E0652
d=1.234567890123457,3FF3C0CA428C59FB
d=1.234567899123457,3FF3C0CA44F6D3A8
f=0.99999994039535522000,3F7FFFFF
```

分析：

从输出结果可以发现：

（1）c和uc虽然类型不同，使用起来差别不大，加减256没有影响，这是因为256超出了一个字节的值范围，加减运算其实是无效的。

（2）i和ui虽然类型不同，使用起来差别也不大，-1赋值给ui，其存储形式和-1赋给i是一样的。

（3）f和d都是实型，但因为存储长度不同，精度不同，f加0.000000009是无效的，而d加0.000000009是有效的。

（4）程序中用指针方式输出f和d的实际内存存储形式（16进制格式），从中也可以观察到f和d的变化情况。

（5）f=1.234567890123456789012345678 9;和f=1.23456789023456789;没什么区别，根本原因是超过精度的数据无法存储到f中。

（6）f=0.99999994039535522;精度达到17位，远超过float类型的理论有效位数（7位），输出也是没问题的，这是因为0.99999994039535522符合实型数的存储机制，二进制存储形式为：

```
0011 1111 0111 1111 1111 1111 1111 1111
```

所有的小数位（下划线部分，后23位）都用上了，指数部分（阴影部分，二进制011 1111 0，等于126，按规定减去127后等于-1，再加1，等于0，表示不用移位），最终结果是二进制的0.111 1111 1111 1111 1111 1111转换为十进制的结果。

本章小结：

本章主要介绍了C语言的类型系统及类型划分、数据的存储和引用的方法，重点讲解了以下几方面的内容：

1. C语言的数据类型

C语言的数据类型主要有：基本类型、构造类型、指针类型和空类型。

基本数据类型包括整型、实型、字符型3种。它们的表示方法、数据的取值范围等各有特点。

构造类型主要有：数组、结构、联合、枚举。

指针类型：存储地址的特殊类型。

空类型：用于对不确定的参数类型、返回值、指针类型进行声明的“无”类型。

除此以外，还有聚合类型、函数类型等。

2. 标识符

标识符指程序中的变量、符号常量、枚举常量、数组、函数、类型、文件等对象的名字。标识符只能由字母、数字和下划线组成，且第一个字符必须为字母或下划线。

3. 常量和变量

常量指在程序运行中其值不能被改变的量，包括整数、长整数、无符号整数、浮点数、字符、字符串、符号常量等。其中特别要注意字符和字符串的区别。

变量是指在程序运行过程中其值可以被改变的量，包括各种整型、实型、字符型等。

变量的名称可以是任何合法的标识符，但不能是关键字。给变量命名时应尽量做到“见名知义”。

常量中的符号常量也用标识符来表示。

CHAPTER 3 运算符和表达式

学习目标：

- 掌握运算符分类及基本属性
- 掌握算术表达式、关系表达式、逻辑表达式、赋值表达式、逗号表达式和自增自减表达式
- 了解引用与间接引用等其他表达式

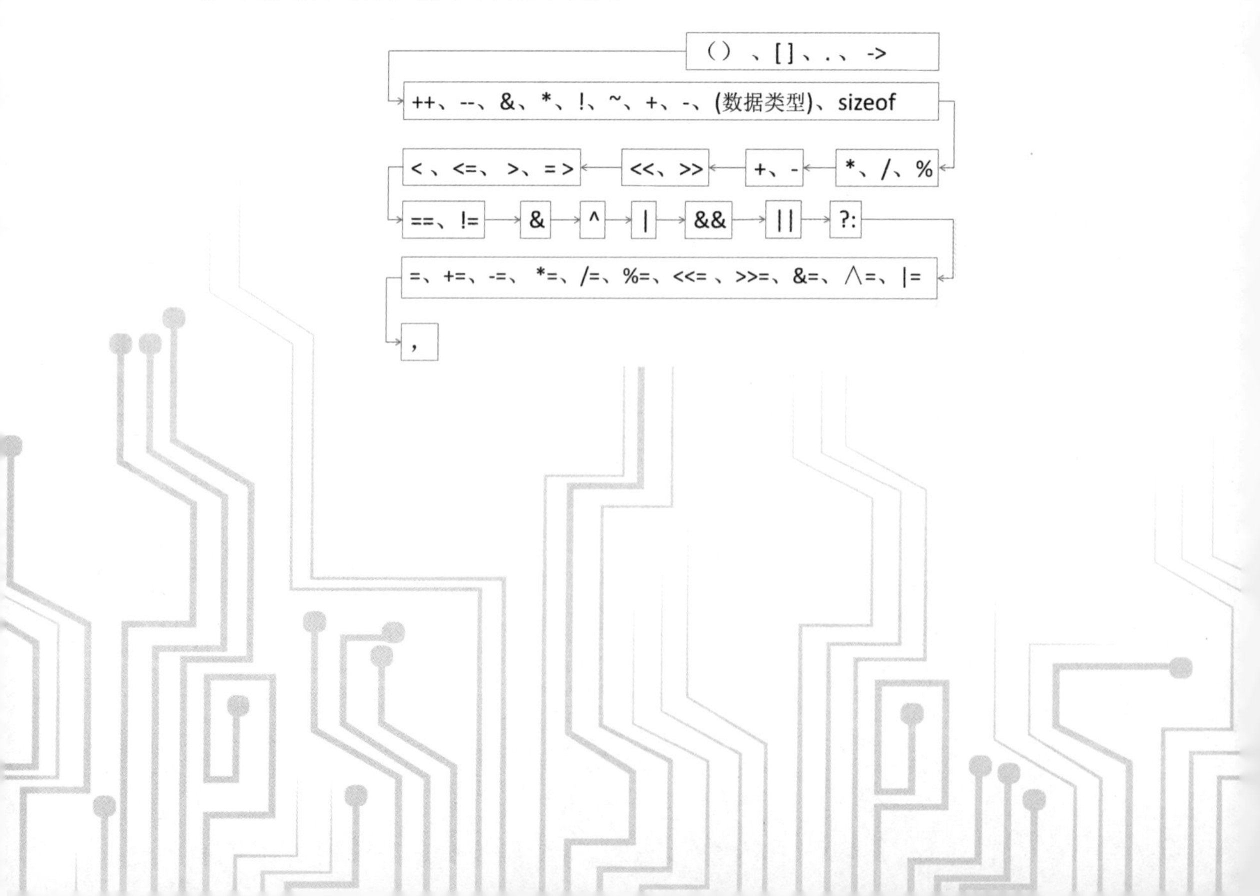

3.1 运算符

3.1.1 运算符分类

C语言的运算符非常丰富，共有13类45个运算符。除控制语句、输入输出语句以外几乎所有的基本操作都作为运算符处理。

运算符的使用方法非常灵活，这是C语言的主要特点。运算符是C语言学习的重点和难点之一。C语言运算符的类型见表3-1。

表 3-1 C 语言运算符的类型

<table>
<tr><th>优先级</th><th>运算符</th><th>名称</th><th>结合方向</th></tr>
<tr><td rowspan="3">1</td><td>( )</td><td>括号，改变优先级</td><td rowspan="3">从左至右</td></tr>
<tr><td>[ ]</td><td>数组类型定义与数组元素引用</td></tr>
<tr><td>.、-></td><td>成员选择运算符</td></tr>
<tr><td rowspan="8">2</td><td>++、--</td><td>自增、自减运算符</td><td rowspan="8">从右至左</td></tr>
<tr><td>&</td><td>取地址（取指针）</td></tr>
<tr><td>*</td><td>取内容，间接引用</td></tr>
<tr><td>!</td><td>逻辑求反</td></tr>
<tr><td>~</td><td>按位求反</td></tr>
<tr><td>+、-</td><td>正、负号</td></tr>
<tr><td>(数据类型)</td><td>强制类型转换</td></tr>
<tr><td>sizeof</td><td>计算对象长度</td></tr>
<tr><td>3</td><td>*、/、%</td><td>乘法、除法、求余</td><td rowspan="10">从左至右</td></tr>
<tr><td>4</td><td>+、-</td><td>加、减</td></tr>
<tr><td>5</td><td><<、>></td><td>左位移、右位移</td></tr>
<tr><td>6</td><td><、<=、>、=></td><td>小于、小于等于、大于、大于等于</td></tr>
<tr><td>7</td><td>==、!=</td><td>等于、不等于</td></tr>
<tr><td>8</td><td>&</td><td>按位与</td></tr>
<tr><td>9</td><td>^</td><td>按位异或</td></tr>
<tr><td>10</td><td>|</td><td>按位或</td></tr>
<tr><td>11</td><td>&&</td><td>逻辑与</td></tr>
<tr><td>12</td><td>||</td><td>逻辑或</td></tr>
<tr><td>13</td><td>?:</td><td>条件运算符</td><td>从右至左</td></tr>
<tr><td>14</td><td>=、+=、-=、*=、/=、%=、<<=、>>=、&=、∧=、|=</td><td>赋值运算符</td><td>从右至左</td></tr>
<tr><td>15</td><td>,</td><td>逗号运算符</td><td>从左至右</td></tr>
</table>

3.1.2 运算符属性

学习运算符需要注意以下问题：

1. 运算符的功能

针对一个或一个以上操作对象进行特定的计算并产生结果。

2. 运算符与操作对象的关系

- 操作对象的个数(单目、双目、三目)。
- 操作对象的类型。
- 结合方向：左结合、右结合。

操作对象即操作数，单目、双目、三目也分别称为一元、二元、三元。

3. 运算符的优先级和结合方向

不同级别的运算符按优先级决定谁先运算。

相同级别的运算符按结合方向决定谁先运算。

右结合的运算符有3个等级，分别是单目运算符、条件运算符和赋值运算符，其他都是左结合的。

例如：

```
10+3*10        //先*后+，值为40
x=y=100        //先y=100，然后x=(y=100)，因为y=100的值就是y的值，所以x也等于100
```

改变优先级的方法是加括号，因为括号的优先级是最高的，例如：

```
(10+3)*10     //先+后*，值为130
```

4. 运算结果的数据类型

不同类型数据的混合运算将发生类型转换，其结果的类型通常是其中类型较为复杂的类型。例如：1+1.0，是整型和浮点型的混合运算，结果是浮点型。

有些运算符的运行结果类型是有要求的，比如取模运算符%，要求结果的类型是整型，反过来就要求操作对象都必须是整型或字符型，不能是浮点型。

关系或逻辑运算符无论操作对象是什么类型，结果只有0或1，都是整型的。

有些运算符的结果类型并不固定，例如间接引用运算符*，其结果可能是各种类型。

需要注意的是，运算符运算得到的结果总是数据类型中的一种。例如，取地址运算符&，得到的是一个地址，其实是一种指针类型。所以，虽然习惯上称为取地址运算符，其实是取指针运算符。

3.2 表达式

表达式是由运算符、运算对象、括号组成的语言成分，用于求值、函数调用、产生副作用等。根据主要的运算符可以将表达式分为算术表达式、关系表达式、逻辑表达式、赋值表达式、逗号表达式等。

表达式中可能会出现副作用，例如：

```
x=(y=100)*10*sum(z)
```

y=100就是副作用，函数调用sum(z)也可能产生副作用，比如，调用过程中修改了全局变量的值。

对于双目运算符还存在求值顺序问题，例如：

```
int x=10;
y=(x=x-1)*(x);        //先算x=x-1还是先算x?
```

运算符*左右谁先运算，结果是不一样的，先算左边y=9*9，先算右边y=9*10。

通常情况下，C语言按从左到右的求值顺序。

3.2.1 常量表达式

不含变量的表达式称为常量表达式或常数表达式。常量表达式在编译时即可完成，不需要在运行时再处理。

常量表达式包括整型常量和算术常量表达式（整型常量、枚举常量、字符常量、浮点常量、sizeof表达式）、地址常量表达式。例如：

```
300*200              //整型常量表达式
'0'+8                //整型、字符常量表达式（结果是整型）
3.1415926*5*5        //浮点、整型常量表达式（结果是浮点型）
int x;               //x是静态变量
int *p=&x            //&x是地址常量表达式
int main()
{
    ……
}
```

C语言中，有些情况下必须使用常量表达式，例如：设置枚举常量值、数组大小、case分量、静态变量的初始化表达式等。常量表达式中通常不包括赋值运算符、++、--、函数调用、逗号运算符（sizeof除外）。

地址常量表达式指的是计算结果为指针的常量表达式。这个指针必须指向静态存储变量或函数名。

除了常量表达式以外，还有变量表达式、函数调用表达式等。

下面通过运算符对表达式进行分类。

3.2.2 算术运算符及表达式

1. 算术运算符

C语言中，基本算术运算符共有5个，分别为：+（加）、-（减）、*（乘）、/（除）、%（取模，或称求余运算符）。

另外，算术运算符还有：+（正号）、-（负号）。

C语言规定：

- 基本算术运算符为双目（需要两个操作数）运算符，结合方向均为从左到右。
- %（取模）运算符仅用于整型变量或整型常量的运算，a%b结果为a除以b的余数，余数的符号与被除数相同。例如：7 % 3的值为1；17 % -3的结果为2；-19 % 4的结果为-3。
- +、-、*、/运算符的两个操作数既可以是整数，也可以是实数。当两个操作数均为整数时，其结果仍是整数；如果参加运算的两个数中有一个为实数，则结果是double型，因为所有的实数均转换为double型后再进行运算。
- /（除法）运算符，当对两个整型的数据相除时结果为整数，如5/3，其值为1，舍去小数部分，相当于整除操作；当操作数中有一个为负数时，整除结果取整向0靠拢（商的绝对值

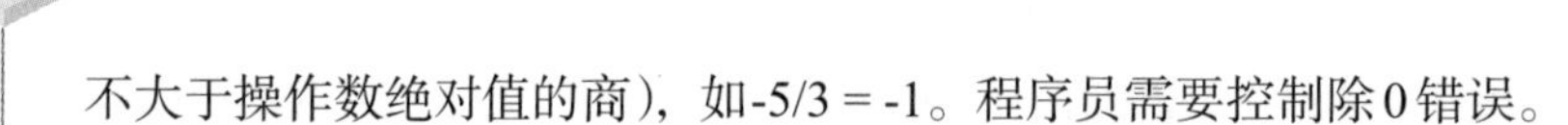

不大于操作数绝对值的商），如-5/3 = -1。程序员需要控制除0错误。

2. 算术表达式

由算术运算符、括号以及操作对象组成的符合C语言语法规则的表达式称为算术表达式，如a+b-2.5/d*(a-c)。

算术表达式中“*、/、%”的优先级高于“+、-”。

正负号的优先级高于基本算术运算符。

3.2.3 关系、逻辑运算符及表达式

1. 关系运算符

C语言提供了6种关系运算符：

- >、>=、<、<=
- ==、!=

其中:>、>=、<、<=相当于数学中的>、≥、<、≤;“==”表示“等于”，“!=”表示“不等于”。

关系运算符用于判断和比较，其结果只有两个：真和假，我们称之为逻辑值。C语言习惯用1表示真，用0表示假，需要特别指出的是所有非0的值在C语言中都当作真值处理。

关系运算符都是双目运算符，要求两个操作数是相容的数据类型，其结果为逻辑值。即关系成立时，其值为真，否则为假。

C语言中的“=”用于赋值运算，请注意区别于“==”。

2. 逻辑运算符

C语言提供了3种逻辑运算符:!、&&、||。其中，逻辑与&&、逻辑或||为双目运算符，逻辑非!为单目运算符。三种运算符的运算规则如表3-2所示。

表 3-2 逻辑运算的真值表

a	b	!a	!b	a&&b	a||b
真	真	假	假	真	真
真	假	假	真	假	真
假	真	真	假	假	真
假	假	真	真	假	假

由表3-2可知，a&&b当且仅当a、b都为真时，结果才为真;a||b当且仅当a、b都为假时，结果才为假。

3. 优先级

关系运算符的优先级低于基本算术运算符，关系运算符中>、>=、<、<=的优先级相同；==和!=的优先级低于前4种。逻辑运算符||和&&的优先级低于关系运算符和算术运算符，由于逻辑非!是单目运算符，其优先级高于关系运算符和其他逻辑运算符。这几种运算符的优先级次序由低到高如下所示：

|| → && → ==、!= → < 、<=、 >、= > → 算术运算符 → !、++、-- 等

例如：

```
a+b > c–d     ≡     (a+b) > (c–d)
a>b = = c     ≡     (a>b) = = c
```

符号“≡”表示“等价于”，这里仅用于说明，并非C语言的运算符，后面略同。

4. 结合性

关系运算符、逻辑运算符除了逻辑非！的结合性为右结合以外，其他都是左结合。

例如：

```
a>b<c      ≡      (a>b)<c
a!=b>c     ≡      a!=(b>c)
```

5. 关系运算符、逻辑表达式

由关系运算符可构成关系表达式，由逻辑运算符可构成逻辑表达式，两种表达式都返回0或1。

若有：

```
int a=0,b=1,c=2;
```

以下表达式的值为0：

```
a>b              !a ==0            a>b && b>c          !!a
(a==0) * (b==0) *(c==0)            a==0 && b==0&&c==0
```

以下表达式的值为1：

```
a==0             b==1              a>b || c>b          !a
a==0 && b==1||c==0
```

6. 逻辑表达式的短路现象

若有：

```
int a=0,b=1;
```

观察下面两个表达式：

```
a>1 && b=2
a<1 || b=2
```

因为a>1的值为0，逻辑表达式“a>1 && b=2”的值必然为0，系统将不再计算b=2。

因为a<1的值为1，逻辑表达式“a<1 || b=2”的值必然为1，系统将不再计算b=2。

这是为了提高语句执行效率采用的策略，称为短路现象。以上两个表达式均没有计算b=2，则b仍然等于1。

下面的程序更为复杂些。

```
int a,b,c,x;

a=1,b=2,c=3;
x= ++a>1 || ++b>2 && ++c>4;
printf("%d,%d,%d,%d\n",x,a,b,c);          //输出1,2,2,3

a=1,b=2,c=3;
x= ++a>1 || (++b>2 && ++c>4);
printf("%d,%d,%d,%d\n",x,a,b,c);          //同上

a=1,b=2,c=3;
x= (++a>1 || ++b>2) && ++c>4;
printf("%d,%d,%d,%d\n",x,a,b,c);          //输出0,2,2,4
```

```
a=1,b=2,c=3;
x= --a>1 && --b>2 || --c>4;
printf("%d,%d,%d,%d\n",x,a,b,c);          //输出0,0,2,2

a=1,b=2,c=3;
x= (--a>1 && --b>2) || --c>4;
printf("%d,%d,%d,%d\n",x,a,b,c);          //同上

a=1,b=2,c=3;
x= --a>1 && (--b>2 || --c>4);
printf("%d,%d,%d,%d\n",x,a,b,c);          //输出0,0,2,3
```

从上面的程序中可以看出短路现象的影响。

需要注意的是：即使运算符&&的优先级大于||，第一次的输出并没有计算++b和++c，而是++a短路后直接得到x的值，所以，在包含逻辑运算符的表达式中，副作用是有限的，程序员应尽量避免采用复杂的包含副作用计算的逻辑表达式。

关系表达式、逻辑表达式通常用于选择结构、循环结构的条件判断等，程序中会经常用到。

思考：

请读者思考下面两个表达式的区别：

```
x==0            (1)
0==x            (2)
```

有时候为了避免书写错误，推荐(2)的写法，因为(1)容易写成：

```
x=0
```

编译时不会报错，但如果(2)写成：

```
0=x
```

编译时会报错，这样容易避免出错。

3.2.4 赋值运算符及表达式

1. 赋值运算符

所谓“赋值”指的是将一个表达式的值赋给一个存储对象，例如：变量。

C语言中的赋值运算符有：

(1) =

(2) +=、-=、*=、/=、%=、<<= 、>>=、&=、∧=、|=

其中(2)称作复合赋值运算符。

赋值运算符的优先级仅仅高于逗号运算符，结合方向为右结合。

2. 赋值表达式

赋值表达式的写法如下：

变量 = 表达式

赋值运算符左边的操作对象必须是变量等左值对象，右边可以是各种表达式。所谓左值(lvalue)对象指的是存储在计算机内存的对象。与左值对象相对应的是右值(rvalue)对象，右值对象可以是常量、变量或各种表达式等。例如：

```
a=100
```

```
a=b=c=100        //相当于c=100,b=(c=100),a=(b=c=100)
a+=100           //相当于a=a+100
```

要求操作对象是左值对象的还有&、++、--等运算符。下面的表达式也是可以的：

```
*p=100+200
```

p是指针，*p对应内存的内存地址，也是一种左值对象。而下面的写法是错误的：

```
100=*p
p+1=p+2
```

常量100、表达式p+1不是左值，所以“=”右边的值无法赋值，或者说不知道存到内存的什么地方。

我们可以将赋值表达式理解成是一次寄件操作，把右边的表达式（邮件）寄送到左边的左值对象对应的存储空间（地址）。

3.2.5 引用与间接引用运算符及表达式

引用或间接引用运算符通常与对象的地址有关。

& 取地址（指针）运算符，用于获取实体对象的内存地址。

* 间接引用运算符，用于根据地址获取所存储的数据。

[ ] 数组引用运算符，和数组名、偏移值一起获取数组元素的值。

例如若有：

```
int a[5]={1,2,3,4,5};
int b=100;
int *p,*q;
p=&b;
q=&a[2];
```

则：

- &b表示变量b的内存地址，&a[2]表示数组元素3的内存地址。
- *p表示b的值，即等于100，*q表示数组元素a[2]的值，即3。
- a[0]表示数组元素1。

数组a其实包含5个变量，分别是a[0]、a[1]、a[2]、a[3]、a[4]。

需要注意的是&运算符不仅得到地址，还得到操作对象的类型，例如：&a[0]是变量a[0]的地址，&a[0]+1是a[0]的地址+sizeof(int)，而不是a[0]的地址+1，这是因为&a[0]得到的是一个int *指针。

引用与间接引用运算符的具体使用方法将会在后续章节中详细介绍，这里只作简单的说明和了解。

3.2.6 逗号运算符及表达式

1. 逗号运算符

C语言提供一种特殊的运算符：逗号运算符“,”。用逗号运算符可以将两个表达式连接起来，例如：a=100,b=a+200。

2. 逗号表达式

用逗号运算符连接两个或两个以上的表达式所形成的新表达式就是逗号表达式，其一般形

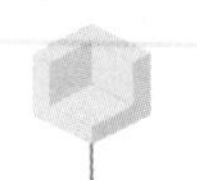

式为：

表达式1，表达式2，表达式3，…，表达式n

逗号表达式的求值过程是：先求表达式1的值，再求表达式2的值，……，最后计算表达式n的值。最后一个表达式n的值就是整个逗号表达式的值。

例如：

```
c=100,b=c,a=b              //相当于“a=b=c=100”
a=100,a=a+100,20*5         //值等于最后一个表达式的值，即“20*5”的值100，变量a的值变成200
```

3.2.7 自增自减运算符及表达式

自增运算符++和自减运算符--是两个单目运算符，具有右结合性，作用于左值对象，如变量，其功能是：变量的值加1或减1。例如：++i相当于i=i+1。

自增自减运算符的操作对象通常是左值对象，因此5++、(x+y)--等都是错误的。

运算符可以在左值对象的左边或右边，分别称为前缀运算与后缀运算。

自增自减运算符的优先级很高，但后缀运算形式将降低其优先级别。

【例3-1】演示自增自减运算符

程序代码：

```
//c3_1.c

#include<stdio.h>
int main()
{
    int i=5, j;
    j=i++;
    printf("%d,%d\n",i,j);
    i=5;
    j=(++i)+(++i)+(i++);
    printf("%d,%d\n",i,j);
    i=5;
    printf("%d\n", (++i)+(++i)+(++i));
    i=5;
    printf("%d\n", (i++)+(i++)+(i++));
    return 0;
}
```

扫一扫，看视频

运行结果：

```
6,5
8,21
24
15
```

分析：

j=i++相当于j=i,i=i+1;，即先取i的值5赋给j，然后i自增为6。

j=(++i)+(++i)+(i++);相当于i经过2次前缀运算为7，然后j=i+i+i等于21，然后1次后缀运算i自增为8。

后面的两个输出基于同样的道理，不过不同编译器的处理方式略有不同，具体参见课程讲解。

自增自减运算符常用于循环语句中，使循环变量自动加1或减1，也可用于指针变量，使指针指向上一个或下一个地址，使程序变得简洁。

自增自减运算符的操作对象也可以是下面的左值形式：

```
int a=10,*p=&a;
(*p)++;          //左值*p
```

自增自减运算符的操作对象可以是整型变量，也可以是实型变量，例如：

```
double d=3.3;
d++;
printf("%lf",d);
```

将输出：

```
4.300000
```

扩展阅读：

如果读者学习过汇编语言，可以对前缀与后缀运算进行跟踪分析，可以发现，前缀运算时，直接将变量对应的内存数据加减1并入栈，后缀运算需要将数据放在一个临时存储的内存区域，加减1操作是在临时存储区域完成的，加减1之前数据入栈，加减1之后才把数据存回变量对应的内存。当变量被引用时是通过出栈操作完成的，出栈的是加减1之前的数据，这就是后缀与前缀的区别。

例如，笔者对前缀与后缀运算进行汇编代码的分析（不同编译器可能略有差异）。

- i++汇编跟踪

```
mov     eax,dword ptr [i]              'i 存寄存器 eax
mov     dword ptr [ebp-0C0h],eax       ' 转临时空间 0C0h ( 栈 )
mov     ecx,dword ptr [i]              'i 转寄存器 ecx
add     ecx,1                          'ecx 加 1
mov     dword ptr [i],ecx              ' 加 1 后转存到 i 对应的内存区域
mov     esi,esp                        ' 堆栈顶指针转源索引寄存器
mov     edx,dword ptr [ebp-0C0h]       ' 临时数据转 edx 寄存器
push    edx                            'edx 数据入栈
```

- ++i汇编跟踪

```
mov     eax,dword ptr [i]              'i 存寄存器 eax
add     eax,1                          'eax 寄存器直接加 1
mov     dword ptr [i],eax              'eax 寄存器存到 i 对应的内存区域
mov     esi,esp                        ' 堆栈顶指针转源索引寄存器
mov     ecx,dword ptr [i]              'i 对应的内存数据转 ecx 寄存器
push    ecx                            'ecx 数据入栈
```

过多地使用自增自减运算符会使程序的可读性降低，复杂的自增自减表达式在应用中极少用到，建议在实际应用编程时尽量少用。本书不对自增自减运算符作深度介绍，以免误导读者。

需要注意的是，在不同的编译器中，以上程序输出的结果可能略有区别，有的编译器可能将连续的自增自减运算符分步拆分执行，具体请调试确定其规律。

3.2.8 其他运算符及表达式

除了以上介绍的常用运算符外，还有以下运算符将在后续章节中陆续介绍。

- 成员运算符“.”和“->”，用于struct类型和union类型。

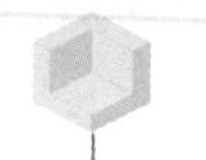

- 位运算符~、&、|、^、<<、>>，用于位运算。
- 一对括号( )，用于函数调用或子表达式的书写。
- (类型名)，用于类型强制转换。
- sizeof，用于计算对象的大小。

例如：

```
printf("%d\n",sizeof 3);
printf("%d\n",sizeof(long));
printf("%d\n",(int)3.1415);
printf("%.5f\n",(double)3);
```

运行结果：

```
4
4
3
3.00000
```

其中(类型名)运算符将在下节详细介绍。

3.3 综合案例

3.3.1 代数式写成 C 语言表达式

【例3-2】将代数式写成C语言表达式

$$\frac{\sqrt[2]{x^2+y^2}}{2z}$$

分析：

代数式中乘号×是省略的，平方根在C语言中需要调用平方根函数sqrt()，x、y、z可以定义成变量。

完整的C语言表达式是：

```
sqrt(x*x+y*y) / (2*z)
```

以下写法是错误的：

```
sqrt(x*x+y*y) / 2z        //2z是代数式的写法，应该写成2*z
sqrt(x*x+y*y) / 2*z       //2*z需要用括号括起来，否则变成先除以2再乘以z
sqrt(x2+y2) / (2*z)       //x2、y2应写成x*x、y*y,写成x2、y2会被当作两个新的标识符
```

数学中的代数式写成C表达式还需要考虑数据类型，例如：

$$\frac{1}{a}+\frac{1}{b}+\frac{1}{c} \leqslant a^2+b^2+c^2$$

写法如下：

```
1.0/a+1.0/b+1.0/c <= a*a+b*b+c*c
```

之所以将“1”写成“1.0”是防止a是整数时除法变成整除，如果有以下定义：

```
double a,b,c;
```

则写成：

```
1/a+1/b+1/c <= a*a+b*b+c*c
```

是可以的。

3.3.2 时间的换算

【例3-3】以秒作为单位输入时间，计算其相当于多少小时多少分钟多少秒

程序代码：

```
//c3_3.c

#include <stdio.h>
int main()
{
    int time,hour,minute,second;
    printf("Please input time:");                    //输出一个提示字符串
    scanf("%d",&time);                               //键盘输入时间

    hour    = time /3600;                            //取小时数，注意是整除3600
    minute  = (time – hour * 3600) /60;              //取分钟数，注意是整除60
    second  = time – hour * 3600 – minute * 60;      //取秒数
    printf("%02d:%02d:%02d\n",hour,minute,second);   //输出时间，时分秒各占2字符，不足用0补齐

    //反过来计算
    second  = time%60;                               //先计算秒数
    time  = (time–second)/60;                        //从总的时间中去除秒数
    minute  = time%60;                               //计算分钟数
    hour  = time/60;                                 //计算小时数
    printf("%02d:%02d:%02d\n",hour,minute,second);
    return 0;
}
```

扫一扫，看视频

运行结果：

运行后若输入123456，则结果如下：

```
Please input time:123456
34:17:36
34:17:36
```

本章小结：

1. 运算符

C语言共有13类运算符。

运算符主要有算术运算符(包括自加、自减运算符)、关系运算符、逻辑运算符、条件运算符、位运算符、赋值运算符和逗号运算符等。

每种运算符的运算对象的个数、优先级、结合性各有不同。一般而言，单目运算符的优先级较高，赋值运算符的优先级较低。大多数双目运算符为左结合性，单目、三目及赋值运算符

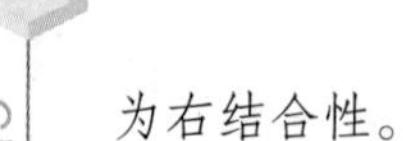

为右结合性。

赋值运算符将一个表达式的值赋给一个存储对象，该存储对象必须符合左值对象的特点。

2. 表达式

表达式是由运算符连接各种类型的数据(包括常量、有值变量和函数调用等)组合而成的式子。表达式的求值应按照运算符的优先级和结合规定的顺序进行。

本章重点掌握算术运算符(包括自加、自减运算符)、关系运算符、逻辑运算符、赋值运算符和逗号运算符，了解条件运算符、位运算符、引用与间接引用运算符等。

类型混合运算和转换

学习目标：

- 掌握类型转换的基本规则
- 掌握不同类型混合运算的规则
- 理解类型和计算的关系

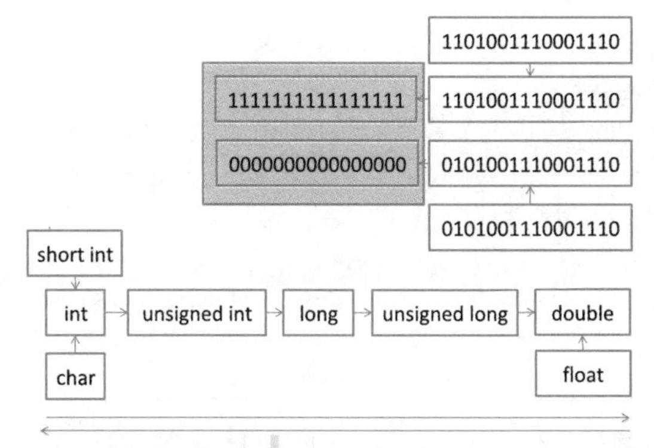

不同类型数据的存储长度和存储方式不同，一般不能直接混合运算，需要进行类型的转换。C语言的类型转换分为自动类型转换和强制类型转换。

4.1 自动类型转换

自动类型转换由系统自动完成，又称隐式转换。

为了实现自动转换，C语言按图4-1将类型进行高低级别的划分。

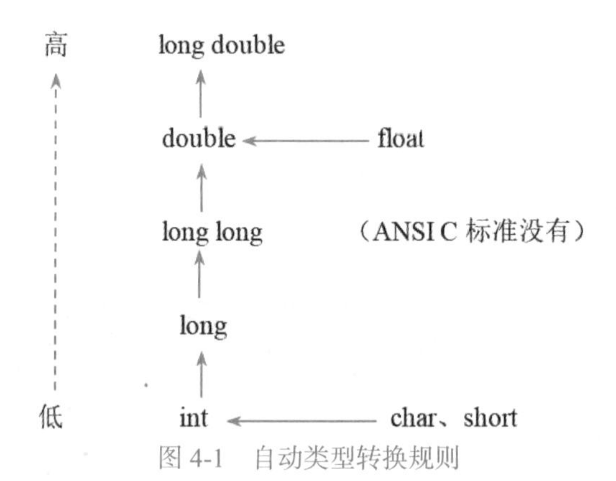

图 4-1　自动类型转换规则

运算时的类型并不决定结果的类型，结果的类型取决于表达式中的最高级别。

表达式中不同类型的数据混合运算时遵循下面的规则：

（1）signed和unsigned类型混合运算时，signed自动转换为unsigned。

（2）char和short运算时自动转换为int，float运算时自动转换为double。

（3）低级别类型和高级别类型混合运算时，低级别类型转换为高级别类型。

假设变量c、i、f、d的类型分别是char、int、float、double，则：

```
c+i         //c自动转换为int，结果为int
c+i+f       //c自动转换为int，和i运算后，结果转换为int，f自动转换为double，运算最后结果为float
c+i+f+d     //c自动转换为int，和i运算后，结果转换为double，f自动转换为double，运算最后结果为double
```

读者可以用下面类似的程序进行测试。

【例4-1】演示混合类型运算的效果

程序代码：

```
//c4_1.c

#include "stdio.h"
int main()
{
    char c='A';
    int i=1;
    float f=3.0;
    double d=4.0;
    printf("%d\n",sizeof(c));
    printf("%d\n",sizeof(c+i));
    printf("%d\n",sizeof(c+i+f));
    printf("%d\n",sizeof(c+i+f+d));

    return 0;
}
```

运行结果：

```
1
4
4
8
```

除了以上常规的自动转换外，还有赋值类型转换、函数类型转换。

● 赋值类型转换

如果赋值运算符=的左边（左值）的数据类型和右边表达式的数据类型不一致，系统自动将右边表达式的结果转换为左值的数据类型。例如：

```
int a;
a=3.1415926 + 100;
```

因为a是int型，右边表达式运算结果的类型是浮点型，为了保证变量a的类型不变，系统自动转换为int型，所以a将被赋值为103。

很显然，赋值运算是不惜牺牲准确度的，左值对象的数据类型是必须保证的。其实，这个道理也很简单，左值对象的存储长度和形式在定义时已经确定，不能更改，数据的填充必须按其属性进行操作。

● 函数类型转换

向函数传递不一致类型的数据以及返回和函数类型不一致的数据都会导致系统自动进行类型转换。例如：

```
int sum(int x, int y)
{
    double z=4.5;
    z=z+x+y;
    return z;
}
```

sum(2.3,3.4)的结果是：

```
9
```

浮点型数据2.3、3.4传给int型x、y，系统自动转换为2、3；计算结果z应等于9.5，但因为函数类型是int，系统自动转换为int型值9。

函数类型的转换类型由参数类型和函数类型决定，类似于赋值类型转换，当类型差异较大时，系统无法转换，将会报错，例如例4-2。

【例4-2】演示函数类型转换

程序代码：

```
//c4_2.c

#include "stdio.h"
int sum(int x, int y)
{
    double z=4.5;
    z=z+x+y;
    return z;
}
int main()
{
```

扫一扫，看视频

```
    int a=10,b=20,c;
    c=sum(&a,&b);        //错误的参数传递，应写成c=sum(a,b);
    printf("%d\n",c);
    return 0;
}
```

分析：

将int *类型的&a、&b传递给int型的x、y，转换是失败的，运行结果是地址的相加，是没有意义的，二者类型的差距太大。

同样，系统函数也存在无法正确转换的情况，例如：

```
printf("%d\n",3.14);    //%d 需要提供整型的输出项
printf("%f\n",300);     //%f 需要提供实型的输出项
```

运行结果：

```
1374389535
3.139999
```

显然，结果不是预期的，这是因为整型和实型的存储机制完全不同。

4.2 强制类型转换

系统无法自动进行的类型转换需要程序员采用强制类型转换的方法来处理，强制类型转换又称显式转换。

C语言提供“(类型名)”运算符来实现强制类型转换，使用方法为：

(类型名) (表达式)

例如：

```
(int) (2+2.56789)    //浮点类型转换为int型，结果为4，小数部分直接截断去除
```

表达式是单个变量或常量时，不需要加括号，如:(int) 2.56789。

使用强制类型转换的好处在于可以明确知道结果的数据类型。

有时候可以利用强制类型转换实现特殊的效果，例如：

```
(int)(3.1415926*1000+0.5)/1000.0
```

3.1415926*1000+0.5 等于 3142.0926，转换为int值3142，再除以 1000.0 得到 3.142。

3.142 是对 3.1415926 的第 4 位小数四舍五入后的结果。

扩展阅读：

指针类型依赖于所指向的数据的类型，使用强制类型转换可以改变指针的类型，例如：

```
char a[]="ABCD";
long *p;
p=(long *)a;           //a是char *类型指针，强制转换为long *类型指针
printf("%X\n",*p);   //*p取出4个字节的数据，如果是*a只能取1个字节的数据
```

运行结果：

```
44434241
```

p是long *类型的指针变量，a是char *型的指针，将a转换为long *型后赋值给p，输出p指向的数据，得到4个字节的数据，44对应’D’，43对应’C’，42对应’B’，41对应’A’，从而一次性得到数组a中4个元素的实际存储形式。

前面提到的浮点数0.5的存储形式也可以这样获取：

```
float x=0.5;
printf("%lX",*((long *)(&x)));
```

运行结果：

```
3F000000
```

转换为二进制形式为：

```
0011 1111 0000 0000 0000 0000 0000 0000
```

“%lX”表示是以long型十六进制形式输出，&x是x的地址，是float *类型的指针，强制转换为long *型指针，再取该指针指向的存储数据。

注意，之所以用long 型，因为和float类型一样，都是4个字节的存储长度。如果x是double类型，“%lX”需要改成“%llX”，“long*”需要改成“long long *”，并且编译器需要支持long long类型。

4.3 数据类型转换产生的效果

不同类型的数据转换可能产生以下效果。

4.3.1 数据类型级别的提升与降低

产生类型提升效果的有：

- 短数据转换成长数据。
- 整数转换成实数。
- signed型转换成unsigned型。

与此相反的转换将产生类型级别降低的效果。

4.3.2 符号位扩展与零扩展

为保持数值不变，整型短数据转换成长整型数据时将产生符号位扩展与零扩展。例如：

```
int a='A';
short b=-1;
int c=b;
```

'A'的二进制形式和a、b、c的二进制形式分别如下：

数据	二进制形式	说明
'A'	01000001	最高位是0
a	00000000000000000000000001000001	零扩展
b	1111111111111111	最高位是1，符号位
c	11111111111111111111111111111111	符号位扩展

可以看出a的高24位进行了零扩展。c的高16位进行了符号位扩展。

4.3.3 截断和精度丢失

高级别的类型转换为低级别的类型时难免出现问题。

较长的整型转换为较短的整型或字符型时将去除高位字节，例如：

```
int a=65,b=321;
char c1=a;          //能保持准确度,c1等于'A'，相当于65
char c2=b;          //不能保持准确度，c2将等于65
```

实数转换成整数时，由于截去小数将丢失精度，例如：

```
int a=3.1415926;    //a将等于3
```

double型转换成float型时，有效数字减少（四舍五入），精度丢失，例如：

```
double x=3.1456789012345;
float y=x;          //y将等于3.1456789
```

long型转换成float型时，将变成只有7位有效数字的浮点数，精度也会丢失，但由于数的范围扩大了，数据类型从较低级提升到较高级，例如：

```
long x=123456789;
float y=x;          //y将等于123456790.0(实际输出除了12345679外，可能有其他无效的数字)
```

程序员在处理数据类型转换时，遇到级别降低的情况时，需要判断这种转换的代价是否在合理或可控制的范围内，避免转换后影响程序运行的结果。

C函数如果不能自动进行类型转换，程序员需要进行强制类型转换。例如前面的输出：

```
printf("%d\n",3.14);
printf("%f\n",300);
```

改成：

```
printf("%d\n",(int)3.14);
printf("%f\n",(float)300);
```

结果就没有问题了。

4.4 误差和溢出

4.4.1 误差

不同精度的实型数据混合运算时，由于有效数字的局限性，会出现计算误差。例如：

```
float  x, y;
x = 123456789.012345;
y = x + 0.1234567;
```

x无法存储给定的常量，只能存储7位有效数字，0.1234567也无法计算并存储到y中，x+0.1234567是无效的计算。

当一个大数和小数混合运算时，容易出现误差，小数通常被忽略。

在设计C语言程序时，我们应尽量避免出现以上实型数据的舍入误差。

4.4.2 溢出

把大杯的水倒入一个小杯中，水可能会溢出，同样，因为存储的局限性，数据有一定的值范围，不合适的计算会导致超出范围，导致数据溢出。例如：

```
char c=127;
c=c+1;
```

因为char型能存储的最大数是127，二进制形式为01111111，加1后应为128，但因为存储的局限性，无法正确保存，将产生值的溢出，c实际存储的是-1，二进制形式为10000000。如果将c定义为unsigned char就可以了。

再看下面的程序：

```
int a[]={1,2,3,4,5};
int *p=a;
p=p+5;
```

p指向了元素5后面的地址，a的类型是int[5]，长度是5*sizeof(int)，这是一种合法范围的超出，是一种特殊类型的“溢出”，是危险的操作。

由于类型的值都有限定的范围，很多计算都是有局限性的，都有可能超出范围而出现溢出现象，这是很正常的现象，所以，程序员需要采用特殊的算法来避开，例如本书综合案例中就采用数组实现了大数的算术运算。

4.5 *高精度计算模拟

数据的误差和溢出并非都会被系统警告或者报错，需要程序员编写程序时加以控制并通过测试发现并纠正，例如选择更长的或精度更高的类型。如果系统提供的内置类型不能满足需求，可以利用特殊的算法来实现。

【例4-3】计算123456789.012345+0.1234567

考虑到给读者提供一种解决精度不够的算法，本书将该程序编排在这里可能更加合适，初学者可以在数组章节学完后再来阅读理解该程序，这里先了解算法的基本特征。

算法分析：

（1）小数补齐。

（2）从后向前对应位求和，记录进位。

（3）下一位求和中加入进位。

（4）小数点忽略。

下面的表格展示了详细的计算过程。

1	2	3	4	5	6	7	8	9	.	0	1	2	3	4	5		
								0	.	1	2	3	4	5	6	7	

																0	进位 k
																7	和
1	2	3	4	5	6	7	8	9	.	0	1	2	3	4	5	0	
								0	.	1	2	3	4	5	6	7	

															1	0	进位 k
															1	7	和
1	2	3	4	5	6	7	8	9	.	0	1	2	3	4	5	0	
								0	.	1	2	3	4	5	6	7	

														1	1	0	进位 k
														0	1	7	和
1	2	3	4	5	6	7	8	9	.	0	1	2	3	4	5	0	
								0	.	1	2	3	4	5	6	7	

													0	1	1	0	进位 k
													8	0	1	7	和
1	2	3	4	5	6	7	8	9	.	0	1	2	3	4	5	0	
								0	.	1	2	3	4	5	6	7	

												0	0	1	1	0	进位 k
												5	8	0	1	7	和
1	2	3	4	5	6	7	8	9	.	0	1	2	3	4	5	0	
								0	.	1	2	3	4	5	6	7	

											0	0	0	1	1	0	进位 k
											3	5	8	0	1	7	和
1	2	3	4	5	6	7	8	9	.	0	1	2	3	4	5	0	
								0	.	1	2	3	4	5	6	7	

										0	0	0	0	1	1	0	进位 k
										1	3	5	8	0	1	7	和
1	2	3	4	5	6	7	8	9	.	0	1	2	3	4	5	0	
								0	.	1	2	3	4	5	6	7	

									.	0	0	0	0	1	1	0	进位 k
									.	1	3	5	8	0	1	7	和
1	2	3	4	5	6	7	8	9	.	0	1	2	3	4	5	0	
								0	.	1	2	3	4	5	6	7	

								0	.	0	0	0	0	1	1	0	进位 k
								9	.	1	3	5	8	0	1	7	和
1	2	3	4	5	6	7	8	9	.	0	1	2	3	4	5	0	
								0	.	1	2	3	4	5	6	7	

……

0	0	0	0	0	0	0	0	0	.	0	0	0	0	1	1	0	进位 k
1	2	3	4	5	6	7	8	9	.	1	3	5	8	0	1	7	和
1	2	3	4	5	6	7	8	9	.	0	1	2	3	4	5	0	
								0	.	1	2	3	4	5	6	7	

程序代码：

```
//c4_3.c

//作者:Ding Yatao
//日期:2019年8月

#include <stdio.h>
int main()
{
    char s[100]="123456789.012345",t[]="0.1234567";
    int i,j,k,m;
    int n1,n2,ps,pt;
    int a,b;
    //查找小数点位置并计算总长度
    for(n1=0; s[n1]!='\0'; n1++)
        if(s[n1]=='.') ps= n1;
    for(n2=0; t[n2]!='\0'; n2++)
        if(t[n2]=='.') pt= n2;
    if(n1-ps>n2-pt)   m=n1-ps;
    else   m=n2-pt;
    s[ps+m]='\0';                        //m是最长小数位数（含小数点）
    for(i=ps+m-1; i>=n1; i--)  s[i]='0'; //将s中不足的小数位置为数码0
    k=0;                                 //保存进位
    for(i=n2-1,j=ps+m-1; j>=0; i--,j--)
    {
        //i遍历t中的数码，j遍历s中的数码
        if(t[i]!='.'&& s[j]!='.')
        {
            //小数点过滤
            if(i<0)a=0;
            else   a=t[i]-'0';           //t的数码
            b=s[j]-'0';                  //s的数码
            s[j]=(a+b+k)%10+'0';         //加法得到的数码
            k=(a+b+k)/10;                //新的进位
        }
    }
    printf("%s\n",s);

    return 0;
}
```

运行结果：

```
123456789.1358017
```

当然，上面的算法还需要继续补充完善，主要包括：

（1）最后一位也可能进位；

（2）第1个数的小数位长度比第2个数长，补齐0的算法需要修改；

（3）没有对应位时，算法优化的问题；

（4）符号的问题。

4.6 类型不同会带来什么

下面的程序以基本类型为测试对象，演示类型的不同对计算的影响，初学者可以在学完指针章节后再来深入理解。

【例4-4】演示不同类型之间的混合运算

程序代码：

```
//c4_4.c
//作者:Ding Yatao
//日期:2019年8月

#include<stdio.h>
int main()
{
    char c='A';
    int i=256+65;
    float d=0.5;

    printf("%c,%d,%x\n",c,c,c);
    printf("%c,%d,%x\n",i,i,i);
    printf("%d,%d\n",1+'0',1.0+'0');

   //(float*)&i是将int *转换成float *,(int*)&d正好相反
    printf("%x,%x,%x\n",i,(int)(*((float*)&i)),(*((int*)&d)));

    i=0x43a08000;
    printf("%x,%x\n",i,(int)(*((float*)&i)));

    printf("%f\n",1.2345);
    printf("%d\n",12345);
    printf("%d\n",1.2345);
    printf("%f\n",12345);

    return 0;
}
```

运行结果：

```
A,65,41
A,321,141
```

```
49,0
141,0,3f000000
43a08000,141
1.234500
12345
309237645
1.234500
```

分析：

第1行，c相当于1个字节的整型数，%c按字符格式输出'A'，%d按十进制整数形式输出65，%x按十六进制整型数形式输出41。

第2行，i按%c格式输出时，数据截断，只留下低位1个字节，正好是65，对应字符'A'，按%d输出十进制321，按十六进制整数输出141。

第3行，1+'0'，字符'0'自动转换为整数48，运算结果输出为49，1.0+'0'，'0'转换为浮点数，运算结果为浮点数49.0，但输出格式是%d，十进制整数，类型不能对应，输出结果0。

第4行，i按十六进制%x格式输出141，(int)(*((float*)&i))相当于将i变量存储的数据0x00000141转换为浮点格式，取出数据后再转换为int型，按浮点数存储原理，小数部分为0，转换为int后最终还是0；(*((int*)&d))，将d数据（0.5，内存实际为0x3f000000）取出后转换为int型的0x3f000000，按%x十六进制整型数格式输出，就是3f000000。

第5行，按%x十六进制整型数格式输出新赋值为0x43a08000的i，结果就是43a08000，(int)(*((float*)&i))，将i对应的内存数据转换为float型取出，其二进制形式是：

```
01000011101000000100000000000000
```

8位阴影部分是指数，展开等于2^7+7，所以指数等于2^7+7 -(127)，等于8；

后23位为小数部分，由于指数部分不是全0或全1，实际的小数需要加1。

```
1.01000000100000000000000
```

指数为8表示小数点左移8位，最终为：

```
101000001.000000000000000
```

按二进制展开，即2^8+2^6+1等于321。321按十六进制%x格式输出等于141。

第6行和第7行，正常输出；

第8行和第9行，整型数按%f浮点数格式输出，浮点数按%d整型格式输出，不同编译器结果可能不一样，但因为类型不一致，输出是不确定的，有的编译器全部输出0，有的编译器能部分进行自动类型转换。安全的做法是进行强制类型转换后再输出。

本章小结：

1. 数据类型转换的基本规则

不同类型的数据在进行混合运算时，需要进行类型转换。

类型转换有两种方式：

(1)自动类型转换。包括一般自动类型转换和赋值类型转换、函数类型转换。当不同类型的数据进行混合运算时，按照“精度”不降低的原则从低级向高级自动进行转换。当赋值运算符两侧的类型不一致时，将表达式值的类型转换成变量的类型再赋给变量。函数类型转换包括参数传递时的类型转换和返回值类型转换。

(2)强制类型转换。当希望将一个表达式转换成指定的所需类型时可进行强制类型转换。

强制类型转换用在不能自动转换的情况，当然能自动转换的情况下用强制类型转换也可以。

在自动类型转换中，float自动转换成double，char和short自动转换成int，而不管是否存在混合类型的运算。

2. 类型转换的副作用

类型转换的副作用包括类型级别的提升与降低、符号位扩展、符号位零扩展、误差与溢出等。在程序设计中要合理设定数据类型，避免数值的变化和精度的丢失。

结构化程序设计

学习目标：

- 掌握结构化程序的特点
- 掌握顺序结构程序设计方法
- 掌握选择（分支）结构程序设计方法
- 掌握循环（重复）结构程序设计方法
- 学会设计简单的结构化程序

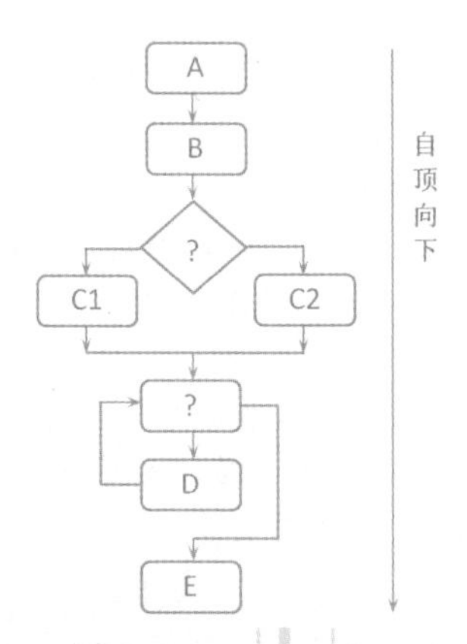

结构化程序设计是面向过程的程序设计方法的子集，主要采用自顶向下、逐步求精及模块化的程序设计方法。程序设计时，应先考虑总体和全局目标，后考虑细节和局部目标。将复杂的问题分解为具体的一些小目标，然后逐步细化，每个小目标称为一个模块。

结构化程序设计使用三种基本控制结构构造程序，任何程序都可由顺序、选择（分支）、循环（重复）三种基本控制结构构造。

5.1 C语言的语句

语句是完成一定任务的命令。语句书写的特点是以分号“;”作为结束符。

C语言的语句可分为5种类型，分别是表达式语句、函数调用语句、控制语句、复合语句、空语句。下面分别介绍。

1. 表达式语句

由表达式组成的语句称为表达式语句，其作用是计算表达式的值。它的一般形式是：

表达式;

例如：

```
x=100;              //赋值表达式语句（又称赋值语句）
x=y=100;            //赋值语句，其中y=100是赋值表达式，相当于x=(y=100);
a=1,b=2;            //逗号表达式语句
```

2. 函数调用语句

由一个函数调用加上一个分号构成函数调用语句，其作用是完成特定的功能。它的一般形式是：

函数名(参数列表);

例如：

```
printf("Hello World!\n");      //调用printf函数，输出字符串
scanf("%d,%d",&a,&b);          //调用scanf函数，输入值给a、b
```

3. 控制语句

控制语句用于完成一定的控制功能，以实现程序的结构化。

C语言有9种控制语句，可分为以下3类。

（1）条件判断语句：if语句、switch语句。

（2）转向语句：break语句、continue语句、goto语句、return语句。

（3）循环语句：for语句、while语句、do while语句。

4. 复合语句

复合语句是用花括号将若干语句组合在一起，又称为分程序，形式上是几条语句，但在语法上相当于一条语句。例如，下面是一个复合语句：

```
{
    s=s+i;
    i=i+1;
}
```

在后面选择结构和循环结构的学习中要特别注意该类语句。

5. 空语句

只有一个分号的语句称为空语句，常用于占位、循环语句中的循环体等。它的一般形式是：

;

例如：

```
x=100; ;          //两条语句，后面是一条空语句
```

关于声明语句：

除了以上提到的语句，C程序中会出现如下的语句形式：

```
int x,y;
{
    int x,y;
    ……
}
```

"int x,y;"也是以分号结束，通常我们称之为"声明语句"，严格地讲，这些不是语句，其功能在于向编译系统作标识符的约定，告知编译系统标识符的名称、类型、初始值等。程序编译或运行的时候为这些标识符分配地址、空间和初始化值，实际运行时地址转换为实际的内存地址并分配约定的内存空间、初值。C语言程序编译连接后，这些声明语句并不作为指令代码存在。这就像下棋一样，准备好棋盘，摆好棋，确定谁是先手等都属于声明部分，实际的每一步棋才相当于语句指令。

ANSI C语言约定：声明部分放在"函数外"或"函数内"或"分程序内的开始部分"，后来的C语言标准允许放在其他位置。

5.2 顺序结构

5.2.1 顺序结构概述

顺序结构是程序设计中最简单、最基本的结构，其特点是程序运行时按语句书写的次序依次执行，其结构如图5-1所示。

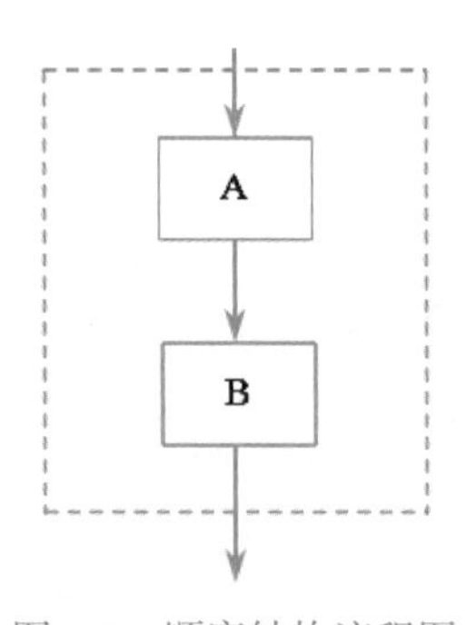

图5-1 顺序结构流程图

在图5-1中，执行完A后，按顺序再执行B。

顺序结构通常由简单语句、复合语句及输入输出函数语句等组成，例如下面的程序段：

```
int a,b,c;
scanf("%d,%d",&a,&b);
c=a+b;
printf("c=%d\n",c);
```

上述几条语句是顺序结构，其语句执行的次序正如其书写的顺序。

5.2.2 数据交换

下面的程序用来实现一个简单的算法，将两个变量的值交换。

【例 5-1】实现两个整型数的交换

程序代码：

```
//c5_1.c

#include<stdio.h>
int main()
{
    int a=20,b=30,t;
    printf(“a=%d,b=%d\n”,a,b);
    t=a;a=b;b=t;
    printf(“a=%d,b=%d\n”,a,b);

    return 0;
}
```

运行结果：

```
a=20,b=30
a=30,b=20
```

交换两个变量的算法中，利用第3个变量t作为中间值，先临时存储a，然后将b的值赋给a，最后把临时值t赋给b，相当于把a的原先的值赋给b，从而实现了a、b值的交换。

为了更清楚地了解三个变量的值的变化，下面是改造的程序。

程序代码：

```
//c5_1_2.c

#include<stdio.h>
int main()
{
    int a=20,b=30,t;
    printf("a=%d,b=%d\n",a,b);
    t=a;
    printf("a=%d,b=%d,t=%d\n",a,b,t);
    a=b;
    printf("a=%d,b=%d,t=%d\n",a,b,t);
    b=t;
    printf("a=%d,b=%d,t=%d\n",a,b,t);
    return 0;
}
```

输出及说明：

```
a=20,b=30            // 初始状态，t 还未赋值
a=20,b=30,t=20       //t 存储了 a 的值
a=30,b=30,t=20       //a 的值等于 b 的值
a=30,b=20,t=20       // b 的值等于 t 的值，即原来 a 的值
```

下面的表格也反映了值的变化过程。

		t=a	a=b	b=t	最终值
a	20		30		30
b	30			20	20
t		20			20

交换算法还有以下几种：

```
a=a+b;     //a等于20+30
b=a–b;     //b等于20+30–30，即20
a=a–b;     //a等于20+30–20，即30
```

计算过程如下：

		a=a+b	b=a-b	a=a-b	最终值
a	20	50		30	30
b	30		20		20

或者：

```
a=a*b;     //a等于20*30，即600
b=a/b;     //b等于600/30，即20
a=a/b;     //a等于600/20，即30
```

计算过程如下：

		a=a*b	b=a/b	a=a/b	最终值
a	20	600		30	30
b	30		20		20

或者：

```
a=a^b;        //按位异或运算，a、b必须是整型或字符型
b=a^b;        //a^b^b，其实还原为a的值
a=a^b;        //相当于(20^30)^30，也就是20,等于原来的b
```

计算过程如下：

		a=a^b	b=a^b	a=a^b	最终值
a	20	10		30	30
b	30		20		20

以上有些算法受限于数据类型，如果包含除法运算还要求不能除0，请使用时注意。通常情况下，用类型相同的中间变量的方法最为安全。另外，变量的类型最好一致，如果不一致的话，算法也会出现问题甚至失败。

以上实现交换的3条语句也可以写成1个逗号表达式语句：

```
t=a,a=b,b=t;
```

5.3 数据的输入与输出

为了实现人机交互，程序设计中经常需要通过输入输出语句来实现数据的输入和输出。高级程序设计语言的数据的输入输出都是通过输入输出语句来实现的，但C语言本身不提供输入输出语句，其数据的输入和输出功能是由函数来实现的，这使得C语言的编译系统简单、可移

植性好。

C语言提供的函数以库的形式存放在系统中，它们不是C语言文本中的组成部分。在使用函数库时，需要用预编译命令#include将有关的“头文件”包含到用户源文件中，例如：

```
#include <stdio.h>
```

预编译命令一般放在程序的开头，使用不同类型的函数需要包含不同的“头文件”。例如：

使用标准输入输出库函数printf（格式输出）、scanf（格式输入）、puts（输出一串字符）、gets（输入一串字符）、putchar（输出字符），getchar（输入字符）等时，要用到stdio.h文件。使用数学函数库时，要用到math.h文件。文件后缀中“h”是head的缩写，读者可以参考查阅附录B中的函数列表。

5.3.1 格式化输出函数 printf

printf函数的功能是向系统指定的设备输出若干个任意类型的数据。

printf函数是一个标准库函数，其调用的一般形式为：

printf(格式控制字符串,输出项列表);

其中：格式控制字符串是用双引号括起来的字符串，它包括“格式说明”和“一般字符”。“格式说明”由“%”和格式字符组成，如%d、%c、%f等。它的作用是控制输出的数据格式，除了格式字符以外，都是一般字符，一般字符将按原样输出。例如：

```
printf("a=%d,b=%d\n",a,b);
```

其中，“%d”是格式说明，用来控制输出项a、b的输出格式。其他都是一般字符，原样输出，要注意的是："\n"是转义字符，代表换行符，其效果是下一次输出将从下一行行首开始。如果a、b分别等于5,10的话，输出结果是：

```
a=5,b=10
```

格式说明是由“%”开头，后面跟若干个英文字母，用以说明数据输出的类型、长度、位数等。其一般形式为：

% [标志] [最小宽度] [.精度] [长度] 类型

形式中的“[]”表示是可选项。

“标志”可以是“-、+、0”。“-”修改右对齐方式为左对齐方式，“+”将输出的正数前面的空格改为“+”号，“0”将宽度的空余部分填充“0”。例如：

```
printf("%d",10);            //输出：10
printf("%+d",10);           //输出：+10
printf("%04d",10);          //输出：0010，4表示宽度，多余的两个位置用0填充
printf("%-4d %4d",20,20);   //输出：20□□□□20，两个20之间有4个空格，分别是左对齐留下的2个空格和
                            //右对齐留下的2个空格
```

“最小宽度”必须是十进制整数，表示输出的最少位数，例如上面语句中的4。

“. 精度”的“ . ”加上一个十进制整数n，其含义是：如果输出的是数值，则该数表示小数位数，若实际小数位数大于该值，则超出部分四舍五入；如果输出的是字符，则表示输出字符的个数。例如：

```
printf("%8.2f",3.1415926);   //输出：□□□□3.14，先处理“精度”，宽度为8，需要增加4个空格
printf("%3.2f",3.1415926);   //输出：3.14，先处理“精度”，宽度为3，小于实际宽度4，宽度无效
```

“长度”可以是h、l、ll。h表示按短整型量输出，l表示按长整型量或双精度量输出、ll表示是long long型。

“类型”是格式说明符中必须要有的，它表示输出列表里要输出的数据类型。表5-1给出了常用的类型格式符及含义。

表 5-1　printf 函数常用的类型格式符

类型格式符	含 义
d	以十进制形式输出一个有符号的整数
o	以八进制形式输出一个无符号的整数，不输出前导符 0
x 或 X	以十六进制形式输出一个无符号的整数
u	以十进制形式输出一个无符号的整数
f	以小数形式输出带符号的实数
e 或 E	以指数形式输出带符号的实数
c	输出一个单字符
s	输出一个字符串
p	输出一个地址

【例 5-2】测试printf函数的使用方法

程序代码：

```
//c5_2.c

#include <stdio.h>
int main()
{
    char c='A';
    int a = -100;
    double x = 3.14159263;
    printf("%d,%c,%x,%o\n",c,c,c,c);
    printf("%d,%8d,%-8d,%+d\n",a,a,a,a);
    printf("%f,%6.f,%.3f,%6.3f,%10.3f\n",x,x,x,x,x);
    printf("%s,%.3s,%p\n","1234567","1234567","1234567");
    printf("%lx",*((long *)"1234"));

    return 0;
}
```

运行结果：

```
65,A,41,101
-100,□-100,-100□,-100
3.141593,□3,3.142,□3.142,□3.142
1234567,123,00A8574C
34333231
```

分析：

最后一行通过指针类型转换（char*转换为long*），输出内存中"1234"的十六进制形式，31表示'1'，32表示'2',…,34表示'4'。内存中字符是按序存放的，一次性取出4字节内容时，高位字节在左边，低位字节在右边。

注意：%p输出的地址是不固定的。

5.3.2 格式化输入函数 scanf

scanf函数的功能是从键盘上将数据按用户指定的格式输入并赋给指定的变量。

scanf函数也是一个标准库函数，其调用的一般形式为：

scanf(格式控制字符串,地址列表);

其中格式控制字符串的定义与使用方法和printf函数相同，但不能显示非格式字符。地址列表是要赋值的各变量地址。地址是由地址运算符“&”后跟变量名组成，如&x表示变量x的地址。“&”是取地址运算符，其作用是求变量的地址。例如：

```
scanf("%d%d",&a,&b);
```

运行时按以下三种方式之一输入a、b的值：

```
100□-200 ↙             （用空格作为分隔符）
100 ↙                   （用回车键作为分隔符）
-200 ↙
100（Tab）-200 ↙        （用 Tab 键作为分隔符）
```

多个数据输入需要分隔，否则无法分辨，默认的分隔符如上，有空格、回车符、Tab（跳格）键。

也可以自定义分隔符，例如：

```
scanf("%d,%d",&a,&b);
```

输入数据的时候只能按下面的方式输入：

```
100,-200
```

scanf的格式字符串的一般形式为：

%[*][宽度][长度] 类型

“*”表示输入的数值不赋给相应的变量，即跳过该数据不读，常称为“虚读”，例如：

```
scanf("%2d%*3d%4d",&a,&b);
```

实际输入：123456789，a将等于12，b将等于6789，中间的345虽然扫描，但未赋值给变量。

“宽度”是十进制正整数，表示输入数据的最大宽度，例如上面的输入语句就是通过宽度来分隔数据给a和b。

“长度”格式符为l和h，l表示输入长整型数据或双精度实型数据；h表示输入短整型数据。

scanf函数的类型格式说明与printf函数基本相同，这里不再给出。

【例 5-3】测试scanf函数的使用方法

程序代码：

```
//c5_3.c

#include <stdio.h>
int main()
{
    char c;
    int a,b;
    printf("Input 10 -20:");
    scanf("%d%d",&a,&b);
    printf("a=%d,b=%d\n",a,b);
```

扫一扫，看视频

```
    printf("Input 10,-20:");
    scanf("%d,%d",&a,&b);
    printf("a=%d,b=%d\n",a,b);

    printf("Input 10,-20,A:");
    scanf("%d,%d,%c",&a,&b,&c);
    printf("a=%d,b=%d,c=%c\n",a,b,c);

    printf("Input 10A-20:");
    scanf("%d%c%d",&a,&c,&b);
    printf("a=%d,b=%d,c=%c\n",a,b,c);

    return 0;
}
```

运行结果：

```
Input 10 -20:10 -20
a=10,b=-20
Input 10,-20:10,-20
a=10,b=-20
Input 10,-20,A:10,-20,A
a=10,b=-20,c=A
Input 10A-20:10A-20
a=10,b=-20,c=A
```

分析：

加粗部分是运行后从键盘输入的。

Visual C++ 2010中运行后可能会关闭窗口返回，不能暂停观察结果，Dev C++则不需要。解决的方法在前面介绍编辑工具的部分曾经提到，请查阅参考。

scanf()在读取时不检查边界，所以可能会造成内存访问越界，例如：

```
char s[6]; scanf("%s",s);
```

如果输入12345678，78会被写到其他位置。

Dev C++和Visual C++较新的版本允许使用scanf_s替换scanf，安全性得到提高。比如scanf_s("%s",s,6)，表示最多读取6个字符(包括\0)，最后一个参数表示缓冲区大小。

5.3.3 其他输入与输出函数

1. getchar()和putchar()函数

getchar()和putchar()函数可以实现字符数据的输入和输出。使用这两个函数时，程序的头部要加上文件包含命令：

```
#include <stdio.h>
```

例如：

```
char c;
c=getchar();
putchar(c);
```

getchar()不需要参数，但一对括号不能缺少；putchar()的参数可以是字符型、整型变量或

常量。例如：

```
putchar('A');       //输出字符A
putchar(65);        //输出65所对应的字符
putchar('\n');      //输出换行符
```

2. gets()和puts()函数

gets()和puts()函数可以实现字符串的输入和输出。使用这两个函数时，程序的头部要加上文件包含命令：

```
#include <stdio.h>
```

例如：

```
char s[81];
gets(s);
puts(s);        // 相当于printf("%s",s);
```

与scanf("%s",s)不同的是，gets()默认的分隔符只有回车，所以gets()可以输入空格、TAB字符。

除了以上介绍的输入输出函数外，还有一些比较有用的输入输出函数：

```
fprintf()       格式化输出到流
fscanf()        从流中格式化读取数据
sscanf()        从字符数组中按格式读取数据
sprintf()       格式化输出到字符数组中
getch()         输入一个字符，不回显
```

5.4 选择结构（分支结构）

5.4.1 if 语句

C语言通过选择结构来实现先判断后处理的功能，选择结构可以通过if语句来实现。选择结构又称作“分支结构”。

1. 单分支if语句

单分支if语句的一般形式为：

if (表达式) 语句;

执行过程：首先判断表达式的值是否为真，若表达式的值非0，则执行其后的语句；否则不执行该语句。if语句的控制流程如图5-2所示。

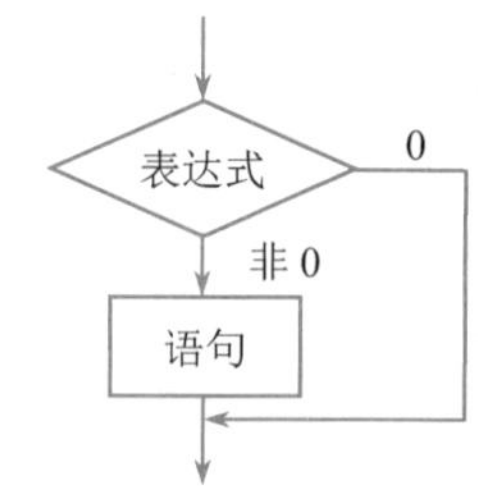

图 5-2 单分支选择结构

【例5-4】从键盘输入一个整数，判断是否是奇数

程序代码：

```
//c5_4.c

#include <stdio.h>
int main()
{
```

```
    int a;
    printf("Please input a:");
    scanf("%d",&a);
    if(a%2==1)
        printf("%d是奇数\n",a);

    return 0;
}
```

运行结果：

如果输入5，输出“5是奇数”。

```
Please input a:5
5 是奇数
```

如果输入6，程序没有输出。

```
Please input a:6
```

2. 双分支if语句

双分支if语句为if-else形式，语句的一般形式为：

```
if(表达式)
    语句1;
else
    语句2;
```

执行过程：当表达式的值为真时，执行语句1；否则执行语句2。双分支if语句的控制流程如图5-3所示。

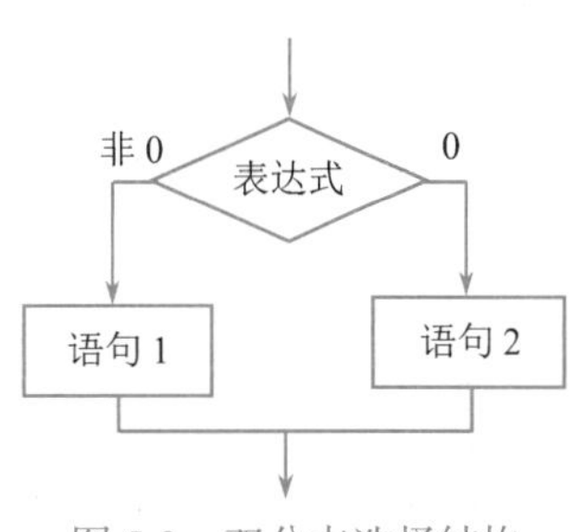

图5-3 双分支选择结构

【例5-5】从键盘输入一个整数，判断是否是5的倍数

程序代码：

```
//c5_5.c

#include <stdio.h>
int main()
{
    int a;
    printf("Please input a:");
    scanf("%d",&a);
    if(a%5==0)
        printf("%d是5的倍数\n",a);
    else
        printf("%d不是5的倍数\n",a);

    return 0;
}
```

运行结果：

如果输入15，输出“15是5的倍数”。

```
Please input a:15
15 是 5 的倍数
```

如果输入16，输出“16不是5的倍数”。

```
Please input a:16
16 不是 5 的倍数
```

3. 多分支选择结构

多分支选择结构的if语句的一般形式为：

```
if(表达式1) 语句1;
  clsc if (表达式2)  语句2;
        …
  else if (表达式n)  语句n;
        else  语句n+1;
```

执行过程：依次判断表达式的值，当某个表达式的值为真时，执行其对应的语句，然后跳到整个if语句之外继续执行程序；如果所有的表达式均为假，则执行语句n+1，然后继续执行后续程序。多分支选择结构的if语句控制流程如图5-4所示。

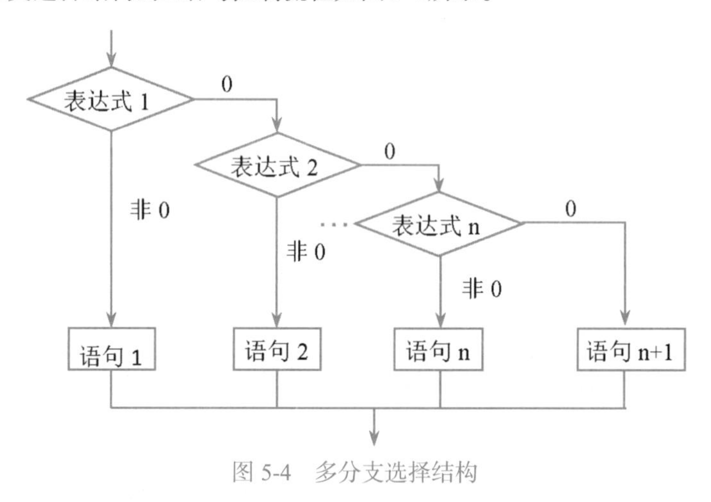

图 5-4 多分支选择结构

【例5-6】输入3个数，按从小到大顺序输出

程序代码：

```
//c5_6.c

#include <stdio.h>
int main()
{
    int a,b,c;
    printf("Input a,b,c:");
    scanf("%d%d%d",&a,&b,&c);
    if(a<b)
        if(b<c)
            printf("%d<%d<%d\n",a,b,c);
        else if(a<c)
            printf("%d<%d<=%d\n",a,c,b);
        else
            printf("%d<=%d<%d\n",c,a,b);
    else if(b>c)
```

```
        printf("%d<%d<=%d\n",c,b,a);
    else if(a<c)
        printf("%d<=%d<%d\n",b,a,c);
    else
        printf("%d<=%d<=%d\n",b,c,a);
    return 0;
}
```

运行结果：

输入3 2 5<Enter>后的运行结果如下：

```
Input a,b,c:3 2 5
2<=3<=5
```

结果中的“2<=3”不太理想。如何让结果为“2<3”，而输入“3 5 3”时显示“3=3<5”？请观看案例视频。

4. if语句的嵌套

例5-6中的程序还存在分支结构的嵌套。所谓“分支结构的嵌套”指的是一个分支结构作为另外一个分支结构的分支模块。

其实“嵌套”也可以认为是一个if语句中的单个语句复杂化为另外一个if语句。

当出现多个if和else时，就会存在else和if配对的问题。C语言规定else总是和其前面最近的没有else配对的if配对。当然，配对后必须能构成一个合理的选择结构才行，如图5-5所示。

图5-5中最后一个else前面的两个if都没有else配对，但花括号中的if不能与其配对，虽然离其最近，因为不能构成合理的选择结构，所以是花括号前面的if(…)和最后一个else配对。

```
┌if(…)
│ if(…)…
│ else
│ …
└else

┌if(…)
│{if()…}
└else
 …
```

图 5-5　if 和 else 配对关系示意图

【例5-7】输入一个正整数作为年份，编程判断该年是不是闰年

分析：

满足下面条件之一即为闰年：

（1）能被4整除，但不能被100整除。

（2）能被400整除。

程序代码：

扫一扫，看视频

```
//c5_7.c
#include<stdio.h>
int main()
{
    int year;
    printf("Input year:");
    scanf("%d",&year);
    if(year%4 == 0)
    {
        if(year%100 != 0)
            printf("%d是闰年\n",year);
        else if(year%400 == 0)
```

```
            printf("%d是闰年\n",year);
        else
            printf("%d不是闰年\n",year);
    }
    else
        printf("%d不是闰年\n",year);
    return 0;
}
```

运行结果：

程序运行时，若输入2019< Enter>或2020<Enter>，运行结果分别如下：

```
Input year:2019
2019 不是闰年
Input year:2020
2020 是闰年
```

分析：

上面的程序也可以设计成：

```
if((year%4==0 && year%100!=0) || year%400==0)
    printf("%d是闰年\n",year);
else
    printf("%d不是闰年\n",year);
```

修改后的程序结构更加简单，没有if语句的嵌套，缺点是如果要判断的年份很多的话，所有的年份都需要计算两个表达式：

```
1. year%4==0 和 year%100!=0                    //两个都为真
2. year%4==0和year%400==0                      //第1个为假，必须计算第2个
3. year%4==0、year%100!=0和year%400==0         //第1个为真、第2个为假，必须计算第3个
```

而前面分支较多的程序，四分之三的年份通过year%4==0就已经判断不是闰年，总体计算量要少很多。对于判断1个年份，效率上差距很小，但如果判断很多年份数据，就会体现出来。

由此可以发现，并非语句少，程序简单就会效率高。

5.4.2　条件运算符和条件表达式

条件运算符是C语言中唯一的一个三目运算符，由“?”和“:”组合而成，要求有3个操作对象，并且3个操作对象都是表达式。

由条件运算符构成的表达式称为条件表达式。

条件表达式的一般形式为：

表达式1? 表达式2：表达式3

条件运算的求值规则为：计算表达式1的值，若表达式1的值为真，则以表达式2的值作为整个条件表达式的值，否则以表达式3的值作为整个条件表达式的值。表达式1通常是关系表达式或逻辑表达式。

if语句构成的选择结构也可以用条件表达式完成，例如：

```
if(x>y)
  max=x;
else
  max=y;
```

用条件表达式可以写成：

```
max=x>y?x:y
```

条件运算符的运算优先级低于关系运算符和算术运算符，高于赋值运算符，其结合方向是自右至左。下面式子是等价的：

```
max=(x>y)?x:y 等价于  max=x>y?x:y
a>b?a:b>c?b:c 等价于  a>b?a:(b>c?b:c)
```

5.4.3 switch 语句

利用嵌套的if语句可以处理多个分支的问题，但是当分支太多的时候，嵌套层次数的增加会给程序的设计和阅读带来困难。为此，C语言提供了专门用于解决多分支选择问题的语句：switch语句，其一般形式为：

```
switch(表达式)
{
  case常量表达式1: 语句1;
  case常量表达式2: 语句2;
  …
  case常量表达式n: 语句n;
  default: 语句n+1;
}
```

执行过程：计算表达式的值，并逐个与case后的常量表达式的值相比较。当表达式的值与某个常量表达式的值相等时，即执行case后的语句，然后不再进行判断，继续执行后面所有case后的语句。若表达式的值与所有case后的常量表达式均不相同时，则执行default后的语句。

【例5-8】输入0~10中的一个数，输出对应的“零、壹、贰、叁、肆、伍、陆、柒、捌、玖、拾”

程序代码：

扫一扫，看视频

```
//c5_8.c

#include <stdio.h>
int main()
{
    int a;
    printf("Input a:");
    scanf("%d",&a);
    switch(a) {
        case 0 :
            printf("零");
        case 1 :
            printf("壹");
        case 2 :
            printf("贰");
        case 3 :
            printf("叁");
        case 4 :
            printf("肆");
```

```
        case 5 :
            printf("伍");
        case 6 :
            printf("陆");
        case 7 :
            printf("柒");
        case 8 :
            printf("捌");
        case 9 :
            printf("玖");
        case 10 :
            printf("拾");
        default :
            printf("其他");
    }
    printf("\n");

    return 0;
}
```

运行结果：

程序运行时，若输入5<回车>，则程序的运行结果为：

```
Input a:5
伍陆柒捌玖拾其他
```

分析：

结果显然不符合设计初衷。输入5应该只输出“伍”，为什么会出现这种情况呢？

在switch语句中，“case常量表达式”只起语句标号的作用，并不是每次都进行条件判断。这与前面介绍的if语句是完全不同的，应特别注意。当执行switch语句时，程序会根据case后面表达式的值找到匹配的入口标号，并由此处开始执行下去，不再进行判断。为了避免这种情况，C语言提供了break语句，专门用于跳出switch语句。break语句不但可以用在switch语句中终止switch语句的执行，还可以用在循环中终止循环。

下面的switch语句格式才是例5-8需要的。

```
switch(表达式)
{
  case常量表达式1: 语句1;break;
  case常量表达式2: 语句2; break;
  …
  case常量表达式n: 语句n; break;
  default: 语句n+1;
}
```

最后面的“default : 语句n+1; ”之后有没有break已经无所谓了。

修改后的程序如下：

程序代码：

```
//c5_8_2.c
```

```
#include <stdio.h>
int main()
{
    int a;
    printf("Input a:");
    scanf("%d",&a);
    switch(a) {
        case 0 :
            printf("零");
            break;
        case 1 :
            printf("壹");
            break;
        case 2 :
            printf("贰");
            break;
        case 3 :
            printf("叁");
            break;
        case 4 :
            printf("肆");
            break;
        case 5 :
            printf("伍");
            break;
        case 6 :
            printf("陆");
            break;
        case 7 :
            printf("柒");
            break;
        case 8 :
            printf("捌");
            break;
        case 9 :
            printf("玖");
            break;
        case 10 :
            printf("拾");
            break;
        default :
            printf("其他");
    }
    printf("\n");

    return 0;
}
```

运行结果:

程序运行时，若输入5<回车>，则程序的运行结果为:

```
Input a:5
伍
```

关于switch语句，还要注意的是:

(1) switch后跟的“表达式”允许为任何整型或字符型表达式，其数据类型和case后面的常

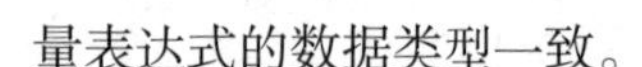

量表达式的数据类型一致。

（2）每一个case后的常量表达式的值不允许重复，否则会报错。

（3）每一个case后允许有多条语句，可以不用花括号“{}”括起来。

（4）case和default子句出现的先后顺序可以变动，例如：

```
int a=2;
switch(a)
{
    default:printf("2");
    case 1:printf("1");
}
```

输出结果：

```
21
```

default子句后没有break语句，所以按序执行下面分支的语句。

default子句也可以省略不用。

（5）多个case可以共用一组执行语句。例如：

```
...
case '1':
case '2':
case '3':printf("叁");break;
...
```

这时如果输入1、2、3，输出的结果都是“叁”。

switch语句中的表达式是产生分支的关键，其设计注意要有针对性，例如对考试成绩（整型数）cj进行分类处理。

（1）每10分一段：switch(cj/10){…}，cj/10可能为0、1、2、3、4、5、6、7、8、9、10。

（2）每20分一段：switch(cj/20){…}，cj/20可能为0、1、2、3、4、5。

有时候不太容易获得合适的表达式，可以进行变通，例如下面的程序段：

```
int cj,a;
scanf("%d",&cj);
a=(cj<60&&cj>=0)*1+(cj<85&&cj>=60)*2+(cj>=85&&cj<=100)*3;
switch(a)
{
    case 1:printf("不合格");break;
    case 2:printf("合格");break;
    case 3:printf("优秀");break;
    default: printf("错误的成绩数据");
}
```

程序中把不同分支条件对应的表达式分别乘以特征数，然后求和连接计算放在变量a中，a若等于1、2、3，分别代表所对应的分段数据。当然，前提是分支条件没有交叉。

利用这种特征数的方法可以实现数学中的分段函数计算，例如：

```
f(x)=|x-1|+|x+1|
```

相当于：

（1）x>=1时，f(x)=2x；

（2）x<1且x>=-1时，f(x)=2；

（3）x<-1时，f(x)=-2x。

✍ 程序代码：

```
//c5_8_3.c

#include<stdio.h>
int main()
{
    double x,f;
    int n;
    scanf("%lf",&x);
    n=(x>=1)*1+(x<1&&x>=-1)*2+(x<-1)*3;
    switch(n)
   {
        case 1:f=2*x;break;
        case 2:f=2;break;
        case 3:f=-x;break;
    }
    printf("f=%lf\n",f);
}
```

x>=1、x<1&&x>=-1和x<-1三个条件总是只有一个能满足，或者说只有一个等于1，其他都等于0，所以n只能等于1、2或3。

只要条件是互斥的，以上程序具有通用性。

5.5 循环结构（重复结构）

5.5.1 有变化的重复

假设有int i=1,s=0;，观察语句：

```
s=s+i;i++;
s=s+i;i++;
s=s+i;i++;
……
s=s+i;i++;
```

语句“s=s+i;i++;”重复10遍后，s和i的值分别是多少？

```
第1遍      s等于0+1，即等于1；i等于1+1，即等于2；
第2遍      s等于1+2，即等于3；i等于2+1，即等于3；
第3遍      s等于3+3，即等于6；i等于3+1，即等于4；
…
第10遍     s等于45+10，即等于55；i等于10+1，即等于11；
```

可以看出，虽然每次的语句都是“s=s+i;i++;”，但处理的数据和计算的结果是不一样的。“s=s+i;”可以看做是一个累加器，第i遍累加i；“i++;”每次使得i变成i+1。正是每次运行语句“s=s+i;i++;”后，i的值都发生了变化，使得下一次执行该语句时处理的数据发生变化，这就是有变化的重复，在C语言里面，可以用循环结构来实现。

上面重复10遍的10条语句可以写成：

```
int i=1,s=0;
while(i<=10)
{
```

```
    s=s+i;
    i++;
}
```

C语言中可以用while语句、do-while语句和for语句构成循环结构，下面分别来介绍。

5.5.2 while 循环

while循环通过while语句实现。while循环又称为“当型”循环。

while语句的一般格式为：

```
while (表达式)
  语句
```

其中，括号后面的语句可以是一条语句，也可以是复合语句。它们都称为循环体。

while语句的执行过程为：

（1）计算并判断表达式的值。若值为0，则结束循环，退出while语句；若值为非0，则执行循环体。

（2）转步骤（1）。

while循环流程图如图5-6所示。

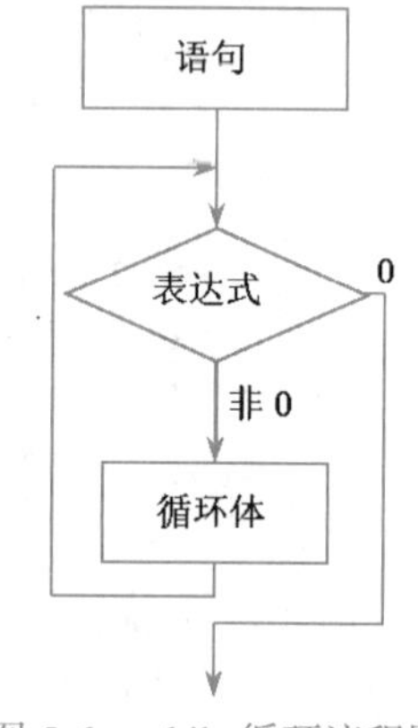

图 5-6　while 循环流程图

【例5-9】计算s=1+2+3+…+10

程序代码：

```
//c5_9.c

#include <stdio.h>
int main()
{
    int i,s;
    i=1;
    s=0;
    while(i<=10)          //只要满足i<=10的条件，则重复执行下面的复合语句
    {
        s=s+i;
        i=i+1;
    }
    printf("s=%d\n",s);  //退出while循环后执行的第一条语句

    return 0;
}
```

扫一扫，看视频

运行结果：

```
s=55
```

分析：

例5-9中包含一个标准的while循环，该循环中包含循环所需要的各种因素。

（1）循环条件（i<=10）。满足条件继续循环，否则退出。

（2）循环变量（i）。通常我们把控制循环的变量称为“循环变量”。由于i初值为1，每次循环加1，使得i不断接近10，当i等于11的时候，循环退出。所以i控制了循环的运行和退出。

循环变量通常有初值和终值。例5-9中i的初值是1，终值是10，每次加1（步长）。由于很有规律性，我们也可以通过下面的公式得到循环的次数：

$$循环次数=\frac{终值-初值}{步长}+1$$

步长大于0，循环是递增循环；步长小于0，循环是递减循环。例5-9的循环也可以写成递减循环：

```
int i=10,s=0;
while(i>=0)
{
    s=s+i;
    i--;
}
```

（3）循环体（s=s+i;i++;）。一对花括号“{}”括起来的部分是循环体，即重复运行的部分。如果只有一条语句，可以省略一对花括号“{}”。

（4）有限次循环。循环应该是有限次的，如果循环不能退出，就是无限次的，称为“死循环”，在程序设计中应该避免出现。

例如，例5-9中的循环条件为i<=10，i从1逐渐增加到10，当i等于11时，不满足i<=10的条件，从而退出循环。如果将循环条件改成i>0，由于i每次都是加1，其趋势为递增，所以条件等于虚设，循环将一直执行下去，变成“死循环”。

5.5.3 do-while 循环

do-while循环是循环的另外一种形式，又称为“直到型”循环。

do-while语句的一般格式为：

```
do
{
    语句
} while(表达式);
```

do-while语句的执行过程为：先执行循环体语句再判断表达式的值。若值为0，则结束循环，退出do-while语句；若值为非0，则继续执行循环体。

do-while循环的流程图如图5-7所示。

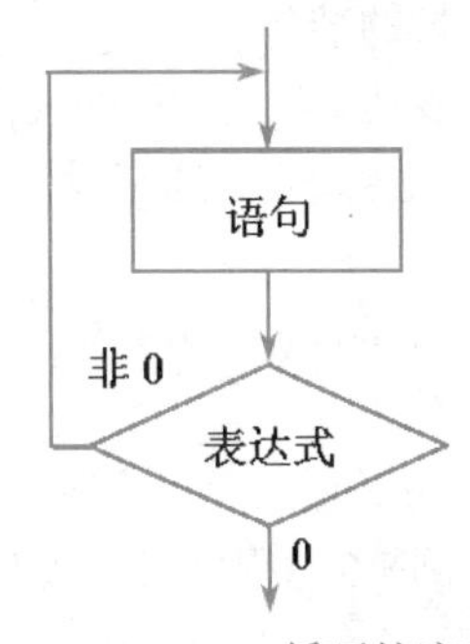

图 5-7　do-while 循环的流程图

例5-9的程序可以改写成：

程序代码：

```
//c5_9_2.c

#include <stdio.h>
int main()
{
    int i,s;
    i=1;
    s=0;
    do
    {
```

```
        s=s+i;
        i=i+1;
    } while(i<=10);
    printf("s=%d\n",s);

    return 0;
}
```

do-while循环和while循环可以完成相同的任务。不同于while循环的是，do-while循环的循环体至少运行一次。下面的程序体现了二者的区别。

```
int i=1,s=0;
while (i<1)
{
    s=s+i;
    i=i+1;
}
printf("s=%d\n",s);
```

```
int i=1,s=0;
do
{
    s=s+i;
    i=i+1;
} while(i<1);
printf("s=%d\n",s);
```

左边的程序运行结果为：s=0，而右边的程序运行结果为s=1。

这是由于do-while循环的循环体至少运行一次后再判断循环条件是否为真，从而决定是否退出循环；while循环首先判断循环条件是否满足，所以当第一次运行时条件为假就立即退出循环，从而可能循环次数为0。

5.5.4 for 循环

for循环是循环的一种标准形式，又称“计数式循环”，其语法如下：

for(① ; ② ; ③) ④

表达式①：通常用于循环的初始化，包括循环变量的赋初值、其他变量的准备等。

表达式②：循环的条件判断式，如果为空则相当于真值。

表达式③：通常设计为循环的调整部分，主要是循环变量的变化部分。

循环体④：由一条或多条语句构成，多条语句需要用一对花括号{}括起来。

for循环的执行次序如图5-8所示。

例5-9的程序可以改写成：

图 5-8　for 循环流程图

程序代码：

```
//c5_9_3.c

#include <stdio.h>
int main()
{
    int i,s;
    s=0;
    for(i=1;i<=10;i++)
     s=s+i;
    printf("s=%d\n",s);
```

```
    return 0;
}
```

分析：

（1）表达式①可以是由多个表达式构成的逗号表达式，例如i=1,s=0;。

（2）表达式①、②、③构成循环的控制部分，3个表达式之间用2个分号（；）分隔。

（3）表达式①可以放在for循环的前面，但后面的分号不能少，例如：

```
①;
for（;②;③）④;
```

（4）表达式②可以省略，相当于②的始终为真值（非0值），从而构成无条件循环，循环将不能终止，需要在循环体内控制循环的退出。

（5）表达式③可以省略，但作为循环变量的调整功能不能缺少，可以在循环体中完成，例如下面的for循环：

```
for (i=1,s=0;i<=10;)
  s = s + i++;
```

（6）如果表达式①和③都省略的话，相当于while循环，例如下面的程序：

```
i=1,s=0;
for (;i<=10;)        相当于 while(i<=10)
  s = s + i++;
```

（7）表达式①、②、③均省略，即：

```
for (;;) ④;
```

相当于while (1) ④;。循环的所有控制和计算功能都必须在循环体④中完成，这样的循环适合于随机退出循环程序的情况。

（8）表达式④也可以省略，但必须至少保留一条空语句（；），即：

```
for (①;②;③) ;
```

（9）如果表达式①、②、③、④均省略，如以下形式：

```
for (;;);
```

这将构成一个死循环。

for循环的4个部分并非严格划分，允许有一定的交叉，但不建议破坏划分的功能结构，在程序设计中应该尽量遵守，从而使程序易于控制和维护，并且具有其他两种循环难得的易读性。

【例5-10】计算多项式的和

$$1-\frac{1}{2}+\frac{1}{3}-\frac{1}{4}+\frac{1}{5}-...+\frac{1}{99}-\frac{1}{100}$$

题目要求计算1~100的倒数之和，其中偶数项前面是负号。

程序如下：

程序代码：

```
//c5_10.c

#include <stdio.h>
int main()
{
```

扫一扫，看视频

```
    int i;
    double s;
    double f=1;
    for(i=1,s=0; i<=100; i++)
    {
        s = s+f*1.0/i;
        f = - f;            //f相当于每项前的正负号
    }
    printf("s=%lf\n",s);

    return 0;
}
```

运行结果：

```
s=0.688172
```

程序的设计还有其他方法，下面几种方法供参考。

参考程序1：

程序代码：

```
//c5_10_2
#include <stdio.h>
int main()
{
    int i;
    double s;
    for(i=1,s=0; i<=99; i=i+2)
        s = s+1.0/i-1.0/(i+1); //每次加一项再减一项
    printf("s=%lf\n",s);

    return 0;
}
```

参考程序2：

程序代码：

```
//c5_10_3.c
#include <stdio.h>
int main()
{
    int i;
    double s;
    for(i=1,s=0; i<=100; i++)
        if(i%2==0)               //按奇偶项分开处理
            s = s-1.0/i;
        else
            s = s+1.0/i;
    printf("s=%lf\n",s);
    return 0;
}
```

5.5.5 循环的嵌套

当循环体被复杂化为另外一个循环时，就构成了循环的嵌套，例如下面的嵌套形式：

```
(1)
while ()
{…
  while ()
  …
}
(2)
for (;;)
{
  …
  for (;;)
  …
}
(3)
do{
 …
 do{
 …
 }while ();
 …
}while ();
```

```
(4)
while ()
{…
  for (;;)
  …
}
(5)
for (;;)
{
  …
  while (;;)
  …
}
(6)
do{
 …
 for (;;);
 …
}while ();
```

其他形式略

【例5-11】计算s=1+(1+2)+(1+2+3)+ (1+2+3+4) + (1+2+3+4+5)

前面学了计算1+2+3+…+10，程序如下：

```
for(i=1;i<=10;i++) s=s+i;
```

这里类似的，可以这样写：

```
int i,s=0;
for(i=1;i<=1;i++) s=s+i;
for(i=1;i<=2;i++) s=s+i;
for(i=1;i<=3;i++) s=s+i;
for(i=1;i<=4;i++) s=s+i;
for(i=1;i<=5;i++) s=s+i;
```

这样写很麻烦，如果有100条、1000条呢？

程序可以改写成：

程序代码：

```
//c5_11.c

#include <stdio.h>
int main()
{
   int i,j,s=0;
   for(i=1; i<=5; i++)          //外循环i循环5次，相当于上面的5条语句
       for(j=1; j<=i; j++)      //内循环j从1到i
           s=s+j;
   printf("s=%d\n",s);
```

扫一扫，看视频

```
    return 0;
}
```

运行结果：

```
s=35
```

表5-2是程序中i、j、s的变化过程。

表 5-2　例 5-11 中变量 i、j、s 的变化过程

i	j	s	计算过程
1	1	1	s=0+1
2	1	2	s=0+1+1
2	2	4	s=0+1+1+2
3	1	5	s=0+1+1+2+1
3	2	7	s=0+1+1+2+1+2
3	3	10	s=0+1+1+2+1+2+3
4	1	11	s=0+1+1+2+1+2+3+1
4	2	13	s=0+1+1+2+1+2+3+1+2
4	3	16	s=0+1+1+2+1+2+3+1+2+3
4	4	20	s=0+1+1+2+1+2+3+1+2+3+4
5	1	21	s=0+1+1+2+1+2+3+1+2+3+4+1
5	2	23	s=0+1+1+2+1+2+3+1+2+3+4+1+2
5	3	26	s=0+1+1+2+1+2+3+1+2+3+4+1+2+3
5	4	30	s=0+1+1+2+1+2+3+1+2+3+4+1+2+3+4
5	5	35	s=0+1+1+2+1+2+3+1+2+3+4+1+2+3+4+5

5.5.6　break 语句、continue 语句

1. break语句

switch结构中可以用break语句跳出结构去执行switch语句的下一条语句。实际上，break语句也可以用来从循环体中跳出，常常和if语句配合使用。例如：

```
for(i=1;i<1000;i++)
    if(i>100) break;
```

当变量i>100时退出循环。

break语句不能用于循环语句和switch语句之外的任何其他语句中。

【例5-12】输出1000以内能被3或4或5整除的元素的个数

程序代码：

```
//c5_12.c

#include<stdio.h>
int main()
{
    int i,j,n=0;
```

```
    enum Factor{three=3,four,five}factor;
    for(i=1;i<1000;i++)
        for(factor=three;factor<=five;factor++)
            if(i%factor==0)
            {
                n++;
                break;
            }
    printf("n=%d\n",n);
    return 0;
}
```

运行结果:

```
n=599
```

分析:

程序中定义了枚举类型Factor及枚举变量factor，这样就可以用循环遍历枚举值了，判断符合条件的情况下，先将计数器n加1，然后通过break语句退出枚举循环。

上面的程序提到遍历枚举常量，其实C语言并没有提供这种机制，如果枚举常量对应的整型值不连续，例如不是3、4、5，而是3、5、7，则程序不能达到要求，但可以变通一下。

程序代码:

```
//c5_12_2.c

#include<stdio.h>
int main()
{
    int i,j,n=0;
    enum Factor{three=3,five=5,seven=7};
    int F[3]={three,five,seven};
    for(i=1;i<1000;i++)
        for(j=0;j<3;j++)
         if(i%F[j]==0)
         {
            n++;
            break;
         }
    printf("n=%d\n",n);
    return 0;
}
```

分析:

程序用到了数组(后面章节会详细介绍)，数组F的元素值是枚举常量。

当然，这个案例主要是演示枚举，提高程序的可读性，其实不用枚举，程序也很简单。

程序代码:

```
//c5_12_3.c

#include<stdio.h>
int main()
```

```
{
    int i,n=0;
    for(i=1;i<1000;i++)
        if(i%3==0||i%4==0||i%5==0)
            n++;
    printf("n=%d\n",n);
    return 0;
}
```

2. continue语句

与break语句退出循环不同的是，continue语句只结束本次循环，接着进行下一次循环的判断，如果满足循环条件，继续循环，否则退出循环。

【例5-13】阅读下面程序，写出运行结果

程序代码：

```
//c5_13.c

#include <stdio.h>
int main()
{
    int i,s;
    for(i=1,s=0; i<=10; i++)
    {
        if(i%3==0)              // 3,6,9满足条件(实际上只有3)
            continue;
        if(i%10==5)             // 5满足条件
            break;
        s=s+i;                  // 1,2,4在此累加
    }
    printf("s=%d\n",s);
    return 0;
}
```

扫一扫，看视频

程序流程图（见图5-9）：

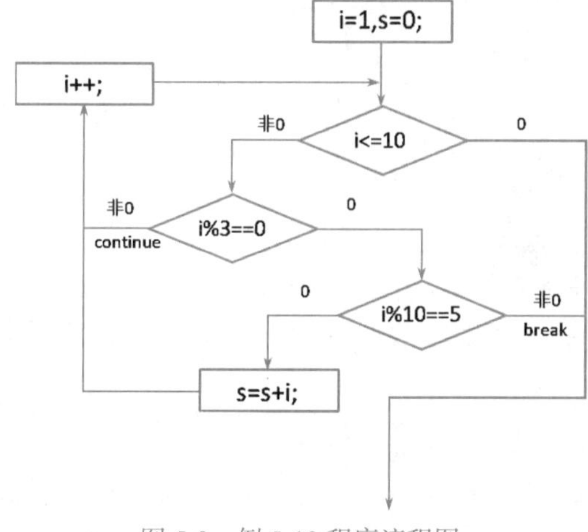

图5-9 例5-13程序流程图

运行结果：

```
s=7
```

分析：

continue语句转到下一次循环，在三种循环语句中略有区别，见表5-3。

表 5-3　三种循环的比较

while	do-while	for

int i=1,s=0;
while(i<=5)
{
  i=i+1;
  if(i==3)continue;
  s=s+i;
}
printf("i=%d,s=%d" ,i,s);
	int i=1,s=0;
	do
	{
	  i=i+1;
	  if(i==3)continue;
	  s=s+i;
	} while(i<=5);
	printf("i=%d,s=%d" ,i,s);
		int i,s=0;
		for(i=1;i<=5;i++)
		{
		if(i==3)continue;
		s=s+i;
		}
		printf("i=%d,s=%d" ,i,s);

while循环中，continue转到while(i<=5)，最后输出i=6,s=17；

do-while循环中，continue转到while(i<=5)，最后输出i=6,s=17；

for循环中，continue转到i++，最后输出i=6,s=12。

C语言中的do-while循环是直到型循环，while后的表达式是满足循环的条件，有的计算机语言是不满足条件的表达式，所以C语言的直到型循环也可理解为"直到不满足条件退出的循环"。

5.5.7　goto 语句

goto语句为无条件转向语句，形式为：

goto 语句标号

语句标号用标识符表示，命名规则同标识符。例如下面的程序段：

```
i=1;
s=0;
sum:if (i<=10)
{
 s=s+i;
 i=i+1;
 goto sum;         //sum是标识符
}
…
```

对于结构化程序的设计，使用goto语句会导致程序流程混乱、可读性差。goto语句一般用在特殊的场合，且不宜多用。

下面的程序也有其应用的场合。

【例5-14】演示goto的使用方法

程序代码：

```
//c5_14.c

#include<stdio.h>
#include<process.h>
void main()
```

```
{
    char select;
    int a,b;
    double c;
menu:
    system("cls");
    printf(" 菜 单\n");
    printf("==========\n");
    printf("  1.加法\n");
    printf("  2.减法\n");
    printf("  3.乘法\n");
    printf("  4.除法\n");
    printf("  0.退出\n");
    printf("==========\n");
    printf("请选择：");
    select=getchar();
    if(select=='0') exit(0);
    printf("请输入a,b:");
    scanf("%d%d",&a,&b);
    goto sum;           //转计算模块
sum:
    switch(select)
    {
        case '1':
            c=a+b;
            break;
        case '2':
            c=a−b;
            break;
        case '3':
            c=a*b;
            break;
        case '4':
            if(b!=0) c=a/b;
            else printf("除0错\n");
            break;
    }
    goto print;
print:
    printf("result=%lf\n",c);
    printf("按回车键继续");
    getchar();          //接收回车符
    getchar();
    goto menu;          //转向菜单
}
```

扫一扫，看视频

运行结果：

```
 菜 单
==========
 1. 加法
 2. 减法
 3. 乘法
 4. 除法
 0. 退出
==========
请选择：2
请输入 a,b:50 20
result=30.000000
按回车键继续
```

主函数中包含3个功能模块，用goto语句实现跳转，如果用循环实现也是可以的，但模块的划分不如用goto语句容易区分。

5.5.8 迭代

迭代（iteration）是重复反馈过程的活动，迭代算法利用了计算机运算速度快、适合重复操作的特点，非常适合一些需要重复计算的数学问题的求解。

【例5-15】计算一个数x的平方根

问题和算法：

求x的平方根的迭代公式为：$x_{n+1}=(x_n+x/x_n)/2$，要求前后两次求出的差的绝对值小于10^{-5}。

算法如下：

（1）设定一个x的初值x_0，如$x_0=x/2$。

（2）通过迭代公式求出x_1，x_1与真正的平方根相比误差很大。

（3）重复步骤2，直到前后两次求出的x值满足以下关系：$|x_{n+1}-x_n|<10^{-5}$。

程序代码：

```
//c5_15.c

#include <stdio.h>
int main()
{
    double x,x0, x1,x2;
    printf("输入x：");
    scanf("%lf", &x);
    x0 = x / 2;
    x1 = (x0 + x / x0) / 2;
    x2 = x1–x0;
    if(x2<0) x2=–x2;
    while (x2 >= 1e–5)          //1e–5相当于0.00001
    {
        x0 = x1;
        x1 = (x0 + x / x0) / 2;
        x2 = x1–x0;
        if(x2<0) x2=–x2;
    }
    printf("x=%lf,x的平方根是:%lf\n", x, x1);
    return 0;
}
```

运行结果：

```
输入 x：2
x=2.000000,x 的平方根是 :1.414214
```

初值x0是任取的，例如取x/2。

【例5-16】计算π值

问题：

π值的计算有多种迭代方法，下面列出几种：

$$\frac{\pi}{2}=\frac{2}{1}\times\frac{2}{3}\times\frac{4}{3}\times\frac{4}{5}\times\frac{6}{5}\times\frac{6}{7}\times\frac{8}{7}\times\frac{8}{9}\times\cdots$$

$$\frac{\pi}{4}=1-\frac{1}{3}+\frac{1}{5}-\frac{1}{7}+\frac{1}{9}-\frac{1}{11}+\frac{1}{13}-\cdots$$

$$\frac{\pi^2}{6}=\frac{1}{1^2}+\frac{1}{2^2}+\frac{1}{3^2}+\frac{1}{4^2}+\frac{1}{5^2}+\frac{1}{6^2}+\cdots$$

程序代码：

```
//c5_16.c

#include <stdio.h>
#include <math.h>
int main()
{
    int i,j;
    double s=1.0;
    for(i=1; i<=1000; i++)
        s=s * (2*i)*(2*i) *1.0/ ((2*i-1)*(2*i+1) ) ;
    printf("1.pi=%f\n",s*2);        //s是pi/2，所以需要乘以2

    s=0.0;
    j=1;
    for(i=1; i<=1000; i++)
    {
        s=s +j* 1.0/(2*i-1);
        j=-j;
    }
    printf("2.pi=%f\n",s*4);        //s是pi/4，所以需要乘以4

    s=0.0;
    for(i=1; i<=1000; i++)
        s=s + 1.0/(i*i);
    printf("3.pi=%f\n",sqrt(s*6));    //s是pi*pi/6，所以需要乘以6再计算平方根

    return 0;
}
```

扫一扫，看视频

运行结果：

```
1.pi=3.140808
2.pi=3.140593
3.pi=3.140638
```

【例5-17】计算图形面积

问题及分析：

数学里面可以利用迭代来计算图形的面积，例如计算图5-10中四分之一圆的面积。

通过x，根据圆曲线函数，得到y：

$$y=\sqrt{r^2-x^2}$$

把四分之一圆按x轴方向，等分成如图5-10所示的矩形，矩形的边长为Δx和y，矩形面积等于$y*\Delta x$，累加起来就是总面积。假设半径R等于1，定义变量dx表示Δx，程序如下：

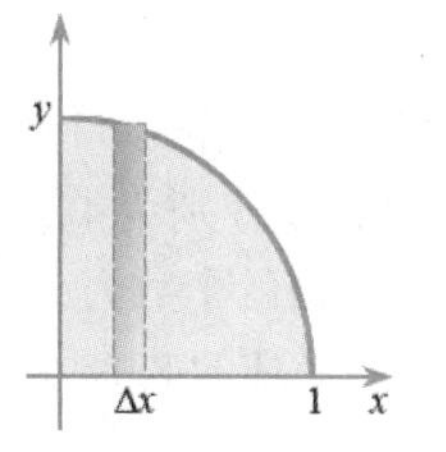

图5-10　四分之一圆的面积

程序代码：

```
//c5_17.c
#include<stdio.h>
#include<math.h>
#define N 10000                    // 半径分为N等份
#define R 1.0                      // 半径等于1
int main()
{
    double s=0,x,y,dx;
    int i;
    dx=R/N;                        // x轴方向矩形的边长
    for(i=1; i<=10000; i++)
    {
        x=dx*i;                    // x坐标
        y=sqrt(R*R-x*x);           // y坐标，相当于y轴方向矩形的边长
        s=s+dx*y;                  // 累加矩形的面积
    }
    printf("area=%.6f",s);         // 四分之一的圆面积
    return 0;
}
```

程序得到的面积乘以4即是圆的面积，相当于πR^2。

运行结果：

```
area=0.785348
```

5.6 综合案例

5.6.1 打印图形

【例5-18】打印图形（见图5-11）

```
    *
   ***
  *****
 *******
*********
```

图5-11　要求打印的图形

分析：

程序需要输出5行“*”，每行输出的“*”个数分别为1、3、5、7、9，每行“*”星号前面空格的个数分别为4、3、2、1、0。假设行的编号为i（i=1、2、3、4、5），则“*”的个数为2*i-1，空格的个数为5-i。

利用循环的嵌套可以完成程序。

程序代码：

```
//c5_18.c

#include <stdio.h>
int main()
{
    int i,j;
    for (i=1; i<=5; i++)              // i=1~5，代表5行
    {
        for (j=1; j<=5–i; j++)        // j循环5–i次，每次输出1个空格，共5–i个空格
            printf(" ");              //输出1个空格
        for (j=1; j<=2*i–1; j++)      // j循环2*i–1次，输出2*i–1个"*"
            printf("*");
        printf("\n");                 // 每行输完需要换行
    }
    return 0;
}
```

算法研究：

类似的图形可以参考表5-4的分析，程序框架基本一样。

表5-4　图形分析表

程序框架	图形	关键参数		值序列

#include <stdio.h>
int main()
{
int i,j;
for (i=1;i<=5;i++)
{
for (j=1;j<=（1）;j++)
printf(" ");
for (j=1;j<=（2）;j++)
printf("*");
printf("\n");
}
}
	*
	***
	*****
	*******
	*********
		空格	（1）i-1	0,1,2,3,4

		星号	（2）2*i-1	1,3,5,7,9
	* *** ***** ******* *********	空格	（1）5-i	4,3,2,1,0
		星号	（2）2*i-1	1,3,5,7,9
	********* ******* ***** *** *	空格	（1）i-1	0,1,2,3,4
		星号	（2）11-2*i	9,7,5,3,1

表5-4中参数(1)用于控制空格的输出，参数(2)用于控制“*”的输出，两个参数的变化取决于外循环变量i的变化，这种变化最终体现在空格和星号个数的控制上。

了解以上简单图形的输出后，表5-5中的图形也不成问题。

表 5-5　数字组成的图形

图形	程序	
	常规程序	优化的程序

1
12
123
1234
12345
1234
123
12
1
	#include <stdio.h>
	int main()
	{
	int i,j;
	for (i=1;i<=5;i++)
	{
	for (j=1;j<=i;j++)
	printf("%d",j);
	printf("\n");
	}
	for (i=4;i>=1;i--)
	{
	for (j=1;j<=i;j++)
	printf("%d",j);
	printf("\n");
	}
	}
		#include <stdio.h>
		int main()
		{
		int i,j,k;
		for (i=-4;i<=4;i++)
		{
		k=i<0?-i:i; // 取绝对值
		for (j=1;j<=5-k;j++)printf("%d",j);
		printf("\n");
		}
		}

1
121
12321
1234321
123454321
	#include <stdio.h>
	int main()
	{
	int i,j;
	for (i=1;i<=5;i++)
	{
	for (j=1;j<=5-i;j++)printf(" ");
	for (j=1;j<=i;j++) printf("%d",i);
	for (j=i-1;j>=1;j--) printf("%d",i);
	printf("\n");
	}
	}
		#include <stdio.h>
		int main()
		{
		int i,j,k;
		for (i=1;i<=5;i++)
		{
		for (j=1;j<=5-i;j++)printf(" ");
		for (j=-i+1;j<=i-1;j++)
		printf("%d",j<0?i+j:i-j);
		printf("\n");
		}
		}

0
12
345
6789
	#include <stdio.h>
	int main()
	{
	int i;
	for(i=0;i<=9;i++)
	{
	if(i==1 ||i==3||i==6)
	printf("\n");
	printf("%d",i);
	}
	}
		#include <stdio.h>
		int main()
		{
		int i,j,k=0;
		for(i=1;i<=4;i++)
		{
		for(j=1;j<=i;j++)printf("%d",k++);
		printf("\n");
		}
		}

以上优化过的程序其实是更为准确地把握了图形的规律，在循环中将规律转换为灵活的表达式。

图形输出的案例对于循环嵌套的学习很有帮助，读者应多加练习，规律利用的越多，程序的效率也会越高。

5.6.2 计算阶乘

【例5-19】计算5!

程序代码：

```
//c5_19.c

#include <stdio.h>
int main()
{
    int i,s;
    for(i=1,s=1; i<=5; i++)        // s初始化为1，而不是0
        s=s*i;
    printf("s=%d\n",s);            // 如果阶乘很大时，用%ld
    return 0;
}
```

运行结果：

```
s=120
```

分析：

程序中s、i值的变换过程如表5-6所示。

表5-6 例5-19中s、i值的变换过程

变量及初始值		循环条件 i<=5					
		1<=5	2<=5	3<=5	4<=5	5<=5	6<=5
		√	√	√	√	√	×
s	1	1*1=1	1*2=2	2*3=6	6*4=24	24*5=120	
i	1	2	3	4	5	6	

计算阶乘的方法与求和差不多，但要注意累加器s初始化为0，累乘器初始化为1。由于阶乘的值很容易放大，数据类型定义时要够用才行。

计算阶乘也可以利用递归函数的方法，读者在学习函数章节中请对照学习。

本书综合案例提供了计算10000!的特殊算法，请读者参考。

5.6.3 计算100以内的所有素数之和

问题：

“素数”可以从定义来判断，除了1和本身之外，没有其他因子。对于任意100以内的整数i，判断其是否为素数的最简单的办法是用2~i-1之间的这些数去整除i，只要有能够整除的，则i不是素数；如果所有的数都不能整除，则i是素数。

判断出i是素数后，进行累加求和，即可完成题目的要求。

【例5-20】计算100以内的素数之和

程序代码：

```
//c5_20.c

#include <stdio.h>
int main()
{
    int i,j,s=0;
    for(i=2; i<=100; i++)          // 通过i遍历100以内的数
    {
        for(j=2; j<=i-1; j++)      // 列出2~i-1之间的数，判断是否能整除i
            if(i%j==0)  break;     // 发现整除i的数，立即退出j循环
        if(j>i-1)                  // j>i-1表示在2~i-1之间没有发现可以整除i的数，则i是素数
        {
            printf("%3d",i);
            s=s+i;
        }
    }
    printf("\ns=%d\n",s);
    return 0;
}
```

扫一扫，看视频

运行结果：

```
2 3 5 7 11 13 17 19 23 29 31 37 41 43 47 53 59 61 67 71 73 79 83 89 97
s=1060
```

算法分析：

假设i等于13，循环判断的过程如下：

条件判断	循环条件 j<=12												
	√	√	√	√	√	√	√	√	√	√	√	×	
	if 表达式 i%j==0												
	×	×	×	×	×	×	×	×	×	×	×		
j	2	3	4	5	6	7	8	9	10	11	12	13	

循环中所有的j值都不满足i%j==0的条件，循环正常退出，退出时，j等于13。

假设i等于25，循环判断的过程如下：

条件判断	循环条件 j<=24												
	√	√	√	√									
	if 表达式 i%j==0												
	×	×	×	√									
j	2	3	4	5									

循环中当j值等于5时，满足i%j==0的条件，通过break语句跳出循环，这时j小于等于24。

以上表格中为了阅读理解的方便，用√号表示满足条件，用×号表示不满足条件，或者说√号表示条件表达式的值是非0，×号表示条件表达式的值是0。

显然，素数因为没有找到除了1和本身以外的因子，只能按循环正常退出的条件退出循环，这也是判断是否是素数的条件：if(j>i-1)，或者直接写成：if(j==i)。

根据素数定义实现的程序，检测范围是2~i-1，其实，假设有小因子x，必然有大因子i/x，则：

$$i=x*(i/x)\geq x^2$$
$$x\leq \sqrt{i}$$

所以检测范围可以缩小到$\sqrt{i}$，即sqrt(i)，程序可以修改为：

修改代码 1：

```
//c5_20_2.c

#include <stdio.h>
#include <math.h>
int main()
{
    int i,j,n,s=0;
    for(i=2; i<=100; i++)              // 通过i遍历100以内的数
    {
        n= sqrt(i);
        for(j=2; j<=n; j++)            // 列出2~√i之间的数，判断是否能整除i
            if(i%j==0)  break;         // 发现整除i的数，立即退出j循环
        if(j> n)                       // j> sqrt(i)表示在2~ sqrt(i)之间没有发现可以整除i的数，则i是素数
        {
            printf("%3d",i);
            s=s+i;
        }
    }
    printf("\ns=%d\n",s);
    return 0;
}
```

扫一扫，看视频

sqrt(i)是浮点数，有些程序为了不用该数学函数，用i/2代替，虽然效率上还是差一点，但比i-1要好多了。

上面的程序还有缺点，需要进一步优化：

- i循环中有2以外的偶数。
- j循环中有2以外的偶数。

修改代码 2：

```
//c5_20_3.c

#include <stdio.h>
#include <math.h>
int main()
{
    int i,j,n,s=2;
    for(i=3; i<=100; i+=2)             // 通过i遍历100以内的奇数
    {
        n= sqrt(i);
        for(j=3; j<=n; j+=2)           // 列出3~i-1之间的数，判断是否能整除i
            if(i%j==0)  break;         // 发现整除i的数，立即退出j循环
        if(j>n)                        // j>i-1表示在2~i-1之间没有发现可以整除i的数，则i是素数
        {
            printf("%3d",i);
            s=s+i;
        }
```

扫一扫，看视频

```
    }
    printf("\ns=%d\n",s);
    return 0;
}
```

扩展阅读：

下面的优化是读者学完数组章节后再来理解其中的算法原理，放在这里是方便和前面的程序进行对比。

例如，对于i等于45来说，因子15其实包含质因子3和5，我们只需要判断质因子即可得出结论，程序优化如下：

```
//c5_20_4.c

#include <stdio.h>
#include <math.h>
int main()
{
    int i,j,n,s=2;
    int a[100]= {3},b=1;
    for(i=5; i<=100; i+=2)                  // 通过i遍历100以内的奇数
    {
        n= sqrt(i);
        for(j=0; j<b && a[j]<=n; j++)      //先搜索质因子
            if(i%a[j]==0) break;
        if(a[j]>n) a[b++]=i;                //所有小于n的质因子都不是i的因子，i必然是素数
        else if(a[j]==0)                    //最大的质因子小于n，还需要继续查找
        {
            for(j=a[j-1]; j<=n; j+=2)
                if(i%j==0)  break;
            if(j>n)
                a[b++]=i;
        }
    }
    for(i=0; i<b; i++)
    {
        printf("%3d",a[i]);
        s=s+a[i];
    }
    printf("\ns=%d\n",s);
    return 0;
}
```

实际上，第二种搜索因子的步骤是不需要的，因为最大的质因子小于n的情况是不存在的，程序可以再次简化成：

程序代码：

```
//c5_20_5.c
#include <stdio.h>
#include <math.h>
int main()
{
    int i,j,n,s=2;
    int a[100]= {3},b=1;
    for(i=5; i<=100; i+=2)          // 通过i遍历100以内的奇数
```

```
    {
        n= sqrt(i);
        for(j=0; j<b && a[j]<=n; j++)  //先搜索质因子
            if(i%a[j]==0) break;
        if(a[j]>n) a[b++]=i;           //所有小于n的质因子都不是i的因子，i必然是素数
    }
    for(i=0; i<b; i++)
    {
        printf("%3d",a[i]);
        s=s+a[i];
    }
    printf("\ns=%d\n",s);
    return 0;
}
```

优化后的程序效率提高很多，笔者测试了100000范围内的计算时间，不输出每个素数的情况下，优化前计算时间是1.8秒，优化后计算时间是0.08秒。

5.6.4 计算 Fibonacci 数列前 40 项的和

问题：

斐波那契数列（Fibonacci）的特点是：前两个数为1和1，从第3个数开始，每个数都是前面两个数的和，即：

$$f(n)=\begin{cases}1, & n=1,2\\ f(n-1)+f(n-2), & n\geqslant 3\end{cases}$$

Fibonacci数列依次为：1，1，2，3，5，8，13，21，34…

【例5-21】计算Fibonacci数列前40项的和

程序代码：

```
//c5_21.c

#include <stdio.h>
int main()
{
    int f1,f2,f;
    int i,s;
    f1=f2=1;
    s=f1+f2;                  // 先累加前面2个数
    for(i=3; i<=40; i++)      // i从1到38也可以
    {
        f=f1+f2;              // 计算出下一个数
        s=s+f;                // 累加
        f1=f2;
        f2=f;                 // 准备计算下一个数
    }
    printf("%d\n",s);
    return 0;
}
```

扫一扫，看视频

运行结果：

```
267914295
```

算法分析：

程序运行中i、f1、f2和f的变换过程如下：

i	3	4	5	6	7	8	9	10	11	12	13	14	15	16	17	18	…
f1	1	1	2	3	5	8	13	21	34	55	89	144	233	377	610	987	…
f2	1	2	3	5	8	13	21	34	55	89	144	233	377	610	987	1597	…
f	2	3	5	8	13	21	34	55	89	144	233	377	610	987	1597	2584	…

i从4开始，f1、f2总是等于前一个i时的f2、f。

5.6.5 黑洞数

问题及分析：

键盘输入一个三位数(至少有两个数码不同)，找到对应的“黑洞数”。

“黑洞数”指的是将任意一个三位数的三个数码分别从大到小和从小到大排列，所构成的两个数的差再重复刚才的操作，最终止步于某一个数，该数就是“黑洞数”。

黑洞数又称“陷阱数”，操作也可简称为“重排求差”。

例如:168

第1次重排，得到最大数861和最小数168，相减得到693；

第2次重排，得到最大数963和最小数369，相减得到594；

第3次重排，得到最大数954和最小数459，相减得到495；

第4次重排，得到最大数954和最小数459，相减得到495；

相同的操作最后止于495，则495是“黑洞数”。

再看几个数，观察是否也是“殊途同归”。

191	911-119	972-279	963-369	954-459
	792	693	594	495
286	862-268	954-459		
	594	495		
735	753-357	963-369	954-459	
	396	594	495	

【例5-22】计算黑洞数

程序代码：

```
//c5_22.c

#include <stdio.h>
int main()
{
    int w1,w2,w3;
    int a,b;
    int max,min;
```

```
    printf("Input a:");
    scanf("%d",&a);
    if(a<100 ||a>=1000)
        printf("Input data error");
    else
    {
        if(a%111==0)                    // 检测是否3个数码都相同
        {
            printf("data error");
            return;
        }
        while(1)
        {
            w1=a%10;                    // 个位数码
            w2=a/10%10;                 // 十位数码
            w3=a/100;                   // 百位数码
            max=w1>w2?w1:w2;
            max=max>w3?max:w3;          // 最大数码
            min=w1<w2?w1:w2;
            min=min<w3?min:w3;          // 最小数码
            // 重排的两数之差，因为中间数相同，减后抵消，这里忽略
            b=(max-min) *100+(min-max);
            if(a==b)
            {
                printf("a=%d\n",a);
                break;
            }
            else a=b;                   // 不是"黑洞数"，让a等于刚才的两数之差，继续重排、判断
        }
    }
    return 0;
}
```

运行结果：

```
Input a:168
a=495
```

思考：

4位的黑洞数是多少？

5.6.6　猴子吃桃和小球落地问题

问题：

猴子第一天摘下若干个桃子，当即吃了一半，还不过瘾，又多吃了一个，第二天早上又将剩下的桃子吃掉一半，又多吃了一个。以后每天早上都吃了前一天剩下的一半零一个。到第10天早上想再吃时，发现只剩下一个桃子了。求第一天共摘了多少个桃子。

天数	1	2	3	4	5	6	7	8	9	10
当前	1534	766	382	190	94	46	22	10	4	1
吃掉	768	384	192	96	48	24	12	6	3	
剩余	766	382	190	94	46	22	10	4	1	

假设共摘了x1个桃子，关系如下：

x9=(x10+1)*2	4=(1+1)*2
x8=(x9+1)*2	10=(4+1)*2
x7=(x8+1)*2	22=(10+1)*2
…	
x1=(x2+1)*2	1534=(766+1)*2

如果每次计算出x1后，用x2保存x1的值，这9次计算可以理解成：

x2	x1		
1	(1+1)*2	≡	(x2+1)*2
4	(4+1)*2	≡	(x2+1)*2
10	(10+1)*2	≡	(x2+1)*2
……			

每次的计算其实就是重复下面两条语句：

```
x1=(x2+1)*2
x2=x1
```

【例5-23】猴子吃桃问题

程序代码：

```
//c5_23.c

#include<stdio.h>
int main()
{
    int day,x1,x2;
    day=9;
    x2=1;                  //最后1天剩的桃子
    while(day>=1)          //共9天
    {
        x1=(x2+1)*2;       // 今天的桃子数x1是昨天的桃子数x2加1后的2倍
        x2=x1;             // 今天"变"昨天，一直到第1天
        day--;
    }
    printf("猴子共摘桃子%d个\n",x1);
    return 0;
}
```

扫一扫，看视频

分析：

程序从最后一天逆向推算到第一天。变量day只是控制循环重复9次，并没有出现在计算表达式中；两个赋值语句也可以合并。程序完全可以这么写：

```
//c5_23_2.c

#include<stdio.h>
int main()
{
    int i,x1,x2=1;
    for(i=0; i<9; i++) x2=x1=(x2+1)*2;
    printf("猴子共摘桃子%d个\n",x1);
```

```
    return 0;
}
```

类似的还有这样的程序：一球从100米高度自由落下，每次落地后反弹回原高度的一半，再落下，如图5-12所示。求它在第10次落地时，共经过多少米？第10次反弹多高？

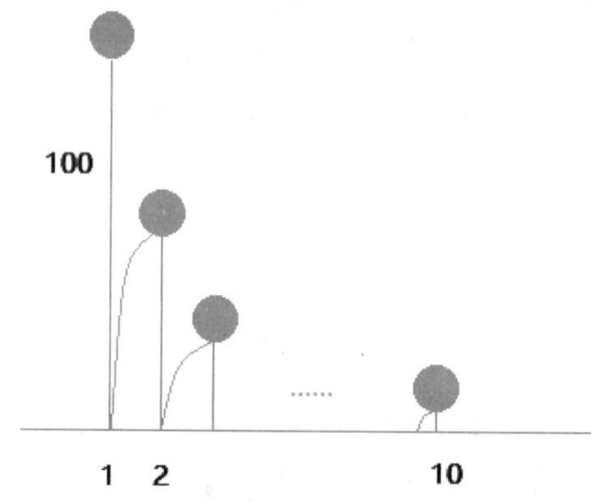

图5-12　小球落地示意图

第n次落地	经过米数	反弹高
1	100	$100/2^1$
2	$100+(100/2^1)*2$	$100/2^2$
……	……	……
10	$100+(100/2^1)*2+(100/2^2)*2+\cdots+(100/2^9)*2$	$100/2^{10}$

【例5-24】小球落地问题

程序代码：

```
//c5_24.c

#include<stdio.h>
int main()
{
    double s=100.0,h=s/2;       //初始化第1次落地和反弹的数据
    int n;
    for(n=2; n<=10; n++)
    {
        s=s+h*2;                //第n次落地时共经过的米数
        h=h/2;                  //第n次反弹的高度
    }
    printf("s=%lf,h=%lf",s,h);
    return 0;
}
```

运行结果：

```
s=299.609375,h=0.097656
```

修改代码：

需要注意的是第10次落地的反弹高度不在s的计算之内。

观察到题目中数据折半的特征，程序可以修改为下面的写法：

```
//c5_24_2.c

#include<stdio.h>
int main()
{
    double s=100.0,h=s/(1<<10);
    int n;
    for(n=0;n<9;n++)
    s=s+100.0/(1<<n);
    printf("s=%lf,h=%lf",s,h);
    return 0;
}
```

其中1<<n等于2^n。

5.6.7 费马猜想

问题：

费马猜想是世界三大数学猜想之一，另外两个是四色猜想和哥德巴赫猜想。这里编写程序对费马猜想进行验证。

费马猜想：当整数n > 2时，关于x、y、z的不定方程 $x^n + y^n = z^n$ 无正整数解。

下面的程序在n=3，x、y小于1000的情况下，验证费马猜想的正确性，即：

$$x^3 + y^3 = z^3$$

假设x<y，则$z^3<2y^3$，即$z<\sqrt[3]{2}\,y<1.3y$。

【例5-25】费马猜想

程序代码：

```
//c5_25.c

//作者:Ding Yatao
//日期:2019年8月

#include<stdio.h>
int p(int x,int n)
{
    int i,t=x;
    for(i=2; i<=n; i++)
        t=t*x;
    return t;
}
int main()
{
    int x,y,z,t,zmin,zmax;
    int n=3;
    for(x=1; x<1000; x++)
        for(y=x+1; y<=1000; y++)        //设x<y
        {
            t=p(x,n)+p(y,n);
```

```
            zmin=y;                         //z>y
            zmax=(int)(1.3*zmin);           //z的最大值
            for(z=zmin; z<=zmax; z++)
                if(p(z,n)==t) printf("%d^%d+%d^%d=%d^%d\n",x,n,y,n,z,n);
        }
    printf("not found\n") ;
}
```

分析：

程序中函数p用来计算x^n。

结果当然是：

```
not found
```

如果需要验证更大的n和更大范围的x、y，高级语言内置的数据类型无法存储和计算，需要采用特殊的大数算法，读者可以参考本书第14章的综合案例部分，需要注意的是计算时间将随着范围的扩大而迅速增长。

本章小结：

本章介绍了结构化程序设计方法及三种基本的程序结构。

1. 语句

C语言的语句可分为5种类型，分别是表达式语句、函数调用语句、复合语句、控制语句、空语句。

2. 顺序结构

(1)顺序结构的特点。

(2)格式化输出函数printf和格式化输入函数scanf。

格式化输入输出函数需要掌握格式字符，格式字符是以%开头、类型字符结尾的特殊字符串，其中输出格式字符要复杂些。

```
输出格式字符：% [标志] [宽度] [精度] [长度] 类型
```

类型字符是必需的，主要有d、o、x、u、f、e、g、c、s、p，其中d、o、x、u用于整型数据，f、e、g用于实型数据，c、s用于字符型数据，p用于地址(指针)。

标志、宽度、精度、长度是可选的，如果没有设置，则按默认的格式输出。

标志有+、-、0三种字符，“+”用于增加标注正数前面的“+”号，“-”用于更改对齐方式为左对齐，“0”用于修改默认空余填充的空格为“0”。

宽度是十进制整数，不是强制执行的，当宽度小于实际宽度时无效，如果超出，则默认填充空格。当宽度超出实际宽度时，还会带来对齐问题，默认是右对齐。

精度是十进制整数，主要用于实型和字符型数据的输出控制。实型数默认输出6位小数，精度可以修改小数位数，精度不同于有效数字位数。

同时包含宽度和精度的格式串，首先处理精度，然后得到实际宽度，再把设置的宽度和实际宽度比较，超出则填充空格，否则设置宽度无效。

长度有h、l两种字符。h用于标注是短整型，l用于标注是长整型或double实型。值得注意的是，32位机器下，VC编程环境中int和long都是4个字节，在输出long型数据时可以不加l修饰。

```
格式输入字符：% [*][宽度] [长度] 类型
```

宽度、长度和类型的意义基本同输出格式符。“*”表示虚读。

3. 选择(分支)结构

对于条件的判断，C语言采用逻辑值1和0分别表示真和假。产生这种逻辑值的表达式是关系表达式或逻辑表达式。二者可统称为条件表达式。

C语言采用if语句和switch语句描述选择结构。

if语句可分为单分支、双分支和多分支。一般采用if语句实现简单的分支结构程序。

switch语句和break语句配合可以实现多分支结构程序。

嵌套的if语句和switch语句都能设计完成多分支的程序，二者各有特色。对于条件具备规律性的问题，采用switch语句的效率更高，可读性也更好。

4. 循环(重复)结构

循环结构是面向过程编程中三种结构中最重要的一种结构，学好它是学好C语言编程的关键。

三种基本循环结构while、do while和for循环，goto语句也可以构成循环结构。

while循环和do-while循环的条件判断一个在前，一个在后，为导致循环体执行的次数不同，需要密切注意。

for循环为标准的功能很强的循环，通常用于可控制的循环，对于程序的维护和阅读都是最佳选择。

break语句和continue语句可以改变循环运行的方向，主要用于特殊情况的处理，但不能控制if语句和goto语句构成的循环。

循环结构的实质是重复执行一系列语句，这种重复性是在循环条件的控制之下完成的，目的是完成指定的任务，所以利用循环结构设计程序的关键就在于如何控制循环的条件，在恰当的时机由“真”变“假”，从而退出循环。

CHAPTER

6 数组

学习目标：

- 掌握一维数组与二维数组的定义、初始化和数组元素的引用
- 掌握字符数组的定义、初始化和数组元素的引用
- 掌握字符串的存储方法和应用
- 掌握有关处理字符串的系统函数的使用方法

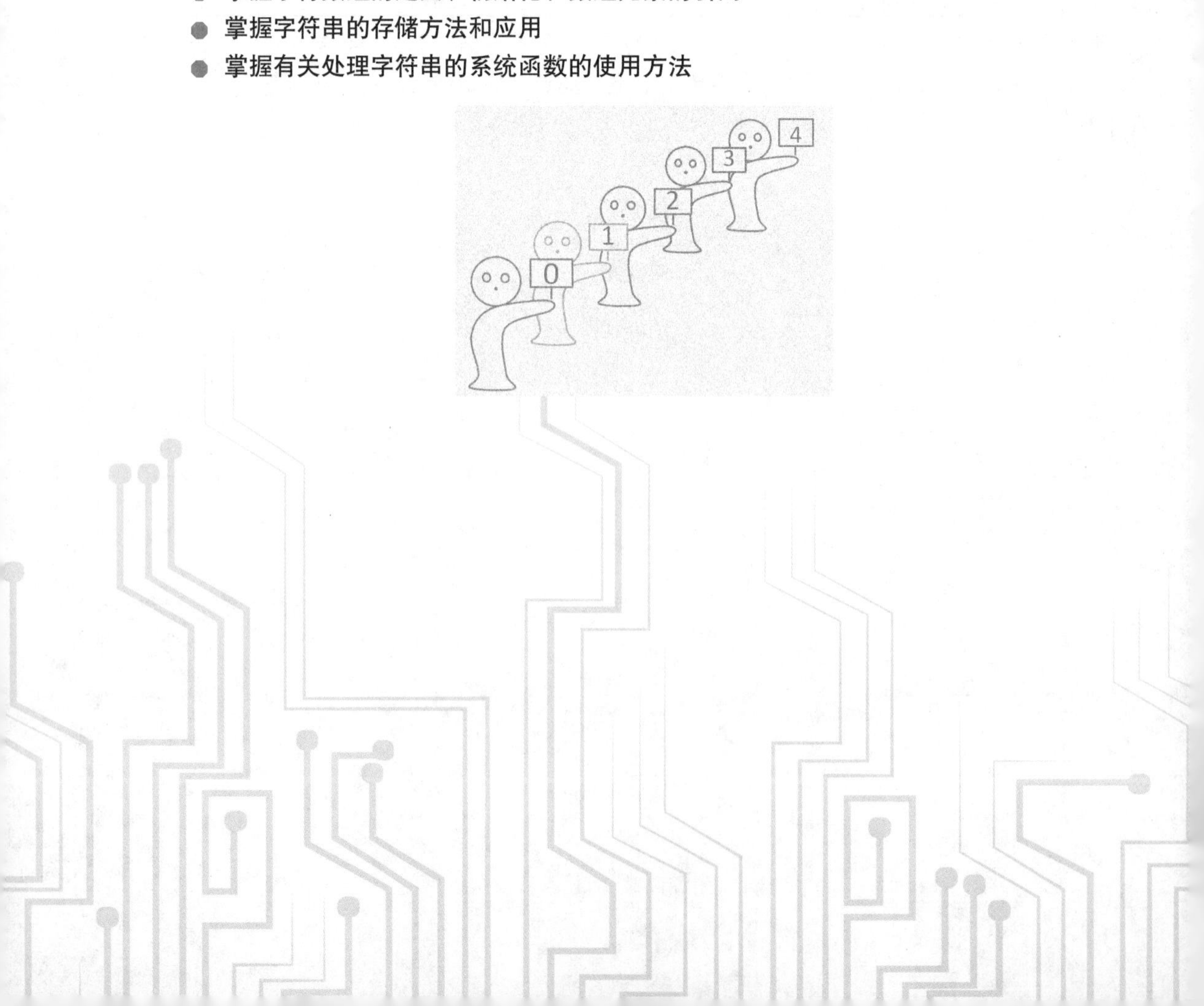

6.1 数组的基本概念

设有以下变量：

```
int a1,a2,a3,a4,a5,a6,a7,a8,a9,a10;
```

请编程给这10个变量赋值，并求它们的平均值。

这个任务有点麻烦，难道需要这样？

```
scanf("%d%d%d%d%d%d%d%d%d%d",&a1,&a2,&a3,&a4,&a5,&a6,&a7,&a8,&a9,&a10);
```

这是一条非常糟糕的语句。

其实可以用“数组”来解决这个问题。

所谓数组，就是一组类型相同的变量构造的数据类型，这些变量称作数组元素。它用一个数组名标识，每个数组元素都是通过数组名和元素的相对位置——下标来引用的。数组可以是一维的，也可以是多维的。由于数组将多个同类型变量集中在一起管理，所以是一种聚合类型。数组元素在内存中按序存放。

上面的10个变量可以用数组来代替：

```
int a[10];
```

这就是数组，该数组包括以下10个元素：

```
a[0],a[1],a[3],…,a[9]
```

其中0、1、2、…、9称作下标，下标从0开始，和前面不同的是，这些变量统一共用一个数组名a。如果要对10个变量赋值，可以这样：

```
for(i=0;i<10;i++)
  scanf( “%d” ,&a[i]);
```

求平均值也很简单：

```
for(i=0;i<10;i++)
  s=s+a[i];
average = s/10;
```

要注意的是，C语言不对下标越界进行检查，例如引用a[10]也是允许的，但这个元素并不存在，是危险的引用，需要用户注意，并务必小心。

数组名表示数组的第1个元素的地址，下标为偏移量，编译或运行时可以结合二者找到数组元素存储的位置并取值计算。

6.2 一维数组

6.2.1 定义与初始化

一维数组用于存储一行或一列的数据。定义方式如下：

<类型> <数组名> [<常量表达式>];

“类型”指的是数组元素的数据类型，可以是int、char、float等各种类型。“数组名”是数

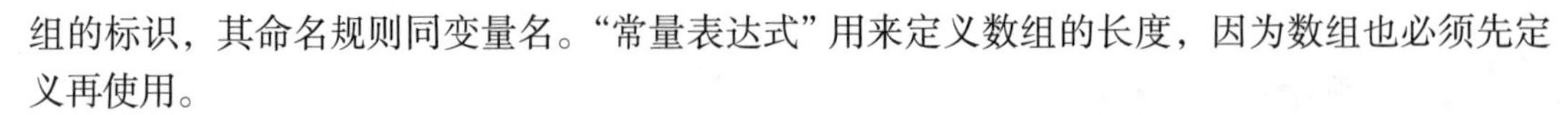

组的标识，其命名规则同变量名。“常量表达式”用来定义数组的长度，因为数组也必须先定义再使用。

例如：

```
int a[10];
char name[20];
```

C语言不允许对数组的大小作动态定义，即定义行中的数组长度必须是常量表达式，可以包括常量和符号常量，但不能包括变量。例如，下面的定义是错误的。

```
int n=10; int a[n];            //n是变量
```

而下面的定义是正确的：

```
#define N 10
void main()
{
    int a[N];                  //N为符号常量
    …
}
```

如果确实需要动态定义数组，可以采取变通的方法，例如：

```
int *p;
p=(int *)malloc(10*sizeof(int));
```

p将会指向一个10元素的内存空间，相当于定义了10元素的数组。

也可以通过自定义类型来定义数组，例如：

```
typedef int ARRAY[10];
ARRAY a;
```

相当于定义了int a[10]，这样做的好处在于自定义的ARRAY类型名既包含int类型信息，也包含长度为10的信息。

定义数组的同时可以对数组初始化。以下初始化的方法都是允许的：

```
int a[10]={1,2,3,4,5,6,7,8,9,10};     //完全初始化
int a[]={1,2,3,4,5,6,7,8,9,10};       //完全初始化，省略长度说明
int a[10]={1,2,,4,5};                 //部分元素初始化
```

上面自定义类型可以初始化如下：

```
ARRAY a={1,2,3,4,5,6,7,8,9,10};
```

函数或复合语句内部定义的自动存储类型的数组元素若没有被初始化，其值是随机的或者是系统默认值，函数外部或用static定义的静态存储的数组元素隐式初始化为空（例如数值型为0，字符型为'\0'，指针为NULL）。

```
int a[10];                     //静态存储，自动初始化为0
int main()
{
    int b[10];                 //动态存储，随机值
    int c[10]={0};             //动态存储，全部初始化为0
    static int d[10];          //静态存储，自动初始化为0
    {
        int e[10];             //动态存储，随机值
        static int f[10];      //静态存储，自动初始化为0
    }
    …
}
```

6.2.2 引用与赋值

一维数组元素的引用方式是：

数组名[下标]

下标从0开始。例如int a[10]中，第5个元素是a[4]。有的书上也称第1个元素为第0元素，这种说法会导致歧义。

n个元素的数组，其最大下标是n-1，如上面的数组，最后一个元素是a[9]，不存在a[10]这个元素。

数组名是一个常量，在编译或运行时被翻译成地址，不能像变量一样进行赋值操作。以下用法是错误的：

```
int a[10],b[10];
a=b;
```

后面的指针章节会详细了解具体的原因。

如果确实需要对数组整体赋值，可以采取变通的方法，读者学完结构类型后可以如下处理：

```
struct data{int a[10]};                    //定义一个只包含数组的结构
struct data x={1,2,3,4,5,6,7,8,9,10},y;  //定义结构变量x、y
y=x;                                       //结构变量x整体赋值给y，相当于将x中的数组整体赋值给y中的数组
```

数组元素都是变量，也可以定义数组常量，例如：

```
const int a[10]={1,2,3,4,5,6,7,8,9,10};
```

这时若有语句a[0]=100;则编译报错，因为数组a的所有元素是只读的，通过数组元素引用的方式不能更改了。

【例6-1】编程求10个数中的最大值、最小值、平均值，输出所有小于平均值的数

程序代码：

```
//c6_1.c

#include <stdio.h>
int main()
{
    int i;
    double a[10];
    double max,min;
    double s=0,average;
    printf("Input 10 numbers: ");
    for (i=0;i<10;i++)
        scanf("%lf",&a[i]);
    s = max = min = a[0];                    //记录第一个元素值
    for (i=1;i<10;i++)
    {
        max=max>a[i]?max:a[i];               //大于max则替换max
        min=min<a[i]?min:a[i];               //小于min则替换min
        s = s + a[i];                        //累加求和
    }
    average = s/10;                          //求平均值
    printf("max=%.2lf,min=%.2lf,average=%.2f\n",max,min,average);
```

```
    //输出小于平均值的元素
    for(i=0;i<10;i++)
        if(a[i]<average)
            printf("%.2lf ",a[i]);
    printf("\n");
}
```

运行结果：

```
Input 10 numbers: 12 23 34 45 56 67 78 89 90 12
max=90.00,min=12.00,average=50.60
12.00   23.00 34.00 45.00 12.00
```

通过上面的程序可以看出，数组的优点有：

（1）数组元素可以用数组名和下标来访问，而下标可以是变量表达式，所以可以结合循环来访问数组中的所有元素，从而给访问和操作一组变量带来极大的方便。

（2）数组元素之间有密切的顺序关系。

除了上面的定义形式之外，也可以用动态内存分配的形式定义数组，例如：

```
int *a;
a=(int *)malloc(10*sizeof(int));
```

这种方式也定义了有10个元素的数组a，只不过数组名是指针变量a。

6.3 二维数组和多维数组

6.3.1 定义与初始化

二维数组用于存放矩阵形式的数据，如二维表格等数据。

定义二维数组的格式如下：

<类型> <数组名> [<常量表达式1>][<常量表达式2>];

例如：

```
int a[3][4];          //3×4的矩阵，共12个元素
float f[5][10];       //5×10的矩阵，共50个元素
```

和一维数组相似，以上语句定义了一组变量，只不过这些变量有行和列的排列。如int a[3][4]的排列如下：

```
a[0][0]  a[0][1]  a[0][2]  a[0][3]
a[1][0]  a[1][1]  a[1][2]  a[1][3]
a[2][0]  a[2][1]  a[2][2]  a[2][3]
```

以上排列是便于理解和引用的逻辑排列结构，在计算机的内存中，其物理存储结构会因为系统不同而不同，例如如图6-1所示的二维数组物理存储结构。

注意图6-1中每个元素占4字节的存储空间，这是因为32位int型的长度为4字节，如果是16位int就是2字节，不同编译器、不同机器位长的长度不一样。

图 6-1　二维数组内存存储示意图

这里可以编写一个程序输出所有二维数组元素的地址。

【例 6-2】输出所有二维数组元素的地址

程序代码：

```
//c6_2.c

#include<stdio.h>
int main()
{
    int a[3][4];
    int i,j;
    printf("%p\n",a);      //数组首地址
    for(i=0;i<3;i++)
    {
        for(j=0;j<4;j++)
            printf("%p ",&a[i][j]);
        printf("\n");
    }
}
```

运行结果：

```
0062FE78
0062FE78 0062FE7C 0062FE80 0062FE84
0062FE88 0062FE8C 0062FE90 0062FE94
0062FE98 0062FE9C 0062FEA0 0062FEA4
```

二维数组的初始化形式可以有：

```
int a[3][4]={1,2,3,4,5,6,7,8,9,10,11,12};            //完全初始化
int a[][4]={1,2,3,4,5,6,7,8,9,10,11,12};             //完全初始化，省略行
int a[3][4]={{1,2,3,4},{5,6,7,8},{9,10,11,12}};      //分行完全初始化，可读性较好
int a[3][4]={1,2,3,4};                               //部分初始化
```

存储类型对初始化的影响和前面介绍的一致。

6.3.2　引用和赋值

二维数组元素的引用方式是：

数组名[行下标] [列下标]

例如：

```
a[0][1],b[2][3]
```

引用二维数组元素的方法与一维数组类似，只不过多了一个下标，我们经常把第1个下标称为行下标，第2个下标称为列下标。二维数组经常需要结合循环的嵌套来完成。

【例6-3】演示二维数组的定义及元素引用

程序代码：

```
//c6_3.c
#include <stdio.h>
int main()
{
    int i,j;
    int a[4][4];
    for(i=0;i<4;i++)
    {
        for(j=0;j<4;j++)
        {
            a[i][j]=i+j;                //给a[i][j]元素赋值
            printf("%3d",a[i][j]);      //输出i行j列元素
        }
        printf("\n");
    }
    return 0;
}
```

扫一扫，看视频

运行结果：

```
0 1 2 3
1 2 3 4
2 3 4 5
3 4 5 6
```

【例6-4】输出一个二维整型数组中所有的素数

程序代码：

```
//c6_4.c
#include<stdio.h>
int main()
{
    int a[2][10]= {{16,31,17,97,45,23,87,64,55,37},
            {17,32,18,98,46,24,88,65,56,38}
    };
    int i,j,k;
    for(i=0; i<2; i++)
        for(j=0; j<10; j++)
        {
            for(k=2; k<=a[i][j]−1; k++)       //判断a[i][j]是否是素数
                if(a[i][j]%k==0)
                    break;
            if(k==a[i][j])
```

扫一扫，看视频

```
            printf("%3d",a[i][j]);
        }
    printf("\n");
    return 0;
}
```

运行结果：

```
31 17 7 23 37 17 17
```

二维数组的引用需要二重循环来分别控制行和列，程序中需要注意行与列的关系。

由于二维数组是连续存储的，也可以当作一个一维数组，观察下面的程序，其输出和上面的程序一样。

程序代码：

扫一扫，看视频

```
//c6_4_2.c
#include<stdio.h>
int main()
{
    int a[2][10]= {{16,31,17,97,45,23,87,64,55,37},
            {17,32,18,98,46,24,88,65,56,38}
    };
    int i,k;
    for(i=0; i<20; i++)
    {
        for(k=2; k<=a[0][i]-1; k++)     //判断a[0][i]是否是素数
            if(a[0][i]%k==0)
                break;
        if(k==a[0][i])
            printf("%3d",a[0][i]);
    }
    printf("\n");
    return 0;
}
```

被看成一维数组的数组名是a[0]，即第1行的首地址。假设把a[0]看成b，则a[2][10]相当于：

```
int b[20]= {16,31,17,97,45,23,87,64,55,37,17,32,18,98,46,24,88,65,56,38}
```

程序甚至可以写成：

程序代码：

扫一扫，看视频

```
//c6_4_3.c
#include<stdio.h>
int main()
{
    int a[2][10]= {{16,31,17,97,45,23,87,64,55,37},
            {17,32,18,98,46,24,88,65,56,38}
    };
    int i,k;
    #define b a[0]                  //用符号b替换a[0]
    for(i=0; i<20; i++)
    {
        for(k=2; k<=b[i]-1; k++)        //判断b[i]是否是素数
            if(b[i]%k==0)
```

```
            break;
        if(k==b[i])
            printf("%3d",b[i]);
    }
    printf("\n");
    return 0;
}
```

扩展阅读：

二维数组也可以采用自定义的形式，例如：

```
typedef int Tarray[3][4];
Tarray a;
```

甚至也可以分步自定义：

```
typedef int Array[3];
Array a[4];
```

用动态内存分配的形式也可以定义二维数组，由于需要用到较为复杂的指针技术，这里就不再给出了，在指针章节再作说明。

其他多维数组的定义和用法类似，例如定义一个三维数组：

```
int a[2][3][4]={{{1,2,3,4},{2,3,4,5},{3,4,5,6}},{{1,2,3,4},{2,9,4,5},{3,4,5,6}}};
```

a[1][1][1]的值为9。

超过二维的数组很少用到，引用元素比较麻烦，这里不再赘述。

6.4 字符数组与字符串

6.4.1 字符数组及字符串的定义与初始化

字符数组其实就是类型为字符型（char）的数组，每一个元素存放一个字符，主要用于存储和处理字符型数据。

字符数组的定义和一般的数组一样，例如：

```
char s[10];
char t[2][20];
```

初始化的方法如下：

```
char s[12]={'H', 'e', 'l', 'l', 'o', ' ', 'W', 'o', 'r', 'l' ,'d', '!'}; //完全初始化
char s[]={'H', 'e', 'l', 'l', 'o', ' ', 'W', 'o', 'r', 'l' ,'d', '!'};   //完全初始化，省略长度
char s[12]={'H', 'e', 'l', 'l', 'o'};                                    //不完全初始化
char s[12]={"Hello World!"};                                             //字符串形式的初始化
char s[12]="Hello World!";                                               //省略花括号的字符串形式的初始化
```

后面两种初始化的结果如图6-2所示。

'H'	'e'	'l'	'l'	'o'		'W'	'o'	'r'	'l'	'd'	'\0'
0	1	2	3	4	5	6	7	8	9	10	11

图6-2　字符串存储形式

如果长度不是12而是11的话，最后一个字符串结束符'\0'将不能存储。

【例6-5】输入一串字符，将其按逆序输出

程序代码：

```
//c6_5.c
#include <stdio.h>
#include <string.h>
int main()
{
    char s[100];
    int i=0;
    printf("Input a string:");
    gets(s);
    while(s[i] != '\0') i++;          //循环结束后，i指向结束符
    --i;                              //i指向结束符前面的字符，即最后一个字符
    while(i>=0)                       //循环的条件是i没超过第1个字符
    {
        putchar(s[i]);
        i--;
    }
    putchar('\n');
    return 0;
}
```

运行结果：

```
Input a string:123456789
987654321
```

其实，程序的第10到15行可以简化为：

```
while(--i>=0)
    putchar(s[i]);
```

--i放在循环的条件表达式位置，也是循环的一部分，会重复运行。

多维的字符数组的使用方法与前面类似，例如下面的程序。

程序代码：

```
//c6_5_2.c
#include<stdio.h>
int main()
{
    char s[2][16]= {"0123456789","ABCDEFGHIJ"};
    int i,j;
    for(i=0; i<2; i++)              //按字符串方式输出
        printf("%s\n",s[i]);
    for(i=0; i<2; i++)              //输出所有字符的ASCII值
        for(j=0; j<16; j++)
            printf("%d ",s[i][j]);
    printf("\n");
    for(i=0; i<2; i++)              //输出所有字符
        for(j=0; j<16; j++)
            printf("%c",s[i][j]);
    return 0;
```

```
}
```

运行结果：

```
0123456789
ABCDEFGHIJ
48 49 50 51 52 53 54 55 56 57 0 0 0 0 0 0 65 66 67 68 69 70 71 72 73 74 0 0 0 0 0 0
0123456789aaaaaaABCDEFGHIJaaaaaa
```

从运行结果可以看出，除了初始化的数字字符和字母字符以外，其他字符都是ASCII码值为0 的字符，即'\0'。Visual C++和DEV C++下，字符'\0'按%c格式输出时显示的是a，但并不等同于字母'a'，字母'a'的ASCII码是97。

思考：s[0][16] 是什么字符?

s[0][0]~s[0][9]分别是'0'~'9'数字字符，s[0][10]~s[0][15]是'\0'，s[0][16]其实就是下一行的第1个字符'A'。s[0]是把二维字符数组看成1个一维数组的数组名。

6.4.2 字符串函数

为了方便地处理字符串，C语言的库函数中提供了很多字符串处理函数，使用这些函数需要包含头文件string.h，如以下形式：

```
#include <string.h>
```

下面具体介绍其中常用的函数。

1. strlen() 字符串长度函数

使用形式（以下格式中字符串常量、字符数组等可统一记为字符串）：

strlen(字符串常量)

strlen(字符数组)　　　　//字符数组必须包含'\0'

strlen()函数求字符串常量或字符数组中第一个结束符'\0'前的字符个数。例如：

```
char s[100]= "Hello World!";            //strlen(s)等于12，s的存储长度为100
char t[100]= "123456789\06789\0";       //strlen(t)等于9，t的存储长度为100
```

如果字符数组中没有结束符'\0'，计算结果是错误的。例如：

```
char s[10];
s[0]='A';s[1]='B';
printf("%d",strlen(s));
```

结果并非等于2。

strlen()函数也可以直接计算字符串的长度。例如：

```
strlen("Hello\0World!")                //等于5，第一个'\0'后的World!不在计算之列
```

2. strcpy() 字符串复制函数

使用形式：

strcpy(字符数组,字符串常量)

strcpy(字符数组1,字符数组2)　　//字符数组2必须包含'\0'

strcpy()函数将字符串复制到字符数组中。很显然，字符数组必须有足够的空间来存储复制过来的字符串。例如：

```
char s1[20];
char s2[] = "Good luck";
strcpy(s1,s2);
puts(s1);
```

strcpy()函数可以将结束符一起复制过去，以上复制操作也可以直接写成：

```
strcpy(s1, "Good luck");
```

3. strcat() 字符串连接函数

使用形式：

strcat(字符数组 1, 字符串常量)　　　　//字符数组 1 必须包含'\0'

strcat(字符数组 1, 字符数组 2)　　　　//字符数组 1 、2 都必须包含'\0'

strcat()函数将字符串或字符数组 2 连接到字符数组 1 后面。很显然，字符数组 1 必须有足够的空间来存储连接后的字符串。例如：

```
char s1[20]= "Good luck";
char s2[] = " to you!";
strcat(s1,s2);
puts(s1);
```

连接后的s1 的有效字符长度为 17，包括结束符在内，s1 至少需要 18 个字符长度，否则连接是不完整的。

4. strcmp() 字符串比较函数

使用形式：

strcmp(字符串常量 1，字符串常量 2)

strcmp(字符数组，字符串常量)

strcmp(字符串常量，字符数组)

strcmp(字符数组 1，字符数组 2)

为了叙述方便，我们统一形式为：

strcmp(s1,s2);

strcmp()函数比较s1 和s2 的大小，并返回比较的结果。

- 若s1 大于s2，则返回一个正整数。
- 若s1 等于s2，则返回 0。
- 若s1 小于s2，则返回一个负整数。

字符串比较规则：自左向右按ASCII码值大小进行比较，直至出现一对不同字符或者遇到结束符为止。例如：

```
strcmp("ABC","abc")          //返回负整数，前面字符串小
strcmp("ABC","ABC\0abc")     //返回0，二者相等，'\0'后面不是有效字符
strcmp("ABC","AB")           //返回正整数，前面的大，可以理解成 'C'比'\0'大
strcmp("AB","ABC")           //返回负整数，前面的小，可以理解成 '\0'比'C'小
```

可以根据比较结果来进行字符串排序操作。

注意：strcmp()中的字符数组应该包含结束符'\0'，如果没有'\0'，比较结果是没有意义的。例如：

```
char s[10],t[3];
s[0]='A';s[1]='a';
t[0]='A';
```

```
printf("%d",strcmp(s,t));
```

结果等于-1，结果没有意义，而：

```
char s[10],t[3];
s[0]='A';s[1]='a';s[2]='\0';
t[0]='A';t[1]='\0';
printf("%d",strcmp(s,t));
```

结果等于1，结果是有意义的。

另外，C语言标准库中strncmp()可以比较指定长度的字符串。

5. strlwr(字符数组) 字符数组中的字符大写变小写

strlwr()函数将字符数组中的所有大写字母转换成小写字母。

6. strupr(字符数组) 字符数组中的字符小写变大写

strupr()函数将字符数组中的所有小写字母转换成大写字母。

strlwr()和strupr()并不要求字符数组必须包含'\0'。例如：

```
char s[10];
s[0]='A';s[1]='B';
strlwr(s);
printf("%c%c",s[0],s[1]);
```

输出结果：

```
ab
```

注意：

在使用以上字符串函数时，通常字符数组都是包含'\0'的，即字符数组中存储了字符串。

除了上面介绍的字符串函数外，C语言的标准库还提供了以下函数：

strstr	查找字串函数
strchr	查找字符函数
strtok	字符串分解为单词的函数
memchr	内存块中查找字符函数
strrchr	在字符串中查找指定字符最后出现的位置
memcpy	内存块拷贝
memmove	内存块移动
strncpy	拷贝指定个数字符
strncat	连接指定个数字符
atof	字符串转浮点数
atoi	字符串转整型数
atol	字符串转长整型数
strtod	字符串转双精度浮点数

还有其他函数，这里不再一一列出了。

6.4.3 字符函数

C语言的标准库提供了一些用于检测字符类型的函数，其定义放在ctype.h头文件中，主要的函数有：

isalpha	是否是字母	isdigit	是否是数字
isalnum	是否是字母数字	islower	是否是小写字母
isupper	是否是大写字母	isprint	是否是可打印字符
isxdigit	是否是十六进制数字	isspace	是否是空白字符
ispunct	是否是标点符号字符	iscntrl	是否是控制字符

6.5 综合案例

6.5.1 冒泡排序

冒泡法是排序算法中一种比较容易理解的方法。所谓冒泡法，就是指找到的小数像气泡一样浮出水面被发现。为了理解算法，来看下面的例子。

假如有5个数6、2、9、1、8。冒泡法采用的基本操作是比较和交换，规则是：两两比较，前者小于后者，则交换。具体见表6-1。

表 6-1　冒泡法实例

轮次	数据					比较对象	大小关系	是否交换
1	6	2	9	1	8	6 和 2	6>2	不交换
	6	2	9	1	8	2 和 9	2<9	交换
	6	9	2	1	8			
	6	9	2	1	8	2 和 1	2>1	不交换
	6	9	2	1	8	1 和 8	1<8	交换
	6	9	2	8	1			
2	6	9	2	8	1	6 和 9	6<9	交换
	9	6	2	8	1			
	9	6	2	8	1	6 和 2	6>2	不交换
	9	6	2	8	1	2 和 8	2<8	交换
	9	6	8	2	1			
3	9	6	8	2	1	9 和 6	9>6	不交换
	9	6	8	2	1	6 和 8	6<8	交换
	9	8	6	2	1			
4	9	8	6	2	1	9 和 8	9>8	不交换

- 第1轮，4次比较，2次交换，得到5个数中的最小数1。
- 第2轮，3次比较，2次交换，得到前4个数中的最小数2。
- 第3轮，2次比较，1次交换，得到前3个数中的最小数6。
- 第4轮，1次比较，0次交换，得到前2个数中的最小数8。

剩下的数9自然是最大数了。

算法中，每轮的比较范围是在收敛的，第1轮，所有的数都参与比较；第2轮，因为第1轮找到了5个数中的最小数，所以比较范围减少1个数，即5个数中的最小数。

【例6-6】演示冒泡排序

程序代码：

```
//c6_6.c
//运行环境：Dev C++ 5.11,Visual C++6.0

#include <stdio.h>
int main()
{
    int a[5] = {6,2,9,1,8};
    int i,j,t;
    for(i = 0 ; i <4 ; i++)          //控制比较轮次
    {
        for( j = 0 ; j < 4–i ; j++)  //控制比较次数并且j指向第一个要比较的数组元素
            if(a[j] < a[j+1])        //前项小于后项则交换
            {
                t=a[j];
                a[j]=a[j+1];
                a[j+1]=t;
            }
    }
    for(i=0; i<5; i++)
        printf("%3d",a[i]);
    printf("\n");
    return 0;
}
```

运行结果：

```
9 8 6 2 1
```

6.5.2 选择排序

选择排序法也是一种比较容易理解的排序方法。为了理解算法，来看下面的例子。

假如有5个数6、2、9、1、8。选择排序采用的基本操作也是比较和交换，不过比较的对象中有一个数是固定的，具体见表6-2。

表6-2 选择排序法实例

轮次	数据					比较对象	大小关系	是否交换
1	6	2	9	1	8	6和2	6>2	不交换
	6	2	9	1	8	6和9	6<9	交换
	9	2	6	1	8			
	9	2	6	1	8	9和1	9>1	不交换
	9	2	6	1	8	9和8	9>8	不交换
2	9	2	6	1	8	2和6	2<6	交换
	9	6	2	1	8			
	9	6	2	1	8	6和1	6>1	不交换
	9	6	2	1	8	6和8	6<8	交换
	9	8	2	1	6			

续表

轮次	数据					比较对象	大小关系	是否交换
3	9	8	2	1	6	2 和 1	2>1	不交换
	9	8	2	1	6	2 和 6	2<6	交换
	9	8	6	1	2			
4	9	8	6	1	2	1 和 2	1<2	交换
	9	8	6	2	1			

- 第1轮，第1个数和后4个数进行4次比较，1次交换，得到5个数中的最大数9。
- 第2轮，第2个数和后3个数进行3次比较，2次交换，得到后4个数中的最大数8。
- 第3轮，第3个数和后2个数进行2次比较，1次交换，得到后3个数中的最大数6。
- 第4轮，第4个数和后1个数进行1次比较，1次交换，得到后2个数中的最大数2。

剩下的数1自然是最小数了。

选择排序算法中，每轮的比较范围是收敛的，第1轮，所有的数都参与比较；第2轮，因为第1轮找到了5个数中的最大数，所以比较范围减少1个数，即5个数中的最大数。

【例6-7】演示选择排序

程序代码：

```
//c6_7.c
//运行环境：Dev C++ 5.11,Visual C++6.0

#include <stdio.h>
int main()
{
    int a[5] = {6,2,9,1,8};
    int i,j,t;
    for(i = 0 ; i <4 ; i++)          //控制轮次
    {
        //控制比较次数，i指向第1个选定的数组元素，j指向i后的其他元素
        for( j = i+1 ; j <=4 ; j++)
            if(a[i] < a[j])          //i项小于j项则交换
            {
                t=a[i];
                a[i]=a[j];
                a[j]=t;
            }
    }
    for(i=0; i<5; i++)
        printf("%3d",a[i]);
    printf("\n");

    return 0;
}
```

扫一扫，看视频

运行结果：

```
 9 8 6 2 1
```

上面的程序是将大数逐个放在前面从而实现排序，也可以把小数逐个放在后面来实现排序。代码如下：

程序代码：

```
//c6_7_2.c
//运行环境：Dev C++ 5.11,Visual C++6.0

#include <stdio.h>
int main()
{
    int a[5] = {6,2,9,1,8};
    int i,j,t;
    for(i = 4 ; i >=0 ; i--)            //控制轮次
    {
        //控制比较次数，i指向第5个选定的数组元素，j指向i前的其他元素
        for( j = 0 ; j <i ; j++)
            if(a[j] < a[i])             //j项小于i项则交换
            {
                t=a[i];
                a[i]=a[j];
                a[j]=t;
            }
    }
    for(i=0; i<5; i++)
        printf("%3d",a[i]);
    printf("\n");

    return 0;
}
```

扫一扫，看视频

6.5.3 字符排序

普通字符的排序算法与上面类似。

【例6-8】普通字符的排序

程序代码：

```
//c6_8.c
//作者:Ding Yatao
//日期:2019年8月
//运行环境：Dev C++ 5.11,Visual C++6.0

#include <stdio.h>
#include <string.h>
int main()
{
    char s[] = "Hello Word!";
    int i,j,n;
    char t;
    n=strlen(s);                    //先统计字符的个数
    for(i = 0 ; i <n-1 ; i++)
    {
        for( j = i+1 ; j <=n-1 ; j++)
            if(s[i] < s[j])
            {
                t=s[i];
```

扫一扫，看视频

```
            s[i]=s[j];
            s[j]=t;
        }
    }
    printf("%s\n",s);
    return 0;
}
```

运行结果：

```
roolledWH!
```

【例6-9】* 包含汉字的字符排序

如果字符串中出现汉字，需要调整算法：

- 将所有字符拆分到二维字符数组中。
- 按排序算法对二维数组排序。

程序代码：

扫一扫，看视频

```
//c6_9.c
//作者:Ding Yatao
//日期:2019年8月
//运行环境：Dev C++ 5.11,Visual C++6.0

#include <stdio.h>
#include <string.h>
int main()
{
    char a[] = "male男female女sex";
    char b[80][3],t[3];
    int i,j,n=0;
    //将字符串的所有字符拆开，存储到二维数组b中，每行存一个字符（汉字）
    for(i=0; a[i]!='\0'; i++)
    {
        if(a[i]>=0)                    //非汉字的普通ASCII字符
        {
            b[n][0]=a[i];
            b[n][1]='\0';
        }
        else                           //汉字字符，需要保存2个连续的字符
        {
            b[n][0]=a[i];
            b[n][1]=a[i+1];
            b[n][2]='\0';
            i++;
        }
        n++;
    }
    for(i = 0 ; i <n-1 ; i++)
    {
        for( j = i+1 ; j <=n-1 ; j++)
            if(strcmp(b[i],b[j])<0)    //字符串大小比较交换
            {
                strcpy(t,b[i]);
                strcpy(b[i],b[j]);
```

```
                strcpy(b[j],t);
            }
        }
    for(i=0; i<n; i++)
        printf("%s",b[i]);
    return 0;
}
```

运行结果：

```
女男 xsmmllfeeeeaa
```

可以看出，汉字字符的顺序号要大于普通ASCII字符。

思考：如何不拆分字符串也能实现排序？

不拆分字符串也可以实现排序，思路如下：

- 把汉字放在字符串的左边，其他字符放在右边。
- 分别对汉字部分和普通字符部分排序。

【例6-10】* 改变算法的包含汉字的字符排序

程序代码：

扫一扫，看视频

```
//c6_10.c
//作者:Ding Yatao
//日期:2019年8月
//运行环境：Dev C++ 5.11,Visual C++6.0

#include <stdio.h>
#include <string.h>
int main()
{
    char a[] = "male男female女sex";
    int i,j,n1=0,n2=0;
    char b[3]="",c[3]="";
    char t;
    //将所有汉字放在字符数组的前面
    for(i=0; a[i]!='\0'; i++)
    {
        for(j=i; a[j]!='\0'; j++)        //j从i位置查找，可能a[i]是汉字的1个字符
            if(a[j]<0)break;             //查找到汉字跳出循环
        if(a[j]!='\0')                   //将汉字字符交换到前面
        {
            t=a[i];
            a[i]=a[j];
            a[j]=t;
        }
    }
    n2=i; //总字符长度
    for(n1=0; a[n1]!='\0' && a[n1]<0; n1++);          //统计汉字的个数
    n1=n1/2;                          //每个汉字两个字符，所以除以2
    for(i=0; i<n1-1; i++)
    {
        for(j=i+1; j<=n1-1; j++)
        {
```

```
            b[0]=a[2*i];
            b[1]=a[2*i+1];
            b[2]='\0';
            c[0]=a[2*j];
            c[1]=a[2*j+1];
            c[2]='\0';
            if(strcmp(b,c)<0)          //若i指向的汉字小于j指向的汉字，则交换两个字符
            {
                t=a[2*i];
                a[2*i]=a[2*j];
                a[2*j]=t;
                t=a[2*i+1];
                a[2*i+1]=a[2*j+1];
                a[2*j+1]=t;
            }
        }
    }
    for(i=n1*2; i<n2-1; i++)          //对其他普通字符排序，普通字符的起始位置是n1*2
        for(j=i+1; j<=n2-1; j++)
            if(a[i]<a[j])
            {
                t=a[i];
                a[i]=a[j];
                a[j]=t;
            }
    printf("%s",a);
    return 0;
}
```

以上代码虽然较长，算法略显复杂，但节约了存储空间。

注意：

程序中组成汉字字符的两个字符交换位置不是一次完成的，由于是连续存储的，程序虽然分步完成，但并不影响结果。

6.5.4 字符串的复制与连接

字符串的复制和连接操作分别对应字符串函数strcpy和strcat。这里编程来实现这两个函数的功能。

复制操作是字符的赋值操作，源串和目标串的字符位置是对应的；连接操作是将一个字符串中的字符依次放在另外一个字符串的后面。

【例6-11】演示字符串的复制和连接

程序代码：

```
//c6_11.c
//作者:Ding Yatao
//日期:2019年8月
//运行环境：Dev C++ 5.11,Visual C++6.0

#include <stdio.h>
int main()
{
```

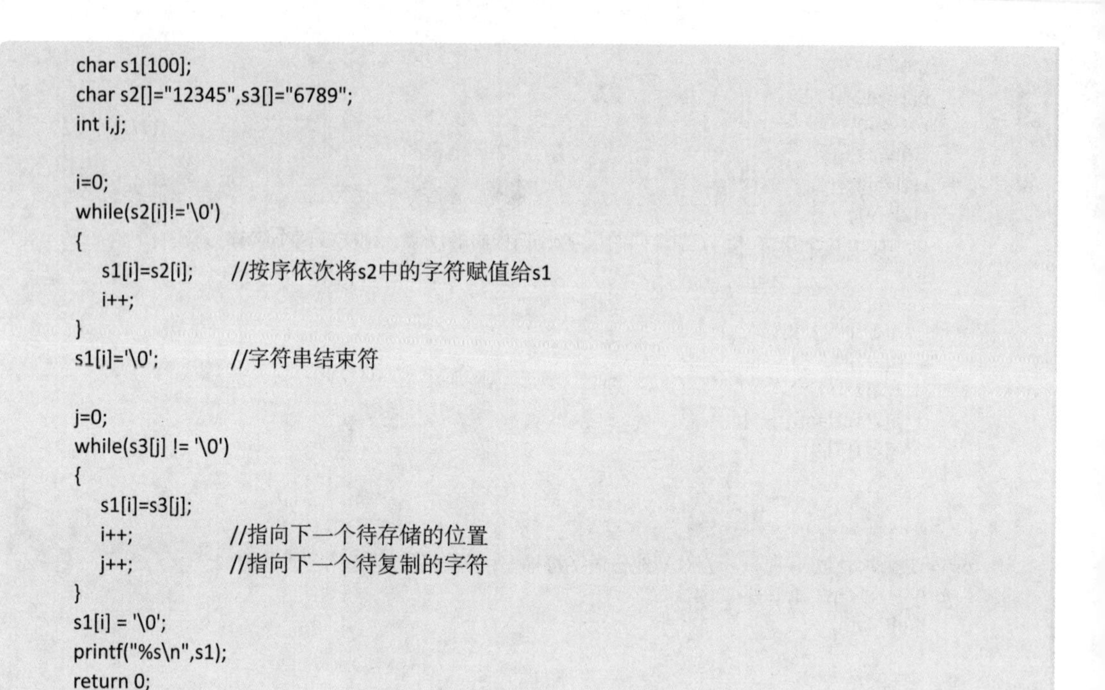

```
    char s1[100];
    char s2[]="12345",s3[]="6789";
    int i,j;

    i=0;
    while(s2[i]!='\0')
    {
        s1[i]=s2[i];     //按序依次将s2中的字符赋值给s1
        i++;
    }
    s1[i]='\0';          //字符串结束符

    j=0;
    while(s3[j] != '\0')
    {
        s1[i]=s3[j];
        i++;             //指向下一个待存储的位置
        j++;             //指向下一个待复制的字符
    }
    s1[i] = '\0';
    printf("%s\n",s1);
    return 0;
}
```

运行结果：

```
123456789
```

程序中的连接操作利用了前面的复制操作，因为复制操作完成后，i指向结束符，如果单独进行连接操作，需要编写代码将i定位到结束符，例如：

```
for(i=0;s1[i] != '\0';i++);
```

连接操作其实类似于复制操作，二者的区别在于起始位置。

扩展阅读：C 语言中不同类型的数据连接成字符串

C语言也能实现不同数据类型的连接，熟悉之后也很简单，例如：

```
char c='A';
int a=123;
double d=3.1415926;
char s[50];
sprintf(s, "%c%d%lf ",c,a,d);
printf("%s",s);
```

运行结果：

```
A1233.141593
```

sprintf函数的功能是格式化输出到字符型数组，需要注意的是s数组要有足够的空间来存储输出的结果。

sprintf函数在处理不同类型的数据时非常有用，与之类似的函数还有fprintf、vprintf函数等。

6.5.5　字符的插入和删除

字符串的插入和删除需要整体移动字符串，插入操作需要后移，删除操作需要前移。

【例6-12】演示字符的插入和删除

程序代码：

```
//c6_12.c
//作者:Ding Yatao
//日期:2019年8月
//运行环境：Dev C++ 5.11,Visual C++6.0

#include <stdio.h>
int main()
{
    char s[100]="123456789123456789";
    char c1='0',c2='4';          // c1是要插入的字符,c2是要删除的字符
    int i,j,n=9;                 // n是要插入的位置

    i=0;
    while(s[i]!='\0') i++;       // i指向结束符
   // 从n位置开始的字符全部后移1位，方法是从最后一个字符开始依次后移1位
    while(i>=n)
    {
        s[i]=s[i-1];
        i--;
    }
    s[i]=c1;                     // 插入字符c1
    printf("%s\n",s);
    i=0;                         // 开始删除指定的字符c2
    j=0;
    while(s[i]!='\0')
    {
        if(s[i]!=c2)             // 遇到不是要删除的字符
        {
            s[j]=s[i];           // 将i指向的字符赋值给j指向的位置
            j++;                 // j的移动是有条件的
        }
        i++;                     // i总是逐个字符向后移动
    }
    s[j]='\0';                   //最后设置一个结束符
    printf("%s\n",s);
    return 0;
}
```

扫一扫，看视频

运行结果：

```
1234567809123456789
12356780912356789
```

6.5.6 统计“1011”出现的次数

【例6-13】设有由1、0组成的字符串s，统计其中“1011”出现的次数

题目任务是查找子串，程序如下：

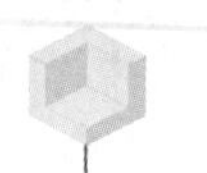

程序代码：

```
//c6_13.c
//作者:Ding Yatao
//日期:2019年8月
//运行环境：Dev C++ 5.11,Visual C++6.0

#include<stdio.h>
int main()
{
    char s[200]= {"10110111010101010111011101101010101010111001011"};
    char t[]="1011";
    int i,j,k,n=0;
    i=0;while(s[i]!='\0')i++;              //计算s串长度
    j=0;while(t[j]!='\0')j++;              //计算子串t长度
    if(i>=j)                               //s串若不比子串短
    {
        for(i=0;s[i+j-1]!='\0';i++)
        {
            for(k=0;k<j;k++)
                if(s[i+k]!=t[k])
                    break;
            if(k>=j)                       //查找到子串
            {
                i=i+j-1;                   //i指向下一个查找位置
                n++;                       //计数器累加
            }
        }
    }
    printf("n=%d\n",n);
    return 0;
}
```

扫一扫，看视频

运行结果：

```
n=6
```

分析：

子串“1011”在s中不存在交叉出现的情况，如果是子串“1010”，就会出现交叉，例如：

```
10101000010101011
```

如果允许交叉计数的话，程序中定位下一个查找位置需要调整为:“i=i+1”或“i=i+2”，“i=i+1”是通用的方法，考虑到从0开始肯定不是子串，所以“i=i+2”更合理些，并且效率更高。

6.5.7　杨辉三角形

问题及分析：

杨辉三角形最初是由我国古代数学家杨辉发现的，其样式如图6-3左图所示。

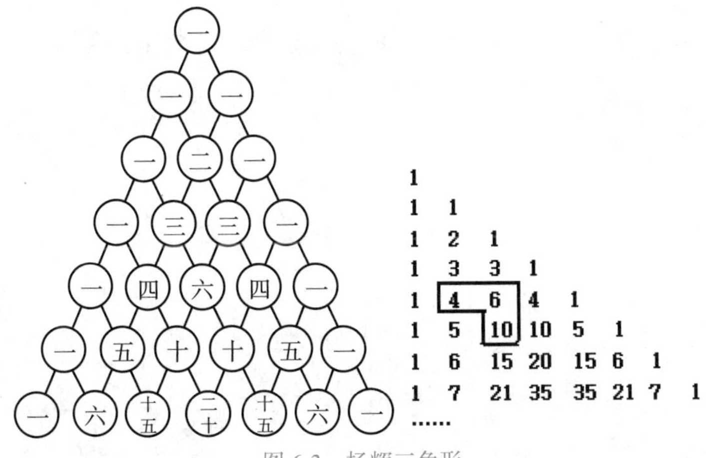

图 6-3　杨辉三角形

实际上，三角形中的数字是由$(x+y)^n$展开后的多项式系数排列而成，例如：

$(x+y)^1$ 展开后为$x+y$　　　　　　　　　　　　1 1

$(x+y)^2$ 展开后为$x^2+2xy+y^2$　　　　　　　　　1 2 1

$(x+y)^3$ 展开后为$x^3+3x^2y+3xy^2+y^3$　　　　　　1 3 3 1

$(x+y)^4$ 展开后为$x^4+4x^3y+6x^2y^2+4xy^3+y^4$　　　1 4 6 4 1

……

将多项式系数排列可以得到如图6-3右图所示的图形。

杨辉三角形的规律如下：

- 第一列及对角线元素均为1。
- 其他元素为其所在位置的上一行对应列和上一行前一列元素之和。如图6-3右图所示的三角形中标注的3个数4、6、10。

如果用二维数组a[10][10]来存储杨辉三角形（10行），则有：

- a[i][0]和a[i][i]都等于1。
- 其他元素a[i][j]=a[i-1][j-1]+a[i-1][j]。

这个在数学里很容易证明，有兴趣的读者可以验证一下：

$$C_{n+1}^{m}=C_{n}^{m-1}+C_{n}^{m}$$

【例6-14】输出杨辉三角形

程序代码：

```
//c6_14.c
//运行环境：Dev C++ 5.11,Visual C++6.0

#include <stdio.h>
int main()
{
    int i,j,a[10][10];
    for(i=0;i<10;i++)
        a[i][i]=a[i][0]=1;                    // 第1列和对角线都是1
    for(i=2;i<10;i++)
        for(j=1;j<=i-1;j++)
            a[i][j]=a[i-1][j-1]+a[i-1][j];    // 除了第1列和对角线的元素的处理
    for(i=0;i<10;i++)
```

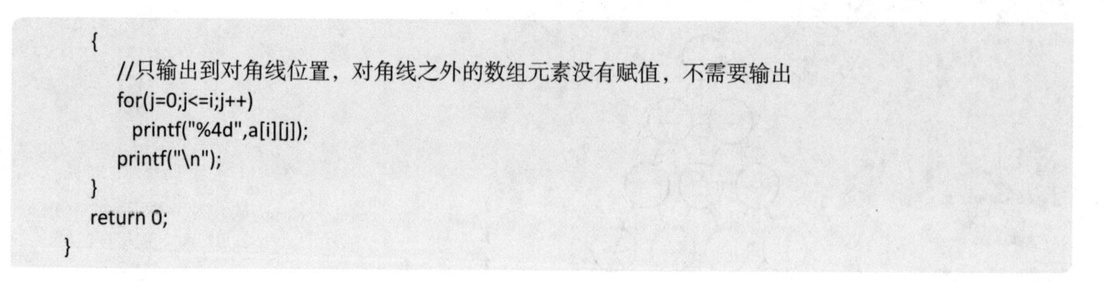

```
    {
        //只输出到对角线位置，对角线之外的数组元素没有赋值，不需要输出
        for(j=0;j<=i;j++)
          printf("%4d",a[i][j]);
        printf("\n");
    }
    return 0;
}
```

运行结果：

```
1
1 1
1 2 1
1 3 3 1
1 4 6 4 1
1 5 10 10 5 1
1 6 15 20 15 6 1
1 7 21 35 35 21 7 1
1 8 28 56 70 56 28 8 1
1 9 36 84 126 126 84 36 9 1
```

实际上，也可以用一维数组来输出杨辉三角形，程序如下：

程序代码：

```
//c6_14_2.c
//运行环境：Dev C++ 5.11,Visual C++6.0

#include <stdio.h>
int main()
{
    int i,j,a[10]={0};
    for(i=0;i<10;i++)
    {
        a[0]=a[i]=1;
        for(j=i-1;j>=1;j--)
            a[j]=a[j-1]+a[j];
        for(j=0;j<=i;j++)
            printf("%4d",a[j]);
        printf("\n");
    }
    return 0;
}
```

扫一扫，看视频

程序的输出结果是一样的。数组a中元素值的变化过程如表6-3所示。

表 6-3　一维数组输出杨辉三角形

i	a[0]	a[1]	a[2]	a[3]	a[4]	a[5]	a[6]	a[7]	a[8]	a[9]
0	1									
1	1	1								
2	1	2	1							
3	1	3	3	1						
4	1	4	6	4	1					
5	1	5	10	10	5	1				

续表

i	a[0]	a[1]	a[2]	a[3]	a[4]	a[5]	a[6]	a[7]	a[8]	a[9]
6	1	6	15	20	15	6	1			
7	1	7	21	35	35	21	7	1		
8	1	8	28	56	70	56	28	8	1	
9	1	9	37	84	126	126	84	36	9	1

当然，也可以直接用数学公式输出杨辉三角，不过这里用到了自定义函数，函数的形式很简单，不太清楚的初学者可以等阅读函数章节后再来理解。程序如下：

程序代码：

```
//c6_14_3.c
//作者:Ding Yatao
//日期:2019年8月
//运行环境：Dev C++ 5.11,Visual C++6.0

#include <stdio.h>
int f(int begin,int end)                    //若f(3,10)，计算3*4*5*…*10
{
    int i,t=1;
    for(i=begin; i<=end; i++)
        t=t*i;
    return t;
}
int combination(int n,int m)            //计算组合数
{
    return f(n−m+1,n)/f(1,m);
}
int main()
{
    int i,j;
    for(i=0;i<=9;i++)
    {
        for(j=0;j<=i;j++)
        {
            printf("%4d",combination(i,j));
        }
        printf("\n");
    }
    return 0;
}
```

扫一扫，看视频

输出结果同上。

这个程序的缺点是有重复计算，下面利用数组存储计算过的结果可以提高效率。

程序代码：

扫一扫，看视频

```
//c6_14_4.c
//作者:Ding Yatao
//日期:2019年8月
//运行环境：Dev C++ 5.11,Visual C++6.0

#include <stdio.h>
int f(int begin,int end)
```

```
{
    int i,t=1;
    for(i=begin; i<=end; i++)
        t=t*i;
    return t;
}
int combination(int n,int m)
{
    return f(n-m+1,n)/f(1,m);
}
int main()
{
    int i,j;
    int s[10][10]={0};                    //用数组存储计算结果，默认等于0
    for(i=0;i<=9;i++)
    {
        for(j=0;j<=i;j++)
        {
            if(s[i][i-j]==0)              //如果等于0表示没有计算
                s[i][j] = combination(i,j);
            else s[i][j]= s[i][i-j];
            printf("%4d",s[i][j]);
        }
        printf("\n");
    }
    return 0;
}
```

6.5.8 打印日历

问题：

如何输出指定年份的日历？

输出日历首先需要解决两个关键问题：

- 计算1月1日是星期几。
- 判断该年份是否是闰年，从而确定2月份的天数。

另外，输出日历需要控制好格式，下面的程序控制每个日期占3个字符，输出日历的标题，标题中显示星期序号。

【例6-15】输出日历

程序代码：

```
//c6_15.c
//作者:Ding Yatao
//日期:2019年8月
//运行环境：Dev C++ 5.11,Visual C++6.0

#include<stdio.h>
int main()
{
    int a[12]={31,28,31,30,31,30,31,31,30,31,30,31},b[12];
    int i,year,month;
```

```
    printf("输入年份:");
    scanf("%d",&year);
    if(year%400==0 ||(year%100!=0 && year%4==0)) // 根据年份修正2月份天数
        a[1]=29;
    b[0]=(int) (year-1+(year-1)/4.0-(year-1)/100.0+(year-1)/400.0+1) %7; // 计算1月1日是星期几
    for(i=1;i<12;i++)
        b[i]= (a[i-1]+b[i-1]) % 7;                          // 计算其他月份的1号是星期几
    for(month=0;month<12;month++)
    {
        printf("\n%12d月\n",month+1);
        printf("\n 日 一 二 三 四 五 六\n");
        for(i=0;i<b[month]*3;i++) printf(" ");              // 输出1号前面的空格
        for(i=1;i<=a[month];i++)
        {
            printf("%3d",i);
            if( (i+b[month]) % 7 == 0)                      // 周六换行
                printf("\n");
        }
        printf("\n");
    }
    return 0;
}
```

程序中a数组保存每个月的天数，b数组存储每个月1号的星期序号，周日存储0。

运行结果(见图6-4):

图6-4中其他月份的显示省略。

想一想：如何输出如图6-5所示的图形？

```
输入年份:2019
          1月
 日 一 二 三 四 五 六
        1  2  3  4  5
  6  7  8  9 10 11 12
 13 14 15 16 17 18 19
 20 21 22 23 24 25 26
 27 28 29 30 31
          2月
 日 一 二 三 四 五 六
                 1  2
  3  4  5  6  7  8  9
 10 11 12 13 14 15 16
 17 18 19 20 21 22 23
 24 25 26 27 28
```

图6-4　不分列日历

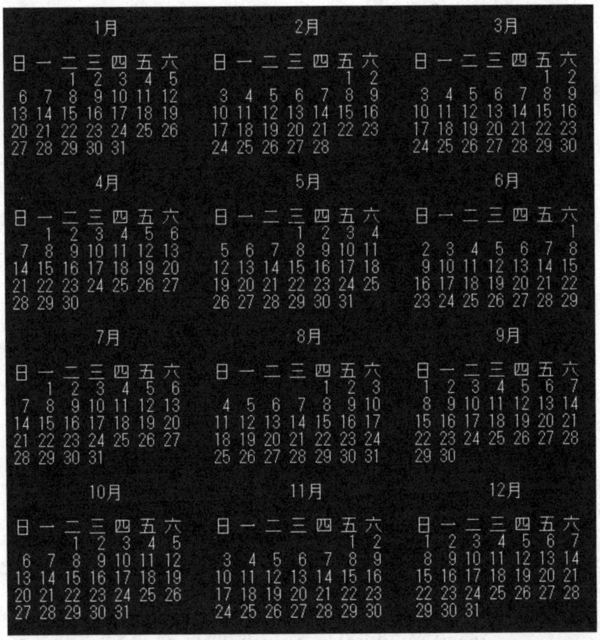

```
          1月                     2月                     3月
 日 一 二 三 四 五 六    日 一 二 三 四 五 六    日 一 二 三 四 五 六
        1  2  3  4  5                    1  2                    1  2
  6  7  8  9 10 11 12     3  4  5  6  7  8  9     3  4  5  6  7  8  9
 13 14 15 16 17 18 19    10 11 12 13 14 15 16    10 11 12 13 14 15 16
 20 21 22 23 24 25 26    17 18 19 20 21 22 23    17 18 19 20 21 22 23
 27 28 29 30 31          24 25 26 27 28          24 25 26 27 28 29 30
          4月                     5月                     6月
 日 一 二 三 四 五 六    日 一 二 三 四 五 六    日 一 二 三 四 五 六
     1  2  3  4  5  6              1  2  3  4                       1
  7  8  9 10 11 12 13     5  6  7  8  9 10 11     2  3  4  5  6  7  8
 14 15 16 17 18 19 20    12 13 14 15 16 17 18     9 10 11 12 13 14 15
 21 22 23 24 25 26 27    19 20 21 22 23 24 25    16 17 18 19 20 21 22
 28 29 30                26 27 28 29 30 31       23 24 25 26 27 28 29
          7月                     8月                     9月
 日 一 二 三 四 五 六    日 一 二 三 四 五 六    日 一 二 三 四 五 六
     1  2  3  4  5  6                 1  2  3     1  2  3  4  5  6  7
  7  8  9 10 11 12 13     4  5  6  7  8  9 10     8  9 10 11 12 13 14
 14 15 16 17 18 19 20    11 12 13 14 15 16 17    15 16 17 18 19 20 21
 21 22 23 24 25 26 27    18 19 20 21 22 23 24    22 23 24 25 26 27 28
 28 29 30 31             25 26 27 28 29 30 31    29 30
          10月                    11月                    12月
 日 一 二 三 四 五 六    日 一 二 三 四 五 六    日 一 二 三 四 五 六
        1  2  3  4  5                    1  2     1  2  3  4  5  6  7
  6  7  8  9 10 11 12     3  4  5  6  7  8  9     8  9 10 11 12 13 14
 13 14 15 16 17 18 19    10 11 12 13 14 15 16    15 16 17 18 19 20 21
 20 21 22 23 24 25 26    17 18 19 20 21 22 23    22 23 24 25 26 27 28
 27 28 29 30 31          24 25 26 27 28 29 30    29 30 31
```

图6-5　分列日历

【例6-16】* 分列输出日历

分列输出日历较为复杂，程序修改如下：

程序代码：

```
//c6_16.c
//作者:Ding Yatao
//日期:2019年8月
//运行环境：Dev C++ 5.11,Visual C++6.0

#include<stdio.h>
#define COL 3                                          //默认一行打印3个月份的日历
int main()
{
    int i,j,k,m[COL];
    int a[12]={31,28,31,30,31,30,31,31,30,31,30,31},b[12];
    int year,month,currentMonth;
    int col=COL;                                       // 实际的列数
    char blank[]="   " ;                               // 3个空格
    printf("输入年份:");
    scanf("%d",&year);
    if(year%400==0 ||(year%100!=0 && year%4==0)) a[1]=29;
    b[0]=(int) (year-1+(year-1)/4.0-(year-1)/100.0+(year-1)/400.0+1) %7;   //1月1日的星期数
    for(i=1;i<12;i++) b[i]= (a[i-1]+b[i-1]) % 7;      //计算其他月份的1号的星期数
    printf("\n");
    for(month=0;month<12;month=month+COL)             //月份循环，步长为COL
    {
        if(month+COL>12) col=12-month;                 // 最后一行如果不够COL，修正列数
        for(i=0;i<col;i++) m[i]=1;                     // m[i]保存当前打印的几个月份的当前要输出的日期
        for(i=0;i<col;i++)                             //输出月份标题
        {
            printf("%12d月",month+i+1);
            for(j=0;j<10;j++)printf(" ");
        }
        printf("\n\n");
        for(i=0;i<col;i++)                             //输出星期标题
        {
            printf(" 日 一 二 三 四 五 六");
            printf("%s", blank);
        }
        printf("\n");
        for(i=0;i<5;i++)                               //每个月份均按5行输出，不足补空行
        {
            for(j=0;j<col;j++)                         // 每行COL列
            {
                currentMonth = month+j;                // 当前月
                //首行输出1号前面的空
                if(i==0)
                    for(k=0;k<b[currentMonth]*3;k++) printf(" ");
                while(1)
                {
                    if(m[currentMonth%COL]<=a[currentMonth])       // 正常的日期
                        printf("%3d",m[currentMonth%COL]);
                    else
                        printf("%s", blank);  // 超出范围，输出3个空格填充位置
                    //每个月的第i行输出完毕，判断是否需要换行或换月份
                    if((m[currentMonth%COL]+b[currentMonth]) % 7 == 0)
                    {
                        m[currentMonth%COL]++;   // 日期变量保持自增
                        if(j==col-1)             // 最后1列换行
```

扫一扫，看视频

```
                printf("\n");
            else printf("%s", blank);        // 每月日历之间空3个空格
            break;                           // 输出一行，退出while，输出下一行
        }
        else
            m[currentMonth%COL]++;           // 日期变量保持自增
      }
    }
  }
  printf("\n");                              // 每COL个月份输出完毕，换行
 }
 return 0;
}
```

分析：

图6-5中要求每次输出COL个月份，比较图6-4中不分列输出的程序，作了以下调整：

（1）月份循环的步长调整为COL；

（2）为了对齐，每个月输出8行，标题占3行，i循环为5次，输出5行日期，每个日期占3字符；

（3）j循环用来处理col个月的i行输出；

（4）m数组存储COL个月要输出的日期，每次输出都自动加1，如果超出该月的最大日期，输出3个空格填充对齐；

（5）currentMonth变量指向正在输出的月份下标，currentMonth%COL指向正在输出的月份的日期数组m的下标。

程序中还考虑了最后一行不够COL列的情况，例如一行5个月，最后一行2个月，在输出之前进行COL的修正，j循环及标题循环按修正的col输出。

程序中关键变量的变化过程如表6-4（第1～3月日历，前两行），表格的标题行和程序中的变量表达式的对应关系如下：

当前月份：　currentMonth

月份对列数求余：　currentMonth%COL

1号星期数：　b[currentMonth]

列日期变量：　m[currentMonth%COL]

换行判断：　(m[currentMonth%COL]+b[currentMonth]) % 7

当前月份天数：　a[currentMonth]

表6-4　分列输出日历程序变量跟踪

行i	列j	当前月份	月份对列数求余	1号星期数	换行判断	列日期变量	当前月份天数
0	0	0	0	2	3	1	31
0	0	0	0	2	4	2	31
0	0	0	0	2	5	3	31
0	0	0	0	2	6	4	31
0	0	0	0	2	0	5	31
0	1	1	1	5	6	1	28
0	1	1	1	5	0	2	28

续表

行 i	列 j	当前月份	月份对列数求余	1 号星期数	换行判断	列日期变量	当前月份天数
0	2	2	2	5	6	1	31
0	2	2	2	5	0	2	31
1	0	0	0	2	1	6	31
1	0	0	0	2	2	7	31
1	0	0	0	2	3	8	31
1	0	0	0	2	4	9	31
1	0	0	0	2	5	10	31
1	0	0	0	2	6	11	31
1	0	0	0	2	0	12	31
1	1	1	1	5	1	3	28
1	1	1	1	5	2	4	28
1	1	1	1	5	3	5	28
1	1	1	1	5	4	6	28
1	1	1	1	5	5	7	28
1	1	1	1	5	6	8	28
1	1	1	1	5	0	9	28
1	2	2	2	5	1	3	31
1	2	2	2	5	2	4	31
1	2	2	2	5	3	5	31
1	2	2	2	5	4	6	31
1	2	2	2	5	5	7	31
1	2	2	2	5	6	8	31
1	2	2	2	5	0	9	31

表格中i为0时输出3个月份日历的第1行，对应的日期分别是(1月份的1、2、3、4、5)，(2月份的1、2)，(3月份的1、2)；i为1时输出3个月份日历的第2行，对应的日期分别是(1月份的6、7、8、9、10、11、12)，(2月份的3、4、5、6、7、8、9)，(3月份的3、4、5、6、7、8、9)。换行标志等于0时，如果是最后1列月份，将换行输出3个月份日历的下一行。

很显然，分列输出要麻烦很多，不过掌握其中的规律，结合数组类型的特点，注意细节的处理，编写起来也会很快上手的。

6.5.9 * 数组的一维与二维转换

数组元素在内存中是按序排列的，基于这一特点，一维数组和二维数组本质上都是一维的，下面程序中的a、b存储样式如下：

a		
	a[0]	1
	a[1]	2
	a[2]	3
	a[3]	4
	a[4]	5
	a[5]	6
	a[6]	7
	a[7]	8
	a[8]	9
	a[9]	10
	a[10]	11
	a[11]	12

b			
	b[0][0]	1	
	b[0][1]	2	
	b[0][2]	3	
	b[0][3]	4	
	b[1][0]	5	相当于 b[0][4]
	b[1][1]	6	
	b[1][2]	7	
	b[1][3]	8	相当于 b[0][7]
	b[2][0]	9	相当于 b[0][8], b[1][4]
	b[2][1]	10	
	b[2][2]	11	
	b[2][3]	12	相当于 b[0][11] , b[1][7]

下面的程序充分利用了这一点。通过下面的程序能更好地理解和应用数组。

【例 6-17】演示数组一维与二维的转换

程序代码：

```
//c6_17.c
//作者:Ding Yatao
//日期:2019年8月
//运行环境：Dev C++ 5.11,Visual C++6.0

#include <stdio.h>
#include <string.h>
int main()
{
    int a[12]= {1,2,3,4,5,6,7,8,9,10,11,12};
    int b[3][4]= {1,2,3,4,5,6,7,8,9,10,11,12};
    char s[3][10]= {"123","456","789"};
    char t[10]= {"123456789"};
    int i,j;

   //特殊引用
    printf("%3d,%3d\n",b[0][4],b[1][7]);        // b[0][4]相当于b[1][0]，b[1][7]相当于b[2][3]
    printf("%s,%s\n",s[2],t+6);                 //t+6是&t[6]
    printf("%s,",s[0]);
    strcpy(s[0]+3,s[1]);                        //把456放在123后面，覆盖了第一行的\0
    printf("%s\n",s[0]);

   //一维数组当作二维数组:相当于3个一维数组a,a+4,a+8
    printf("%d,%d\n",(a+4)[0],(a+8)[0]);        //(a+4)[0]相当于a[4]，(a+8)[0]相当于a[8]

   //二维数组当作一维数组:相当于数组b[0][12]
    for(i=0; i<12; i++) printf("%3d",b[0][i]);
    printf("\n");

   //3行4列的二维数组当作2行6列的二维数组:相当于数组b[0][6]，(b[0]+6)[6]
    for(i=0; i<6; i++) printf("%d ",b[0][i]);
    printf("\n");
    for(i=0; i<6; i++) printf("%d ",(b[0]+6)[i]);
```

```
    printf("\n");
    for(i=0; i<2; i++)
    {
        for(j=0; j<6; j++)
            printf("%d ",(b[0]+i*6)[j]);
        printf("\n");
    }
    return 0;
}
```

运行结果：

```
5, 12
789,789
123,123456
5,9
 1 2 3 4 5 6 7 8 9 10 11 12
 1 2 3 4 5 6
 7 8 9 10 11 12
 1 2 3 4 5 6
 7 8 9 10 11 12
```

6.5.10 * 循环冗余码

问题：

循环冗余检验是计算机网络中常用的检错技术，其主要算法是计算冗余码，计算方法如图6-6所示。

```
        P
           110011
     1011 111001000  M
          1011
           1010
           1011
              1100
              1011
               1110
               1011
     R  →       101
```

图6-6 冗余码计算

源码M是111001，n等于3，除数P为1011，源码乘以2^n作为被除数(111001<u>000</u>)，相当于尾部加n个0。被除数2^nM除以P得到的101就是冗余码R。

算法中需要用到模2算法，即求和后对2求余数，1和1、0和0模2运算等于0，1和0、0和1模2运算等于1，不进位。

【例6-18】演示冗余码计算

程序代码：

```
//c6_18.c
//作者:Ding Yatao
```

```
//日期:2019年8月
//运行环境：Dev C++ 5.11,Visual C++6.0

#include<stdio.h>
#include<string.h>
int main()
{
    char s[]="111001000";
    char p[]="1011",r[5];
    char q[80];
    int i,j,k;
    int ns,np;
    ns=strlen(s);
    np=strlen(p);
    k=0;
    for(j=0; j<np; j++) r[j]=s[j];          //先从s中取和p等长的字符串
    i=np;
    while(i<=ns)
    {
        q[k]=r[0];                          //第1个字符其实就是商
        for(j=1; j<np; j++)
            if((q[k]=='0' && r[j]=='0') ||(q[k]=='1' && r[j]==p[j]))  //模拟模2运算
                r[j-1]='0';                 //r[0]、r[1]、r[2]、...存储模2运算结果
            else
                r[j-1]='1';
        r[j-1]=s[i++];                      //再从s中取一个字符，r[j-1]其实就是r[np-1]
        k++;
    }
    q[k]='\0';
    printf("%s,%s\n",q,r);
    return 0;
}
```

扫一扫，看视频

运行结果：

```
110011,101
```

分析：

模2运算通过j循环实现，最高位不必计算，只计算后3位，q[k]等于0，需要加0000，q[k]等于1，需要加p（1011）。结果依次存到r[0]、r[1]、r[2]中，r[3]读取s的下一个字符。注意，程序中最后一次循环，r[3]读取了s的串尾符。

实际应用中，把源码M和冗余码R连接后即可发送，接收方可以根据冗余位检测传输是否出错。

本章小结：

1. 数组的概念及其在内存中的存储情况

数组是指相同类型数据的有序集合，属于构造数据类型。一个数组包含多个数组元素。数组元素在内存中占用一段连续的存储空间。

数组名代表整个数组的首地址，引用数组元素用数组名和下标，下标从0开始，上限是数组的长度减1。

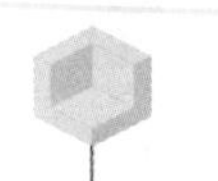

数组的初始化有多种方式，每个数组元素本质上与普通变量相同，在引用之前需要赋初值。

2. 字符数组与字符串

存放字符型数据的数组称为字符数组。字符数组中的元素是字符类型的变量，只存放一个字符。

字符串是一种以'\0'作为结束标志的连续字符，结束标志不计入字符串长度。存放字符串的字符数组的长度必须比字符串中字符的个数多1，否则结束字符无法存入，不能保存完整的字符串。

字符串的输入输出不同于一般字符数组的地方还在于可以整体地输入输出，例如puts(s)、printf("%s",s);等形式。

3. 字符串函数

字符串函数的使用，可大大减轻编程的工作量。本章主要介绍几个常用的函数，如strcmp、strlen、strcat、strcpy、strupr、strlwr等。

CHAPTER 7

函数

学习目标：

- **理解并掌握函数的概念、定义和调用的方法与实质**
- **掌握有参函数的数据传递方法，区分“值传递”与“地址传递”**
- **理解标识符的作用域和生成期的概念**
- **理解并掌握存储类型的概念**
- **理解并学会设计简单的递归函数**

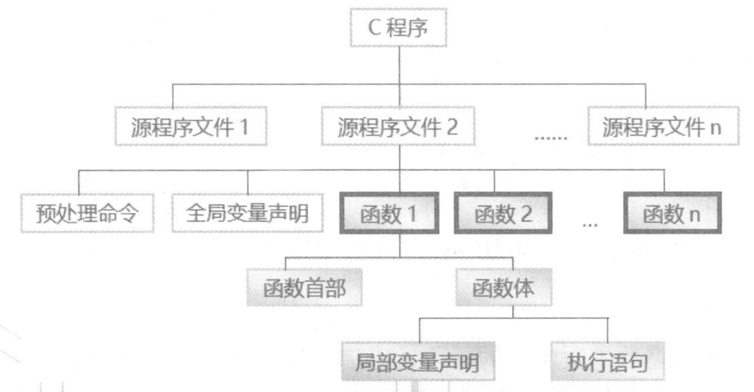

C语言的程序由一个或多个函数组成，每个函数都可以单独编译存储到函数库中，需要的时候取出调用。函数是程序的组成单位，文件是编译单位。

C语言的函数分为库函数和自定义函数。库函数又称标准函数，由编译环境提供，用户不必定义，但需要用#include预处理命令包含对应的头文件。下面主要介绍用户自定义函数的定义和使用规则。

7.1 用函数来计算1+2+3+…+100

【例7-1】计算1+2+3+…+100

参考第5章，我们很容易写出下面的程序。

程序代码：

```
//c7_1.c

#include<stdio.h>
int main()
{
    int i,s=0;
    for(i=1; i<=100; i++)
        s=s+i;
    printf("%d\n",s);
    return 0;
}
```

扫一扫，看视频

程序也可以这样写：

程序代码：

```
//c7_1_2.c

#include<stdio.h>
int sum(int n)                          //定义一个函数sum，用来计算1到n的和
{
    int i,s=0;
    for( i=1 ; i <= n ; i++)
        s = s + i;
    return s;
}
int main()
{
    printf("s=%d\n",sum(100));          //调用sum，计算1到100的和
    return 0;
}
```

扫一扫，看视频

改写的程序其实是将原先程序中的一段代码单独作为一个可以调用的模块，这个模块就是“函数”。函数可以实现程序的模块化，使得程序设计简单、直观，提高程序的可读性和可维护性。程序员还可以将一些常用的算法编写成通用函数，以供随时调用。因此无论程序的设计规模有多大、多复杂，都是划分为若干个相对独立、功能较单一的函数，通过对这些函数的调用，从而实现程序的功能。

上面改写的程序可以很轻松地计算：

(1)+(1+2)+(1+2+3)+…+(1+2+3+…+10)

只要在主函数中写入下面的代码即可：

```
for(i=1;i<=10;i++) s=s+sum(i);
```

下面具体介绍函数的定义和调用。

7.2 函数的定义和使用

7.2.1 函数定义

函数的定义如下：

```
类型 函数名(参数列表)
{
  函数体
}
```

“类型”指的是函数返回值的数据类型。“函数名”采用标识符命名，一对括号“()”内是形式参数列表。一对大括号“{}”内是“函数体”，由一组语句组成，用来实现具体的功能。

函数名其实是函数的入口地址，例如前面的函数sum，&sum就是入口地址。

参数列表可以是以下形式：

（1）void

表示函数没有参数，通常把这种函数称为无参函数。例如：

```
int welcome(void)
{
   printf("Welcome to you,sit down please!\n");
   return 0;
}
```

（2）类型1 参数名1, 类型2 参数名2,…

函数包含一个或多个参数，每个参数都必须标注具体的数据类型。这样的函数称为有参函数。例如：

```
int sum(int n)
{
   int i,s=0;
   for(i=1;i<=n;i++)
       s = s + i;
   return s
}
```

函数计算并返回1到n之间的整数之和。

函数通过return语句返回值，返回值通常是运行结果或状态值。例如：

```
return 0;
```

return后面也可以跟表达式，如：

```
return x+y;
```

返回值的类型也可以是void类型，这种情况下可以写成：

```
return;
```

也可以省略返回语句。

函数的返回值类型可以为除了数组之外的所有类型。当然，如果确实需要返回数组类型，可以用指针类型返回数组地址的方式来间接实现。例如：

```
int * f(void)
```

```
{
    int i;
    static int c[5];
    for(i=0;i<5;i++) c[i]=i*2;
    return c;
}
```

函数中的数组c的存储类型最好设置为static，否则返回后，主调函数可能找不到数据，因为自动存储的数据内存可能已经被释放了。这时如果确实需要的话，可以采用动态分配内存的方式。

有时候需要定义函数指针指向函数，或者把函数指针作为函数的参数，而C语言规定指针指向的对象必须有类型，指向函数的指针为函数类型，这里的函数类型指的是函数的返回值类型、参数类型和参数个数派生的类型，这也是有时候把函数作为类型的一个依据。

7.2.2 函数调用

函数的执行是由函数的调用来完成的。

C程序通过main()函数直接或间接调用其他函数。函数被调用时获得程序的控制权，调用完成后，返回调用处执行后面的语句。

函数调用的形式如下：

函数名(实参列表)

函数调用的形式既可以出现在表达式中，也可以作为一条单独的语句使用。例如：

```
s = sum(1)+sum(2)+ sum(3)+ sum(4)+ sum(5);
strcpy(s, "Good luck to you!");
```

从调用的角度，参数可分为实际参数和形式参数，或简称为实参和形参。实参和形参是一一对应的关系，参数的个数必须一致，类型必须相容。如果类型不同将自动转换，不能自动转换则称为不相容，在编译或运行时出错。

实参和形参各自分配独立的存储单元，形参是在所在函数被调用时才分配存储单元，调用完成后被立即释放。实参可以是常量、变量和表达式，而形参必须是变量或数组形式，数组形式本质上是指针变量。

C语言在进行函数调用时，并没有规定参数处理的次序，因此，用户在编写程序时不要对参数的求值顺序有依赖，即使部分编译环境有次序约定。

7.2.3 参数传递

C语言的参数传递是实参向形参的单向的值的传递。

为了便于理解，通常根据传递的值是否是地址，将参数传递方式分为两种：值传递和地址传递。

值传递，又称传值，是单向的值传递，传递完成后，对形参的任何操作都不会影响实参。

地址传递，又称传址，也是单向的值传递，不过，这种值往往是对象或函数的地址，对形参指向的数据的操作相当于对实参指向的数据的操作，从而使得这种形式上的“单向”值传递变成“双向”的。其实，形参的变化并不影响实参，但形参指向的数据的变化会影响实参指向的数据，因为它们其实指向的是相同的数据。地址传递是引用传递的模拟。

纯值传递的实参可能是常量、变量、表达式；地址传递的实参是指针，包括变量的地址、数组名、数组元素地址、指针变量、函数指针等。

参数的传递也是一种赋值操作，实参的值赋给形参变量，也会发生赋值类型转换，不能转换的会出错。

下面通过一个具体的例子来观察两种参数传递形式之间的区别。

【例 7-2】演示函数的参数传递

程序代码：

```
//c7_2.c

#include <stdio.h>
void swap(int a,int b)                //交换a,b
{
    int t;
    t=a;
    a=b;
    b=t;
    printf("a=%d,b=%d\n",a,b);
}
void tolower(char t[])
{
    int i=0;
    while(t[i]!='\0')
    {
        if(t[i]>='A' && t[i]<='Z')        //大写字母转换为小写字母
            t[i]=t[i]+32;
        i++;
    }
    t++;
    printf("t=%p\n",t);
}
int main()
{
    int x=10,y=20;
    char s[] = {"Hello World!"};
    swap(x,y);
    printf("x=%d,y=%d\n",x,y);
    printf("s=%p\n",s);
    tolower(s);
    printf("%s\n",s);
    printf("s=%p\n",s);
    return 0;
}
```

扫一扫，看视频

运行结果：

```
a=20,b=10
x=10,y=20
s=0062FE30
t=0062FE31
hello world!
s=0062FE30
```

从程序中可以看出：

- swap函数虽然交换了形式参数a和b，但由于形参a、b和实参x、y分别存储在不同的位置，a、b值的变化并不影响x、y。

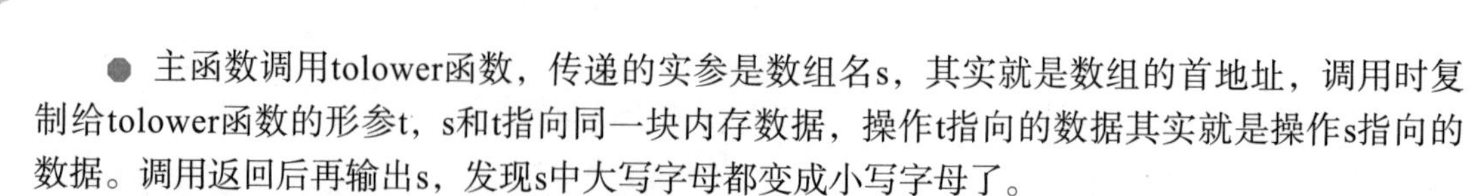

● 主函数调用tolower函数，传递的实参是数组名s，其实就是数组的首地址，调用时复制给tolower函数的形参t，s和t指向同一块内存数据，操作t指向的数据其实就是操作s指向的数据。调用返回后再输出s，发现s中大写字母都变成小写字母了。

虽然如此，s和t不是同一个指针。形参t修改了，发生了变化，实参s并没有受到影响，其根本原因是传递的只是s的值。

需要注意的是，实参的值类型不能决定形参的接收值类型，形参的类型由自身类型决定。例如：

程序代码：

```
//c7_2_2.c

#include <stdio.h>
void f1(char n)
{
    printf("%d",sizeof(n));
}
void f2(int n)
{
    printf("%d",sizeof(n));
}
int main()
{
    f1('a');
    f2('a');
    return 0;
}
```

扫一扫，看视频

运行结果：

```
14
```

相同的实参传递给不同类型的形参，其结果类型是不一样的，这是因为形参类型不同所致。

注意：

地址传递时，由于被调函数可以通过传递过来的地址修改主调函数的数据，如果需要保护主调函数的数据，可以在形参的说明中加上const。例如：

```
int sum(const int a[],int n)
{
    int i,s=0;
    for(i=0;i<n;i++)
        s=s+a[i];
    return s;
}
```

这样，sum函数就不能通过标识符a修改主调函数的数据，这是一种很好的保护措施。

7.2.4 函数声明

函数的声明是对函数类型、名称等的说明，不包括函数体。对函数及其函数体的建立称为函数的定义。对函数的声明可以和定义一起完成，也可以只对函数的原型进行声明，这种声明通常称为引用性声明，其格式如下：

<类型> <函数名> (<形参表>);

例如：

```
int sum(int n);
```

和完整的函数定义声明不同的是，形参表可以只给出形参的类型，如：

```
int sum(int);
```

形参名可以省略。

声明可以认为是一条特殊的“语句”，后面的分号(;)必不可少。之所以需要对函数进行声明，主要是为了获得调用函数的权限。如果调用之前定义或者声明了函数，则可以调用该函数。

被声明的函数其定义往往放在其他文件中或函数库中。经常把各种需要的库函数声明分类存储在不同的文件中，然后在自己设计的程序中包含该文件，例如：

```
#include <math.h>
```

其中math.h文件其实包含了很多数学函数的原型声明。

这样做最大的好处在于方便调用和保护源代码。库函数的定义代码已经编译成机器码，对用户而言是不透明的，但用户可以通过库函数的原型声明来获得参数说明并使用这些函数，完成程序设计的需要。

对于用户自定义的函数，也可以这样处理。和使用库函数不同的是，我们经常把自己设计的函数放在调用函数之后，例如，我们习惯于先设计main()函数，再设计自定义函数，这个时候需要超前调用自定义函数，在调用之前需要进行超前函数原型声明。

所以，变量的声明通常是对变量的类型和名称的一种说明，主要用于连接，不会分配内存，而变量的定义肯定会分配内存空间。函数的声明是对函数的类型和名称的一种说明，而函数的定义是一个模块，包括函数体部分，当然也包括函数的声明。

7.2.5 作用域

作用域指的是作用范围，不同作用域允许相同的变量出现，同一作用域内的变量不能重复。根据作用域的不同可将变量分为全局变量和局部变量，函数分为内部函数和外部函数。

C语言的作用域分为复合语句、函数、文件、程序，其中程序可能包括多个文件。复合语句有时候称为分程序，有的计算机语言中分程序和复合语句也是分开的两种形式。图7-1划分了这四个部分。

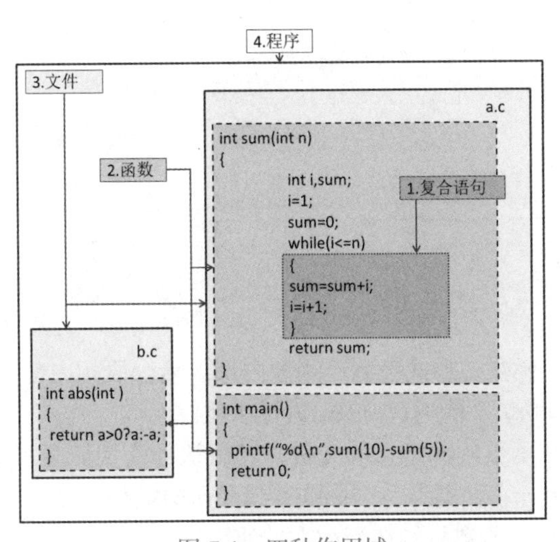

图 7-1　四种作用域

由于C程序是以文件为编译单位的，如果需要使用其他文件的标识符，需要通过声明来实现跨作用域引用，声明是为连接作准备的。

下面是一个具体的演示程序。

【例7-3】作用域演示

程序代码：

```
//c7_3.c

#include <stdio.h>
int a=10;                               //定义全局变量a，初始化等于10
int sub(int a, int b)                   //a、b都是局部变量。局部变量a屏蔽全局变量a
{
    return a–b;
}
int b;                                  //定义全局变量b，自动初始化等于0
int main()
{
    int a,b,c;                          //定义局部变量a、b、c
    int s=0;                            //定义局部变量s
    int add(int,int);                   //声明函数add，因为add函数在后面
    extern int d;                       //声明外部变量d，扩大了d的作用域
    a=20;
    b=10;
    {
        int a,b=20;                     //复合语句内定义的局部变量a、b
        c=10;                           //c是main开始所定义的局部变量
        a = sub(b,c);                   //调用函数sub，实参是复合语句定义的局部变量b和main函数开
                                        //定义的局部变量c
    }
    printf("a=%d,b=%d,c=%d\n",a,b,c);   //a、b并非是上面复合语句内定义的
    s = a + b +c;
    printf("s=%d\n",s);
    printf("d=%d\n",d);
    return 0;
}
int add(int a, int b)
{
    return a+b;
}
int d = 12345;                          //定义外部变量d
```

扫一扫，看视频

运行结果：

```
a=20,b=10,c=10
s=40
d=12345
```

局部变量通常是指在函数的形式参数、函数内部或复合语句内部定义的变量，只能在函数和复合语句内使用；局部变量不能通过extern进行声明。

全局变量通常是指在函数外部定义的变量，其默认的作用域是从定义位置开始到文件尾。后面要介绍的static和extern存储类型也会影响变量和函数的作用域。

加了static的全局变量和函数只能在当前文件使用。

加了extern的全局变量和函数可以提前获得使用权限，例如上面程序中的函数add和变量d就是这种情况。

全局变量可以为所有作用域的函数共享，为函数之间的数据交换提供便利，但这种便利是建立在分配静态存储空间基础上的。前面提到的函数之间参数的传递是系统自动分配存储空间给形参，函数调用完成后会自动释放存储资源，数据流向清晰自然，易于控制，所以程序设计过程中应尽量少用全局变量，除非遇到很多函数都需要共享数据的时候。

当然，从另外一个角度，C语言强调程序效率，所以有时候也可以适当增加设置全局变量来提高访问效率，因为函数调用会不断地动态分配内存空间，影响执行的效率。

扩展阅读：变量的定义和声明

变量的定义包括类型、标识符名的确定，编译系统需要为变量分配存储空间，全局变量还会自动初始化为空值，局部变量如果没有初始化，编译系统通常不会置空，其所对应的空间是一个随机值(废值)；外部变量声明是对全局变量的一种引用前的说明，通常是用于超出作用域的引用，不会为其分配空间。观察下面的代码：

```
int a;                          //声明并定义全局变量
int main()
{
    {
        int a=20;               //声明并定义局部变量，复合语句结束后立即释放存储空间
    }
    extern a;                   //对前面的全局变量a的外部存储类型声明，可以省略类型int
    extern b;                   //对后面的全局变量b的外部存储类型声明，可以省略类型int
    extern double c;            //对后面的全局变量c的外部存储类型声明，不能省略double
    a=a+b+c;
    printf("%d,%d,%f",a,b,c);   //输出13,10,3.140000
    return 0;
}

int f()
{
    extern double c;            //多次声明
}
int b=10;
double c=3.14;
```

全局变量的声明可以多次，显然不可能多次为全局变量分配内存，因为静态存储的全局变量自定义后，其存储一直到程序运行结束后才释放。局部变量因为无须连接，不需要多次声明。

定义由于包含了声明所需要的必要信息，所以定义时的声明是首次声明。

7.3 * 内存分配

C语言的内存分配包括静态内存分配、自动内存分配和动态内存分配三种方式。

静态内存分配指的是在编译时就提供了对象的空间，当程序进入内存后，按对象的空间分配相应的静态存储内存，直到程序运行结束才释放。

自动内存分配指的是程序运行后将临时对象存储在栈上，在它们所在的块退出后，这个空间会自动释放并可重用。

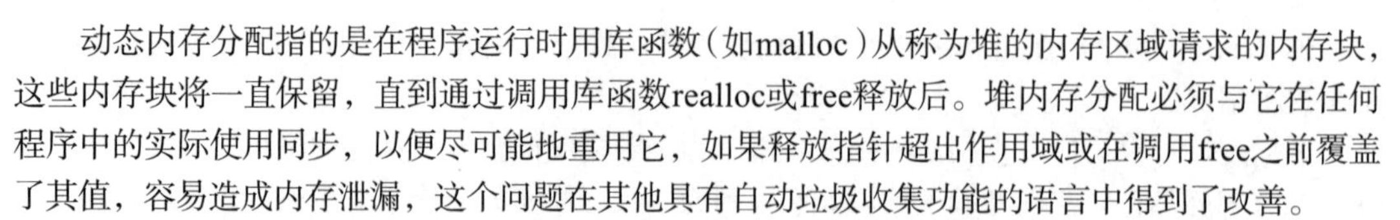
动态内存分配指的是在程序运行时用库函数（如malloc）从称为堆的内存区域请求的内存块，这些内存块将一直保留，直到通过调用库函数realloc或free释放后。堆内存分配必须与它在任何程序中的实际使用同步，以便尽可能地重用它，如果释放指针超出作用域或在调用free之前覆盖了其值，容易造成内存泄漏，这个问题在其他具有自动垃圾收集功能的语言中得到了改善。

具有连接的对象分配在静态存储区，无连接的对象分配在动态存储区。

7.4 变量的存储类型

变量的存储类型包括自动（auto）、寄存器（register）、静态（static）、外部（extern）4种。ANSI C把typedef也作为一种存储类型，本书暂将其划分在存储类型之外。

不同存储类型的变量从分配内存到被回收，具有一定的时效性，这就是变量的生存期，又称为生命期。

程序在内存中占用的存储空间可分成两个部分：程序区和数据区，数据区也可以分成常数区、静态数据区和动态数据区，如图7-2所示。

程序区	常数区
	静态数据区
	动态数据区

图 7-2　程序在内存中的存储空间

常数区存放程序中出现的常数；静态数据区用来存放静态数据，如全局变量、静态局部变量（static局部变量）。动态数据区用来存放动态数据，如自动变量（auto型）、动态分配的数据（如malloc请求分配的数据）。动态数据区用栈和堆的形式存储动态的数据。

静态变量包括全局变量、静态局部变量（static局部变量），是静态内存分配的，main()执行前就分配了内存空间，其生存期是整个程序的运行过程。

动态变量包括函数形参、函数内自动局部变量（auto型）、复合语句内的自动局部变量，是自动内存分配的，函数或复合语句执行完成后即释放内存，其生存期是从声明开始到函数或复合语句执行结束。

生存期和作用域是两个不同的概念，分别从时间上和空间上对变量的使用进行界定，相互关联又不完全一致，静态变量的生存期贯穿整个程序运行过程，但全局变量的作用域是从定义位置开始到文件结束，静态局部变量（static局部变量）和动态变量的作用域是从声明位置开始到函数或复合语句执行结束。动态分配的数据（如malloc请求分配的数据）的生存期是从申请内存到主动释放内存期间，可以用静态变量或动态变量指向动态分配的数据。

下面先进行一个存储测试，然后具体介绍这4种存储类型。

【例7-4】演示变量的存储类型

程序代码：

```
//c7_4.c
//作者:Ding Yatao
//日期:2019年8月
//运行环境:DEV C++ 5.11(32位编译)

#include <stdio.h>
```

```c
#include <malloc.h>
int a;                          //全局变量
int *s(int n)                   // n是auto变量
{
    int a[10];
    static int b=66;            // 静态局部变量
    int c;                      // auto变量
    n=n+1;
    printf("s|a:%p,b:%p,c:%p,n:%p\n",a,&b,&c,&n); // 输出地址
    return &b;                  // 返回b的地址
}
int t(int n)
{
    static int a=65;            // 静态局部变量
    int b=10;
    int c;
    printf("t|a:%p,b:%p,c:%p,n:%p\n",&a,&b,&c,&n);
    return n+a;
}
int b; //全局变量
int main()
{
    char *p;
    int *q;
    extern int c;               //外部变量
    extern void v();            //外部函数
    q=s(2);                     //得到s中的静态变量b的地址
    {
        int d=10;               //auto变量
        int e;                  //auto变量
        printf("m|d:%p,e:%p\n",&d,&e);
    }
    p=(char*)malloc(10);        //自动局部变量p指向动态内存区域
    printf("m|a:%p,b:%p,c:%p\n",&a,&b,&c);
    printf("m|s:%p,t:%p,p:%p\n",s,t,p);         //s、t函数地址，p的值即动态内存区域的首地址
    printf("s|b:%d,t|a:%d\n",*q,*(q+1));        //s中b的值、b后面的数据的值，即t中a的值
    t(3);
    v();
    return 0;
}
int c;                          //全局变量
void v()
{
    char s[]="Hello World";
    char *t[2]={"Hello World","12345678"};
    printf("v|s:%p,%p,%p,%p\n",s,t[0],"Hello World","Hello World!");
}
```

运行结果(见图7-3):

```
s|a:0062FE58,b:00403004,c:0062FE54,n:0062FE90
m|d:0062FEA4,e:0062FEA0
m|a:00405430,b:00405434,c:00405438
m|s:00401500,t:0040153F,p:027A15C0
s|b:66,t|a:65
t|a:00403008,b:0062FE7C,c:0062FE78,n:0062FE90
v|s:0062FE74,0040406E,0040406E,00404083
```

图 7-3　例 7-4 在 Dev C++ 中运行结果

分析：

以上运行得到的地址不是固定的，但并不影响对其中相关性的分析。

（1）全局变量a、b、c的地址是连续的：

```
00405430、00405434、00405438
```

（2）s中的静态局部变量b和t中的静态局部变量a的地址是连续的：

```
00403004、00403008
```

（3）s中的自动变量a、c、n，t中的b、c、n，main中的d、e，在相同的存储区：

```
0062FE58、0062FE54、0062FE90          s(a、c、n)
0062FE7C、0062FE78、0062FE90          t(b、c、n)
0062FEA4、0062FEA0                    main(d、e)
```

（4）指针变量p对应动态分配的内存：

```
027A15C0
```

（5）函数s、t在代码区：

```
00401500、0040153F
```

（6）调用t之前做了特别的测试，q=s(2)，得到s中b的地址，在主函数中输出*q自然是s中b的值66，但*(q+1)的输出结果是65，正是t中a的值，说明在编译时t中的a已经初始化为65了。

```
q=s(2);                                   //得到s中静态变量b的地址
printf("s|b:%d,t|a:%d\n",*q,*(q+1));      //s中b的值、b后面的数据的值，即t中a的值
t(3);                                     //调用t
```

（7）函数v测试了常数的地址：

```
char s[]="Hello World";                   //"Hello World"直接存储在动态数据区
char *t[2]={"Hello World","12345678"};    //"Hello World"存储在常数区，t[0]等于其地址
printf("v|s:%p,%p,%p,%p\n",s,t[0],"Hello World","Hello World!");
```

输出的地址：

```
0062FE74    s
0040406E    t[0]
0040406E    "Hello World"
00404083    "Hello World!"
```

s是动态数据，分配在动态数据区，初始化的常量"Hello World"直接放在动态数据区；

t[0]指向常数"Hello World"，其内存地址指向常数区，数组t存储在动态数据区；

直接输出常数"Hello World"的地址和t[0]一样，而常数"Hello World!"虽然和"Hello World"只差了一个字符，但属于不同的常数，所以地址不同。

这个程序是在DEV C++中选择32位gcc以Debug模式测试的，其他编译器得到类似的结果。

在Visual C++ 6.0中运行结果类似，如图7-4所示。

```
s|a:0019FEB0,b:00424A30,c:0019FEAC,n:0019FEE0
m|d:0019FF34,e:0019FF30
m|a:00427E38,b:00427E48,c:00427E4C
m|s:00401005,t:0040100A,p:025E4DD8
s|b:66,t|a:65
t|a:00424A34,b:0019FED4,c:0019FED0,n:0019FEE0
v|s:0019FED0,004220D8,004220D8,004220BC
```

图7-4　例7-4在Visual C++中的运行结果

图7-5对程序中所有变量的存储位置进行了标注。

<table>
<tr><th>程序区</th><th colspan="2">常数区</th></tr>
<tr><td rowspan="3">main
s
t
v</td><td colspan="2">"Hello World"
"12345678"
"Hello World!"</td></tr>
<tr><td>静态数据区</td><td>动态数据区</td></tr>
<tr><td>全局变量：a,b,c
s:b
t:a</td><td>main:p,q
s:n,a,c
t:n,b,c
v:s,t</td></tr>
</table>

图 7-5　例 7-4 中数据的存储区划分

可以看出静态数据和动态数据分别在不同的区域。函数代码分配在另外的区域，和函数内声明的数据不在同一区域。静态数据持续占用内存，应尽量少用；动态数据使用完成后即可释放（栈存储的自动释放，堆存储的需调用free等函数释放），可以大大节约内存的消耗。

7.4.1　自动（auto）类型

auto用于局部变量的存储类型声明，是无连接的，可以省略。系统默认局部变量为auto类型。

auto类型的变量是动态变量，声明时系统不会自动初始化，其值是随机的，所以必须在使用前初始化或赋值。下面的用法是错误的：

```
int f(int n)
{
  int t;
  t=t+n;                    // t是auto类型，没有初始化，引用错误
  return t;
}
```

另外要注意的是：外部变量不能声明为auto类型。

7.4.2　寄存器（register）类型

register用于局部变量的存储类型声明，是无连接的，表示请求编译器尽可能直接分配使用CPU的寄存器，在寄存器满的情况下才分配到内存。这种类型的变量主要用于循环变量，可以大大提高对这种变量的存取速度，从而提高程序的效率。

register存储类型是C语言中具有和低级语言相似的一个技术，可以用来提高程序的运行效率。

实际上，能作为register类型的变量很少，主要是因为寄存器数量有限。

register类型的变量可能在寄存器中，也可能在内存中，所以不能用&运算符取地址，下面的语句是错误的：

```
register int a;
int *p=&a;
```

7.4.3　静态（static）类型

static类型称为静态类型。

全局变量和局部变量都可以声明为static类型，但意义不同。

全局变量总是静态存储，默认值为0或空指针。全局变量前加上static表示该变量只能在

本程序文件内使用，其他文件无使用权限。加了static的全局变量只是限制了作用范围，对于只有一个文件的程序有无static都是一样的。

局部变量声明为static类型，称为“静态存储的局部变量”。要注意的是：static类型的局部变量的初始化只进行一次，多次遇到该声明语句，将不再被执行。

有些书籍将static类型的全局变量和局部变量称为静态变量，将未加static的全局变量从静态变量中划分出去，这种划分方法并不合理，不过读者在阅读时只要理解即可，并不影响编写和阅读程序。

加static的变量是内部连接的，函数的形式参数不允许使用static限定存储类型。

【例7-5】演示static存储类型

程序代码：

```
//c7_5.c
#include <stdio.h>
static int t;                          //全局变量t，自动初始化为0
int sum(int n)                         //计算1~n的和
{
    static int s=0;                    //静态存储的局部变量s，只初始化一次
    int i;
    for( i = 1; i <= n ; i++)s = s + i;    //求和
    return s;
}
int main()
{
    int s;
    s = sum(5);                        //s等于1+2+3+4+5，即15
    t = t + sum(5);                    //第2次调用sum时，返回15+15，即30
    s = s + sum(5);                    //第3次调用sum时，返回30+15，即45
    printf("s=%d,t=%d\n",s,t);
    return 0;
}
```

扫一扫，看视频

运行结果：

```
s=60,t=30
```

如果将sum函数中的static int s=0;改成int s=0;，则程序运行结果将变成：

```
s=30,t=15
```

7.4.4 外部（extern）类型

extern 关键字用于声明外部的连接。对于全局变量，以下定义形式没什么区别：

```
extern int a;
int a;
```

默认情况下，在文件域中声明的变量和函数都是外部的。但对于作用域范围之外的变量，需要用extern进行引用性声明。

局部变量是属于程序块内部的，不存在用extern连接，所以extern变量是全局变量。很显然，函数的形式参数也不能用extern限定存储类型。

缺省存储类型的情况下，函数外是静态存储、外部连接；函数内及形参是自动存储、无连

接(非连接)。

需要说明的是，有些教材称全局变量为外部变量，这种说法容易产生混淆，全局变量是从作用域角度设定的变量类型，外部变量是从存储类型角度设定的类型，全局变量默认是extern存储类型，用extern对全局变量声明并非定义一个新的变量，只是临时修改了其作用域。

【例7-6】演示extern类型

程序代码:

```
//c7_6.c
#include<stdio.h>
int a=200;                  //相当于extern int a
static int b=200;
void f()
{
    extern int a;           //没有必要，因为a的作用域包括函数f
    extern int b;           //允许，虽然int b是static类型，但b的作用域包括函数f
    extern int c;
    extern int d;
    a=100;
    b=100;
    c=100;                  //允许，因为有了extern int c外部变量声明
    d=100;                  //允许，因为有了extern int d外部变量声明
}
int d=200;                  //如果改成static int d;，则f函数中extern int d;将报错
void g()
{
  c=300;                    //出错，因为c的作用域不包括函数g
}
int c=200;
int main()
{
    printf("%d,%d,%d,%d\n",a,b,c,d);
    f();
    printf("%d,%d,%d,%d\n",a,b,c,d);
    return 0;
}
```

扫一扫，看视频

运行结果:

```
200,200,200,200
100,100,100,100
```

函数f中对全局变量a、b的extern声明其实是没有必要的，因为a、b的作用域包括f函数；但对全局变量c的extern声明是必要的，c的作用域不包括f函数。

虽然f函数进行了全局变量c的extern声明，但函数g还是不能使用c的，函数f中对c的外部声明是临时属于f的。

有些书籍把extern称作外部变量类型，这也容易产生混淆，准确地说是外部存储类型声明，因为extern只是作了声明和连接，并没有定义新变量，更不是一种数据类型，程序编译时是通过这个extern连接替换f函数中出现的b为外部的变量b的地址的。

【例7-7】演示多文件中的extern类型

假设建立一个项目test，包含两个程序文件m.c和p1.c，如图7-6所示。

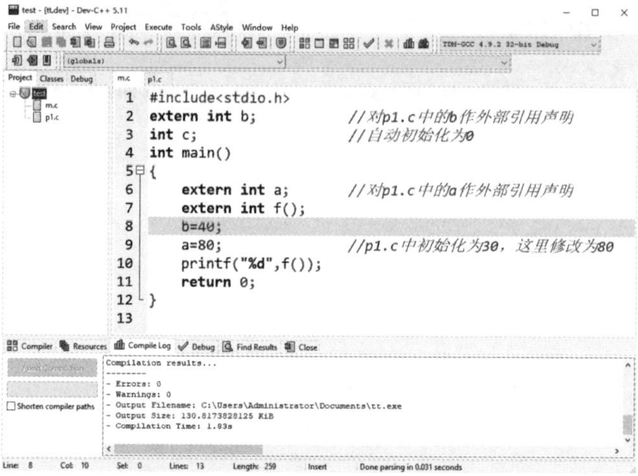

图7-6　包含m.c和p1.c的项目（解决方案）

主程序m.c：

```
#include<stdio.h>

extern int b;                    //对p1.c中的b作外部引用声明
int c;                           //自动初始化为0
int main()
{
    extern int a;                //对p1.c中的a作外部引用声明
    extern int f();              //对p1.c中的f函数作外部引用声明
    b=40;
    a=80;                        //p1.c中初始化a为30，这里修改为80
    printf("%d",f());
    return 0;
}
```

扫一扫，看视频

程序p1.c：

```
int a=30;
extern int c;                 //对主程序中的c作外部引用声明
extern int b;                 //对当前程序后面定义的全局变量b作外部引用声明
int f()
{
    c=10;                     //将主程序中的c修改为10
    return a+b+c;             //80+40+10
}
int b=20;
```

扫一扫，看视频

运行结果：

```
130
```

注意，m.c和p1.c都对全局变量b作了外部变量声明。

程序中的引用关系如图7-7所示。

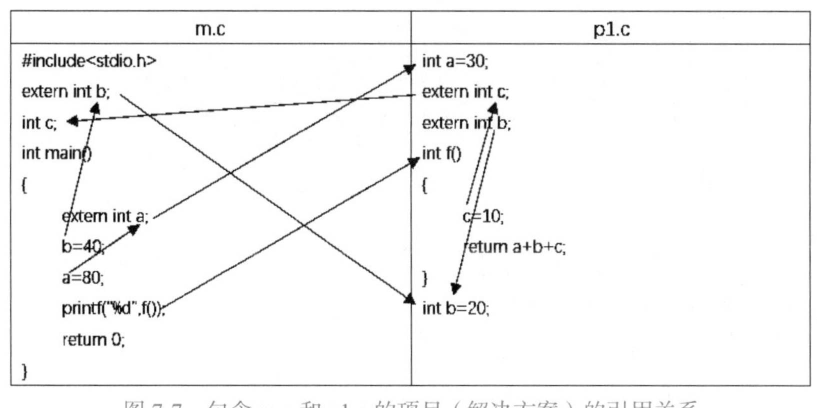

图 7-7　包含 m.c 和 p1.c 的项目（解决方案）的引用关系

虽然函数f默认是extern类型，最好在main函数中加上：

```
extern int f();
```

7.5 外部函数和内部函数

函数如果声明为static类型，称为内部函数，该函数在本程序文件内被调用，其他文件无调用权限。

对于其他文件中的非static函数或本文件中的函数可以声明为extern类型函数，称为外部函数。和全局变量一样，函数默认是extern类型。

static类型和extern类型函数或者说内部函数和外部函数，其实质是限定或扩展函数的使用范围。

例7-7中，主程序调用p1.c中的函数f，如果函数f声明为static，则编译报错，无法连接。

7.6 递归函数

函数不能嵌套定义，但可以嵌套调用。函数A可以调用函数B，函数B也可以调用函数C，这种调用称为嵌套调用。如果函数直接或间接调用自身，则称为递归调用，例如函数A调用函数B，函数B再调用函数A，或者函数A直接调用函数A。这样的函数称为递归函数。

递归（Recursion）是一种常见的程序设计技巧。函数能够实现递归调用也是有条件的，首先，问题能够用递归思想分析，或者说问题或子问题能用相同的算法实现。另外，递归算法中的调用不能没有限制，必须有个出口，也就是说必须有解除递归的设计。

例如下面的函数：

```
int f(int n)
{
	if(n==1)
	   return 1;              //出口，解除递归
	else
	   return n+f(n−1);       //f调用函数f
}
```

f函数就是一个典型的递归函数，其原理也很简单，假设计算f(5)：

```
f(5) = 5 +    f(4)
              f(4) = 4 +    f(3)
                            f(3) = 3 +    f(2)
                                          f(2)    =2 +  f(1)
                                                        1
```

f(2)等于3，则f(3)等于3+3，等于6；

f(3)等于6，则f(4)等于4+6，等于10；

f(4)等于10，则f(5)等于5+10，等于15。

在直接递归调用（函数调用自身）过程中，调用前需要将局部变量存储保护起来，新的调用将会重新为局部变量分配内存，调用层层返回时，会逐层释放。

在间接递归调用时，先将函数挂起，然后间接调用其他函数，被挂起的函数数据也会保存，等待返回后恢复。

递归本质上并不简单，但形式上的确很简练，利用好递归算法能很好地解决很多实际问题。

【例7-8】计算s=5!

程序代码：

```
//c7_8.c
#include <stdio.h>
int f(int n)
{
    if(n == 1)
        return 1;
    else
        return n*f(n-1);      //递归调用
}
int main()
{
    printf("5! = %d\n",f(5));
    return 0;
}
```

运行结果：

```
5!=120
```

小整数阶乘的计算结果仍然在整型数范围内，但阶乘很容易变得很大，从类型范围溢出，比如10000！，本书后面提供了一个算法供读者参考。

斐波那契数列也是一个典型的递归问题，下面是实现的函数。

```
long Fibonacci(int n)
{
    if(n<=2) return 1;
    else return Fibonacci(n-2)+ Fibonacci(n-1);
}
```

再比如累加求和（1+2+…+n）：

```
int sum(int n)
{
    if(n==1) return 1;
```

```
    else return n+sum(n-1);
}
```

比如求1到n的倒数和：

```
double sum(int n)
{
    if(n==1) return 1.0;
    else return 1.0/n+sum(n-1);
}
```

再比如统计字符串中数字的个数：

```
int sum(char *s)
{
    if(*s=='\0') return 0;
    else
        if(*s<='9' && *s>='0') return 1+sum(s+1);
        else return sum(s+1);
}
```

能够设计成递归调用的程序有很多，这里不再赘述。

从执行效率的角度看，递归调用并非是好的算法，在调用过程中需要分配较多的存储空间，最好能用简单的循环替代。

除了递归调用以外，还有递归定义，如链表结构的定义，这将在结构章节介绍。

关于递归函数，本书后续有很多案例都会用到。

7.7 *可变参数

C语言中printf函数、scanf函数都允许参数是可变的，包括参数的个数、类型。C语言也提供了可变参数的解决方案，其中类型va_list和三个关键宏va_start、va_arg和va_end包括在stdarg.h头文件中（UNIX下是varargs.h），先阅读一个演示程序，计算1+2+3+4+5和1+(1+2)+(1+2+3)+(1+2+3+4)+(1+2+3+4+5)。

【例7-9】演示可变参数

程序代码：

扫一扫，看视频

```
//c7_9.c
//作者:Ding Yatao
//日期:2019年8月

#include<stdio.h>
#include<stdarg.h>
int sum(int a,...)
{
    va_list b;                          //定义va_list型变量
    int s=0;
    int i;
    va_start(b,a);                      //将a赋值给b
    for(i=1;i<=a;i++)
        s=s+va_arg(b,int);              //不断分离变参值到b，累加到s
    va_end(b);                          //终止b的使用
```

```
        return s;
    }
    int main()
    {
        int i,s=0;
        printf("s=%d\n",sum(5,1,2,3,4,5));       //第1个参数5表示后面有5个变参
        for(i=1;i<=5;i++)
            s=s+sum(i,1,2,3,4,5);                  //每次只累加i个变参
        printf("s=%d\n",s);
        return 0;
    }
```

sum函数可以接收可变参数。C语言要求其前n个参数必须是有类型的形参，n至少为1，可变部分用“…”。

函数体中，va_list对已知参数进行声明，va_start对参数初始化，va_arg分离变参的值，最后调用va_end终止va_list变量的使用。

下面的程序对以上程序作了模拟设计，不用变参类型也可以模拟类似的效果。

```
//c7_9_2.c
//作者:Ding Yatao
//日期:2019年10月

#include<stdio.h>
#include<string.h>
#include<stdlib.h>
int sum(int a,char argv[],char split)      //将参数以字符串的形式传给argv数组，参数以split分隔
{
    char v[100][10];
    int i=0,n=0,j;
    int value=0;
    while(argv[i]!='\0' && n<a)            //取参数，存储到二维数组v中
    {
        j=0;
        while(argv[i]!= split)
            v[n][j++]=argv[i++];
        i++;
        v[n][j]='\0';
        j=0;
        n++;
    }
    for(i=0; i<a; i++)
    {
        value=value+atoi(v[i]);            // atoi函数将参数转换为整型
    }

    return value;
}
int main()
{
    int i,s=0;
    printf("s=%d\n",sum(5,"1,2,3,4,5",','));
    for(i=1; i<=5; i++)
        s=s+sum(i,"1,2,3,4,5",',');
    printf("s=%d\n",s);
    return 0;
}
```

扫一扫，看视频

7.8 数学函数

C语言标准库提供了部分数学函数。考虑到对数学问题求解的需要，这里作简单的介绍，以供参考。

数学函数大部分定义在math.h头文件中，abs和labs定义在stdlib.h头文件中。例如：

三角函数:sin（正弦）、cos（余弦）、asin（反正弦）、acos（反余弦）、tan（正切）、atan（反正切）。

指数对数函数:exp（幂）、frexp（分解浮点数）、ldexp（将浮点数乘以或除以2的整数倍）、log（自然对数）、log10（常用对数）、modf（将浮点数分解为整数和小数部分）。

幂函数:pow（幂）、sqrt（平方根）。

浮点数取整取余函数:ceil（向上取整）、floor（向下取整）、fmod（取余）。

绝对值函数:abs（普通整数绝对值）、fabs（浮点数绝对值）、labs（长整数绝对值）。

双曲函数:cosh（双曲余弦）、sinh（双曲正弦）、tanh（双曲正切）。

7.9 main函数

main函数是C程序中的特殊函数，是程序运行的入口和出口，有且只能有一个main函数，通常main函数设计成不被其他函数调用，调用其他函数都是从main函数逐步开始的。

main函数也可以设置形式参数，参数值可以通过运行程序时传递过来，例如下面的程序calculator.c。

程序代码：

```
#include <stdio.h>
int main(int argc,char *argv[])    //argc表示参数的个数，argv表示所有参数字符串，含命令文件名
{
    int i;
    for(i=0;i<argc;i++)
        printf("%s\n",argv[i]);
    return 0;
}
```

程序编译后，在命令行下运行（Windows下运行cmd，Linux下在用户提示符下需要通过cd命令转到编译后的命令文件calculator.exe所在的目录下），如图7-8所示。

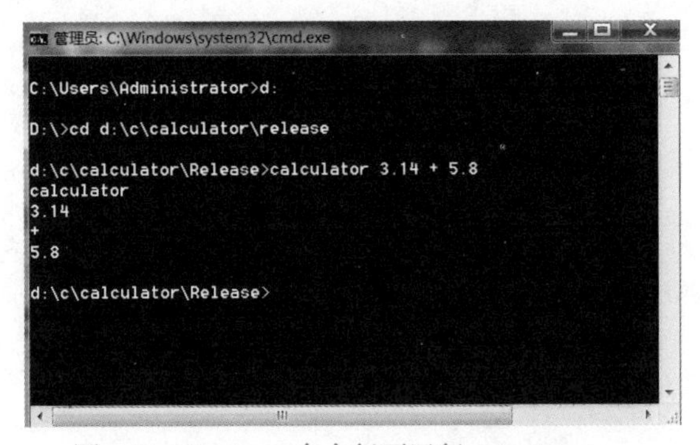

图 7-8　Windows 命令行下运行 calculator.exe

运行时，向calculator.exe传递实参：3.14 + 5.8，运行结果如下：

```
calculator
3.14
+
5.8
```

程序输出4个字符串，分别是argv[0]、argv[1]、argv[2]、argv[3]。argv是指针数组，分别指向命令行输入的4个字符串，包括命令文件名calculator。

argc和argv两个参数有关联，后者可以没有。

可以继续完善程序实现简单的算术计算器。如下面的程序：

程序代码：

扫一扫，看视频

```
//calculator.c
//作者:Ding Yatao
//日期:2019年8月

#include<stdio.h>
#include<string.h>
#include<stdlib.h>
int main(int argc,char *argv[])
{
    int i;
    double a,b,result=0;
    char c;
    a=atof(argv[1]);      //将字符串"3.14"转换为浮点数
    c=argv[2][0];         //第1个字符是算术运算符
    b=atof(argv[3]);      //将字符串"5.8"转换为浮点数
    switch(c)
    {
        case '+':
            result=a+b;
            break;
        case '–':
            result=a–b;
            break;
        case '*':
            result=a*b;
            break;
        case '/':
            if(b!=0) result=a/b;
            else
            {
                printf("div 0 error!\n");
                return –1;
            }
            break;
    }
    for(i=1; i<argc; i++)
        printf("%s",argv[i]);
    printf("=%lf\n",result);
    return 0;
}
```

运行结果(图7-9):

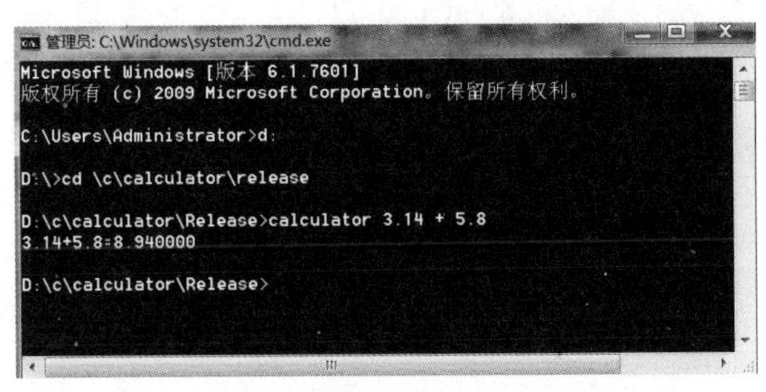

图 7-9　命令行下运行完善后的 calculator.exe

在命令行参数中需要用空格分隔，如果嫌麻烦，可以再次修改程序，如下所示：

程序代码:

```
//calculator2.c
//作者:Ding Yatao
//日期:2019年8月

#include<stdio.h>
#include<string.h>
int main(int argc,char *argv[])
{
    int i;
    double a,b,result=0;
    char c;
    sscanf(argv[1],"%lf%c%lf",&a,&c,&b);      //sscanf从字符串中读取数据给输入项
    switch(c)
    {
        case '+':
            result=a+b;
            break;
        case '-':
            result=a-b;
            break;
        case '*':
            result=a*b;
            break;
        case '/':
            if(b!=0) result=a/b;
            else
            {
                printf("div 0 error!\n");
                return -1;
            }
            break;
    }
    printf("%s",argv[1]);
    printf("=%lf\n",result);
    return 0;
}
```

扫一扫，看视频

在命令行中可以直接输入：

```
calculator2 3.14+5.8
```

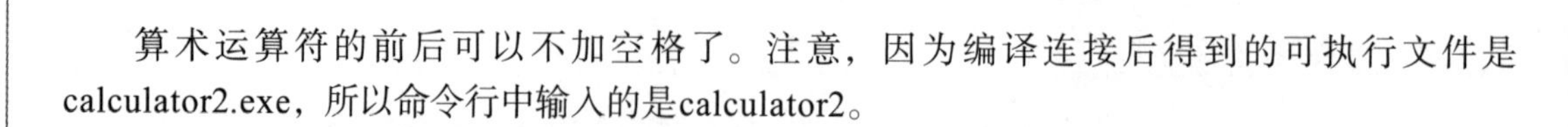

算术运算符的前后可以不加空格了。注意，因为编译连接后得到的可执行文件是calculator2.exe，所以命令行中输入的是calculator2。

7.10 综合案例

7.10.1 递归输出图形

问题：

如何用递归的方式输出图7-10中的图形？

```
     *****
    ****
   ***
  **
 *
```

图7-10　需要递归输出的图形

由于每行之间“*”的个数和前导空格的个数有明显的规律，可以利用递归函数的收敛型来实现输出图形。

【例7-10】递归输出图形

程序代码：

```
//c7_10.c

#include <stdio.h>
void print(int n)
{
    int i;
    if( n >=1)
    {
        for(i=0;i<n;i++)    printf(" ");        //先输出n个空格
        for(i=0;i<n;i++)    printf("*");        //再输出n个*
        printf("\n");
        print(n-1);                             //递归调用，输出下面的图形
    }
    else    return;
}
int main()
{
    print(5);

    return 0;
}
```

扫一扫，看视频

当然，程序中可以加入更多的参数，从而实现更加复杂多变的图形，如下面的程序：

程序代码：

```
//c7_10_2.c
```

```
//作者:Ding Yatao
//日期:2019年8月

#include <stdio.h>
int NSPACE,NIMAGE;
void print(int begin,int nImage,int nSpace,int stepImage,int stepSpace,
int directionImage,int directionSpace,char cImage)
{
    int i;
    if(begin) {                                    //第1次调用，初始化最多空格数和图形数
        NSPACE =    nSpace;
        NIMAGE=nImage;
    }
    if( nSpace >0) {
        if(directionSpace)                         //空格数递增
            for(i=0; i<nSpace; i++)    printf(" ");
        else                                       //空格数递减
            for(i=0; i<NSPACE-nSpace+1; i++)   printf(" ");
    }
    if( nImage >0) {
        if(directionImage)                         //图形数递增
            for(i=0; i<nImage; i++)       printf("%c",cImage);
        else                                       //图形数递减
            for(i=0; i<NIMAGE-nImage+1; i++)  printf("%c",cImage);
    }
    printf("\n");
    if(nSpace<=0 && nImage<=0)return;
    else
        print(0,nImage-stepImage,nSpace-stepSpace,stepImage,stepSpace,
directionImage,directionSpace,cImage);       //递归调用，输出下一行图形
}
int main()
{
    print(1,5,5,1,1,1,1,'*');
    print(1,5,5,1,1,0,0,'*');
    print(1,9,5,2,1,0,1,'*');

    return 0;
}
```

扫一扫，看视频

☐ 运行效果（图7-11）：

```
     *****
    ****
   ***
  **
 *

 *
  **
   ***
    ****
     *****

     *
    ***
   *****
  *******
 *********
```

图 7-11　运行结果

7.10.2 判断一个字符串是否是顺序串

问题：

设计一个函数，判断一个字符串是否是顺序串（从小到大或从大到小排序，如AABccd或dccBAA），“是”返回1，“否”则返回0。

分析：

- 判断是否顺序串的简单方法是以连续2个字符为单位，例如3个字符：s1、s2、s3，如果s1 ≤ s2 ≤ s3或者s1 ≥ s2 ≥ s3，必然有s1-s2和s2-s3的正负号相同，或者其中至少有一个等于0，即(s1-s2)*(s2-s3) ≥ 0。
- 需要考虑有的是升序，有的是降序，程序要判断升降序的一致性。
- 程序还需要考虑不足3个字符的情况，不足3个字符必然是顺序串。

【例7-11】判断字符串是否是顺序串

程序代码：

```
//c7_11.c
#include <stdio.h>
#include <string.h>
int issort (char s[])
{
    int lastasc,newasc;
    int i=0;
    while(s[i]!='\0' && s[i]==s[i+1])i++;         //查找定位到有升序或降序的位置
    if(s[i]=='\0'||s[i+1]=='\0') return 1;        //无升降序关系的字符对
    lastasc = s[i]-s[i+1];                        //记录首个升降序关系
    while(s[++i+1]!='\0')
    {
        newasc=s[i]-s[i+1];                       //连续的两个字符的顺序关系，0表示相同
        if(newasc*lastasc<0) return 0;            //与记录的升降序关系不一致则返回0，相同则忽略
    }
    return 1;
}
int main()
{
    char s[100];
    printf("Input a string:");
    gets(s);
    if(issort (s))
        printf("是顺序串");
    else
        printf ("不是顺序串");
    return 0;
}
```

扫一扫，看视频

运行结果：

```
Input a string:12345
是顺序串
```

再运行：

```
Input a string:12343
不是顺序串
```

上面的程序其实是将s1、s2的顺序关系和s2、s3的顺序关系进行比对，表达式newasc*lastasc<0体现了二者升降序的一致性。

如果不考虑可读性，或者读者已经理解了算法的原理，程序可以压缩编码如下：

程序代码：

```c
c7_11_2.c
//作者:Ding Yatao
//日期:2019年8月

#include <stdio.h>
#include <string.h>
int issort(char s[])
{
    int asc,i=0;
    while(s[i]!='\0' && s[i]==s[i+1])i++;
    if(s[i]=='\0'||s[i+1]=='\0') return 1;
    asc = s[i]-s[i+1];
    while(s[++i+1]!='\0' && asc*(s[i]-s[i+1])>=0);
    return !s[i+1];
}
int main()
{
    char s[100];
    printf("Input a string:");
    gets(s);
    if(issort(s))
        printf("是顺序串");
    else
        printf("不是顺序串");
    return 0;
}
```

扫一扫，看视频

为了对比学习，学过指针的读者或者初学者在学完指针后再阅读下面的程序。

程序代码：

扫一扫，看视频

```c
//c7_11_3.c
//作者:Ding Yatao
//日期:2019年8月

#include <stdio.h>
#include <string.h>
int issort(char s[])
{
    int asc;
    char *p,*q;
    p=q=s;
    while(*p && *p==*++q)p++;
    if(*p=='\0'||*q=='\0') return 1;
    asc = *p-*q;
    while(*++q && asc*(*++p-*q)>=0);
```

```
    return !*q;
}
int main()
{
    char s[100];
    printf("Input a string:");
    gets(s);
    if(issort(s))
        printf("是顺序串");
    else
        printf("不是顺序串");
    return 0;
}
```

7.10.3 数组元素的逆序存储

问题：

int a[10]= {1,2,3,4,5,6,7,8,9,10}，逆序存储后，元素依次应该为:10、9、8、7、6、5、4、3、2、1。

下面的程序编写了两个函数，分别实现整型数组和字符串的元素反转（逆序）。逆序存储算法的原理是将前后元素对应交换。

【例7-12】演示将数组元素逆序存储

程序代码：

```
//c7_12.c
//作者:Ding Yatao
//日期:2019年8月

#include<stdio.h>
void reverseInt(int a[],int n)          //整型数组的反转
{
    int i,t;
    for(i=0; i<n/2; i++)
    {
        t=a[i];
        a[i]=a[n-1-i];
        a[n-1-i]=t;
    }
}
void reverseString(char s[])            //字符串的反转
{
    int i,j=0;
    char t;
    while(s[j]!='\0')j++;
    j--;
    for(i=0; i<j; i++,j--)
    {
        t=s[i];
        s[i]=s[j];
        s[j]=t;
    }
```

```
}
int main()
{
    int a[10]= {1,2,3,4,5,6,7,8,9,10};
    char s[]="Hello World!";
    int i;
    for(i=0; i<10; i++) printf("%3d",a[i]);
    printf("\n");
    reverseInt(a,10);

    for(i=0; i<10; i++) printf("%3d",a[i]);
    printf("\n");

    printf("%s\n",s);
    reverseString(s);
    printf("%s\n",s);

    return 0;
}
```

运行结果：

```
1 2 3 4 5 6 7 8 9 10
10 9 8 7 6 5 4 3 2 1
Hello World!
!dlroW olleH
```

程序中reverseInt函数需要知道数组a的元素个数，下面的程序可以自动检测其元素个数。

扫一扫，看视频

```
//c7_12_2.c
//作者:Ding Yatao
//日期:2019年10月

#include<stdio.h>
typedef int ARRAY [10];                   //自定义一个int [10]的整型数组类型
void reverseInt(ARRAY a)                  //整型数组的反转
{
    int i,t;
    int n=sizeof(ARRAY)/sizeof(int);      //利用sizeof计算得到元素的个数
    for(i=0; i<n/2; i++)
    {
        t=a[i];
        a[i]=a[n-1-i];
        a[n-1-i]=t;
    }
}
void reverseString(char s[])              //字符串的反转
{
    int i,j=0;
    char t;
    while(s[j]!='\0')j++;
    j--;
    for(i=0; i<j; i++,j--)
    {
        t=s[i];
        s[i]=s[j];
        s[j]=t;
```

```
    }
}
int main()
{
    ARRAY a={1,2,3,4,5,6,7,8,9,10};          //用ARRAY类型定义数组a
    char s[]="Hello World!";
    int i;
    for(i=0; i<10; i++) printf("%3d",a[i]);
    printf("\n");
    reverseInt(a);                           //不用再传递参数10

    for(i=0; i<10; i++) printf("%3d",a[i]);
    printf("\n");
    printf("%s\n",s);
    reverseString(s);
    printf("%s\n",s);

    return 0;
}
```

7.10.4　汉诺塔游戏

问题及分析：

汉诺塔（Hanoi）游戏又称圆盘游戏，玩法如下：有3个柱子A、B、C，其中A上由大到小穿插*n*个中间含孔的圆盘，要求借助柱子B，将这*n*个圆盘移动到C上，每次只能移动1个盘子，并且任何时候都不能出现大盘在上、小盘在下的情况，如图7-12所示。

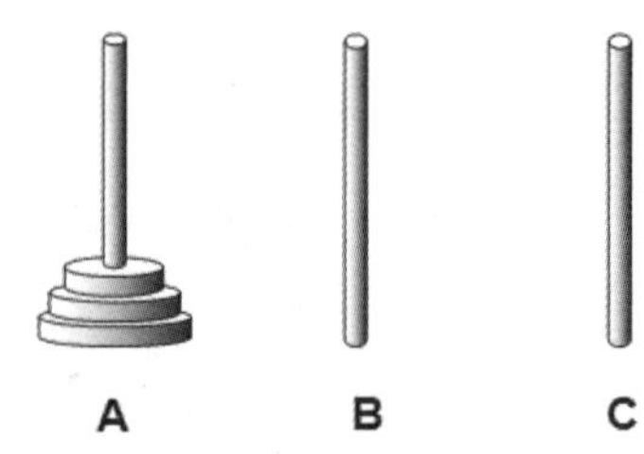

图7-12　Hanoi塔游戏示意图

算法：将A上n个盘子借助B移动到C上，可以分3步完成。

（1）将A上n-1个盘子借助C移动到B上。

（2）将下面的第*n*个盘子移动到C上。

（3）将B上n-1个盘子借助A移动到C上，如图7-13所示。

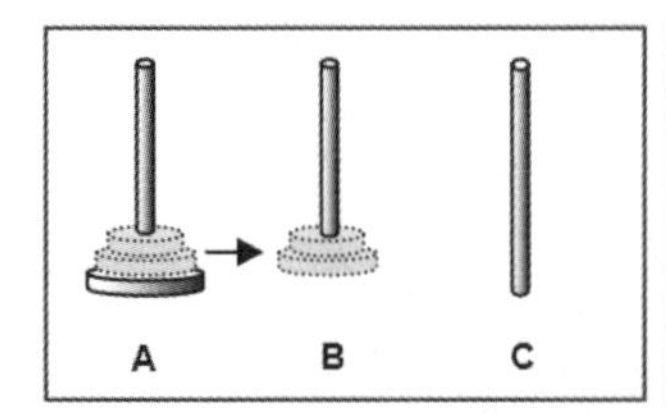

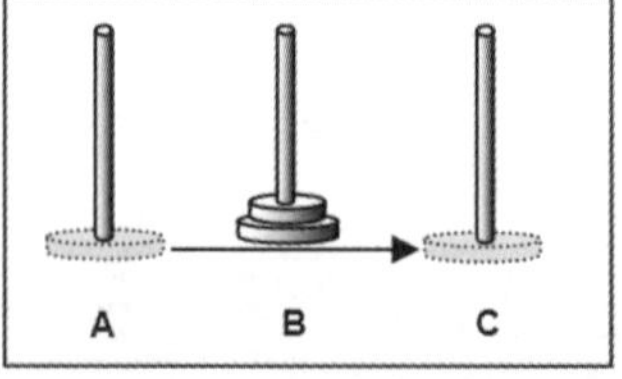

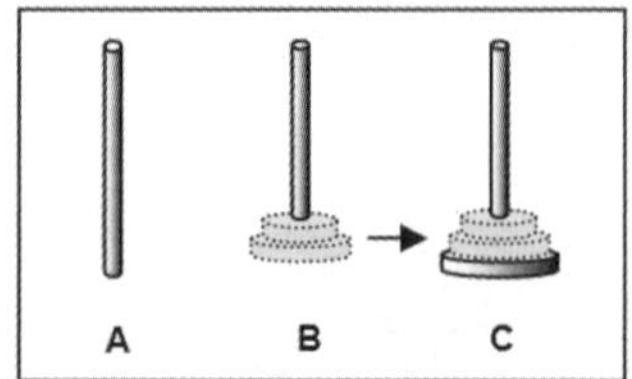

图7-13　Hanoi塔游戏算法示意图

第（1）步中，“将A上n-1个盘子借助C移动到B上”和“将A上*n*个盘子借助B移动到C上”相似，可以分3步完成，具体如下：

(1)将A上n-2个盘子借助B移动到C上。
(2)将下面的第n-1个盘子移动到B上。
(3)将C上n-2个盘子借助A移动到B上。
这样的移动可以一直收缩下去，最终变成两个盘子的移动，如图7-14所示。

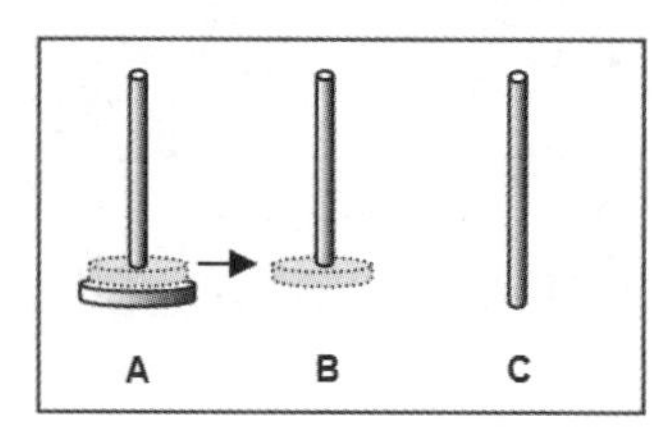

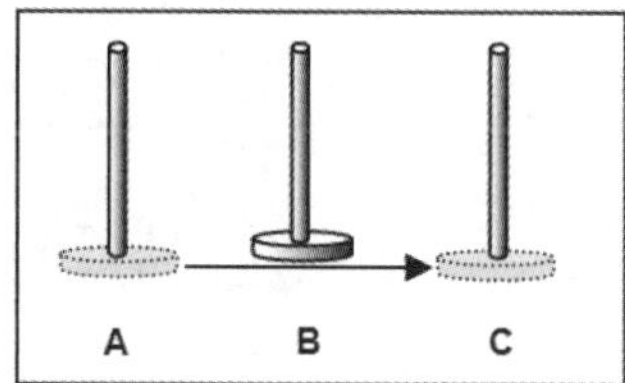

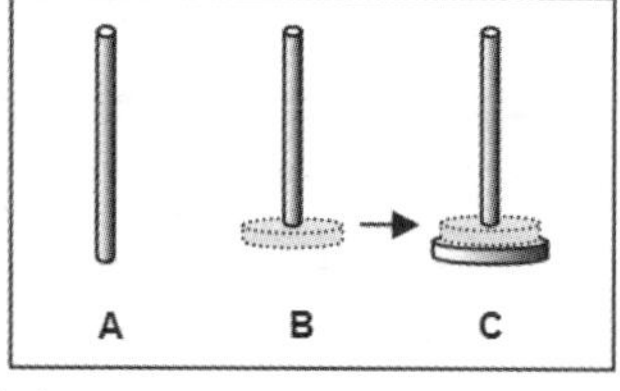

图 7-14 Hanoi 塔游戏算法示意图（两个盘子）

显然，反过来思考，2个盘子可以完成，则3个、4个、…、n个也就不成问题了。这是典型的递归调用，为了更好地理解，请大家观察下面程序的运行结果。

【例7-13】演示汉诺塔游戏

程序代码：

```
//c7_13.c
#include <stdio.h>

//函数move：移动1个盘子
void move(int n,char getone,char putone)
{
    printf("%d:%c->%c\n",n,getone,putone);
}

//函数hanoi:移动n个盘子
void hanoi(int n,char one,char two,char three)
{
    if(n==1)
        move(n,one,three);
    else
    {
        hanoi(n-1,one,three,two);    //把A上的n-1个盘子借助C移动到B
        move(n,one,three);           //把第n个盘子移动到C
        hanoi(n-1,two,one,three);    //把B上的n-1个盘子借助A移动到C
    }
}

int main()
{
    int m;

    printf("Input the number of disks:");
    scanf("%d",&m);

    printf("The steps to moving %d disks:\n",m);
    hanoi(m,'a','b','c');

    return 0;
}
```

扫一扫，看视频

运行结果：

```
Input the number of disks:3
The steps to moving 3 disks:
1:a->c
2:a->b
1:c->b
3:a->c
1:b->a
2:b->c
1:a->c
```

7.10.5 *扑克牌比赛分组

【例7-14】扑克牌比赛分组设计

问题：

某单位举行扑克牌比赛，8个部门分别有4、3、5、4、3、6、3、3人报名参赛，比赛规则如下：

- 每4人一组，4人分别来自不同部门；
- 最后一组不足人员，由嘉宾替补。

请设计输出一种分组方案。

分析：

统计得出，参赛人数共31人，每4人一组，分为8组，最后1组缺1人，由嘉宾替补。

假设部门编号为1~8，参赛队员依次为101、102、……、801、802、803。显然，每个分组的成员编号首位不能相同，所以，程序只要随机产生一个分组方案，然后检查每组的成员编号首位是否均不相同，如果所有分组都满足条件，该方案就符合要求。例如下面的分组方案：

```
第1组：203 601 404 103
第2组：403 503 702 602
第3组：102 801 402 303
第4组：302 502 605 703
第5组：401 803 201 305
第6组：604 501 802 304
第7组：101 606 701 301
第8组：603 104 202  0
```

程序代码：

```
//c7_14.c
//作者:Ding Yatao
//日期:2019年8月

#include <stdio.h>
#include <stdlib.h>
#include <time.h>
void sort(int a[],int n)    // 排序
{
    int i,j,t;
    for(i=0; i<n-1; i++)
```

```
        for(j=i+1; j<n; j++)
            if(a[i]>a[j])
            {
                t=a[i];
                a[i]=a[j];
                a[j]=t;
            }
}
int check(int a[],int n) // 检测是否符合规则
{
    int step=4; // 每4人1组
    int i,j,k;
    for(i=0; i<n; i=i+4)
    {
        if(i+4>n) step=n-i; //最后1组，不检测替补队员
        //检测是否有同队队员，有则返回0
        for(j=0; j<step-1; j++)
            for(k=j+1; k<step; k++)
                if(a[i+j] /100%10 == a[i+k] / 100 %10 ) //部门编号在百位
                    return 0; // 有相同部门的编号，返回0
    }
    return 1;
}
void print(int a[],int n)
{
    int i,group=1;
    for(i=0; i<n; i++)
    {
        if(i%4==0)   printf("第%d组:",group++);
        printf("%4d",a[i]%1000);
        if((i+1)%4==0) printf("\n");
    }
}
int main()
{
    int group[8] = {4,3,5,4,3,6,3,3};
    int list[100];
    int i,j,n=0,total;
    // 生成队员编号，存入list数组中
    for(i=0; i<8; i++)
        for(j=0; j<group[i]; j++)
            list[n++]=(i+1)*100+(j+1);
    total=n;
    while(total%4!=0) list[total++]=0; //总人数total，含替补，替补编号设置为0
    do
    {
        srand((int)time(0)); // 重置随机数种子
        for(i=0; i<n; i++)
            list[i] = rand()%100*1000+ list[i]%1000; //首部加两位随机数
        sort(list,n);
        //检验同组是否有同部门队员，若有重新加随机数，排序检测，若没有则退出
        if(check(list,n)==1) break;
    }while(1);
    print(list,total);

    return 0;
}
```

运行结果：

```
第 1 组 : 701 501 601 104
第 2 组 : 606 103 703 402
第 3 组 : 401 301 802 202
第 4 组 : 304 203 403 605
第 5 组 : 603 503 305 102
第 6 组 : 803 404 101 303
第 7 组 : 502 702 602 201
第 8 组 : 801 302 604   0
```

结果与上面的方案不一样，因为这是随机机制，但方案是可行的。

程序中采用随机数打乱顺序，原理如下：产生一个随机整数，放在队员编号前面，用来排序，相当于打乱原来的编号顺序。例如：

```
101,102,201,202
```

加上两位随机数后变成：

```
43101,51102,38201,10202
```

重新排序变成：

```
10202,38201,43101,51102
```

去除随机数变成：

```
202,201,101,102
```

可以看出原来的顺序被打乱了。

上面的程序通过打乱编号顺序，然后检查是否符合规定的方法只是解决问题的一种途径，程序简单，但效率并不高，可能很多轮次都不合格，需要反复重排检测，直至符合要求。

要说明的是，参赛队员越少，符合要求的方案越难计算得到，甚至没有。

7.10.6 进制转换

【例7-15】多种进制转换方法

进制转换采用的方法通常是辗转求余法。下面的程序中，函数f内定义的数组s存储了进制用的数码，每次得到的余数转换成s中的数码放在t中，最后逆序输出t，即可得到转换后的进制形式。

程序代码：

```
//c7_15.c
#include <stdio.h>
void f(int n,int k)
{
    char s[]="0123456789ABCDE";
    int i=0;
    char t[50]="";
    while(n>0)
    {
        t[i++]=s[n%k];                  //n%k为余数，s[n%k]是余数对应的k进制数码
        n=n/k;                          //去除最后一位数码
    }
    while(--i>=0) printf("%c",t[i]);    //逆序输出即为转换后的结果
```

```
    printf("\n");
}
int main()
{
    f(65,2);                        //十进制65转换为二进制
    f(65,8);                        //十进制65转换为八进制
    f(65,16);                       //十进制65转换为十六进制

    return 0;
}
```

运行结果：

```
1000001
101
41
```

读者是否考虑过其他进制转换为十进制？算法其实很简单，只要按k进制展开即可，代码如下：

程序代码：

扫一扫，看视频

```
//c7_15_2.c
#include <stdio.h>
void f(char s[],int k)
{
    int i=0,n=0;
    for(i=0; s[i]!='\0'; i++)
        n=n*k+s[i]-'0';
    printf("%d\n",n);
}
int main()
{
    f("1000001",2);   //二进制1000001转换为十进制65
    f("101",8);       //八进制101转换为十进制65
    f("41",16);       //十六进制41转换为十进制65

    return 0;
}
```

将以上两个程序结合起来，就可以实现任意进制之间的转换了，代码如下：

程序代码：

扫一扫，看视频

```
//c7_15_3.c
//作者:Ding Yatao
//日期:2019年8月
#include <stdio.h>
void reverseString(char s[])        //字符串的反转
{
    int i,j=0;
    char t;
    while(s[j]!='\0')j++;
    j--;
    for(i=0; i<j; i++,j--)
    {
        t=s[i];
```

```
            s[i]=s[j];
            s[j]=t;
        }
    }

    void dec2k(int dec,int k,char t[])
    {
        char s[]="0123456789ABCDE";
        int i=0;
        while(dec>0)
        {
            t[i++]=s[dec%k];            //dec%k为余数，s[dec%k]是余数对应的k进制数码
            dec=dec/k;                  //去除最后一位数码
        }
        t[i]='\0';
        reverseString(t);
    }
    int k2dec(char s[],int k)
    {
        int i=0,n=0;
        for(i=0; s[i]!='\0'; i++)
            n=n*k+s[i]-'0';
        return n;
    }
    int main()
    {
        int n1=65,n2,k[3][2]= {{2,16},{8,2},{16,8}};
        int i;
        char t[2][100];
        for(i=0; i<3; i++)
        {
            dec2k(n1,k[i][0],t[0]);         //将十进制n1 转换为k[i][0]进制,存在t[0]
            n2=k2dec(t[0],k[i][0]);         //将k[i][0]进制转换为10进制n2
            dec2k(n2,k[i][1],t[1]);         //将十进制n2 转换为k[i][1]进制,存在t[1]
            printf("%s > %d > %s\n",t[0],n2,t[1]);
        }
        return 0;
    }
```

运行结果：

```
1000001 > 65 > 41
101 > 65 > 1000001
41 > 65 > 101
```

程序中将十进制作为转换的桥，算法上显得简单，如果直接进行任意进制转换，算法上要麻烦些。

7.10.7 统计由指定数码组成的 5 位数的和

【例7-16】统计由2,3,4,7,8,9组成的5位数的和

问题：

统计由2、3、4、7、8、9组成的5位数的和，5位数中不能有重复的数码。例如:23789，

34789，98234，…

下面的程序用到了两个函数，分别是函数sum和计算阶乘的函数fac。sum是产生n个1组成的整数。

程序代码：

```
//c7_16.c
#include <stdio.h>
#include <string.h>
int fac(int n,int m)                    // n*(n-1)*…,m个数的乘积
{
    int i,s=1;
    for(i=0;i<m;i++)
        s=s*n--;
    return s;
}
int sum(int n)
{
    int i,s=1;
    for(i=2; i<=n; i++)  s=s*10+1;
    return s;
}
int main()
{
    int i,j,k,num=0;
    char s[]= {"234789"};
    int n=strlen(s);
    j=sum(5);
    k= fac(n-1,4);                      //从5个数中取4个数的全排列数
    for(i=0; i<n; i++)
        num=num+(s[i]-'0')*j*k;
    printf("num=%d\n",num);
    return 0;
}
```

扫一扫，看视频

程序利用了求和的规律，因为5位数的数码不能重复，其实相当于下面的序列：

```
2****
*2***
**2**
***2*
****2
……
```

"****"部分是其他n-1个数的5-1全排列，即5*4*3*2=120，每个数码在5个位置都会出现，相当于乘以11111。

运行结果：

```
num=43999560
```

本章小结：

（1）函数的分类：库函数和用户自定义函数。

（2）函数的定义：类型、函数名、形式参数、函数体以及函数的原型声明等。

（3）函数的调用：函数的嵌套和递归调用，函数调用时参数传递为值传递方式，如果值是

地址，有时候称为地址传递。

（4）变量的作用域和存储方式：变量的作用域是指变量在程序中的有效范围，分为局部变量和全局变量。变量的存储方式是指变量在内存中的存储类型，它表示变量的生存期，分为静态存储和动态存储，具体的存储类型包括auto、register、static和extern四种。

*（5） C语言支持可变参数，可以通过类型va_list和三个关键宏va_start、va_arg和va_end设计完成。

*（6） main函数也可以有参数，参数通过命令行传入。

CHAPTER 8 指针

学习目标：

- 理解并掌握地址、指针和指针变量的概念
- 掌握指针变量的定义、初始化和引用方法
- 理解并掌握指针与数组的关系
- 了解指针数组和多级指针的概念
- 了解指针与函数的关系
- 学会在程序设计中正确应用指针解决实际问题

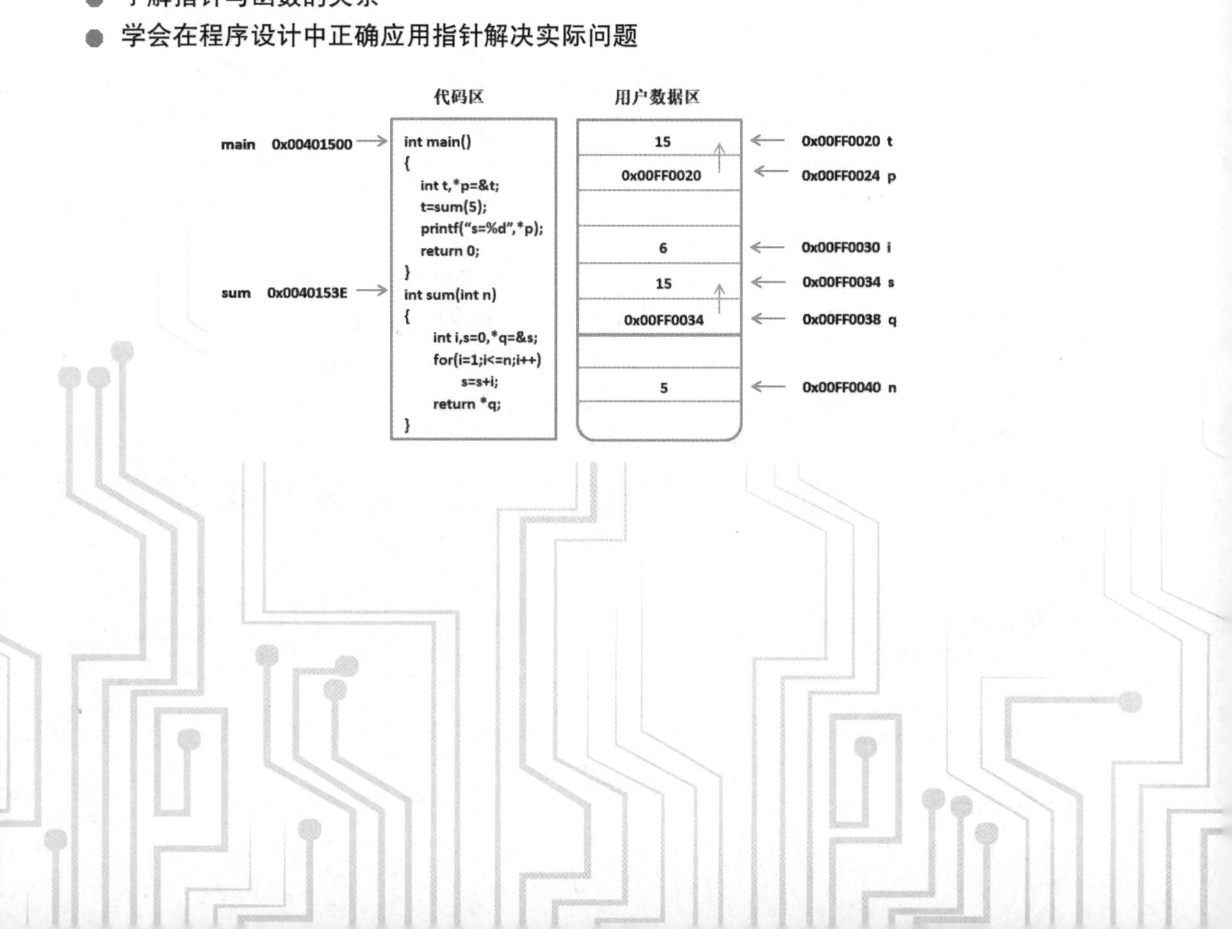

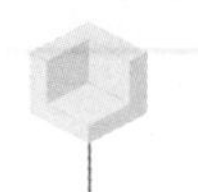

8.1 指针概述

8.1.1 关于地址

程序编译后运行或调用函数时，通常有个类似于表格的标识符表（记录表），例如表8-1的样式。

表 8-1 标识符表（记录表）参考样式

声明	记录表					
	序号	标识符名	类型名	地址（十六进制）	长度（字节）	……
int a;	1	a	int	0012FF00	4	
char c;	2	c	char	0012FF04	1	
double d;	3	d	double	0012FF08	8	
int *p;	4	p	int *	0012FF10	4	
int b[10];	5	b	int[10]	0012FF14	40	

表格中可以看出存储对象都对应一个地址。程序运行前是映射地址，运行后经过转换变成物理地址或虚拟地址。如果函数的记录表中查不到标识符，就会到全局的记录表中查找。

由此可见，地址是查找对象并存取数据的依据。

8.1.2 指针的概念

指针（Pointers）是什么？

C类型系统中，指针类型是一种表示地址的数据类型。指针就是这种数据类型的数据对象或实体。指针的值为地址，长度等于地址的长度，运算规则与其指向的数据类型有关。

我们可以定义指针类型的变量来指向其他变量（包括指针变量）、数组、函数等对象，也可以直接使用指针常量。指针提供了通过地址访问数据的方式。

指针类型依赖于所指向的对象的类型，所以是派生的类型，其操作与指向的对象类型有关。指针的值是一种绑定类型的地址，绑定的类型也可以是指针类型。

本书前面章节已经介绍并适度应用了指针类型，个别案例中，在不影响阅读的前提下，程序设计时引入简单的指针应用，期望读者阅读到本章时对指针并不感到陌生。

指针变量是指针常见的应用形式，有时候也可以直接使用指针常量。需要注意的是，指针的值虽然是地址，但不要忽略指针是有类型的这个基本特性。

我们来做一个实验。

【例8-1】演示指针

程序代码：

```
//c8_1.c
//作者:Ding Yatao
//日期:2019年8月

#include <stdio.h>
```

```
int main()
{
    int a=100,b;
    int c[10]={1,2,3,4,5,6,7,8,9,10};          //数组名c相当于int [10]型（类似于int *）
    char s[20]="1234567890";                  //数组名s相当于char [20]型（类似于char *）
    int *p=&a;                                //p是指针变量，&a是int *型
    printf("%d,%p,%d,%p\n",a,&a,*p,p);
    b=200;
    p=&b;
    printf("%d,%p,%d,%p\n",b,&b,*p,p);
    p=c;                                      //int [10]型赋值转换为int *型
    printf("%d,%p,%d,%p\n",c[0],c,*p,p);
    p=(int*)s;                                //将s强制转换成int *型指针
    printf("%s\n",(char*)p);
    return 0;
}
```

运行结果：

```
100,0062FEA8,100,0062FEA8
200,0062FEA4,200,0062FEA4
1,0062FE7C,1,0062FE7C
1234567890
```

分析：

输出结果中的地址不是固定的，32位和64位编译运行的结果中地址的长度也不一样，分别是32位和64位，%p是以16进制格式输出的，其他值是一样的。也可以直接用%d格式输出地址，只是显示的地址是十进制整数形式。

（1）首先，p是int型指针变量，p指向a，即p=&a;，变量p的值等于a的地址，输出a和*p、&a和 p是一样的；因为p是变量，值可以修改，所以可以有p=&b;，即p等于b的地址，相当于p又指向了b。

（2）c是int型数组名，其值等于数组的首地址，p指向c的方法是p=c;，相当于p的值等于数组的首地址，也相当于指向数组c的首个元素c[0]，也就相当于p=&c[0]，所以输出c[0]和*p是一样的。

（3）s是char型数组名，p是int型指针变量，类型不同，所以不能直接用p=s;来指向s，否则编译时会警告类型不匹配。下面的方法是合法的：

```
p=(int*)s;
```

s的类型是char[20]，类似于一个char*型指针常量，将其转换为 int *型指针就可以赋值给p了，虽然指针的类型发生变化，但对应的地址值是一样的。

C语言没有char[20]类型，类似的形式统称为数组类型，需要的话可以自定义。例如：

```
typedef int Array[20];
Array s;
```

效果和int s[20];是一样的。

（4）输出字符数组时，不能用：

```
printf("%s\n",p);
```

因为%s需要对应一个char *型指针，例如数组名s或&s[0]，p的值虽然与其相同，但类型是int *，所以需要转换。例如：

```
printf("%s\n",(char*)p);
```

这样就可以输出s中的字符串了。

扩展阅读：

指针可能是指针常量，如(int *)(0x0012FF44)，也可能是指针变量，如p。

有时候，读者会遇到各种关于“指针”概念的解释，无论作者基于什么视角，指针的本质是一种派生的类型，用指针定义存储的数据是其指向的对象的地址。

要注意的是：虽然有p=&b;，但“*p”是直接通过p的值——地址来访问对象获取数据的，并没有通过所“指向”的变量b。

如果知道地址的话，比如a的地址是0x0012FF44，甚至可以直接用下面的语句输出a的值：

```
printf("%d",*(int *)(0x0012FF44));
```

0x0012FF44是32位原生地址，是一个32位的十六进制的整型数，经过强制类型转换后，变成int *类型的指针，然后通过运算符“*”获得指针对应的数据。当然，这种方式是不可取的，因为实际运行时，这样的地址不是固定的。

下面就来具体学习如何定义和使用指针。

8.2 指针常量

常量通常是指在程序整个运行过程中不能修改的数据，如果限定变量的值不能被修改，也可称之为常量，准确地说是只读变量。有类型的地址常量称为指针常量。

普通的指针常量表示起来比较麻烦，通常由原生地址转换而成。例如：

```
(int *) 0012FF88            //32位原生地址转换为int型指针
(long *) 000000000012FF88    //64位原生地址转换为long型指针
```

程序中通常不会出现这种指针形式，除非在固定的内存分配机制下，因为程序运行后，分配的内存地址往往是变化的，是不确定的，这种写法也是不安全的。正因为地址的不确定性，C语言用指针变量存储和使用地址数据。

可以用const限定词来限定指针变量的变化，这样的指针是常见的指针常量，或者称作只读指针变量。例如：

```
int const *p;
```

p是int*型指针变量，可以指向不同的int型变量，例如：

```
p=&a;            //先指向a
p=&b;            //再指向b
```

但p指向的数据不能通过p来修改，例如“*p=100;”是错误的。

也可以这样定义：

```
int * const q=&a;
```

q是int*型指针常量，固定指向a，q的值不能修改，例如再执行“q =&b;”是错误的。

区别const *p和*const p这两种形式其实也很简单，const在*后是用来限定p是只读的，const在*前是限定*p是只读的。

const主要是限定通过对象符号不能修改对象存储的数据，通过其他方式是可以修改的。

有的书籍把数组名等同于一个指针常量，虽然数组和指针属于不同的类型，但二者有很多相似的地方，编译后或运行时数组名其实已经被翻译成指针了。

符号常量NULL是一个典型的指针常量，通常其宏定义为：

```
#define NULL    ((void *)0)
```

有的编译器直接将NULL宏定义为0。

8.3 指针变量

定义指针变量的形式如下：

数据类型 *指针变量名;

定义并初始化的形式为：

数据类型 *指针变量名 = &变量名;

例如：

```
int a=100;
int *p=&a;
```

或者：

```
int a=100,*p;
p=&a;
```

未初始化的指针变量的值是随机的，称为“野指针（wild pointers）”。当一个指针变量指向某对象后，该对象的内存被释放，这个指针称为“悬空指针（dangling pointers）”。野指针和悬空指针都是危险指针，需要进行赋值。

特殊情况下，可以让指针变量赋值为空，例如：

```
p=NULL;
```

因为没有指向具体的对象，所以指针p是安全的。即使如此，*p也是不安全的。

指针变量的数据类型是指针所指向的变量的类型。“*”不是指针变量的一部分，只是用来说明p不是普通变量，而是一个指针变量。我们也可以用“int *”代表“int型指针类型”。

表8-2显示了p和a的关系。

表 8-2　指针和普通变量的内存存储关系

变量	内存	地址	说明
a	100	0012FF00	指针p存储的是a的地址0012FF00，指针p的内存地址是0012FF04
p	0012FF00	0012FF04	

表8-2中指针变量p的值是变量a的地址0012FF00，而p的地址是0012FF04。

在定义了一个指针变量后，系统会为指针变量分配内存单元。各种类型的指针变量被分配的内存单元大小是相同的，因为每个指针存放的都是内存地址的值，所需要的存储空间相同，但不同类型的指针变量的运算是不同的，与其类型密切相关。

8.4 指针引用和运算

8.4.1　指向运算符 * 和取指针运算符 &

“*”运算符作用在指针上，代表该指针所指向的存储单元值，又称为指向运算符。

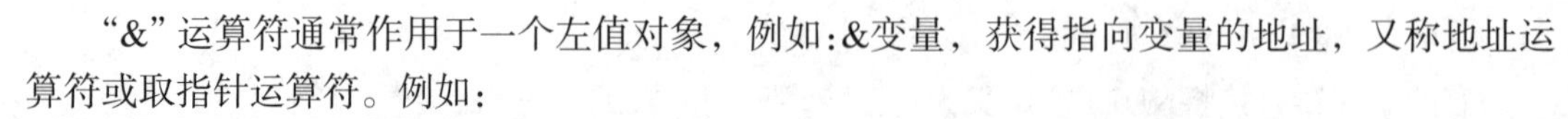

“&”运算符通常作用于一个左值对象，例如:&变量，获得指向变量的地址，又称地址运算符或取指针运算符。例如：

```
char c='A',*q;
int a=100, *p;
p=&a;
q=&c;
printf("%c,%c,%p,%p,%p,%p\n",c,*q,&c,q,&c+1,q+1);
printf("%d,%d,%p,%p,%p,%p\n",a,*p,&a,p,&a+1,p+1);
```

运行结果：

```
A,A,0062FEA7,0062FEA7,0062FEA8,0062FEA8
100,100,0062FEA0,0062FEA0,0062FEA4,0062FEA4
```

输出*q和c相同，输出*p和a相同。

输出q和&c相同，输出p和&a相同。

输出q+1和&c+1相同，输出p+1和&a+1相同。

&a和&c虽然都分别取得变量的地址，但&a+1和&c+1偏移的值不一样，分别是4和1，这是因为&a获得的指针是int *型，而&c获得的指针是char *型，二者获得的指针类型不同，所以相同的加1运算的结果不同。

所以，“&”称为取指针运算符更为准确。

&和*运算符均为单目运算符，与其他的单目运算符一样具有相同的优先级和结合性（右结合性）。根据运算符的作用，“*”运算符和“&”运算符可以互逆：

```
*(&a)==a     &(*p) == p
```

注意：

在定义指针变量时，“*”表示其后是指针变量，在执行部分的表达式中，“*”是指向运算符。

&(*a)是错误的，因为&要求其操作对象必须是可寻址的对象，*a是普通的值。下面的语句是可以的：

```
int a=20;
int *p=&a,**q=&p;
```

可以有*(*(&*q))，因为*q等于p，&*q相当于&p，*(*(&*q))就是*(*&p)，等于*p，等于a，等于20。

*(&p)是正确的，因为*不要求其后是指针变量，只要是指针即可，&p就是一个int*型指针。

上面的程序加一句，例如：

```
printf("%c,%d\n",*(char *)0x0062FEA7,*(int *)0x0062FEA0);
```

输出结果：

```
A,100
```

需要注意的是，(char *)0x0062FEA7是将十六进制形式的原生地址0x0062FEA7转换为char*型指针，这样才能进行指向运算。

虽然取指针运算符&在大部分书籍中称为取地址运算符，读者需要清楚取到的不仅仅是地址，还包括其指向的对象的类型。

&也可以对一些特殊的非左值对象进行运算，例如数组名、函数名，得到的值与数组名、函数名对应的地址相同，结果的类型不同，这在后面的内容中将会提到。

8.4.2 指针变量的引用

有了指针变量及运算符，就可以引用指针变量了。

【例8-2】输入两个整数a和b，演示指针变量的引用

程序代码：

```
//c8_2.c
#include <stdio.h>
void swap1(int x , int y)
{
    int temp;
    temp = x;
    x = y;
    y = temp;
}
void swap2(int *x , int *y)
{
    int temp;
    temp = *x;
    *x = *y;
    *y = temp;
}
void swap3(int *x , int *y)
{
    int *temp;
    temp = x;
    x =y;
    y = temp;
}
int main()
{
    int a,b;
    int *pa,*pb;

    pa=&a;
    pb=&b;
    a=10,b=20;
    swap1(a,b);
    printf("a=%d,b=%d,*pa=%d,*pb=%d\n",a,b,*pa,*pb);

    a=10,b=20;
    swap2(pa,pb);
    printf("a=%d,b=%d,*pa=%d,*pb=%d\n",a,b,*pa,*pb);

    a=10,b=20;
    swap3(pa,pb);
    printf("a=%d,b=%d,*pa=%d,*pb=%d\n",a,b,*pa,*pb);

    return 0;
}
```

运行结果：

```
a=10,b=20,*pa=10,*pb=20
a=20,b=10,*pa=20,*pb=10
a=10,b=20,*pa=10,*pb=20
```

分析：

swap1 函数的参数传递方式为值传递，a、b的值以及pa、pb指针变量都不受影响。交换算法如图 8-1 和图 8-2 所示。

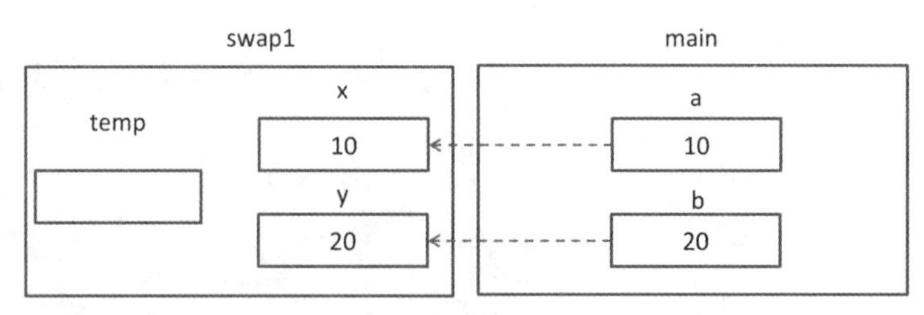

图 8-1　交换算法之前

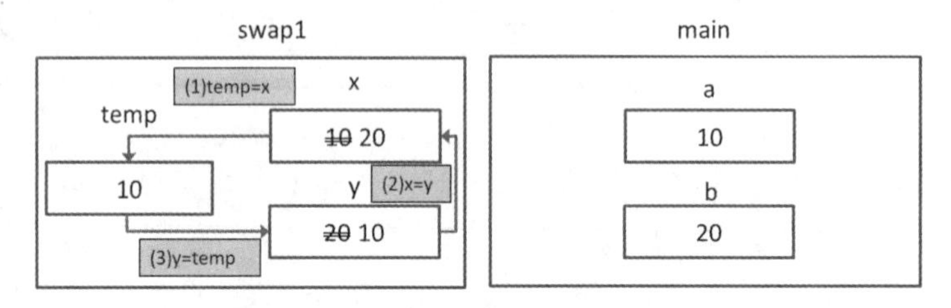

图 8-2　交换算法之后

swap2 函数的形参是指针变量，实参也是指针变量。交换算法中采用指向运算符*，所以*x、*y和pa、pb对应的是相同的数据a、b，最后函数实现了交换。交换算法如图 8-3 和图 8-4 所示。

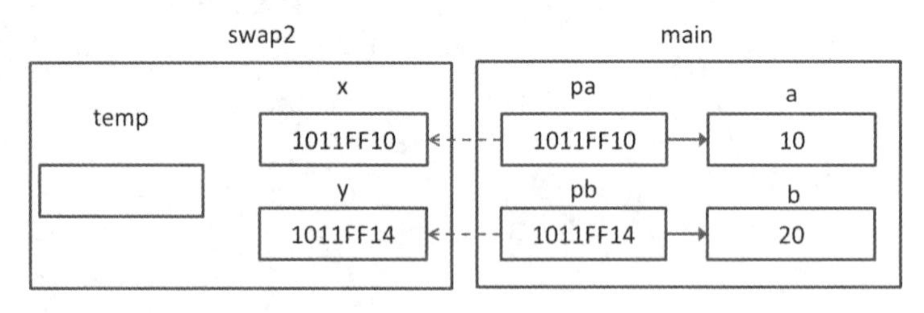

图 8-3　交换算法之前

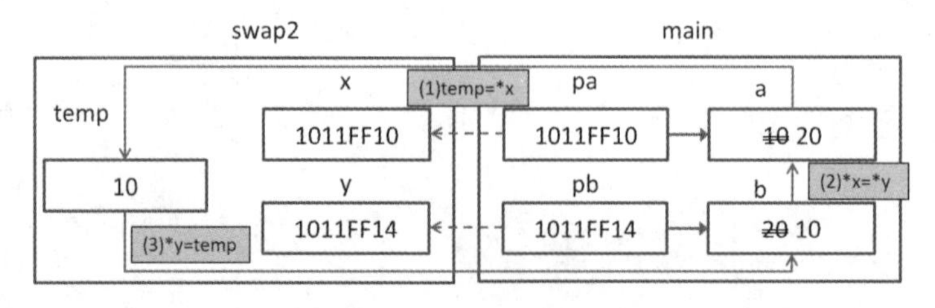

图 8-4　交换算法之后

swap3 函数的形参是指针变量，实参也是指针变量。交换算法中临时指针变量虽然把x、y

交换，但x、y对应的数据a、b没有受到影响，交换是失败的，交换算法如图8-5和图8-6所示。

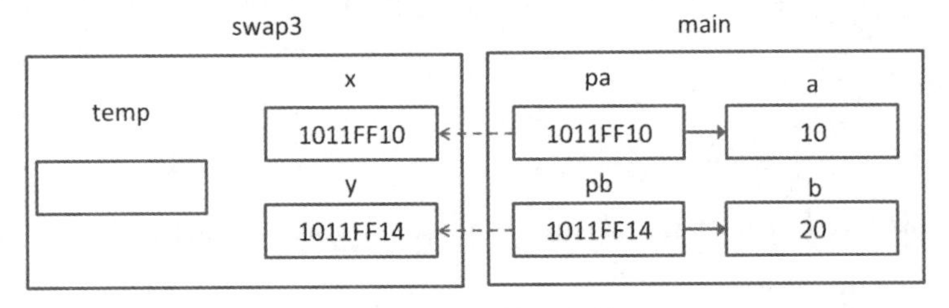

图 8-5　交换算法之前

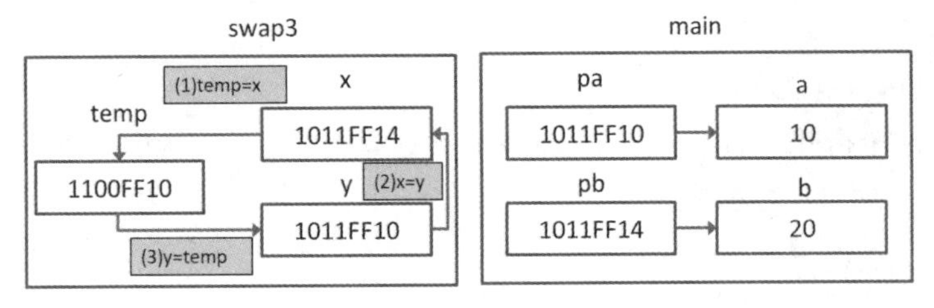

图 8-6　交换算法之后

8.4.3　指针的算术运算和关系运算

指针变量有赋值运算，指针有指向运算。有意义的指针运算还包括算术运算和关系运算。不过，参与算术运算的指针是有一定限制的，通常在指针指向连续有效的存储单元的情况下才有实际意义。不合理的算术运算具有一定的危险性。

1. 算术运算

指针可进行的算术运算有：

- 指针变量的++和--运算。
- 指针加、减整数运算。
- 指向同一数组不同元素的指针相减运算。

假定有：

```
char str[]= "abcdefghijklmnopqrstuvwxyz";
char *p=str,*q;
```

指针变量p指向字符数组的首字符a，如图8-7所示。

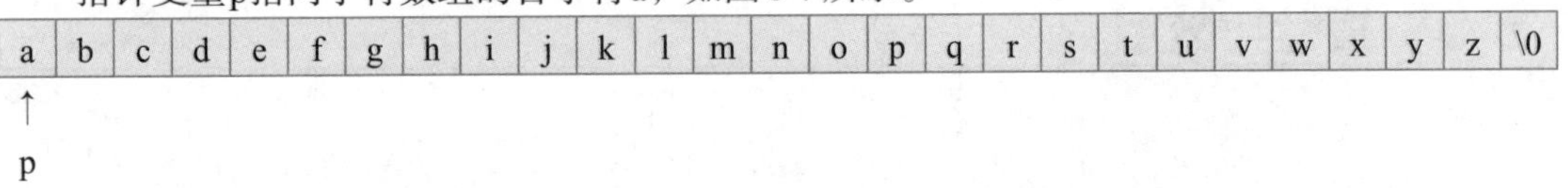

图 8-7　指针变量 p 和字符数组的初始状态

以下指针变量p进行自增运算：p++; 后，将指向字符b，如图8-8所示。

a	b	c	d	e	f	g	h	i	j	k	l	m	n	o	p	q	r	s	t	u	v	w	x	y	z	\0
	↑																									
	p																									

图 8-8　p++ 后指针变量 p 和字符数组的状态

指针变量q=p+3;后，q指向p所指存储单元后3个存储单元，即e，如图8-9所示。

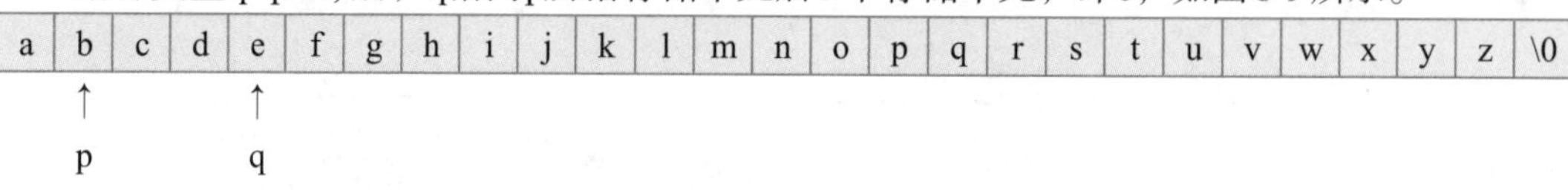

图 8-9　q=p+3 后指针变量 q 和字符数组的状态

指向数组的指针还有下标运算，例如，在p指向b、q指向e的情况下，字符f可以用str[5]表示，也可以用p[4]、q[1]表示。

对于上面的字符数组str，p直接指向其结束符'\0'的方法有：

- p=str+strlen(str);
- p=str+sizeof(str)-1;
- p=str;while(*p!='\0')p++;

C程序中，两个指针的加法是没有意义的。在计算机的地址系统中，地址也是可能允许相加的，因为其中可能有偏移地址。

比较 p++ 和 (*p)++

p++是指：指针p指向下一个存储单位，如上，p若指向a，p++后指向b。

(*p)++是指:p指向的数据加1，如图8-7所示，p若指向a，(*p)++后指向a变成b，p没有变化。

2. 关系运算

关系运算是比较指针值大小的运算。两个指针相等，说明指向同一存储单元。

例如上面的示例中，由于q-p=3，显然有q>p。

由于指针的值是地址，所以指针的关系运算通常用于比较地址的顺序关系。利用地址的顺序关系也可以得到数据存储的顺序关系。指针提供了在不需要知道实际地址值的情况下如何对所存储的数据进行操作，这种顺序关系就显得有一定的价值。

例如下面的程序：

```
char s[]="123456789",t;
char *p=s,*q=s+strlen(s)-1;
while(p<q){t=*p;*p=*q;*q=t;p++;q--;}
```

程序中两个指针分别从前、后向中间偏移，最终p>=q时退出循环，实现了字符串的逆序存储。

8.5 指针与数组

C语言中，指针和数组的关系非常密切。有了指针，对数组的操作就更加方便了。

前面已经讨论过，数组名是数组元素在内存中的首地址。数组元素可用下标访问，也可以用指针访问。

8.5.1 指针与一维数组

前面提到一个字符数组和字符指针，如图8-10所示。

char str[]= "abcdefghijklmnopqrstuvwxyz";

char *p=str;

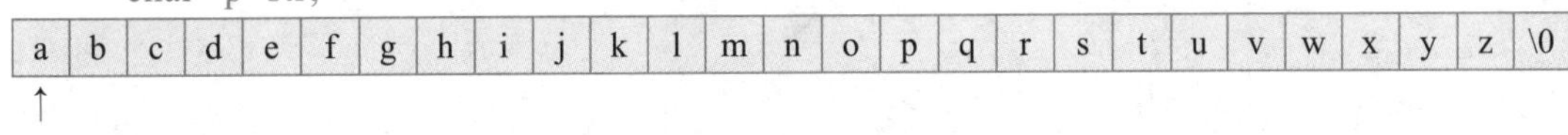

图 8-10　指针变量 p 和字符数组

字符'f'的表示方法有以下几种：

```
str[5]      //数组名和下标
5[str]      //这种形式虽然合法，但不建议使用
*(str+5)    //指向运算（数组首地址+偏移值）
p[5]        //指针变量和偏移值
5[p]        //偏移值和指针变量
*(p+5)      //指向运算（指针变量+偏移值）
```

如果p++后p指向了字符'b'，则用p表示字符'f'的形式需要更改为：p[4]或*(p+4)。

为了说明指针和数组的关系，我们来看一个例子。

【例 8-3】演示指针和字符型数组的关系

程序代码：

```
//c8_3.c
#include <stdio.h>
int main()
{
    char str[100]="123456789";
    char *p=str;
    char des[100],*q;
    while(*p != '\0')                  //顺序输出字符串
        printf("%c",*p++);
    printf("\n");

    while(--p >= str)                  //逆序输出字符串
        printf("%c",*p);
    printf("\n");

    p=str;                             //字符串拷贝
    q=des;
    while(*p != '\0') *q++ = *p++;
    *q='\0';
    printf("%s\n",des);

    p=str;q=des;                       //字符串连接
    strcpy(des,"0123456789");
    while(*++p != '\0');               //让p指向str串的结束符
    while(*q!='\0')*p++=*q++;          //将des串的字符放在str串后面
    *p='\0';
    printf("%s\n",str);

    return 0;
}
```

扫一扫，看视频

运行结果：

```
123456789
987654321
123456789
1234567890123456789
```

程序中没有使用循环变量，但同样实现了字符数组的遍历。程序的关键在于当指针指向字符串的结束符'\0'时，终止循环。

对于其他类型的数组，指针与数组的关系也很类似，下面的例子可以说明。

【例8-4】演示指针和整型数组的关系

程序代码：

```
//c8_4.c
#include <stdio.h>
int main()
{
    char s[]="123456789";
    int a[10] = {1,2,3,4,5,6,7,8,9,10};
    int *p=a,*q=p+9;
    int sum=0;
    while(q>=p)                //逆序求和并移动指针q
        sum = sum + *q--;
    printf("sum=%d\n",sum);

    p=(int *)s;                //指针类型转换
    printf("%c,%c\n",*p,*(p+1));

    return 0;
}
```

扫一扫，看视频

运行结果：

```
sum=55
1,5
```

注意程序中的p+1，每次增加一个int类型单元，即4个字节（sizeof(int)），所以从字符1直接跳到字符5。

有了指针类型后，scanf和printf函数在输入输出数据时，地址列表可以有更多的形式。

程序代码：

```
//c8_4_2.c
#include <stdio.h>
int main()
{
    char a[]="123456789";
    int *p;
    p=(int*)a;
    scanf("%c%c",&a[0],p+1);       //键盘输入字符给a[0]、a[4]
    printf("%s\n",a);
    printf("%c\n",*(p+1));
    printf("%s\n",p+1);
```

扫一扫，看视频

```
    return 0;
}
```

运行后输入ab，结果如下：

```
ab
a234b6789
b
b6789
```

scanf函数中“p+1”并非是char型指针，printf函数中“(p+1)”也不是char型指针，但都可以正常运行，不过p+1指向了字符'5'的位置。

8.5.2 指针与二维数组

对于二维数组，同样可以定义指针变量来引用和操作数组及数组元素，只不过这样的指针变量和指向一维数组的指针变量不同。

C语言中，可以定义一个指针变量来指向另外一个指针变量，这样的指针变量称为多级指针变量。例如：

```
int a=100,*p=&a,**q=&p;
```

q就是多级指针变量，*p和**q都等于100，见表8-3。

表 8-3 二级指针关系表

变量	内存	地址	说明
a	100	0012FF00	指针p存储的是a的地址0012FF00，指针p的内存地址是0012FF04， 指针q存储的是p的地址0012FF04，指针q的内存地址是0012FF08
p	0012FF00	0012FF04	
q	0012FF04	0012FF08	

二维数组可以看成由多个长度相同的一维数组组合而成。可以由多个一级指针变量指向每一行，再由一个二级指针指向这些一级指针变量，从而实现分层管理。

下面的例子演示了指针变量和二维数组的关系。

【例8-5】演示指针变量和二维数组的关系

程序代码：

```
//c8_5.c
#include <stdio.h>
int main()
{
    int a[3][4]={{1,2,3,4},{5,6,7,8},{9,10,11,12}};
    int *p[3],*q;              //指针数组p，指针变量q
    int (*r)[4];               //行指针r，4个int单元长度
    int i,j;

    for(i =0 ; i < 3 ; i++)
    {
        p[i] = a[i];           //指针数组的元素是每行的首地址
        for(j = 0 ; j < 4 ; j++)
            printf("%3d",*(p[i]+j));
    }
    printf("\n");
```

扫一扫，看视频

```
    for(i=0 ; i<3 ; i++)
    {
        q = p[i];              //q等于每行的首地址
        for(j=0 ; j<4 ; j++)
            printf("%3d",*(q+j));
    }
    printf("\n");
    r=a;                       //行指针是二级指针，可理解为指向a[0]、a[1]、a[2]的三元素数组的首地址a
    for(i=0;i<3;i++)
    {
        for(j=0;j<4;j++)
            printf("%3d",*(*(r+i)+j));
    }
    printf("\n");

    return 0;
}
```

运行结果：

```
1 2 3 4 5 6 7 8 9 10 11 12
1 2 3 4 5 6 7 8 9 10 11 12
1 2 3 4 5 6 7 8 9 10 11 12
```

例8-5展示了二维数组相关的指针，其中的指针关系见图8-11。

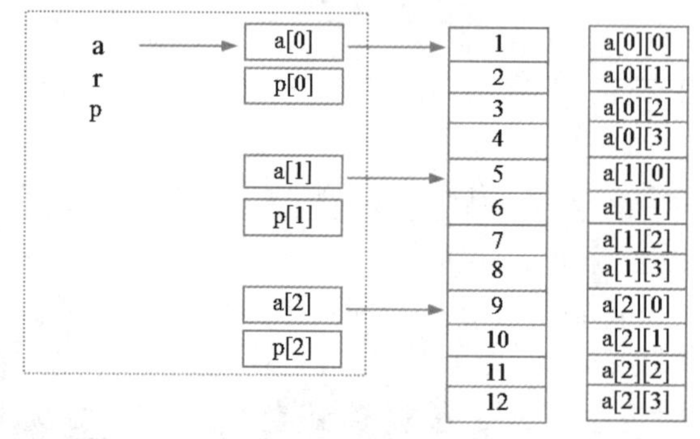

图8-11　指针数组的元素和二维数组的关系

int *p[3]是一维的指针数组。所谓“指针数组”，首先是一个数组，不过其每个元素不是普通的变量，而是指针变量，即p[0]、p[1]、p[2]。程序中令p[i]=a[i];，其实就是让每个数组元素单独指向数组a的每一行。p是指针数组的数组名，这样的指针数组和普通的数组形式上是一样的。

a[1][2]用p表示就是 *(*(p+1)+2)，其实就是*(p[1]+2)、*(a[1]+2)。

int (*r)[4];直接定义了一个int[4]*型（即int(*)[4]）指针变量，其计算单位的长度是4个int单位。当r等于a时，r+1一次移动4个int单位，正好相当于a数组的一行，所以，指针变量r不同于普通的一级指针变量，通常称之为“行指针”。

如果说p是int**指针，则行指针r是int [4]*型指针，是附加了长度的指针类型。

为了理解方便，可以为前面提到的指针、变量、数组等划分类别，相同的类别具有相似的操作特点。例如，假设有：

```
int x=10 , *px=&x;
int a[5] = { 1,2,3,4,5 },*pa=a;
int b[3][4] = { {1,2,3,4} , {5,6,7,8} , {9,10,11,12} }
```

```
int  *pb[3] = { b[0] , b[1] , b[2] };
int  (*r)[4] = b;
```

可以将以上各种数组名、变量划分为3个类别。

- 第1类　数组a、b的元素，普通变量x。
- 第2类　一维数组名a，一级指针变量px，指向一维数组的一级指针变量pa，二维数组的一维名称b[0]、b[1]、b[2]以及一维指针数组pb的元素pb[0]、pb[1]、pb[2]。
- 第3类　二维数组名b、一维指针数组名pb、行指针r。

以上3个类别中，并没有将多级指针纳入某一类，这是因为多级指针的运算与其指向的指针变量的类型有关。

通常情况下可以这么理解：以上分类中，从高类别到低类别，可以通过*运算；从低类别到高类别，可以通过&运算。例如：

结果为第1类：

```
*(pa+1)         ≡  a[1]          ≡  2
*(*(pb+1)+2)    ≡  *(b[1]+2)     ≡  *(*(b+1)+2)    ≡  b[1][2]  ≡  7
```

结果为第2类：

```
*(pb+1)         ≡  b[1]          ≡  *(b+1)         ≡  r[1]     ≡  pb[1]
&b[1][2]        ≡  b[1]+2        ≡  *(b+1)+2       ≡  r[1]+2   ≡  pb[1]+2
```

结果为第3类：

```
&b[1]           ≡  b+1           ≡  pb+1           ≡  r+1
```

第1类对应普通的变量或值，不能再进行*运算。

8.6 *指针进阶

8.6.1 行指针和二级指针

【例8-6】演示二级指针和行指针

程序代码：

扫一扫，看视频

```
//c8_6.c
//作者:Ding Yatao
//日期:2019年8月

#include<stdio.h>
int main()
{
    int a[3][4]= {1,2,3,4,5,6,7,8,9,10,11,12};
    int **p,(*q)[4],(*t)[1];
    int *m=&a[1][1];
    p=(int**)a;
    q=a;
    t=(int (*)[1])a;
    printf("%d,%d,%d,%d,%d,%d\n",p,p+1,q,q+1,t,t+1);
    printf("%d,%d,%d,%d,%d,%d\n",*p,*(p+1),*q,*(q+1),*t,*(t+1));
```

```
    printf("%d,%d,%d,%d\n",**q,**(q+1),**t,**(t+1));
    p=&m;
    printf("%d,%d\n",*p,**p);

    return 0;
}
```

运行结果可能是：

```
2686596,2686600,2686596,2686612,2686596,2686600
1,2,2686596,2686612,2686596,2686600
1,5,1,2
2686616,6
```

分析：

（1）p指向a时，p+1只偏移1个int单位长度，*p和*(p+1)可以直接取到数组元素的值1、2，p=(int**)a其实是将int [3][4]型强制转换为int**二级指针。

p指向m时，*p是m的地址，**p是m指向的元素a[1][1]的值。

（2）q+1偏移4个int单位长度。q是int(*)[4]型的“行指针”。q、t需要进行两次*运算才得到元素值，即使t每次只偏移1个int单位。

所以，“行指针”q、t也是二级指针，而二级指针p类似于行指针t，行指针是类似于int(*)[4]形式的定义了长度的指针。

行指针通常是作用于二维数组这样的聚合数据，二级指针通常作用于指针变量。

8.6.2 指针数组和二级指针

阅读下面的程序段。

程序代码：

```
#include<stdio.h>
int main()
{
    char *s[3]={"123","ABCDE","abcdef"};        //3个字符串在内存中连续存储
    char **ps=s;
    printf("%s\n",*(ps+1));
    return 0;
}
```

运行结果：

```
ABCDE
```

s是类似char **型指针常量的一维数组名，其元素s[0]、s[1]、s[2]是3个char*型指针，分别指向3个字符串。

ps是char**型二级指针，ps+1相当于&ps[1]，即&s[1]，*(ps+1)其实就是s[1]，所以输出第2个字符串。

具体关系如图8-12所示。

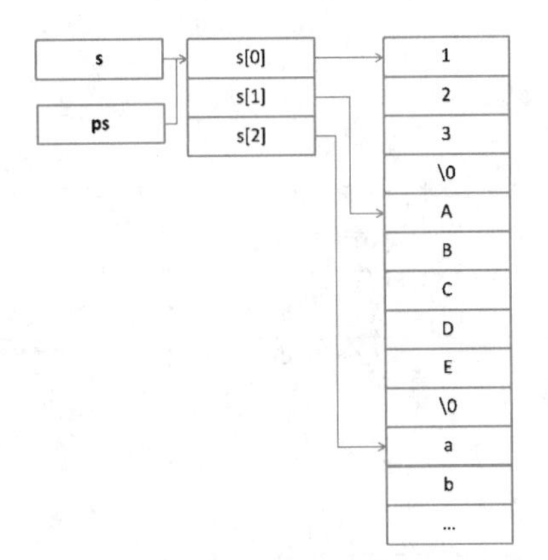

图 8-12　指针数组和二级指针的关系

二级指针用在int型数组中不太常见，下面是一个演示程序。

【例 8-7】演示二级指针和int型数组

程序代码：

```
//c8_7.c
#include<stdio.h>
int main()
{
    int a[]={1,2,3};
    int b[]={1,2,3,4,5};
    int c[]={8,9};
    int d[3];
    int *s[3]={a,b,c};
    int **ps=s;
    int i,j;
    d[0]=sizeof(a)/sizeof(int);              //数组a元素的个数
    d[1]=sizeof(b)/sizeof(int);              //数组b元素的个数
    d[2]=sizeof(c)/sizeof(int);              //数组c元素的个数
    for(i=0;i<3;i++)
    {
        for(j=0;j<d[i];j++)
            printf("%3d",*(*(ps+i)+j));      //*(ps+i)分别指向数组a、b、c
        printf("\n");
    }
    return 0;
}
```

扫一扫，看视频

运行结果：

```
 1 2 3
 1 2 3 4 5
 8 9
```

8.6.3　* 数组名和指针变量

本节有一定的难度，入门的读者先作了解或暂且跳过。

数组和指针虽然是两种不同的类型，但二者关系密切。例如下面的程序段：

```
int a[6]={1,2,3,4,5,6};
int b[2][3]={1,2,3,4,5,6};
int *p,(*r)[3],(*t)[2],**m,***n;
int **q;
p=a;                    //p的值等于一维数组名，即一维数组的首地址
r=(int (*)[3])a;        //int *类型转换为行指针int (*)[3]类型
t=(int (*)[2])a;        //int *类型转换为行指针int (*)[2]类型
m=(int **)a;            //int *类型转换为二级指针int **类型
n=(int ***)a;           //int *类型转换为三级指针int ***类型
q=&p;                   //int *类型经过&运算，得到二级指针int **类型
```

程序中定义了5种不同类型的指针变量，均指向数组a。表8-4显示了不同类型的指针变量的区别，其中假设int长度为4字节。

表 8-4　不同类型的指针变量和表达式

第 1 类	a	&a	p	r	t	m	n	q
类型	int[6]	int[6]*	int*	int(*)[3]	int(*)[2]	int**	int***	int**
值	数组首地址							&p

第 2 类	*a	*&a	*p	*r	*t	*m	*n	*q
类型	int	int[6]	int	int[3]	int[2]	int*	int**	int*
值	1	首地址	1	首地址	首地址	1	1	首地址

第 3 类	a+1	&a+1	p+1	r+1	t+1	m+1	n+1	q+1
类型	int[6]	int[6]*	int*	int(*)[3]	int(*)[2]	int**	int***	int**
值	首地址 +4	首地址 +24	首地址 +4	首地址 +12	首地址 +8	首地址 +4	首地址 +4	&p+4

第 4 类	*(a+1)	*(&a+1)	*(p+1)	*(r+1)	*(t+1)	*(m+1)	*(n+1)	*(q+1)
类型	int	int[6]	int	int[3]	int[2]	int*	int**	int*
值	2	首地址 +24	2	首地址 +12	首地址 +8	2	2	未知

第 5 类		*(*&a+1)		**(r+1)	**(t+1)			**q
类型		int		int	int			int
值		2		4	3			1

在分析上面的表格之前，需要了解以下几点：

（1）数组名和数组元素不是相同的类型，数组名a相当于int[6]型，而数组元素是int型。

（2）&运算符用于取出实体对象的地址，同时包含其类型，是取指针操作，不是单纯的取地址操作。

（3）*运算符的运算对象是指针，根据指针的值（地址）和类型取出内存中的数据，数据可能是普通的值，也可能是指针（地址+类型），指针的类型决定了*运算符取内存的范围（域）和取值的类型，表格中*m、*n的结果理论上是int*、int **型，实际上是int型。例如：

- 指针是char*，域为1字节，取到的值类型为char。
- 指针为int *，域为4字节，取到的值类型为int。
- 指针为int[6] *，域为4字节，取到的值类型为int[6]。

（4）C语言没有内置的int[6]型，所有类似的形式都作为数组类型，数组是这些类型的顶类型。int[6]型可以用下面自定义的类型Array代替：

```
typedef int Array[6];
```

（5）C语言没有int[6]*型，也可以理解成int(*)[6]或Array *，即偏移长度为6个int类型长度的指针类型（行指针）。

分析：

（1）数组名a是int[6]型常变量，其值是第1个元素的内存地址，*a、*(a+1)取出地址对应的int型数据。*a类似于*&a[0]，虽然二者的运算结果相同，但*a是对int[6] 型进行运算，*&a[0]是对int*型进行运算，int[6]和int*是不同的类型，sizeof(a)和sizeof(&a[0])分别等于24和4。

（2）&a的类型是int[6]*，是类型为int[6]的指针。所以*&a得到int[6]型数据，int[6]型的偏移单位是6个int单位，所以&a+1相对于&a偏移了24字节。*(&a+1)相当于对int[6]*型指针进行*运算，结果是int[6]型，输出时仍然是地址。

（3）C语言对int[6]型的&运算和对int[6]*型的*运算的结果是类型改变，值不变。所以：

- a和&a的值相同，类型分别是int[6]和int[6]*。
- &a和*&a的值相同，类型分别是int[6]*和int[6]。
- r和*r的值相同，类型分别是int (*)[3]和int[3]。
- t和*t的值相同，类型分别是int (*)[2]和int[2]。

（4）*(*&a+1)中的*&a是int[6]型，int[6]型的*运算的结果是int型，**(r+1)、**(t+1)类似。

（5）多级指针变量*运算的结果如果是指针，则取出指针，否则直接取出值。例如：

- *m、*n、*(m+1)、*(n+1)直接取出值。
- *q取出指针(&p)，**q取出值 ，q+1是&p+1，不确定的指向，*(q+1)更是未知。

（6）多级指针变量的偏移单位是1个数据类型长度。

（7）&a不可以作为左值，但*a可以。例如：

```
&a=a+1;          //错误
*a=3;            //正确
```

（8）b是二维数组的数组名，其类型为int[2][3]，类似于r的类型int(*)[3]，所以r=b;是允许的，但t=b;是错误的，因为t是int(*)[2]型。虽然b和r类型类似，但并不一样：sizeof(b)等于2*3*sizeof(int)，而sizeof(r)等于地址长度（32位是4，64位是8），b是数组类型，r是指针变量，所有的指针变量的存储长度都是相同的，都等于地址的长度。

数组a和int*型指针的关系是同样的道理。

b数组的类型也可以自定义，如Tarray：

```
typedef int Tarray[2][3];
```

（9）int[6]型和int*型分别是数组类型和指针类型，C语言允许直接将前者赋值给后者定义的变量，而不需要强制进行转换类型，如p=a;，这种自动类型转换的结果是丢失了数组长度的信息。

例如，调用下面的函数sum试图对数组a求和，结果是失败的。

```
int sum(int *p)
{
   int i,s=0;
   int n=sizeof(p)/sizeof(int);      //32位方式编译，sizeof(a)等于4
   for(i=0; i<n; i++)
      s=s+p[i];
}
```

在主函数中定义输出语句：printf("%d",sum(a));，得到的结果是1，只计算了第1个元素。

这种情况需要调整sum函数的形参，例如：

```
int sum(int *p,int n)
{
    int i,s=0;
    for(i=0; i<n; i++)
        s=s+p[i];
}
```

在主函数中定义输出语句：

```
printf("%d",sum(a,sizeof(a)/sizeof(int)));
```

下面的程序作了变通，请参考。

程序代码：

```
#include<stdio.h>
typedef int Array [6];          //自定义数组类型别名
int sum(Array p)
{
    int i,s=0;
    int n=sizeof(Array)/sizeof(int);
    for(i=0; i<n; i++)
        s=s+p[i];
    return s;
}

int main()
{
    Array a = {1,2,3,4,5,6};
    printf("%d",sum(a));
    return 0;
}
```

虽然指针和数组是两种类型，但数组名在编译时会翻译成地址，所以二者的关系密切。应用数组及下标的引用方式可读性更高，效率和指针差不多。

8.6.4 指针类型转换

指针是派生类型，由于指向对象的类型不同，指针也分为不同类型，指针是这些类型的顶类型。

指针都具有相似的一个特点：存储地址，这也是指针能够转换的基础条件。

一种类型的指针转换为另一种类型的指针，其代表的地址不变，但类型发生变化，从而其相应的指针运算也会发生变化。

例如：

```
int a[6]={1,2,3,4,5,6};
char s[]="ABCDEFG";
int *p=a;       // a是整型数组类型，C语言自动进行赋值类型转换，转换为int *型
char *q=s;      // s是字符型数组类型，C语言自动进行赋值类型转换，转换为char *型
```

如果写成：

```
int *p=&a[0];
char *q=&s[0];
```

则不需要进行类型转换。a[0]是int型，&a[0]是int *型指针。

实际上，可以通过强制类型转换来实现一些特殊的操作。下面是一个演示程序。

【例8-8】演示指针类型转换

程序代码：

```
//c8_8.c
//作者:Ding Yatao
//日期:2019年8月

#include<stdio.h>
int main()
{
    int a[4]= {1,2,3,4};
    char s[]="ABCDEFG";
    int *p;
    char *q;
    int (*m)[2];
    char (*n)[2];

    p=(int*)s;                      //int*型指针p指向字符数组s
    printf("%x\n",*p);              //*p取sizeof(int)个字节，分别是字符'D'、'C'、'B'、'A'的值
    printf("%s\n",(char*)(p+1));    // p+1指向'E'，因为p是int*型，偏移单位是sizeof(int)，即4字节

    q=(char*)a;                     //char*型指针q指向整型数组a
    printf("%x,%x,%x,%x\n",*q,*(q+1),*(q+2),*(q+3));
                                    //*q每次只取1字节，连续取4次，正好对应a[0]
    q=(char*)(a+1);                 //a+1指向a[1]，即2
    printf("%x,%x,%x,%x\n",*q,*(q+1),*(q+2),*(q+3));    //取出a[1]对应的4字节内容

    m=(int (*)[2])a;                //行指针m指向a
    printf("%d,%d\n",*(int*)m,*(int*)(m+1)); //m+1指向a[2]，即3

    n=(char(*)[2])s;                //行指针n指向s
    printf("%s,%s\n",n,n+1);        //n+1指向s[2]，即'C'

    return 0;
}
```

扫一扫，看视频

运行结果：

```
44434241
EFG
1,0,0,0
2,0,0,0
1,3
ABCDEFG,CDEFG
```

指针与内存的关系如图8-13所示。

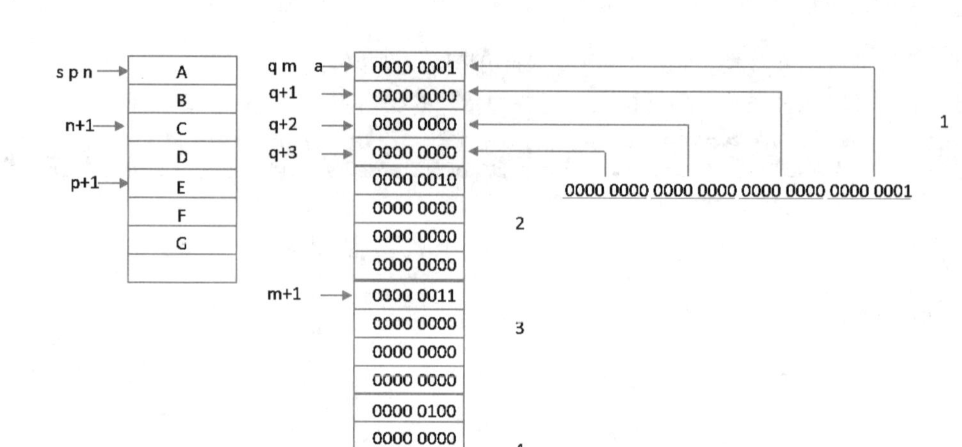

图 8-13　指针与内存的关系图

例8-8使用了多个指定类型的指针变量，如果将变量直接用要转换的类型替代，效果一样。

程序代码：

```
//c8_8_2.c
#include<stdio.h>
int main()
{
    int a[6]={1,2,3,4,5,6};
    char s[]="ABCDEFG";

    printf("%x\n",*((int*)s));
    printf("%s\n",(char*)(((int*)s)+1));
    printf("%x,%x,%x,%x\n",*((char*)a),*(((char*)a)+1),*(((char*)a)+2),*(((char*)a)+3));
    printf("%x,%x,%x,%x\n",*((char*)(a+1)),*(((char*)(a+1))+1),*(((char*)(a+1))+2),*(((char*)(a+1))+3));
    printf("%d,%d\n",*(int*)((int (*)[2])a),*(int*)(((int (*)[2])a)+1));
    printf("%s,%s\n",((char(*)[2])s),((char(*)[2])s)+1);
    return 0;
}
```

扫一扫，看视频

程序中整型数的存储按“小端模式”格式描述。所谓“小端模式”，指的是数据按低位到高位依次存储在内存的低位到高位；如果是“大端模式”系统，正好相反。本书按小端模式讲解。

指针类型的转换虽然地址不变，但运算结果因为类型的改变而发生变化，其主要体现在内存取值范围（有的书籍称为指针域）的变化，比如*((int*)s)，由取单个字节变成取sizeof(int)即4个字节。

学到这里，读者对类型的认识可能更加深入了，这也是C语言学习指针需要的思维能力。类型的要素其实主要是长度和运算。例如：

- char型长度为1，整型数值运算方式。
- double型长度是8，实型数值运算方式。
- char *长度为4，指针运算方式，例如其偏移单位是sizeof(char)。
- int *长度为4，指针运算方式，例如其偏移单位是sizeof(int)。
- int a[10],a是int[10]型（类似于int *）,长度是40，a是指针运算方式，例如a的偏移单位是sizeof(int)，而a[下标]是int型，整型数值运算方式。

这里就不再一一列举了，请读者仔细体会。

8.6.5 相似的数组和指针形式

指针类型看上去较为复杂，其实如果掌握其中的规律，也并不那么难以理解。为了深度理解指针，下面通过一些看上去相似的指针形式并结合数组类型来深度剖析指针的本质特点。

1. int a[10] 和int *b

a是数组名，类型为数组，通过a和下标可以引用数组元素，a包含int和长度10的信息，a不可以直接赋值更改。

b是int *型指针变量，是指针类型的一种子类型，b可以更改。

b=a表示把数组的首地址赋值给b，不包括长度10的信息。

b=a后，*b和*a都表示a[0]，*(b+1)和*(a+1)都表示a[1]。

&a的类型是int(*)[10]型指针，&b是int **二级指针类型。

&a+1 偏移10个int单位，&b+1、b+1 偏移1个int单位。

2. int a[10]、int b[3][10]和int (*c)[10]

a前面已经解释过，c是 int (*)[10]型指针变量，c也可以理解成int[10] *型，和&a是相同的指针类型。

b也是数组名，其类型是int[3][10]，可以理解成是int[10] *型，但b还包含3行信息，sizeof(b)等于3*10*sizeof(int)。C语言允许:c=b;，这是基于二者的指针类型一致的前提，而且c是变量；反过来就是错误的:b=c;，因为b是常量，不能赋值更改。

a、b是数组名，编程时的很多操作分别类似于int*和int (*)[10]。例如a+1 指向a[1]，b+1 指向b[1]。c本质上是一个指针变量，但若指向b，c就变成指向数组的指针变量，给编程增加了更多的灵活性。

3. int *a、int (*b)[1] 、int (*c)[10]

a是一级指针变量，b、c是行指针变量，a、b的偏移长度都是1个int类型单位，c的偏移长度是10个int类型单位。

&a是int **类型，&b是int (**)[1]型，&c是int (**)[10]型。

如果有数组:int d[20];，有以下语句：

```
a=d;
b= (int (*)[1])d;
c= (int (*)[10])d;
```

则*(a+1)表示d[1]，*(b+1)表示&d[1]，*(c+1)表示&d[10]。

4. int *a[3]和int (*b)[3]

a是指针数组，包括3个int*指针a[0]、a[1]、a[2];b是行指针，若有：

```
int c[3][3];
```

则可以有：

```
b= (int (*)[3]) c;        //有些编译器中写成b=c;也可以
```

b这时可以称作指向数组c的指针，有时又称为数组指针。b+1 相当于&c[1]，*(b+1)等于c[1]。

可以有：

```
a[0]=c[0]; a[1]=c[1]; a[2]=c[2];
```

a+1相当于&c[1]，*(a+1)相当于c[1]，**(b+1)和**(a+1)都对应c[1][0]。

地址值相等的情况有：

```
b+1和*(b+1)
a、&a、&a[0]
```

虽然地址值相等，但类型不同。

8.7 指针与函数

8.7.1 指针作为函数的形式参数

和其他变量一样，指针变量也可以用作函数的参数。前面示例中已经出现过，例如：

```
void swap2(int *x, int *y)
{
    int temp;
    temp = *x;
    *x = *y;
    *y = temp;
}
```

实际调用该函数时，例如：

```
swap2(&a,&b);
```

在调用时，把实参的指针传送给形参，即传送&a、&b，这是函数参数的地址传递方式。但是，作为指针本身，仍然是函数参数的值传递方式。因为在swap函数中创建的临时指针x、y在函数返回时被释放，它不能影响调用函数中的实参指针（即地址）值，例如前面提到的swap4。

```
void swap3(int *x , int *y)
{
    int *temp;
    temp = x;
    x = y;
    y = temp;
}
```

实际调用该函数时，例如：

```
swap3(&a,&b);
```

由于仅仅是交换x和y的值，而不是x和y指向的a和b的值，所以a、b并没有实现交换。

函数形参列表中出现的数组其实也是指针变量，例如：

```
void s(int a[10])  //相当于void s(int *a)
{
    ……
}
```

其中的int a[10]相当于int *a，这里的a不是指针常量，是指针变量，长度10其实是无效的。这是因为C语言规定函数参数中的数组名自动编译成指针，指针变量a只能接收实参传递的地址值。请阅读下面的程序。

【例8-9】演示数组名作为形式参数

程序代码:

```
//c8_9.c
//作者:Ding Yatao
//日期:2019年8月

#include<stdio.h>
int a[5]={1,2,3,4,5};
int s(int a[]){printf("%p,%p,%d,%d\n",&a,&a[0],a[0],sizeof(a));}
int t(int *a)      {printf("%p,%p,%d,%d\n",&a,&a[0],a[0],sizeof(a));}
int v(int a[100])   {printf("%p,%p,%d,%d\n",&a,&a[0],a[0],sizeof(a));}
int main()
{
    printf("%p,%p,%d,%d\n",&a,&a[0],a[0],sizeof(a));          //对应输出的第一行
    s(a);t(a);v(a);

    return 0;
}
```

扫一扫，看视频

运行结果:

```
00403004,00403004,1,20
0062FE90,00403004,1,4
0062FE90,00403004,1,4
0062FE90,00403004,1,4
```

在主函数中输出a的地址其实就是第一个数组元素的地址，而三个函数的a的地址是形式参数即指针变量a的地址。所以就不难理解sizeof的结果了。主函数中使用的才是数组名，数组名的sizeof运算结果才会是数组的存储长度。

通常，以下实参类型会编译转换为列表中对应的类型的形参：

实参	形参	
int a[3][4]	int (*)[4]	
int *a[4]	int **	
int a[4]	int *	
int **a	int **	（不转换）
int (*a)[4]	int (*)[4]	（不转换）

8.7.2 返回指针的函数

函数的返回值也可以是一个指针。

需要返回指针的函数，其类型必须也是指针类型。例如：

```
char * copy(char * s,char * t)
{
 …
 return s;
}
```

函数名copy的类型是 char*，其返回值s的类型也是char*，二者需要类型一致。

注意copy是函数名，是一个指针常量，如果定义成：

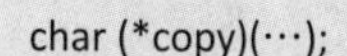

```
char (*copy)(…);
```

(*copy)是函数指针变量，和*copy完全不同。

函数指针变量没有函数体部分，因为变量是简单的实体，不能再包括其他代码。

【例8-10】设计一个类似于strcpy的函数

程序代码：

```
//c8_10.c
#include <stdio.h>
char* copy(char* s,char* t)
{
    char *p=s,*q=t;
    while(*q != '\0') *p++ = *q++;
    *p ='\0';
    return s; //返回char*类型的指针
}
int main()
{
    char s[100]="abcd";
    char t[]="123456789";
    printf("%s\n",copy(s,t));
    return 0;
}
```

运行结果：

```
123456789
```

分析：

如果函数返回的指针类型不同于其定义的类型，也可能不影响运行结果，但编译会警告。例如将copy函数的类型改成int *，运行结果一样，但会报错，由于printf函数的输入项%s只需要一个地址，所以运行结果没问题。再比较表8-5中的程序。

表 8-5　char * 和 int * 型函数比较

函数类型是 char*	函数类型是 int*

#include <stdio.h>
char * f(int * s)
{
  return s; //int * 指针会转换为 char * 指针
}
void main()
{
  int s[]={256};
  int t;
  t=*f(s); //t 得到 1 个字节的内容
  printf("%d\n",t);
}
输出：0
	#include <stdio.h>
	int* f(int * s)
	{
	  return s; // 正常返回 int * 指针
	}
	void main()
	{
	  int s[]={256};
	  int t;
	  t=*f(s); //t 得到 4 个字节的内容
	  printf("%d\n",t);
	}
	输出：256

两个程序的输出结果不同，其原因是函数f返回的指针类型不同。左侧程序f(s)是char *型，只能取出1个字节的内容，即下面4个字节的低位字节的内容：

```
00000000 00000000 00000001 00000000
```

下面的程序很有意思，请读者阅读。

程序代码：

```
//c8_10_2.c
//作者:Ding Yatao
//日期:2019年8月

#include <stdio.h>
int* f(int * s)
{
    return (int*)(*s);         //相当于把*s即s[0]的值转换为int *指针，而s[0]等于主函数中a的地址
}
int main()
{
    int a=256,b;
    int s[]={(int)&a};         //s[0] 等于主函数中a的地址值
    b=*f(s);                   //相当于*&a
    printf("%p,%p,%d\n",&a,s[0],b);
    return 0;
}
```

扫一扫，看视频

运行结果：

```
0062FEA8,0062FEA8,256
```

假设a的地址是0062FEA8（十六进制），s[0]就等于0062FEA8，(int*)(*s)相当于(int *)0062FEA8。

8.7.3 函数指针

和数组名类似，函数名代表了函数在内存中的入口地址。函数代码在程序执行以前也会分配一段连续存储的区域，该区域的首地址称为函数指针。函数名是一个指针常量，也可以定义指向函数的指针变量来接收函数指针，然后通过该指针变量访问该函数。

用函数名调用函数称为直接调用，用指向函数的指针变量调用函数称为间接调用。例如：

```
int  (*Copy)(char *, char*);
```

该语句定义了一个函数名为Copy的函数指针变量，用于拷贝字符串。Copy指针可以指向C语言标准的字符串函数库中的函数strcpy：

```
Copy = &strcpy;            //Copy 指向strcpy函数
```

&运算符可以省略：

```
Copy = strcpy;             //Copy 指向strcpy函数
```

函数指针也可以在定义时初始化：

```
int  (*Copy)(char*, char*) = strcpy;
```

下面的3个调用语句是等价的。

```
strcpy(des,str);           //直接调用
(*Copy)( des,str);         //间接调用
Copy(des,str);             //间接调用
```

【例8-11】演示函数指针

程序代码：

```
//c8_11.c
#include <stdio.h>
Int sum(Int n)// 自定义函数，计算1 ~ n的和
{
    int i,s=0;
    for(i=1; i<=n; i++)
        s = s + i;
    return s;
}
int main()
{
    char* (*print)()=&printf;          //函数指针变量print指向printf
    char* (*scan)()=&scanf;            //函数指针变量scan指向scanf
    int (*f)()=sum;                    //函数指针变量f指向sum
    int n;

    (*scan)("%d",&n);                  //输入n的值
    (*print)("1+2+3+...+100=%d\n",f(n));

    return 0;
}
```

运行结果：

```
100
1+2+3+...+100=5050
```

上面的程序中定义了几个函数指针变量，其中print和scan的类型是char*，f的类型是int*，函数指针变量的类型就是函数的类型，即函数实际返回值的类型。

8.8 void类型指针

如果指针变量的类型是void，例如：

```
void * v;
```

则v可以指向不同的数据类型对象。例如：

```
int a=100;
double d=3.14;
void *v;
v=&a;printf("%d",(int*)v);
v=&d;printf("%f",(double*)v);
```

void类型指针在指向对象时较为方便，从而给函数参数的设计带来一定的自由度，例如例8-12的程序。

【例8-12】演示void类型指针一

程序代码：

```
//c8_12.c
//作者:Ding Yatao
//日期:2019年8月

#include <stdio.h>
#define N 10
void s(void* a,int type)
{
    int i;
    switch(type)
    {
        case 0:printf("%s\n",a);break;
        case 1:
            for(i=0;i<N;i++)    printf("%d ",*((int*)a+i));
            printf("\n");break;
    }
}
int main()
{
    int a[N]={1,2,3,4,5,6,7,8,9,10};
    char b[]="12345";
    s(a,1);
    s(b,0);

    return 0;
}
```

扫一扫，看视频

程序中s函数可以接收两种不同类型的指针并区别输出。

运行结果：

```
1 2 3 4 5 6 7 8 9 10
12345
```

上面程序中的void *a接收到主函数传来的a、b指针，但并不能分辨其指针类型，通过增加参数type是一种办法。当然读者也可以根据具体的数据特征来调整程序，比如判断字符串的字符、整型数组的元素值等。

也可以定义一个void类型的指针变量，获取不同函数返回的不同类型的指针，例如例8-13的程序。

【例8-13】演示void类型指针二

程序代码：

```
//c8_13.c
//作者:Ding Yatao
//日期:2019年8月

#include <stdio.h>
int* s()
{
```

扫一扫，看视频

```
    static int a[5]={1,2,3,4,5};
    return a;
}
char* t()
{
    static char a[]="6789";
    return a;
}
int main()
{
    void * f;
    int i;
    f=t();printf("%s\n",(char*)f);
    f=s();for(i=0;i<5;i++) printf("%d ",((int*)f)[i]);
    return 0;
}
```

运行结果：

```
6789
1 2 3 4 5
```

其中(int*)f相当于数组的首地址，和数组名类似。f是void类型，具体输出时需要强制转换成对应的指针类型。

void*类型可以将不同的指针类型统一起来进行计算，例如：

```
int a;
char c;
```

&a和&c是不同类型的指针，所以&a-&c是非法的，但(void*)&a - (void*)&c是合法的，表示两个变量的内存的间距。下面的函数可以顺利完成这个任务。

```
long mem_distance(void *a,void *b)
{
    return a–b;
}
```

作为形参的void*可以接收任何类型的指针，实参的指针将会转换为void*类型。

8.9 综合案例

8.9.1 查找字符或字符串位置的函数

查找字符和查找字符串的编程有较大区别。查找字符只要从第1个字符逐个比较即可，查找字符串需要比较所有的串字符，发现不同则重新移动位置，比较下一个字符串。

【例8-14】查找字符或字符串

程序代码：

```
//c8_14.c
//作者:Ding Yatao
```

```
//日期:2019年8月

#include <stdio.h>
int atc(char c,char *);              //查找字符所在位置
int at(char *,char *);               //查找字符串所在位置
int atn(char *,char *,int);          //查找字符串所在位置，指定次数
int main()
{
    char source[100]={"12323434556767878912342345"};
    char c='5';
    char s[]="345";
    int times=2;
    printf("c is at %d\n",atc(c,source));
    printf("s(1) is at %d\n",at(s,source));
    printf("s(%d) is at %d\n",times,atn(s,source,times));
    return 0;
}

//查找字符所在位置
int atc(char c,char *string)
{
    int n=0;
    char *p=string;
    while(*p != c && *p!= '\0')p++;
    return (*p == '\0') ? 0:p-string+1;   //返回位置，没找到则返回0
}

//查找字符串所在位置
int at(char *s,char *string)
{
    char *p,*p1,*p2;
    p = string;
    while(*p != '\0')
    {
        p1=p;p2=s;
        while(*p1!='\0' && *p2!='\0' && *p1==*p2) //顺序比较s中的所有字符
        {
            p1++;p2++;
        }
        if(*p2=='\0')    return  (p-string+1);          //所有字符比较结束，返回位置
        p++;                                            //有不同的字符或者p1指向结束符
    }
    return 0;
}

//查找字符串所在位置，指定次数
int atn(char *s,char *string,int times)
{

    char *p,*p1,*p2;
    p  = string;
    while(*p != '\0') //顺序比较s中的所有字符
    {
        p1=p;p2=s;
        while(*p1!='\0' && *p2!='\0' && *p1==*p2)
        {
            p1++;p2++;
```

扫一扫，看视频

```
        }
        if(*p2=='\0') //所有字符比较结束
        {
            if(times==1)    return  (p-string+1);    //满足次数要求，返回位置
            else            times--;                 //满足次数要求，次数减1，继续
        }
        p++;     //有不同的字符或者p1指向结束符
    }
    return 0;
}
```

运行结果：

```
c is at 9
s(1) is at 7
s(2) is at 24
```

算法分析：

函数atc的查找算法很简单，逐个比较即可。

函数at的查找算法如图8-14所示。

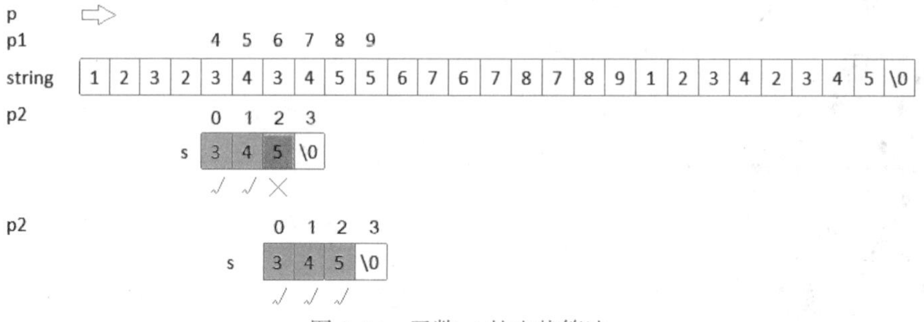

图 8-14　函数 at 的查找算法

算法思想如下：

（1）p指向string；

（2）p1指向p的位置，p2指向s的串首；

（3）如果p2未指向s的串尾，只要*p1等于*p2，指针p1、p2同步向后偏移，如果不等，则p向后偏移1位，转（2）；

（4）如果p2指向s的串尾，查找成功，返回p-string+1，即6+1等于7。

函数atn的算法与函数at的算法类似，只是增加了判断次数的条件，算法思想如下：

（1）p指向string；

（2）p1指向p的位置，p2指向s的串首；

（3）如果p2未指向s的串尾，只要*p1等于*p2，指针p1、p2同步向后偏移，如果不等，则p偏移1位，转（2）；

（4）如果p2指向s的串尾，并且times等于1，查找成功，返回p-string+1，即23+1等于24，否则times减1，p向后偏移1位，转（2）。

8.9.2 统计字符串中单词的个数

问题：

用指针方法统计字符串"I love programming more than games "中单词的个数。

分析：

单词的个数统计其实很简单，每个单词的后面有一个空格，问题是多余的空格需要过滤掉。另外，最后一个单词后面可能没有空格。考虑到这些因素，程序就容易写出来了。

【例8-15】统计字符串中单词的个数

程序代码：

```
//c8_15.c
//作者:Ding Yatao
//日期:2015年6月

#include <stdio.h>
#include SPACE 32                              //空格
int main()
{
    char s[]=" I love programming more than games ";
    char *p=s;
    int n=0;

    while(*p == SPACE) p++;                    //过滤前面的空格
    while(*p != '\0')
    {
        if(*p != SPACE) n++;                   //遇到单词的第1个字符，计数加1
        while(*p != SPACE && *p != '\0')p++;   //过滤其余的字符
        while(*p == SPACE && *p != '\0')p++;   //查找下一个非空格字符，即下一个字符
    }
    printf("n=%d\n",n);
    return 0;
}
```

扫一扫，看视频

运行结果：

```
n=6
```

8.9.3 将素数存入二维数组并输出

编写程序，将2、3、5…顺序的20个素数依次存入二维数组a[4][5]中，并按4行5列的顺序输出。

判断素数的算法前面已经学过，现在找到素数后，需要依序存入二维数组中。由于二维数组有行的概念，所以需要考虑换行的问题。实际上，二维数组也可以看成是连续存储的多个一维数组，用一级指针即可顺序访问所有元素。

【例8-16】将素数存入二维数组并输出

程序代码：

```
//c8_16.c
//作者:Ding Yatao
//日期:2019年4月

#include <stdio.h>
int main()
{
    int a[4][5],*p,(*q)[5];                    //定义一级指针变量p、行指针变量q
    int i,j;
    int n=0;
    p=&a[0][0];
    for(i=1;i<=1000;i++)                       //判断是否为素数
    {
        for(j=2;j<i;j++)                       //按序将素数添加到二维数组中
            if(i%j==0) break;
        if(j==i)  *(p+n++)=i;
        if(n==20)    break;
    }
    q=a;                                       //行指针变量q指向二维数组
    for(i=0;i<4;i++)
    {
        for(j=0;j<5;j++)
            printf("%4d",q[i][j]);             //q[i][j]同a[i][j]
        printf("\n");
    }
    return 0;
}
```

扫一扫，看视频

运行结果：

```
   2   3   5   7  11
  13  17  19  23  29
  31  37  41  43  47
  53  59  61  67  71
```

程序中q[i][j]同a[i][j]、*(p+i*4+j)。

存储素数用“*(p+n++)=i;”，主要是考虑到按序存储，二维数组也可以看做是4个一维数组依次按序存储。例如，第2行的第2个元素可以用a[1][1]表示，也可以用*(p+6)表示，*(p+6)其实就是*(p+1*5+1)，即*(p+行号*列数+列号)。

8.9.4　12345678987654321 乘 987654321123456789

问题及分析：

两个整数a和b相乘，在C语言内置类型值的范围内直接计算a*b即可。但如果结果超出范围，则需要用其他方法来实现，这里采用字符串存储的方法。

分析乘法的计算步骤，例如123*45：

```
   123
    45
 ─────────
   615
  492
 ─────────
  5535
```

相当于用乘数的每个数码逐个乘以被乘数，最后累加起来。累加过程中需要考虑错位的问题，例如492，实际累加4920。

另外，由于是两个17位整数相乘，其结果最多有34位，存储用的字符数组长度至少为35。

【例8-17】计算12345678987654321乘98765432123456789

程序代码：

```
//c8_17.c
//作者:Ding Yatao
//日期:2019年8月

#include <stdio.h>
int main()
{
    char a[]="12345678987654321",b[]="98765432123456789";
    static char s[20][200],t[200];          //s数组保存每个乘积，t保存最终结果
    int i,j,k;
    int n1,n2,m,n=0,max=0,p=0;
    char temp;
    i=0;
    while(a[i]!='\0')i++;
    while(--i>=0)
    {
        k=0;
        m=0;
        while(m<p)s[n][m++]='0';            //乘法移位补0
        n1=a[i]-'0';                        //a从后向前取数码去乘b
        j=0;
        while(b[j]!='\0')j++;
        while(--j>=0)
        {
            n2=b[j]-'0';
            s[n][m++]=(n1*n2+k)%10+'0';     //乘的结果
            k=(n1*n2+k)/10;                 //进位保存
        }
        while(k>0)
        {
            //最后可能还有进位
            s[n][m++]=k%10+'0';
            k=k/10;
        }
        s[n][m++]='\0';
        if(m>max) max=m;                    //max记录最长的列数，为最后累加准备
        n++;
        p++;
    }
    k=0;
    max--;
```

```
    for(i=0; i<max; i++)                    //列
    {
        n1=0;
        for(j=0; j<n; j++)                  //行
        {
            if(s[j][i]>='0' &&s[j][i]<='9')     //只累加数字
            {
                n1=n1+s[j][i]-'0';
            }
        }
        t[i]=(n1+k)%10+'0';                 //j列累加和的个位数，累加时包括上一列的进位k
        k=(n1+k)/10;                        //j列累加和的进位，进位k将累加到下一列的求和中
    }
    while(k>0)                              //最后一列可能还有进位
    {
        t[max++]=k%10+'0';                  //将进位数字保存
        k=k/10;
    }
    t[max--]='\0';                          //max后减1，指向最后一个数字，为逆序操作做准备
    i=0;
    while(i<max)                            //逆序数字串，得到最后的结果
    {
        temp=t[i];
        t[i++]=t[max];
        t[max--]=temp;
    }
    printf("%s\n",t);
    return 0;
}
```

运行结果：

```
121932632007315956607224511263 5269
```

算法分析：

程序中，s中数字的存储样式如图8-15所示。

```
98765432123456789
087531964246803 5791
00763073073692692692
000651728394827160593
0000549382716061728394
00000437047047295295295
000000325791468420853196
0000000213456789654321097
00000000101111111988888888
000000000213456789654321097
0000000000325791468420853196
00000000000437047047295295295
000000000000549382716061728394
0000000000000651728394827160593
00000000000000763073073692692692
000000000000000875319642468035791
0000000000000000987654321234567 89
```

图8-15　数组s中数字的存储样式

如果将数字反转、删除补位的0并错位显示，样式如图8-16所示。

```
                                    1 2 3 4 5 6 7 8 9 8 7 6 5 4 3 2 1
                                  × 9 8 7 6 5 4 3 2 1 2 3 4 5 6 7 8 9
----------------------------------------------------------------------
                                    9 8 7 6 5 4 3 2 1 2 3 4 5 6 7 8 9
                                1 9 7 5 3 0 8 6 4 2 4 6 9 1 3 5 7 8
                              2 9 6 2 9 6 2 9 6 3 7 0 3 7 0 3 6 7
                            3 9 5 0 6 1 7 2 8 4 9 3 8 2 7 1 5 6
                          4 9 3 8 2 7 1 6 0 6 1 7 2 8 3 9 4 5
                        5 9 2 5 9 2 5 9 2 7 4 0 7 4 0 7 3 4
                      6 9 1 3 5 8 0 2 4 8 6 4 1 9 7 5 2 3
                    7 9 0 1 2 3 4 5 6 9 8 7 6 5 4 3 1 2
                  8 8 8 8 8 8 8 8 9 1 1 1 1 1 1 1 0 1
                7 9 0 1 2 3 4 5 6 9 8 7 6 5 4 3 1 2
              6 9 1 3 5 8 0 2 4 8 6 4 1 9 7 5 2 3
            5 9 2 5 9 2 5 9 2 7 4 0 7 4 0 7 3 4
          4 9 3 8 2 7 1 6 0 6 1 7 2 8 3 9 4 5
        3 9 5 0 6 1 7 2 8 4 9 3 8 2 7 1 5 6
      2 9 6 2 9 6 2 9 6 3 7 0 3 7 0 3 6 7
    1 9 7 5 3 0 8 6 4 2 4 6 9 1 3 5 7 8
    9 8 7 6 5 4 3 2 1 2 3 4 5 6 7 8 9
----------------------------------------------------------------------
1 2 1 9 3 2 6 3 2 0 0 7 3 1 5 9 5 6 6 0 7 2 2 4 5 1 1 2 6 3 5 2 6 9
```

图 8-16　数组 s 中数字反转去 0 并错位显示的样式

读者不难发现，样式和实际的乘法思路是一样的，程序中从前向后累加进位，其实相当于依次计算个位、十位、百位、千位……，图中右侧错位部分相当于补位的 0。

上面的程序用字符型数组作实现乘积的存储，也可以用整型数组来实现，例如下面的程序：

```
//c8_17_1.c
//作者:Ding Yatao
//日期:2019年10月

#include <stdio.h>
int main()
{
    char a[]="12345678987654321",b[]="98765432123456789";
    static int s[100];
    int i,j,k,pos,n,jw;
    i=0;
    while(a[i]!='\0')i++;
    pos=0;
    while(--i>=0)
    {
        jw=0;
        k=pos;
        j=0;
        while(b[j]!='\0')j++;
        while(--j>=0)
        {
            n=(a[i]-'0')*(b[j]-'0')+s[k]+jw;
            s[k++]=n%10;
            jw=n/10;
        }
        while(jw>0)
        {
            s[k++]=jw%10;
            jw=jw/10;
        }
        pos++;
```

```
    }
    while(--k>=0)printf("%d",s[k]);
    return 0;
}
```

思路相似，只不过将乘积存储在整型数组s中，并且从第2次乘法开始，每次都将上次的乘积累积求余，程序中的

```
n=(a[i]-'0')*(b[j]-'0')+s[k]+jw;
```

为：乘积+上次的乘积+进位。

由于整型数组的元素的值的范围可以更大点，比起用字符型数据更方便高效些。

这样的乘法计算也可以在Excel中进行验证，如图8-17所示。

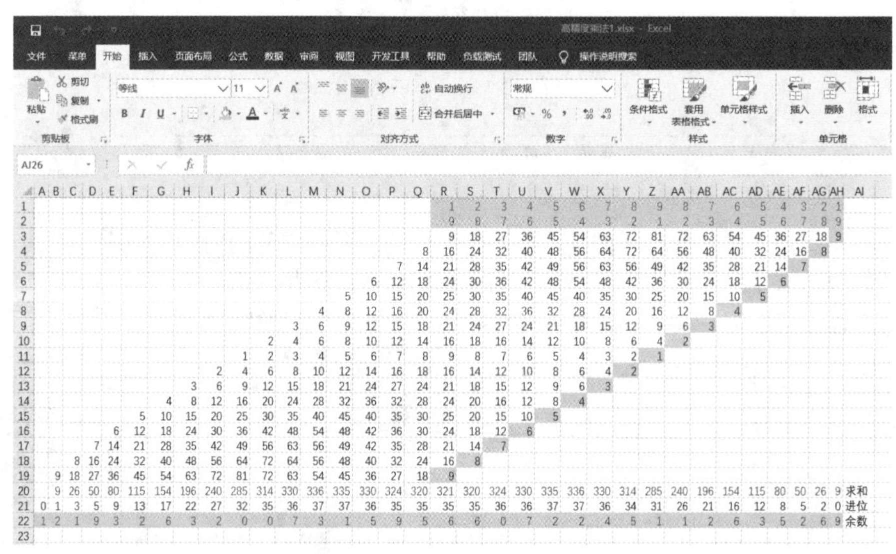

图8-17　Excel中验证算法

其中几个关键单元格的公式为：

（1）乘积单元格。

```
AH3: =AH1*$AH$2  AG3: =AG1*$AH$2  ……    R3: =R1*$AH$2
AG4: =AH1*$AG$2  AH4: =AG1*$AG$2  ……    Q4:=R1*$AG$2
……
R19: =AH1*$R$2   Q19: =AG1*$R$2   ……    B19:=R1*$R$2
```

（2）求和单元格。

```
AH20:   =SUM(AH3:AH19)   ……  B20: =SUM(B3:B19)
```

（3）进位单元格。

```
AG21: =INT((AG20+AH21)/10)
……
B21: =INT((B20+C21)/10)
A21: =INT((A20+B21)/10)
```

（4）余数单元格（乘法结果）。

```
AG22: =MOD(AG20+AH21,10)
……
B22: =MOD(B20+C21,10)
A22: =MOD(A20+B21,10)
```

8.9.5 零比特填充

问题：

计算机网络协议中包含很多实用并且有极高参考价值的算法，对学习C语言很有帮助。例如PPP协议采用零比特填充方法来实现透明传输。在发送端，只要发现由0和1组成的比特流中有5个连续的1，就立即在第5个1后面插入一个0。接收端对帧中的比特流进行扫描，每发现5个连续1，就把这5个连续1后的一个0删除。这就是零比特填充算法。例如：

```
0100111111000111111010……
010011111010001111101010……
```

【例8-18】模拟零比特填充一

模拟程序如下：

程序代码：

```
//c8_18.c
//作者:Ding Yatao
//日期:2019年8月

#include <stdio.h>
int main()
{
    int i,n;
    char s[100]="11000111111000111110011011111110101101";
    char *p,*q;
    printf("%s\n",s);
   //模拟零比特填充
    n=0;
    i=0;
    p=s;
    while(*p!='\0')
    {
        if(*p=='1') i++;                  // 统计连续的1的个数
        else i=0;                         // 遇到0，统计重新开始
        if(i==5)
        {
            *p='?';                       // 发现5个连续的1，标注最后一个1为"?"
            i=0;
            n++;
        }
        p++;
    }
    printf("%s\n",s);
    q=p+n;
    *q='\0';
    --p;
    --q;
    while(p>=s)
    {
        if(*p!='?') *q--=*p;              // 不是"?"，复制
        else
```

```
        {
            *q--='0';                   //是“?”，替换为10（相当于将1替换为10）
            *q--='1';
        }
        p--;
    }
    printf("%s\n",s);
    //模拟零比特填充的还原
    i=0;
    p=q=s;
    while(*p!='\0')
    {
        if(*p=='1') i++;
        else i=0;
        *q++=*p++;
        if(i==5)
        {
            i=0;                        //发现5个连续的1，忽略后面的1个字符，继续
            p++;
        }
    }
    *q='\0';
    printf("%s\n",s);
    return 0;
}
```

运行结果：

```
11000111111000111111001101111111010110 1
110001111?10001111?001101111?110101101
1100011111010001111100011011111011010 1101
110001111110001111110011011111110101101
```

输出结果中的第2行将连续5个1的最后一个1标注为“？”；

第3行将“？”替换成“10”，完成0的插入；

第4行删除5个1后面的“0”，完成还原。

程序在发现连续的5个1时并没有直接插入0，而是用“？”标注并用变量n记录次数，统计完成后再一次循环完成“？”替换为“10”的操作，效率比较高。

【例8-19】模拟零比特填充二

如果需要将插入和还原分解成两个函数，这也是可以的，程序如下：

程序代码：

```
//c8_19.c
//作者:Ding Yatao
//日期:2019年8月

#include <stdio.h>
int Insert(char *s)
{
    int i,n;
    char *p,*q;
    n=0;
    i=0;
```

扫一扫，看视频

```
    p=s;
    while(*p!='\0')
    {
        if(*p=='1') i++;                //统计连续的1的个数
        else i=0;                       //遇到0，统计重新开始
        if(i==5)
        {
            *p='?';                     //发现5个连续的1，标注最后一个1为“?”
            i=0;
            n++;
        }
        p++;
    }
    q=p+n;
    *q='\0';
    --p;
    --q;
    while(p>=s)
    {
        if(*p!='?') *q--=*p;            //不是“?”，复制
        else
        {
            *q--='0';                   //是“?”，替换为01（相当于1替换为01）
            *q--='1';
        }
        p--;
    }
    return n;
}
int Restore(char *s)
{
    int i;
    char *p,*q;
    i=0;
    p=q=s;
    while(*p!='\0')
    {
        if(*p=='1') i++;
        else i=0;
        *q++=*p++;
        if(i==5)
        {
            p++;                    //忽略p字符，其实是0
            i=0;
        }
    }
    *q='\0';
}

int main()
{
    int i,n;
    char s[100]="1100011111100011111001101111111010101101";
    printf("%s\n",s);
    Insert(s);
    printf("%s\n",s);
    Restore(s);
```

```
    printf("%s\n",s);
    return 0;
}
```

运行结果：

```
110001111110001111110011011111110101101
1100011111010001111110001101111101101 01101
110001111110001111110011011111110101101
```

本章小结：

本章介绍了指针的概念以及指针变量的定义和初始化等。

C语言的指针变量形式有：

(1)一级指针变量：int *p，p可指向变量、数组元素。

(2)二级指针变量：int **pp，pp可指向一级指针变量。

(3)指向二维数组的指针变量：int (*p)[n]，可用于二维数组的行指针变量。

(4)指针数组：int *p[n]，元素是一级指针变量。

(5)指向函数的指针变量：int (*p)()，p可指向一个函数。

(6)返回指针的函数：int *f(){…}，f函数返回一个一级指针。

指针的运算包括变量的取地址运算“&”和指针的指向运算“*”。“&”和“*”是一对互逆的运算符。除此以外，指针变量还可以进行受限制的算术运算、赋值运算和关系运算。

指针可以指向常变量、数组、函数。特别是指针作为函数的参数时，函数的参数传递方式变成地址传递，相对于值传递有质的不同。

指针具有很大的灵活性和风险性，同时也是C语言功能强大的基础条件之一，希望读者认真学习。

CHAPTER

9 结构与联合

学习目标：

- 掌握结构类型和联合类型的定义
- 掌握结构类型变量、数组、指针变量的定义和引用
- 掌握联合类型变量的定义和引用
- 了解动态内存分配的方法
- 了解链表数据结构的基本特点

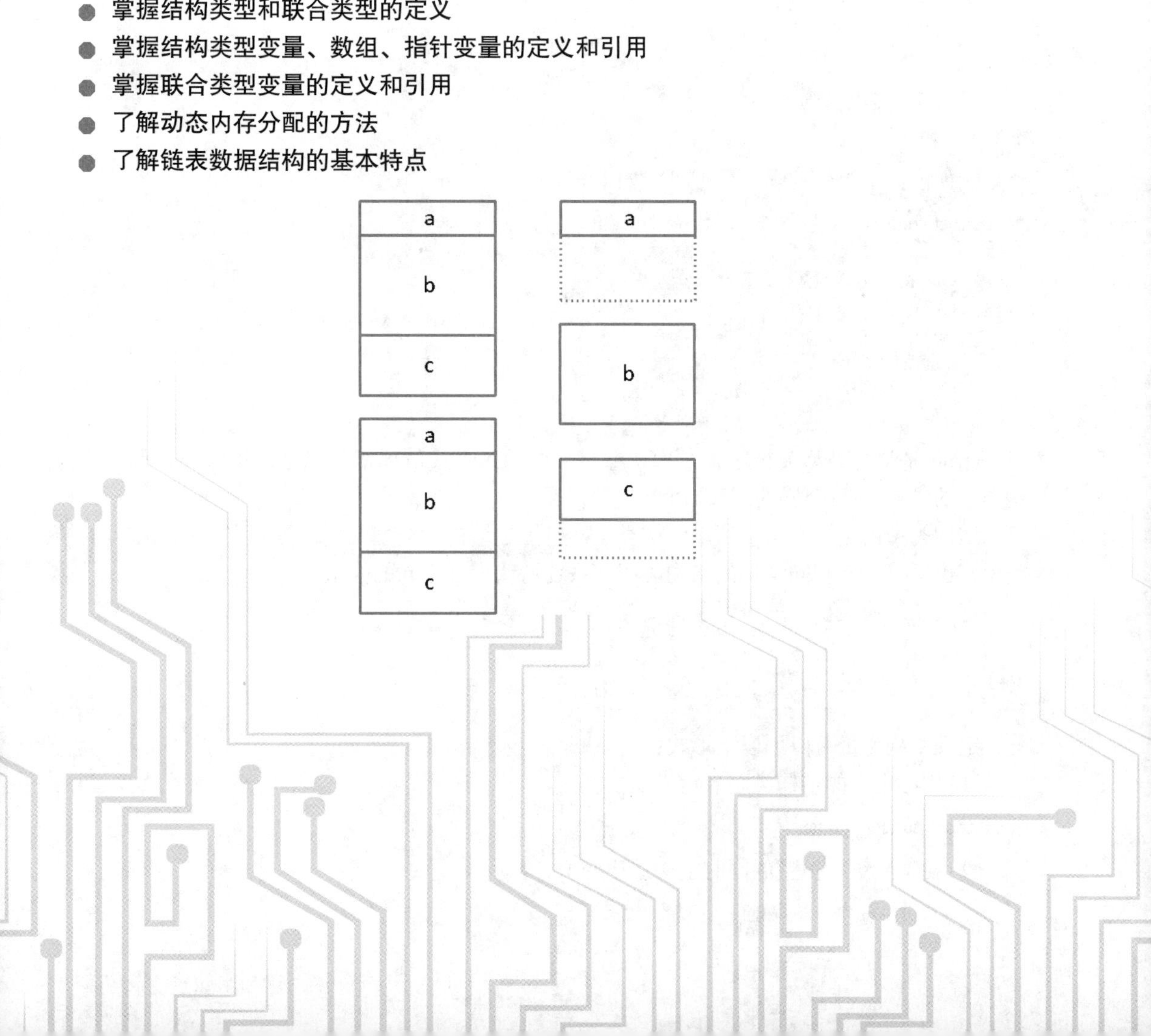

9.1 结构

下面是关于一名学生的基本数据，我们需要定义不同类型的变量来分别表示：

姓名：	顾萍	char name[20];
年龄：	18	int age;
性别：	女	char sex[3];
生日：	20010303	long birthday;
手机：	13901000001	char mobile[20];

以上数据类型不同，不能用数组存储。能否用一种类型来统一描述以上数据呢？

C语言中，可以用结构类型（struct）把这些不同类型的数据组合起来构造成一种新的数据类型。结构类型也是一种派生类型，有些书中称为结构体类型，考虑到与C语言标准文档单词struct意义上的一致性，本书按原始名称。

9.1.1 结构类型的定义

结构类型的定义形式为：

```
struct 类型名
{
  成员说明表列
};
```

例如前面中提到的学生数据可以如下表示：

```
struct student                    //类型名student
{
    char name[20];                //成员
    int age;
    sex[3];
    long birthday;
    char mobile[20];
};
```

struct是结构类型关键字，结构类型定义中的每个成员项都有确定的类型和名称，称为结构类型的“域”，每个域的定义后面要有“;”号。

结构类型由用户定义，所以结构类型不是固定结构的类型，用户可以定义不同结构的结构类型，也可以定义相同结构的结构类型，系统均认为是不同的类型。

定义了结构类型，就可以定义结构变量、结构数组了。

9.1.2 结构变量的定义和初始化

定义结构变量可以用以下形式：

（1）用已定义的结构类型名定义变量。

```
struct student guping;
```

（2）在定义结构类型的同时定义结构变量。

```
struct student
{
    char name[20];
    int age;
    char sex[3];
    long birthday;
    char mobile[20];
} guping;
```

(3)不定义结构类型名，直接定义结构变量。

```
struct
{
    char name[20];
    int age;
    char sex[3];
    long birthday;
    char mobile[20];
} guping;
```

这种定义形式只能一次性定义该结构类型的变量。

sizeof运算符可以计算结构类型的长度，计算形式为：

```
sizeof(结构类型名)
```

或者

```
sizeof(变量名)
```

例如：

```
sizeof(struct student) 或 sizeof(guping)
```

结构的成员也可以是一个结构类型，这种形式称为结构类型的嵌套。例如：

```
struct date
{
    int year;
    int month;
    int day;
};
struct student
{
    char name[20];
    int age;
    char sex[3];
    struct date birthday;
    char mobile[20];
}guping;
```

以上形式也可以写成：

```
struct student
{
    char name[20];
    int age;
    char sex[3];
    char xh[20];
    struct
    {
        int year;
```

```
        int month;
        int day;
    }birthday;
    char mobile[20];
} guping;
```

生日的结构直接写在结构student的成员说明项表列中，注意birthday是成员名称，放在结构的后面。

和普通变量一样，结构变量定义的时候也可以初始化。例如：

```
struct student guping={"顾萍",18,"女",20010303, "13900000001"};
```

注意，初始化的数据及其类型要与各个成员一一对应，对于包含嵌套结构类型的变量，其嵌套部分的初始化也按顺序赋初值。例如：

```
struct student wangyunping ={"王云平",18,"男",2001,3,3,"13900000001"};
```

（4）自定义类型。结构类型在形式上比较复杂，可以用自定义类型来简化。例如：

```
typedef struct student
{
    char name[20];
    int age;
    char sex[3];
    char xh[20];
    struct
    {
        int year;
        int month;
        int day;
    }birthday;
    char mobile[20];
} STUDENT;
```

这样就自定义了一种类型STUDENT，可以像基本类型一样使用。例如定义结构变量：

```
STUDENT guping;
```

效果和前面3种形式是一样的。

9.1.3 结构变量的引用

结构变量的成员的引用采用成员运算符“.”来完成，格式为：

结构变量名.成员名

或

结构变量名.结构成员名.….结构成员名.基本成员名

后者指包含嵌套的结构类型。

例如前面定义的变量guping，其成员引用如下：

```
guping.age
guping.birthday.year
```

注意，结构成员引用的形式比普通的变量复杂一些，但本质上还是相当于一个普通变量，可参与该成员所属数据类型的一切运算。例如，设有普通变量int age，比较下面的引用形式：

```
guping.age = 20;
age = 20;
printf("%d,%d \n", age ,guping.age);
```

成员运算符“.”的优先级最高，表达式中的结构变量成员不需要加括号。例如：

```
guping.age++;
```

相当于：

```
(guping.age)++;
```

结构变量的成员名可以相同，但必须处在不同的层次。例如：

```
sturct student
{
    int no;
    char name[20];
    struct
    {
        int no;
        char classname[20];
    }class;
    struct
    {
        int no;
        char groupname[20];
    }group;
} guping;
```

上面的结构存在几个相同的成员no，但层次不同，其引用形式能够区别开来。引用形式分别如下：

```
guping.no
guping.class.no
guping.group.no
```

同一类型的结构变量可以相互赋值。

我们知道，数组之间不能整体赋值，但同类型的两个结构变量之间可以整体赋值，这样可以提高程序的效率。例如：

```
yangli = guping;
yangli.birthday = guping.birthday;
```

【例 9-1】演示结构类型

程序代码：

```
//c9_1.c
#include <stdio.h>
#include <string.h>
struct date
{
    int year;
    int month;
    int day;
};
struct student
{
    char name[20];
    int age;
    char sex[3];
    char xh[20];
```

```
    struct date birthday;
    char mobile[20];
};
int main()
{
    struct  student guping = {"Gu XiaoPing",18,"M","2015010001",2015,3,3,"13900000001"},yang;
    yang = guping;
    strcpy(yang.name,"Yang Ling");
    strcpy(yang.xh,"2015010002");
    printf("%s,%d,%s,%s,",yang.name,yang.age,yang.sex, yang.xh);
    printf("%d,%d,%d,",yang.birthday.year,yang.birthday.month,yang.birthday.day);
    printf("%s\n",yang.mobile);
    return 0;
}
```

运行结果：

```
Yang Ling,18,M,2015010002,2015,3,3,13900000001
```

9.1.4 结构数组

结构类型既可以定义单个变量，也可以定义结构数组，用以存储批量的数据，例如存储一个班级的学生信息。

1. 结构数组的定义

和结构变量的定义一样，结构数组的定义也有以下几种形式：

（1）先定义结构类型，用结构类型名定义结构数组。

```
struct  student
{
    char name[20];
    int age;
    char sex[3];
    char xh[20];
    char mobile[20];
};
struct  student  stud[50];
```

（2）定义结构类型名的同时定义结构数组。

```
struct  student
{
    char name[20];
    int age;
    char sex[3];
    char xh[20];
    char mobile[20];
} stud[50];
```

（3）不定义结构类型名，直接定义结构数组。

```
struct
{
    char name[20];
    int age;
    char sex[3];
```

```
    char xh[20];
    char mobile[20];
} stud[50];
```

(4) 自定义类型。

```
typedef struct student
{
    char name[20];
    int age;
    char sex[3];
    char xh[20];
    struct
    {
        int year;
        int month;
        int day;
    }birthday;
    char mobile[20];
} STUDENT;
STUDENT stud[50];
```

2. 结构数组的初始化

和普通数组的元素是普通变量一样，结构数组的每个元素相当于一个结构变量，二者的初始化也很类似。例如：

```
struct student stud[2]={ {"王晓丽",18,"女","2010010001","13901000001"}, {"李少峰",18,"男",
"2010010003","13901000002"}};
```

3. 结构数组的引用

结构数组元素的成员表示为：

结构数组名[下标].成员名

或

结构数组名[下标].成员名. … .成员名.成员名

例如：

```
stud[i].age                //下标为i的数组元素的成员age
stud[2].birthday.day       //下标为2的数组元素的成员birthday的成员day
```

结构数组元素和类型相同的结构变量一样，可相互赋值。例如：

```
stud[1] = stud[0];
```

对于结构数组元素内嵌的结构类型成员，情况也相同。例如：

```
stud[2].birthday=stud[1].birthday;
```

【例 9-2】演示结构数组的定义和应用

程序代码：

```
//c9_2.c
#include <stdio.h>
#include <string.h>
struct  date
{
```

```
    int year;
    int month;
    int day;
};
struct student
{
    char name[20];
    int age;
    struct date birthday;
    char mobile[20];
};
int main()
{
    struct student stud[3]={
        {"Wang",18,2015,3,3,"13901000001"},
        {"Zang",19,2015,4,4,"13901000002"},
        {"Ning",20,2015,5,5,"13901000003"}};
    int i;
    for(i=0;i<3;i++)
    {
        printf("%s,%d,",stud[i].name,stud[i].age);
        printf("%d,%d,%d,",stud[i].birthday.year,stud[i].birthday.month,
        stud[i].birthday.day);
        printf("%s\n",stud[i].mobile);
    }
    return 0;
}
```

运行结果：

```
Wang,18,2015,3,3,13901000001
Zang,19,2015,4,4,13901000002
Ning,20,2015,5,5,13901000003
```

9.1.5 结构指针

可以定义结构类型的指针变量来访问结构变量或结构数组。例如：

```
struct student
{
    char name[20];
    int age;
    char sex[3];
    char xh[20];
    char mobile[20];
}yang,*p = &yang;
```

p是指向结构变量yang的指针变量，准确地说是指向该变量对应的结构数据区域的首地址。利用结构指针变量同样可以访问其成员，访问形式如下：

```
(*p).age
```

或

```
p->age
```

因为*p相当于yang，所以(*p).age相当于yang.age。

“->” 是一个运算符，和 “.” 的优先级相同，具有最高的优先级，用于成员的引用。

【例9-3】修改例9-2，利用结构指针变量访问数据

程序代码：

```
//c9_3.c
#include <stdio.h>
#include <string.h>
struct  date
{
    int  year;
    int  month;
    int  day;
};
struct  student
{
    char name[20];
    int age;
    struct date birthday;
    char mobile[20];
};
int main()
{
    struct  student stud[3]=
    {
        {"Wang",18,2015,3,3,"13901000001"},
        {"Zang",19,2015,4,4,"13901000002"},
        {"Ning",20,2015,5,5,"13901000003"}
    };
    int i;
    struct  student *p=stud;
    for(i=0; i<3; i++)
    {
        printf("%s,%d,",p->name,p->age);
        printf("%d,%d,%d,",p->birthday.year,p->birthday.month,
            p->birthday.day);
        printf("%s\n",p->mobile);
        p++;
    }
    return 0;
}
```

扫一扫，看视频

程序的运行结果同例9-2。

注意程序中的 “p++” 表示结构类型指针变量移动一个结构类型单位，指向下一个结构数组元素，所以p的移动体现了指针的效率和方便之处。

9.1.6　结构与函数

结构类型和函数的关系表现在：

- 结构变量成员作为函数的参数。
- 结构变量作为函数的参数。

- 结构指针作为函数的参数。

下面通过实例演示结构和函数的关系。

【例9-4】演示结构和函数的关系

程序代码：

扫一扫，看视频

```
//c9_4.c
#include <stdio.h>
#include <string.h>
struct  student
{
    char name[20];
    int  age;
    char mobile[20];
};
void showage(int age)
{
    printf("Age:%d\n", age);
}
void show1(struct student s)
{
    printf("%s,%d,%s\n",s.name,s.age,s.mobile);
}
void show2(struct student *p)
{
    printf("%s,%d,%s\n",p->name,p->age,p->mobile);
}
void show3(struct student s[],int n)
{
    int i;
    for(i=0; i<n; i++)
        printf("%s,%d,%s\n",s[i].name,s[i].age,s[i].mobile);
}
int main()
{
    struct student wang = {"Wang",18,"13901000001"};
    struct student zang= {"Zang",19,"13901000002"};
    struct  student stud[3]=
    {
        {"Wang",18,"13901000001"},
        {"Zang",19,"13901000002"},
        {"Ning",20,"13901000003"}
    };
    struct  student *p;
    struct student t;
    printf("Demo showage:\n");
    showage(wang.age);
    printf("Demo show1:\n");
    show1(wang);
    p=&wang;
    printf("Demo show2:\n");
    show2(p);
    printf("Demo show3:\n");
```

```
    show3(stud,3);
    t=wang;
    wang=zang;
    zang=t;
    printf("Demo swap:\n");
    show1(zang);
    return 0;
}
```

运行结果：

```
Demo showage:
Age:18
Demo show1:
Wang,18,13901000001
Demo show2:
Wang,18,13901000001
Demo show3:
Wang,18,13901000001
Zang,19,13901000002
Ning,20,13901000003
Demo swap:
Wang,18,13901000001
```

注意，由于结构struct student作为主函数之外其他函数的形式参数，所以结构的定义需要放在函数之外，不能放在主函数main内。

show1(wang)和写成show1(stud[0])的效果一样，结构数组元素也相当于一个结构变量，例9-4中正好对应的成员数据也一样。

结构变量不同于数组，体现在结构变量名需要计算才能得到结构数据域的地址，如&wang。而数组名直接代表所有数组元素的首地址，不过可以计算得到某一个元素的地址，如&stud[2]。

必要的情况下，函数也可以返回结构类型数据，包括结构变量或结构指针，这里就不给出了，请读者自己练习。

结构的应用领域很广，特别是结构指针，有关这些问题可以学习"数据结构"课程，在此就不多介绍了。另外，结构结合函数指针是面向对象编程的基础，这里也不宜展开了。

9.1.7 结构长度和字节对齐问题

内存空间都是按照字节（byte）来划分的，虽然理论上对任何类型的变量的访问可以从任何地址开始，但实际情况并非如此，而是需要按照一定的规则在空间上排列，这就是对齐。对齐的规则与编译器和操作系统有关，没有统一的规则。例如，在Visual C++ 6.0下：

```
struct student
{
    char c;
    int a;
};
```

其实际存储如图9-1所示。

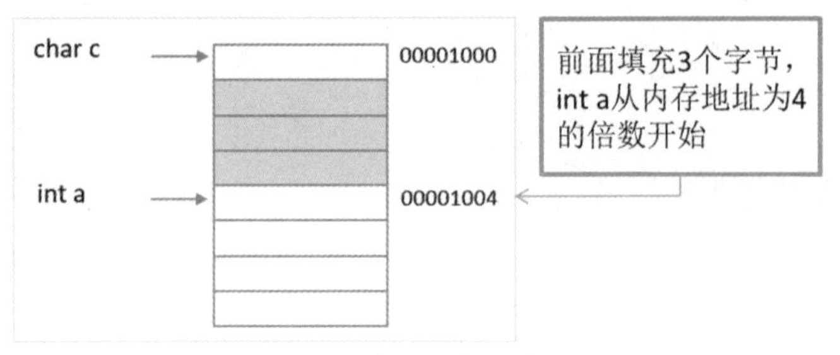

图 9-1　字节对齐示意图

该结构的实际长度是8，而不是5，而在int为2字节的Turbo C下，该结构的实际长度是3。下面是在Dev C++下进行的测试。

程序代码：

```
#include<stdio.h>
int main()
{
    struct {
        char c;
        int a;
    }x;
    struct {
        int a;
        char c;
        int b;
    }y;
    printf("%p,%p\n",&x.c,&x.a);
    printf("%p,%p,%p\n",&y.a,&y.c,&y.b);
    printf("%d,%d\n",sizeof(x),sizeof(y));
}
```

运行结果（32位编译）：

```
0062FEA8,0062FEAC
0062FE9C,0062FEA0,0062FEA4
8,12
```

&x.a比&x.c多4个字节，中间有3个字节空闲；

&y.b比&y.c多4个字节，中间有3个字节空闲；

x的长度是8，y的长度是12。

修改程序如下：

程序代码：

```
#include<stdio.h>
int main()
{
    struct {
        char c[5];              //调整为长度为5的字符数组
        int a;
    }x;
    struct {
        int a;
```

```
        char c[3];              //调整为长度为3的字符数组
        int b;
    }y;
    printf("%p,%p\n",x.c,&x.a);
    printf("%p,%p,%p\n",&y.a,y.c,&y.b);
    printf("%d,%d\n",sizeof(x),sizeof(y));
}
```

运行结果（32位编译）：

```
0062FEA4,0062FEAC
0062FE98,0062FE9C,0062FEA0
12,12
```

&x.a比x.c多8个字节，中间有3个字节空闲；

&y.b比y.c多4个字节，中间有1个字节空闲；

x的长度是12，y的长度是12。

再作个测试：

程序代码：

```
#include<stdio.h>

int main()
{
    int p;
    struct {
        char c[2];
        int a;
    }x;
    struct {
        int a;
        char c[2];
    }y;
    int q;
    printf("p:%p\n",&p);
    printf("x:%p x.c:%p x.a:%p\n",&x,&x.c,&x.a);
    printf("y:%p y.a:%p y.c:%p\n",&y,&y.a,y.c);
    printf("q:%p\n",&q);
    printf("%d,%d\n",sizeof(x),sizeof(y));
}
```

运行结果（32位编译）：

```
p:0062FEAC                      // 地址最大，最后分配空间
x:0062FEA4 x.c:0062FEA4 x.a:0062FEA8
y:0062FE9C y.a:0062FE9C y.c:0062FEA0
q:0062FE98                      // 地址最小，最先分配空间
8,8
```

可能读者不容易看出其中的关系，请看图9-2的示意。

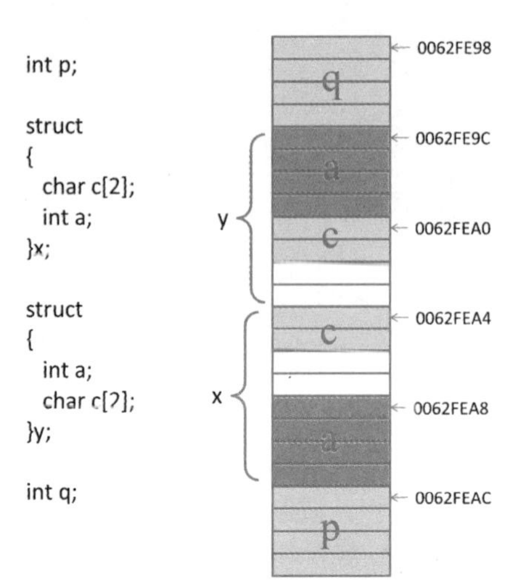

图 9-2　字节对齐存储单元示意图

对齐问题是内存分配问题，对于初学者，只需要记住结构的长度等于其成员长度之和就可以了。

9.2 联合

为了节约内存或便于对数据进行处理，C语言允许不同类型的数据共享在一段存储单元中，这种共享存储单元的特殊数据类型叫做“联合”类型，也可称之为“共用”类型。有些书中称为联合体、共用体，还是考虑到和C标准中单词union意义的一致性，本书统一称作联合。

联合类型的定义和结构类型相似，可以借鉴，其中不同的地方在本节中逐一指出。

9.2.1 联合类型的定义

联合类型的定义形式为：

union 类型名
{
  成员说明列表
};

例如：

```
union data
{
    char c;
    float f;
    double d;
};
```

以上定义了联合类型union data，它有3个成员，分别为char、float和double型。

9.2.2 联合变量的说明和引用

与结构变量的说明类似，也有以下几种方式：

（1）先定义联合类型，再定义联合变量。

```
union 类型名
{
   成员说明列表
};
union 类型名 变量名表;
```

例如，用union data类型定义联合变量。

```
union data x;
```

（2）定义联合类型名的同时定义变量。

```
union 类型名
{
   成员说明列表
}变量名表;
```

例如：

```
union data
{
   char c;
   float f;
   double d;
}x;
```

（3）不定义类型名直接定义联合变量。

```
union
{
   成员说明列表
}变量名表;
```

（4）自定义类型。

```
typedef union
{
   成员说明列表
}自定义联合类型名;
自定义联合类型名 变量;
```

例如：

```
typedef union
{
   char c;
   float f;
   double d;
}DATA;
DATA x;
```

注意，联合变量和结构变量不同的是，结构变量所占内存的长度等于其所有成员长度之和，每个结构成员分别占用各自的内存单元；联合变量则不然。联合变量所占内存的长度等于最长的成员的长度。例如，前面定义的联合类型union data或变量x，表达式sizeof(union data)和sizeof(x)的值均为8。

联合变量的所有成员的首地址都相同，并且等于联合变量的地址。上例中联合变量x的存储单元如图9-3所示。

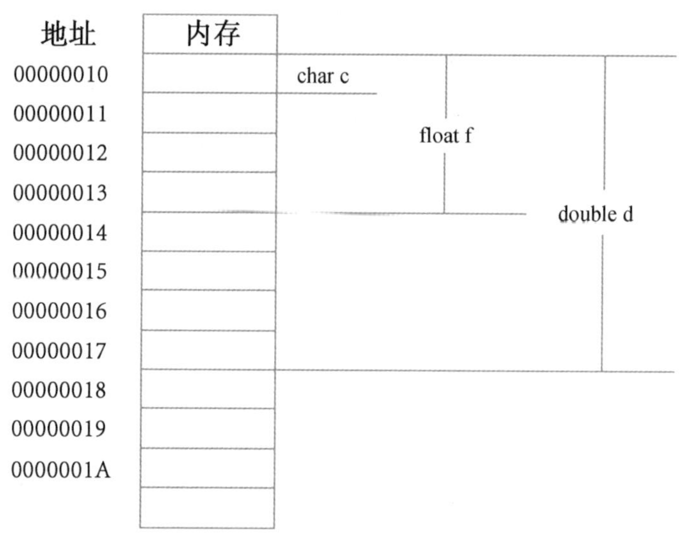

图 9-3　联合变量存储单元示意图

引用联合变量的形式以及注意事项均与引用结构变量相似，例如：

```
x.c
```

对联合变量中的任何一个成员赋值，都会导致共享区域的数据发生变化，所以联合只能保证只有一个成员的值是有效的。例如，对于联合变量x，假设有：

```
x.f = 3.1415926;
```

必然使得地址00000010 ～ 00000013四个字节的内容发生变化，这种变化会导致:char c的内容被修改成其他内容，相当于char c的内容被清除，char c原来的值失去意义。double d一半的存储内容被修改，还有4个字节没有修改，但这已经导致double d原来的值失去意义。

由此可以看出，整体引用联合变量没有多大的意义。通常都是引用联合变量的成员。联合变量的成员共享一段内存空间，这种共享的意义在于空间上的节约，但不能保证所有成员数据的完整性。这种特殊的共享空间的方式可以被有效利用，如例9-5的程序。

【例9-5】演示联合类型的引用

程序代码：

```
//c9_5.c
#include "stdio.h"
#include "string.h"

union call
{
    char mobile[20];
    int telephone;
};

struct  student
{
    char name[20];
    int age;
    union call callnumber;
};
```

```
int main()
{
    struct student wang = {"Wang YunPing",18};
    struct student li = {"Li Zhen",20};

    struct student *p;

    strcpy(wang.callnumber.mobile,"13901000001");
    li.callnumber.telephone = 56023328;

    p = &wang;
    printf("%s,%d,%s\n",p->name,p->age,p->callnumber.mobile);
    p = &li;
    printf("%s,%d,%d\n",p->name,p->age,p->callnumber.telephone);

    return 0;
}
```

运行结果:

```
Wang YunPing,18,13901000001
Li Zhen,20,56023328
```

上面的程序中用联合变量union call callnumber作为结构变量的成员，从而解决了不同类型联系方式的共存。wang和li两条记录在callnumber成员的输出方式上也是不完全相同的，所以可以认为二者不是完全相同的记录，或者称为变体记录。

另外，要注意第28行和第30行的输出格式略有不同，在输出“p->callnumber.mobile”时用%s，输出“p->callnumber.telephone”时用%d。

联合变量的初始化有其特殊性，例如:

```
union data
{
    int a;
    float f;
}x={3};
```

ANSI C规定，联合变量初始化只能针对第1个成员，初始化的数据必须用一对{}。上面的初始化将会使得x.a等于3，而不是x.f等于3。如果{3}写成{3,3.1415}则会报错。如果执行printf("%d",x.a);输出3，但执行printf("%f",x.f);并不输出3.000000，例如可能输出0.000000，不能识别数据。

9.3 *动态内存分配与链表

在C语言程序中用说明语句定义的各种存储类型(自动、静态、寄存器、外部)的变量或数组，均由系统分配存储单元，这样的存储分配称作固定内存分配;C语言也允许程序员在函数执行部分的任何地方使用动态存储分配函数开辟或回收存储单元，这样的存储分配叫动态内存分配。动态内存分配使用自由、节约内存。

用数组来存储数据，有存取效率高、方便等特点。但是，数组的元素个数不能动态扩充，大小固定，不适用于数据元素个数动态增长的数据。在数组中进行数组元素的插入与删除，需要移动其他数据元素，从而保持数组中数据元素的相对次序不变，这就造成数组中数据的插入与删除的效率很低。而链表适用于数据元素频繁地插入与删除，其存储空间可以动态增长和减少。

组成链表的基本存储单元叫结点，该存储单元存有若干数据和指针，由于存放了不同数据类型的数据，它的数据类型应该是结构类型。在结点的结构存储单元中，存放数据的域叫数据域，存放指针的域叫指针域，结点及链表的形式如图 9-4 所示。

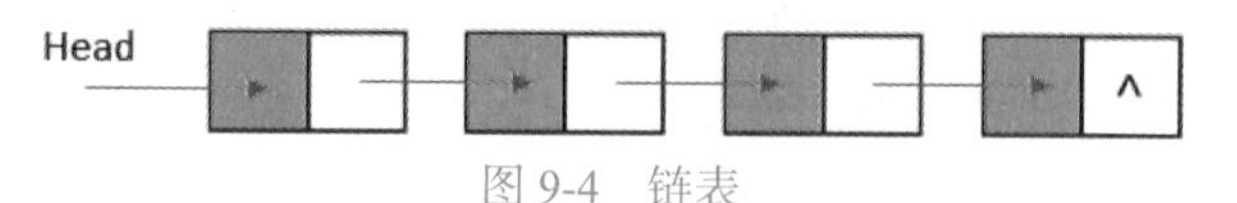

图 9-4　链表

结点类型定义的一般形式为：

```
struct 类型名
{
   数据域定义;
   struct 类型名 * 指针域名;
};
```

其中的数据域和指针域都可以不止一个，当指针域不止一个时，将构成比较复杂的链表。循环链表的示意图如图 9-5 所示，双向链表的示意图如图 9-6 所示。

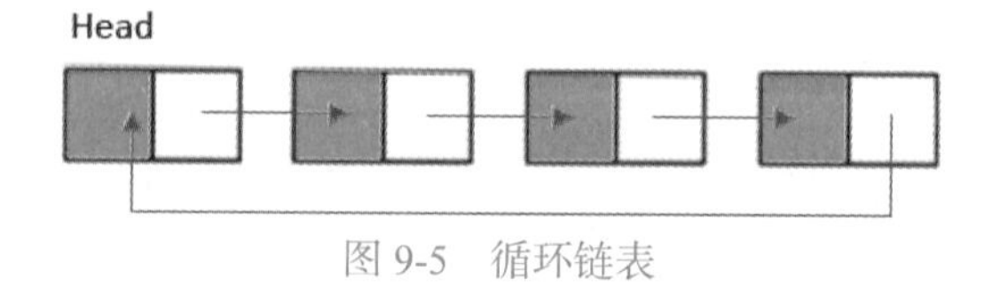

图 9-5　循环链表

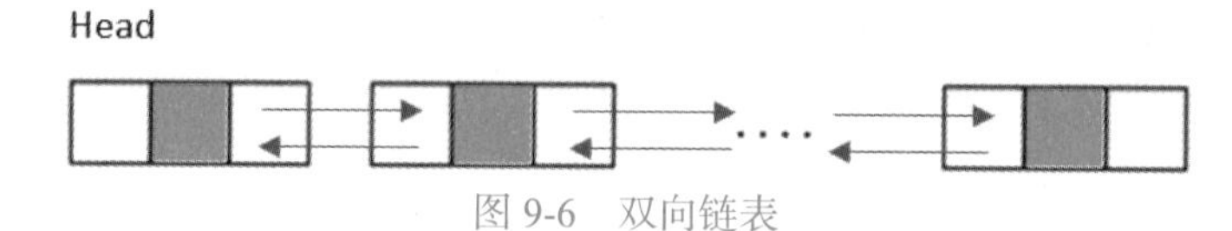

图 9-6　双向链表

可以看出结点类型的特殊性：指针域的基类型就是结点类型，这种循环定义的形式是结点类型的重要特征。由于有了此特性，才能由结点构成链表。

链表结点的插入操作如图 9-7 所示。

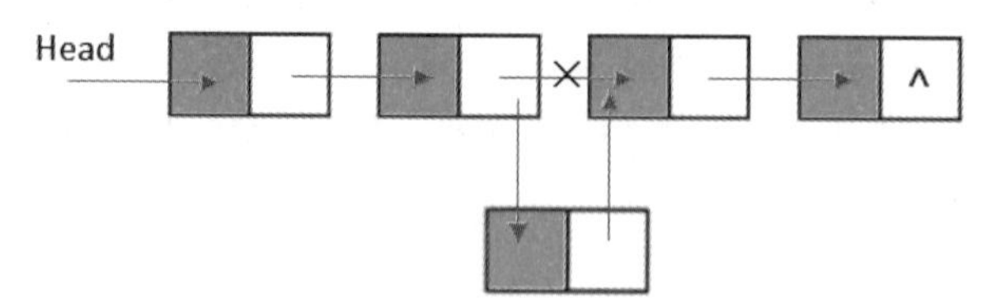

图 9-7　链表结点的插入操作

链表结点的删除操作如图 9-8 所示。

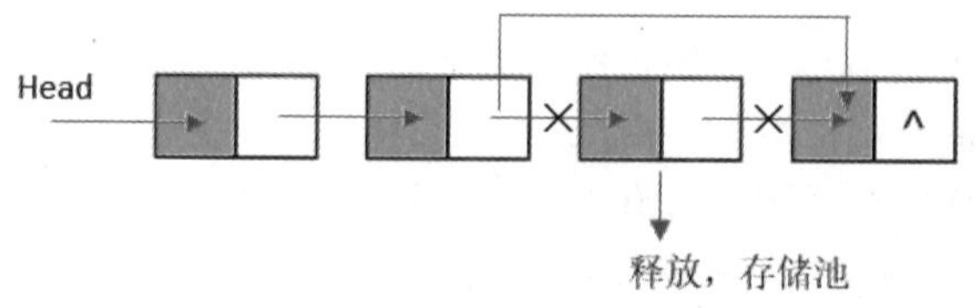

图 9-8　链表结点的删除操作

【例9-6】演示单向链表的建立、查找、插入、删除和显示等基本操作

程序代码：

```
//c9_6.c
//作者:Ding Yatao
//日期:2019年8月

#include <stdio.h>
#include <malloc.h>
#include <string.h>

typedef struct link
{
    long xh;
    char xm[10];
    struct link *next;
}STUDENT;

//创建新链表,参数n为链表长度
STUDENT *new(int n)
{
    int i;
    STUDENT *head,*p,*s;

    //定义头结点
    if((head=(STUDENT *)malloc(sizeof(STUDENT)))==NULL)
    {
        printf("\n不能创建链表结点");
        return NULL;
    }
    p = head;
    for(i=1;i<=n;i++)
    {
        // 定义新结点
        if((s=(STUDENT *)malloc(sizeof(STUDENT)))==NULL)
        {
            printf("\n不能创建链表结点");
            return NULL;
        }
       s->next=NULL;         //将当前接点的后继指针置空
        p->next=s;           //连接结点
        printf("输入第%d个人的学号:",i);
        scanf("%ld",&s->xh);
        getchar();
        printf("输入第%d个人的姓名:",i);
        gets(s->xm);        //输入当前结点的数据域内容
        p=s;
    }
    return head;
}

//查找结点
STUDENT *locate(STUDENT *link,char *s)
{
    STUDENT *p;
```

```
    p=link->next;
    while(p)
    {
        if(strcmp(p->xm,s)==0)
            break;
        else
            p=p->next;
    }
    return p;
}

//显示链表
void showlink(STUDENT *link)
{
    STUDENT *p;
    p=link->next;
    while(p)
    {
        printf("%10ld,%s\n",p->xh,p->xm);
        p = p->next;
    }
}

//前插入结点
void insert(STUDENT *link,char xm[10],long xh)
{
    STUDENT *p,*s;
    if((s=(STUDENT *)malloc(sizeof(STUDENT)))==NULL)
    {
        printf("\n不能创建链表结点");
        return;
    }
    strcpy(s->xm,xm);
    s->xh = xh;
    p=link;
    s->next=p->next;
    p->next = s;
}

//按姓名删除结点
void delete(STUDENT *link,char *xm)
{
    STUDENT *p,*temp;
    p=link;
    while(p->next)
    {
        if(strcmp(p->next->xm,xm)==0)
        {
            temp = p->next;
            p->next = p->next->next;
            free(temp);
            break;
        }
        else
        {
            p=p->next;
        }
```

```
    }
}

int main()
{
    STUDENT *link;
    STUDENT *p;
    char xm[10];
    link = new(5);

    showlink(link);

    insert(link,"yataoo",999);
    printf("插入结点后为:\n");
    showlink(link);

    printf("请输入要删除的结点的名字:");
    gets(xm);
    delete(link,xm);
    printf("删除结点后为:\n");
    showlink(link);

    printf("请输入要查找的结点的名字:");
    gets(xm);
    p = locate(link,xm);
    if(p)   printf("找到了,学号是:%ld\n",p->xh);
    return 0;
}
```

关于链表的其他操作，这里就不再给出了，感兴趣的读者可以在数据结构等相关书籍中找到。

本书第 14 章综合案例部分也涉及链表的操作，请读者参考。

9.4 综合案例

9.4.1 编程求两个复数的和

问题及分析：

复数的形式为a+bi，其中，a是实部，b是虚部。下面建立描述复数的结构类型。

```
struct complex
{
    double r;
    double i;
};
```

【例9-7】求两个复数的和

程序代码：

```
//c9_7.c
#include<stdio.h>
struct complex
{
    double r;
    double i;
};
struct complex add(struct complex x,struct complex y)
{
    struct complex z;
    z.r=x.r+y.r;
    z.i=x.i+y.i;
    return z;
}
int main()
{
    struct complex z;
    struct complex x= {1.2,2.3},y= {3.4,4.5};
    z=add(x,y);
    printf("x+y=%.2f+%.2fi\n",z.r,z.i);
    return 0;
}
```

扫一扫，看视频

运行结果：

```
x+y=4.60+6.80i
```

C99提供了复数类型_Complex，上面的程序可以改造成如下形式：

程序代码：

```
//c9_7_2.c
#include <math.h>
#include <stdio.h>
#include <complex.h>
int main()
{
    double _Complex x = 1.2+2.3if;
    double _Complex y = 3.4+4.5if;
    printf("x+y=%.2f+%.2fi\n", crealf(x+y), cimagf(x+y));
    return 0;
}
```

扫一扫，看视频

运行结果是一样的，不过程序需要支持C99的编译器，例如DEV C++用gcc 4.9.2编译，Visual C++ 2013及后续版本也提供了类似的解决方案。当然，不支持也没关系，可以用如下代码模拟：

程序代码：

```
//c9_7_3.c
#include<stdio.h>
typedef struct
```

```
{
    double r;
    double i;
} Complex;
Complex add(Complex x,Complex y)
{
    Complex z;
    z.r=x.r+y.r;
    z.i=x.i+y.i;
    return z;
}
double Crealf(Complex c)
{
    return c.r;
}
double Cimagf(Complex c)
{
    return c.i;
}
int main()
{
    Complex z;
    Complex x= {1.2,2.3},y= {3.4,4.5};
    z=add(x,y);
    printf("x+y=%.2f+%.2fi\n",Crealf(z), Cimagf(z));
    return 0;
}
```

9.4.2 按出生日期将身份证号排序

假设有一批身份证号存储在结构数组中，成员id存储了身份证号。程序代码很简单，关键是如何按出生日期排序。

【例9-8】按出生日期排序

程序代码：

扫一扫，看视频

```
//c9_8.c
//作者:Ding Yatao
//日期:2019年8月

#include<stdio.h>
#include<string.h>
struct student
{
    int no;
    char id[19];
};
int main()
{
    struct student x[10]={
    {101,"342423199109172672"},{102,"220122199209270016"},
    {103,"320114199408113316"},{104,"370282199401084613"},
    {105,"222403199301092354"},{106,"21042319931101321X"},
    {107,"341122199411113215"},{108,"34242319930521717X"},
```

```
    {109,"341523199310115711"},{110,"232332199309260613"}};
    int i,j;
    struct student t;

    //排序
    for(i=0;i<9;i++)
        for(j=i+1;j<10;j++)
            if(strcmp(x[i].id+6,x[j].id+6)>0)
                {t=x[i];x[i]=x[j];x[j]=t;}
    for(i=0;i<10;i++)   printf("%d,%s\n",x[i].no,x[i].id);
    return 0;
}
```

运行结果：

```
101,342423199109172672
102,220122199209270016
105,222403199301092354
108,34242319930521717X
110,232332199309260613
109,341523199310115711
106,21042319931101321X
104,370282199401084613
103,320114199408113316
107,341122199411113215
```

程序中在比较出生日期时用到：

```
strcmp(x[i].id+6,x[j].id+6)
```

偏移6位其实是选择从下标6开始的子串，字串的前8位就是出生日期。

上面的程序需要通过结构变量t实现结构数组元素的交换，当数据量比较大的时候，效率很低，下面的程序作了一些改进。

程序代码：

扫一扫，看视频

```
//c9_8_2.c
#include<stdio.h>
#include<string.h>
struct student
{
    int no;
    char id[19];
};
int main()
{
    struct student x[10]={
    {101,"342423199109172672"},{102,"220122199209270016"},
    {103,"320114199408113316"},{104,"370282199401084613"},
    {105,"222403199301092354"},{106,"21042319931101321X"},
    {107,"341122199411113215"},{108,"34242319930521717X"},
    {109,"341523199310115711"},{110,"232332199309260613"}};
    int i,j,t;
    int sid[10];
    for(i=0;i<10;i++)           //记录原始序号
        sid[i]=i;
    for(i=0;i<9;i++)            //排序
```

```
        for(j=i+1;j<10;j++)
            if(strcmp(x[sid[i]].id+6,x[sid[j]].id+6)>0)
                {t=sid[i];sid[i]=sid[j];sid[j]=t;}
    for(i=0;i<10;i++)
        printf("%d,%d,%s,%d\n",i,x[sid[i]].no,x[sid[i]].id,sid[i]);
    return 0;
}
```

运行结果:

```
0,101,342423199109172672,0
1,102,220122199209270016,1
2,105,222403199301092354,4
3,108,34242319930521717X,7
4,110,232332199309260613,9
5,109,341523199310115711,8
6,106,21042319931101321X,5
7,104,370282199401084613,3
8,103,320114199408113316,2
9,107,341122199411113215,6
```

第1列是顺序号，最后一列是对应的原序号，记录在数组sid中，输出时按循环顺序即可。程序没有对结构数组元素进行交换操作，输出时不需要费时查找，按sid顺序即可，提高了效率。

以上程序中，数组sid应用了一种数据记录索引的编程思想，sid记录了原始记录号，记录号对应的记录是排序的。对于一个记录集合，可以根据不同的关键字建立不同的索引。有了索引，就可以按指定关键字来顺序输出记录了。

索引是数据库编程的基本概念，是实现快速查找计算的关键技术。

9.4.3 分数求和

有理数分为整数和分数。整数求和很简单，分数求和需要针对性设计程序。例如：

$$\frac{1}{2}+\frac{2}{3}+\frac{3}{4}+\cdots+\frac{9}{10}$$

阅读下面的程序：

```
#include<stdio.h>
int main()
{
    int i;
    double s=0.0;
    for(i=1;i<=9;i++) s=s+1.0*i/(i+1);
    printf( “%lf\n” ,s);
    return 0;
}
```

程序确实可以完成求和的计算，但结果是不准确的。因为是浮点数求和，所以应在一定的精度范围内。

分数的求和结果是整数或者分数，这样才能保证结果的准确性。下面的程序可以完成这个任务。

【例9-9】分数的求和

程序代码：

```
//c9_9.c
//作者:Ding Yatao
//日期:2019年8月

#include<stdio.h>
#define N 9
struct Rational
{
    long r1,r2;                    //分子r1、分母r2
};

//求最大公约数
int gcd(int a,int b)
{
    int i;
    for(i=a<b?a:b;i>=1;i--)
        if(a%i==0 && b%i==0)
            break;
    return i;
}

int main()
{
    struct Rational x[N];
    struct Rational result;
    int i,t1,t2,t;
    for(i=0;i<N;i++)                    //用结构数组存储数据
    {
        x[i].r1=i+1;
        x[i].r2=i+2;
    }
    result = x[0];
    for(i=1;i<N;i++)
    {
        t1=result.r1*x[i].r2+result.r2*x[i].r1;  //新的分子
        t2=result.r2*x[i].r2;             //新的分母
        t=gcd(t1,t2);
        result.r1=t1/t;                   //约去最大公约数，简化分子式
        result.r2=t2/t;
    }
    printf("%ld/%ld\n",result.r1,result.r2);
    return 0;
}
```

扫一扫，看视频

运行结果：

```
17819/2520
```

分数的加法很容易出现分子或分母超过数据类型的值域。上面的程序当N较大时就会出错，这是正常的。如果要避免溢出，需要采用高精度计算技术。本书后面的案例有相关的介绍。

本书的综合案例部分提供了利用字符串实现加、减、乘、除算法，可供参考，算法不受C

语言内置类型长度的限制。

本章小结：

本章介绍了C语言的用户自定义类型，包括结构、联合(共用体)，二者都是构造类型。

1. 结构与联合的相似之处

(1)结构与联合的类型定义的形式相同。通过定义类型说明了结构或联合所包含的不同数据类型的成员项，同时确定了结构或联合类型的名称。

(2)结构与联合的变量说明的方法相同。二者都有三种方法说明变量：第一种方法是先定义类型，再定义变量；第二种方法是在定义类型的同时定义变量；第三种方法是定义无名称类型时直接定义变量。数组、指针等可以与变量同时说明。

(3)结构与联合的引用方式相同。除了同类型的变量之间可赋值外，均不能对变量整体赋常数值、输入、输出和运算等，只能通过引用其成员项进行。嵌套结构只能引用其基本成员，如：

```
变量.成员
```

或

```
变量.成员.成员…基本成员
```

结构或联合的(基本)成员是基本数据类型的，可作为简单变量使用，成员是数组的可当作一般数组使用。

(4)无论结构还是联合，其应用步骤是基本相同的，都要经过3个过程：①定义类型；②用定义的类型定义变量，编译系统会为其开辟内存单元存放具体的数据；③引用结构或联合的成员。

(5)定义结构与联合类型时可以相互嵌套。

2. 结构与联合的区别

(1)在结构变量中，各成员拥有自己的内存空间，它们是同时存在的，一个结构变量的总长度等于所有成员项的长度之和；在联合变量中，所有成员只能先后占用该联合变量的内存空间，它们不能同时存在，一个联合变量的长度等于最长的成员项的长度。这是结构与联合的本质区别。

(2)在说明结构变量或数组时可以对变量或数组元素的所有成员赋初值。由于联合变量同时只能存储一个成员，因此只能对一个成员赋初值。对联合变量的多个成员多次赋值后,只有最后一个成员有值。

(3)对于结构类型，如果其中的一个成员项是一个指向自身结构的指针，则该类型可以用作链表的结点类型。实用的链表结点必须是动态存储分配的，即在函数的执行部分通过动态存储分配函数开辟的存储单元。链表的操作有建立、输出链表，插入、删除结点等。联合不具备链表数据结构的基本需求。

3. 动态内存分配和链表

C语言允许程序员在函数执行部分的任何地方使用动态存储分配函数开辟或回收存储单元，这样的存储分配叫动态内存分配。动态内存分配使用自由、节约内存。

链表是一种常用的数据结构，通常包括指针域和数据域。存放数据的域叫数据域，存放指针的域叫指针域。指针域和数据域构成结点，结点之间通过指针域连接。

链表结点通常是通过动态内存分配创建的，所以对内存的使用较为自由方便，结点在内存中不需要连续存储，这点和数组不一样。

编译预处理

学习目标：

- 掌握编译预处理的基本概念和使用形式
- 掌握宏定义#define的使用方法
- 掌握文件包含#include的使用方法
- 了解条件编译及编译指令的使用方法

编译预处理是指在进行编译之前所做的工作。预处理是C语言的一个重要功能，它由预处理程序负责完成。当对一个源文件进行编译时，系统将自动引用预处理程序对源程序中的预处理部分进行处理，处理完毕自动进入对源程序的编译，过程如图10-1所示。

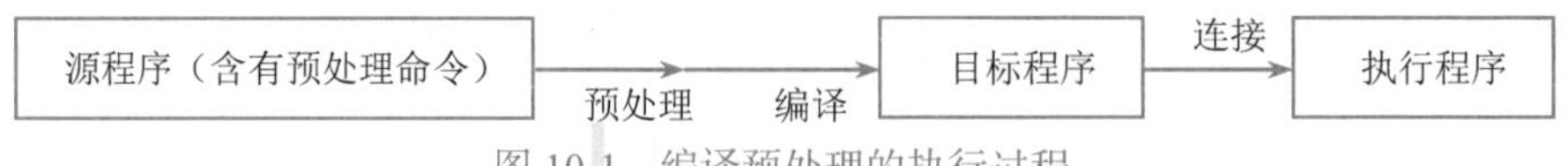

图 10-1　编译预处理的执行过程

C语言提供了多种预处理功能，如宏定义(#define)、文件包含(#include)、条件编译(#ifdef)等。合理地使用预处理功能编写的程序便于阅读、修改、移植和调试，也有利于进行模块化程序设计。

预处理命令有以下特点：

- 预处理命令均以“#”号开头，在它前面不能出现空格以外的其他字符。
- 每一行命令独占一行，命令不以“;”为结束符，它是命令，不是语句。
- 预处理程序控制行的作用范围仅限于说明它们的那个文件。

本章介绍常用的几种预处理功能。

10.1 宏定义(#define)

宏提供了用一个标识符来表示一个字符串的机制，实际上就是一种替换，有时称为宏替换，被定义为宏的标识符称为“宏名”。在编译预处理时，对程序中所有出现的“宏”都用宏定义中的字符串替换，这称为宏替换或宏展开。宏定义由宏定义命令完成。

宏常量与使用const定义的常量不同，const常量有数据类型，而宏常量没有数据类型。编译器可以对后者进行类型安全检查，而对宏常量只进行简单的字符文本替换，没有类型安全检查，并且在宏替换时可能会产生意料不到的错误。

宏分为有参数宏和无参数宏两种。

1. 无参宏的定义

无参宏的宏名后不带参数。其定义的一般形式为：

#define 标识符 字符串

说明:define为宏定义命令，标识符为所定义的宏名，字符串可以是常数、表达式、格式串等。

【例 10-1】计算圆柱体的底面积和体积

程序代码：

```
//c10_1.c
#include <stdio.h>
#define PI  3.1415926          //定义宏 PI
int main()
{
    double r,h;
    double s,v;
    printf("input r,h:");
    scanf("%lf,%lf",&r,&h);    //键盘输入底圆半径和高
    s=PI*r*r;
    v=PI*r*r*h;
    printf("s=%.4lf,v=%.4lf\n",s,v);
    return 0;
}
```

扫一扫，看视频

输入3,4<回车>，程序的运行结果如下：

```
input r,h:3,4
s=28.2743,v=113.0973
```

宏定义是用宏名来表示一个字符串，在宏展开时又以该字符串取代宏名，这只是一种简单的替换，字符串中可以含任何字符，可以是常数，也可以是表达式，预处理程序对它不做任何检查。如有错误，只能在编译已被宏展开后的源程序时发现。

宏定义通常写在函数之外，有些编译器支持函数内的宏，其作用域为从宏定义命令起到源程序结束。如要终止其作用域，可使用# undef命令，例如：

```
# define PI  3.14159
void  main()
{
（1）
```

```
}
# undef PI
（2）
```

PI只在(1)中有效，在(2)中无效。

宏名在源程序中若用引号括起来，则预处理程序不对其进行宏替换，所以，字符串中不能包含宏，否则该宏名当作字符串处理。

```
#define PI 3.14159
void main()
{
  printf("PI");
  …
}
```

程序的运行结果为:PI，而不是3.14159。

宏定义允许嵌套，在宏定义的字符串中可以使用已经定义的宏名。在宏展开时由预处理程序层层替换。例如：

```
#define  PI     3.14159
#define  S      PI*r*r          //PI是已定义的宏名
```

习惯上宏名用大写字母表示，以便于与变量区别。宏定义不分配内存，变量定义分配内存。

可用#undef命令终止宏定义的作用域。

2. 带参宏的定义

格式：

  #define 标识符(形参表)　形参表达式

例如：

```
#define  MAX(a,b)   (a>b)?(a):(b)
```

进行宏替换时，也可以像使用函数一样，通过实参与形参传递数据。

【例10-2】计算1到5的平方和

程序代码：

```
//c10_2.c
#include <stdio.h>
#define  F(a)   a*a                 //定义宏 F(a)
int main()
{
    int i;
    int s=0;
    for(i=1; i<=5; i++)
        s=s+F(i);                   //F(i)相当于i*i
    printf("s=%d\n",s);
    return 0;
}
```

扫一扫，看视频

运行结果：

```
s=55
```

要注意的是，宏名和括号之间不能有空格。有些参数表达式必须加括号，否则会出现替换错误，例如：

```
#define F(a) a*a
```

F(5+6)并不是11的平方，而是5+6*5+6，结果为41。

如果宏定义为：

```
#define F(a) (a)*(a)
```

F(5+6)就会被替换为(5+6)*(5+6)，从而符合设计要求。这样的问题在无参宏的定义中也要注意。

3. 其他应用

(1)函数和宏是完全不一样的。函数要求实参与形参类型一致，而宏替换不需要。函数只有一个返回值，而宏替换可能有多个。函数影响运行时间，而宏替换只影响编译时间。宏展开使源程序变长，函数调用不会。

宏展开不占用运行时间，只占用编译时间，函数调用占用运行时间(分配内存、保留现场、值传递、返回值)。

(2)为防止无限制递归展开，当宏调用自身时，不再继续展开。例如：

```
#define SUM(x) (x + SUM(x))
```

若程序中有SUM(100)，则被展开为100 + SUM(100)。

(3)宏定义时如果需要换行，需要加“\”连接。例如：

```
#define MAX_S(x, y) ({\
  const typeof(x) _x = (x);\
  const typeof(y) _y = (y);\
  (void)(&_x == &_y);\
  _x > _y ? _x : _y; })
```

(4)有时可以直接用宏实现类似于函数的功能。

例如，大小写字母的转换：

```
#define UPCASE(c)     (((c) >= 'a' && (c) <= 'z') ? ((c) + 'A' – 'a') : (c))
#define LOCASE(c)     (((c) >= 'A' && (c) <= 'Z') ? ((c) + 'a' – 'A') : (c))
```

例如，返回数组a元素的个数：

```
#define ARRAY_SIZE(a)   (sizeof((a)) / sizeof((a[0])))
```

(5)实现类似“重载”功能，如例10-3所示。

【例10-3】演示“重载”功能

程序代码：

```
//c10_3.c
//作者:Ding Yatao
//日期:2019年8月

#include <stdio.h>
#define SWAP(type, x, y) do{ \
        type _y = y; \
        y = x;     \
        x = _y;    \
```

```
    }while(0)
int main()
{
    int a = 10, b = 20;
    double c=3.14,d=5.18;
    SWAP(int, a, b);
    printf("a=%d, b=%d\n", a, b);
    SWAP(double, c, d);
    printf("c=%lf, d=%lf\n", c,d);
    return 0;
}
```

运行结果：

```
a=20,b=10
c=5.180000, d=3.140000
```

（6）字符串化操作符#，如图10-4所示。

【例10-4】演示字符串化操作符#

程序代码：

```
//c10_4.c
//作者:Ding Yatao
//日期:2019年8月

#include <stdio.h>
#define ISZERO(e) do{ \
        if(e) { fprintf(stderr,"Warning: " #e"\n"); ERROR=1; }\
        else ERROR=0; \
    }while(0)
int ERROR;
int main()
{
    int a = 10, b1 = 0,b2 = 5;
    ISZERO(b1==0);
    if(!ERROR) printf("%d\n",a/b1);
    ISZERO(b2==0);
    if(!ERROR) printf("%d\n",a/b2);
    return 0;
}
```

程序中#e被替换成主函数传递过去的表达式“b1==0”。

运行结果：

```
Warning: b1==0
2
```

表达式“b1==0”导致输出错误信息到错误设备，ERROR值为1，不能进行除法运算。

表达式“b2==0”没有导致输出错误信息到错误设备，ERROR值为0，所以能正常进行除法运算。

（7）符号连接操作符##。##称为连接符，用来将两个符号连接为一个符号。

【例 10-5】符号连接操作符##

程序代码：

```
//c10_5.c
//作者:Ding Yatao
//日期:2019年8月

#include <stdio.h>
#define SUM(n1,n2)   printf( "x" #n1 "+ x" #n2" = %d", x##n1+x##n2)
int main()
{
    int x1=10,x2=20;
    SUM(1,2);
    return 0;
}
```

程序中：

```
printf( "x" #n1 "+ x" #n2" = %d", x##n1+x##n2)
```

x##n1+x##n2被替换成表达式x1+x2，这不是简单的字符替换，这个表达式可以计算得到结果，用%d格式输出。

运行结果：

```
x1+x2=30
```

10.2 文件包含（#include）

文件包含是把指定的文件插入该命令行位置，以取代该命令行。

命令的一般形式为：

#include <文件名>　　　　　　　　（格式1）

或

#include "文件名"　　　　　　　　（格式2）

例如：

```
#include "stdio.h"
#include "math.h"
```

使用格式1时，预处理程序在C编译系统定义的标准目录下查找指定的文件。使用格式2时，预处理程序首先在当前源文件所在目录下查找指定文件，如果没找到，则在C编译系统定义的标准目录下查找指定的文件。

一个#include命令只能包含一个文件，而且必须是文本文件。

文件包含可以嵌套，如a包含b且b包含c。

文件包含在程序设计中非常有用，像C语言中的头文件，其中定义了很多外部变量或宏，在设计程序时只要包含进来就可以了，不需要重复定义，既节省工作量，又可以避免出错。

ANSI C中的标准头文件主要有：

```
assert.h    程序运行时断言检查        ctype.h    字符处理
error.h     错误处理                  float.h    描述对浮点数的限制
```

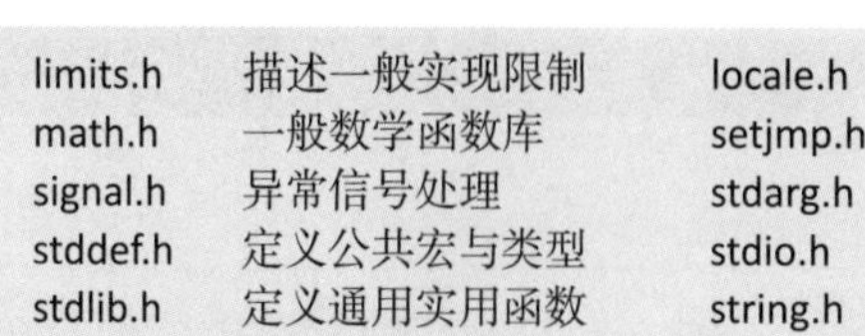

limits.h	描述一般实现限制	locale.h	建立和修改局部环境
math.h	一般数学函数库	setjmp.h	程序中非局部跳转
signal.h	异常信号处理	stdarg.h	处理变参
stddef.h	定义公共宏与类型	stdio.h	定义标准输入输出函数
stdlib.h	定义通用实用函数	string.h	字符串处理
time.h	日期时间处理		

10.3 条件编译（#ifdef和#ifndef）

预处理程序提供了条件编译的功能。可以按不同的条件去编译不同的程序部分，因而产生不同的目标代码文件。这对于程序的移植和调试是很有用的。

条件编译有3种形式，下面分别介绍。

第一种形式：

```
#ifdef 标识符
  程序段1
#else
  程序段2
#endif
```

功能：如果标识符已被 #define命令定义过，则对程序段1进行编译，否则对程序段2进行编译。如果没有程序段2（为空），本格式中的#else可以没有，即写为：

```
#ifdef 标识符
  程序段
#endif
```

“#ifdef 标识符”也可写成“#if defined标识符”。

【例10-6】条件编译示例

程序代码：

扫一扫，看视频

```
//c10_6.c
//作者:Ding Yatao
//日期:2019年8月

#include <stdio.h>
#include <string.h>
#define USEMOBILE   1       //定义宏 USEMOBILE
struct people
{
    int id;
    char name[20];
    int mobile;
    int tel;
} wang;
void main()
{
    wang.id = 24000101;
    strcpy(wang.name,"Wang Ping");
    wang.mobile=1395600000;
```

```
    wang.tel=88888888;
#ifdef  USEMOBILE        //如果定义了宏USEMOBILE
    printf("%d,%s,%d\n",wang.id,wang.name,wang.mobile);
#else                    //未定义宏USEMOBILE
    printf("%d,%s,%d\n",wang.id,wang.name,wang.tel);
#endif
}
```

运行结果：

```
24000101,Wang Ping,1395600000
```

程序根据USEMOBILE是否被定义过来决定编译哪一个printf语句。程序的第一行已对USEMOBILE做过宏定义，因此应对第一个printf语句作编译，故运行结果是输出其mobile。在程序的第一行宏定义中，定义USEMOBILE表示数值1，其实并没有使用，当然也可以在程序中利用这个宏。

如果删除#define命令，程序的运行结果如下：

```
24000101,Wang Ping,88888888
```

第二种形式：

```
#ifndef 标识符
  程序段1
#else
  程序段2
#endif
```

与第一种形式的区别是将ifdef改为ifndef。它的功能是，如果标识符未被#define命令定义过，则对程序段1进行编译，否则对程序段2进行编译。这与第一种形式的功能正好相反。

第三种形式：

```
#if 常量表达式
  程序段1
#else
  程序段2
#endif
```

功能：如果常量表达式的值为真（非0），则对程序段1进行编译，否则对程序段2进行编译。

上面介绍的条件编译也可以用条件语句来实现。但是用条件语句将会对整个源程序进行编译，生成的目标代码程序很长，而采用条件编译，则根据条件只编译其中的程序段1或程序段2，生成的目标代码程序较短。如果条件选择的程序段很长，采用条件编译的方法是十分必要的。

扩展阅读：

C编译器经常通过是否存在指定的宏来选择不同的处理方式，例如：

```
#ifdef  __cplusplus
extern "C" {
#endif
```

这是C++编译器识别是否是C程序的方法，C++程序自动定义宏__cplusplus，编译器根据是否存在该宏决定编译方式。

```
#if    !defined(_WIN32) && !defined(_MAC)
```

```
#error ERROR: Only Mac or Win32 targets supported!
#endif
```

根据是否定义宏_WIN32或_MAC判断平台类型。

```
#ifndef NULL
#ifdef __cplusplus
#define NULL    0
#else
#define NULL    ((void *)0)
#endif
#endif
```

如果没有宏NULL，则C++下宏定义为0，其他情况下宏定义为((void *)0)。

10.4 编译指令#pragma

编译指令#pragma可以设定一些编译器指令。

格式：

　#pragma 语言符号字符串

语言符号字符串是给出特有编译器指令和参量的字符序列。

#pragma的后面可以编写翻译器作为预处理器语言符号分析的任何文本。

#pragma的参量从属于宏扩展。如果编译器找到一个不能识别的编译指示，将发出警告，但编译将继续。编译指示可以用在条件说明中，以提供新的预处理器功能，或提供定义的实现信息给编译器。

下面通过一个简单的例子演示#pragma的使用方法。

【例10-7】演示#pragma

程序代码：

```
//c10_7.c
//作者:Ding Yatao
//日期:2019年8月

#include <stdio.h>

#pragma pack(1)
struct node1
{
    int a;
    char b;
    int c;
};

#pragma pack(2)
struct node2
{
    int a;
    char b;
    int c;
};
```

```
#pragma pack(4)
struct node3
{
    int a;
    char b;
    int c;
};

int main()
{   struct node1 n1;
    struct node2 n2;
    struct node3 n3;
    printf("%d\n",sizeof(n1));
    printf("%d\n",sizeof(n2));
    printf("%d\n",sizeof(n3));
    return 0;
}
```

运行结果：

```
9
10
12
```

pack指令设定对齐长度，三种结构体的成员char b的对齐长度分别是1、2、4，所以结构体的总长度分别是9、10、12。

#pragma可以设定的指令很多，这里就不再赘述了，请读者需要时查阅相关的文献。

本章小结：

本章介绍了编译预处理的基本概念和使用形式。

编译预处理是指在进行编译之前所做的工作，合理地使用预处理功能有利于程序的阅读、修改、移植和调试，也有利于进行模块化程序设计。

预处理命令有以下特点：

- 预处理命令均以“#”号开头，在它前面不能出现空格以外的其他字符。
- 每一行命令独占一行，命令不以“;”为结束符，它是命令，不是语句。
- 预处理程序控制行的作用范围仅限于说明它们的那个文件。

1. 宏定义#define

用一个标识符来表示一个字符串，本质上是一种“替换”，宏分为有参数宏和无参数宏两种。

2. 文件包含#include

把指定的文件插入该命令行位置取代该命令行，相当于“嵌入”。这种预处理命令有助于程序的组织和重复代码的复用。

3. 条件编译#ifdef和#ifndef

提供了一种灵活可变的编译机制，例如用于程序的可移植性开发。

4. 编译器指令#pragma

可以设定一个语言符号字符串，给出特有编译器指令和参量的字符序列。在#pragma的后面可以编写翻译器作为预处理器语言符号分析的任何文本。

位运算

学习目标：

- 理解原码、反码和补码的编码原理
- 掌握位运算符及计算方法
- 学会利用位运算符设计简单的程序

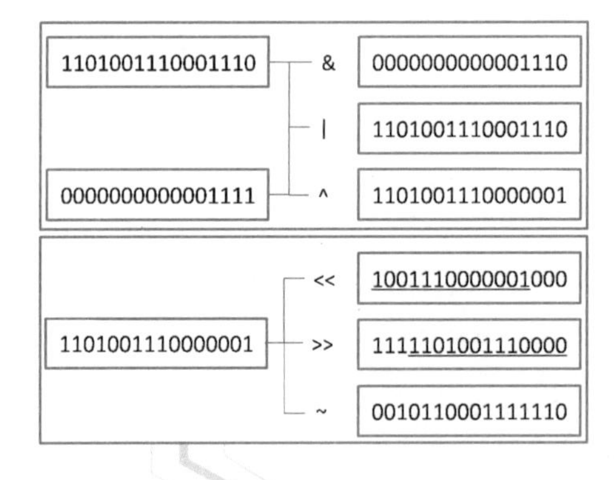

11.1 位、字节与编码

11.1.1 字节与位

字节(byte)是计算机中的存储单元。一个字节可以存放一个英文字母或符号，一个汉字通常要用两个字节来存储。每个字节都有自己的编号，叫做“地址”。1个字节由8个二进制位(位的英文是bit)构成，每位的取值为0或1。最右端的那一位称为“最低位”，编号为0；最左端的那一位称为“最高位”，而且从最低位到最高位顺序地依次编号。下面是65的二进制位的编号。

65	0	0	0	0	0	0	0	0	0	0	0	0	0	0	0	0	0	0	0	0	0	0	0	0	0	1	0	0	0	0	0	1
位	31	30	29	28	27	26	25	24	23	22	21	20	19	18	17	16	15	14	13	12	11	10	9	8	7	6	5	4	3	2	1	0

高位 ⇨ 低位

把若干字节组成一个单元，叫做“字”(word)。一个字可以存放一个数据或指令。至于一个字由几个字节组成，取决于计算机的硬件系统。一般一个字由1个、2个、4个或8个字节组成，所对应的计算机称为8位机、16位机、32位机或64位机。目前微机以32位机或64位机为主。

本章用的数据默认指4字节32位的数据。

11.1.2 原码

计算机使用的是二进制数。但这些数据有不同的编码方式，分别为原码、反码和补码。

以32位计算机系统为例，用最高位(即最左面的一位)表示符号，其他31位表示二进制数，这种编码方式叫做原码。最高位为“0”表示正数，为“1”表示负数。例如：

0000 0000 0000 0000 0000 0000 0000 0011　　表示　+3

1000 0000 0000 0000 0000 0000 0000 0011　　表示　-3

显然，这样可以表示的数值范围在$-(2^{31}\sim1)$到$+(2^{31}\sim1)$之间。

这种表示方法有一个缺陷，数值0会出现歧义。

0000 0000 0000 0000 0000 0000 0000 0000　　表示　+0

1000 0000 0000 0000 0000 0000 0000 0000　　表示　-0

11.1.3 反码

对于正数，反码与原码相同，表示负数时与“原码”相反：符号位(最高位)为“1”表示负数，其余位的值相反。例如：

0000 0000 0000 0000 0000 0000 0000 0011　　表示　+3

1111 1111 1111 1111 1111 1111 1111 1100　　表示　-3

显然，这样可以表示的数值范围在$-(2^{31}\sim1)$到$+(2^{31}\sim1)$之间。

这种表示方法仍然有一个缺陷，数值0会出现歧义。

0000 0000 0000 0000 0000 0000 0000 0000　　表示　+0

1111 1111 1111 1111 1111 1111 1111 1111　　表示　-0

11.1.4 补码

对于正数，补码与原码相同。对于负数，可以从原码分步骤得到补码。步骤如下：首先，符号位不变，为1；其次，把其余各位取反，即0变为1，1变为0；然后，对整个数加1。

已知一个数的补码，求原码的操作分两种情况。

（1）如果补码的符号位为“0”，表示是一个正数，所以补码就是该数的原码。

（2）如果补码的符号位为“1”，表示是一个负数，求原码的操作可以是：符号位不变，其余各位取反，然后整个数加1。

例如：

0000 0000 0000 0000 0000 0000 0000 0011　　表示　+3

1111 1111 1111 1111 1111 1111 1111 1101　　表示　-3

转换步骤如下：

（1）求-3源码：

1000 0000 0000 0000 0000 0000 0000 0011

（2）除符号位外，各位取反：

1111 1111 1111 1111 1111 1111 1111 1100

（3）加1，得到补码：

1111 1111 1111 1111 1111 1111 1111 1101

显然，这样可以表示的数值范围在-2^{31}到$+(2^{31}-1)$之间。

用这种表示方法数值0不会出现歧义，只有一种表示形式：

0000 0000 0000 0000 0000 0000 0000 0000　　表示　0

而：

1111 1111 1111 1111 1111 1111 1111 1111　　表示　-1

1000 0000 0000 0000 0000 0000 0000 0000　　表示　-2^{31}

计算机中的数据都采用补码。原因在于：使用补码，可以将符号位和其他位统一处理；同时，减法也可以按加法来处理。如-3+4可以变成-3的补码与+4的补码相加。另外，两个用补码表示的数相加时，如果最高位（符号位）有进位，则进位被舍弃。

11.2 位运算符和位运算

位运算符是以单独的二进制位为操作对象的运算。也就是说，其操作数是二进制数。这是与其他运算符的主要不同之处。

C语言中提供的位运算符有：

- 按位与（&）、按位或（|）、按位异或（^）、按位取反（~）。
- 左位移（<<）、右位移（>>）。

运算规则如表11-1所示。

表 11-1　位运算规则

x	y	x & y	x | y	x ^ y	~y
0	0	0	0	0	1
0	1	0	1	1	0

续表

x	y	x & y	x | y	x ^ y	~ y
1	0	0	1	1	1
1	1	1	1	0	0

下面逐一讲述这些位运算符及其应用。运算对象按有符号数对待。

11.2.1 按位取反 ~

运算符:~

格式:~x

功能:各位翻转，即原来为1的位变成0，原来为0的位变成1。

主要用途:间接地构造一个数，以增强程序的可移植性。

示例:如x=83，则~x的结果如表11-2所示。

表 11-2 位运算 ~

位运算	十进制	二进制
x	83	00000000000000000000000001010011
~x	-84	11111111111111111111111110101100

11.2.2 按位与 &

运算符:&

格式:x & y

功能:当两个操作对象的二进制数的相同位都为1时，结果数值的相应位为1，否则相应位为0。

主要用途:取(或保留)一个数的某(些)位，其余各位置0。

示例:如x=154，y=214，则x & y的结果如表11-3所示。

表 11-3 位运算 &

位运算	十进制	二进制
x	154	00000000000000000000000010011010
y	214	00000000000000000000000011010110
x & y	146	00000000000000000000000010010010

11.2.3 按位或 |

运算符:|

格式:x | y

功能:当两个操作对象的二进制数的相同位都为0时，结果数值的相应位为0，否则相应位为1。

主要用途:将一个数的某(些)位置1，其余各位不变。

示例:如x=154，y=214，则x |y的结果如表11-4所示。

表 11-4　位运算 |

位运算	十进制	二进制
x	154	00000000000000000000000010011010
y	214	00000000000000000000000011010110
x | y	222	00000000000000000000000011011110

11.2.4　按位异或 ^

运算符：^

格式：x ^ y

功能：当两个操作对象的二进制数的相同位的值相同时，结果数值的相应位为0，否则相应位为1。

主要用途：使一个数的某（些）位翻转（即原来为1的位变为0，为0的位变为1），其余各位不变。

示例：如x=154，y=214，则x ^y的结果如表11-5所示。

表 11-5　位运算 ^

位运算	十进制	二进制
x	154	00000000000000000000000010011010
y	214	00000000000000000000000011010110
x ^y	76	00000000000000000000000001001100
x ^y^y	154	00000000000000000000000010011010

注意，x两次异或相同的数y，结果等于x，相当于还原。

11.2.5　左位移 << 和右位移 >>

运算符：<< 和>>

格式：x<<要位移的位数

功能：

（1）左位移<<，把操作对象的二进制数向左移动指定的位，并在右面补上相应的0，高位溢出。

（2）右位移>>，把操作对象的二进制数向右移动指定的位，移出的低位舍弃；对高位进行如下处理：

1）对无符号数和有符号中的正数，补0。

2）有符号数中的负数，取决于所使用的系统：补0的称为“逻辑右移”，补1的称为“算术右移”。

左移一位相当于对原来的数值乘以2。左移n位相当于对原来的数值乘以2^n。

右移一位相当于对原来的数值除以2。右移n位相当于对原来的数值除以2^n。

左位移和右位移的示例如表11-6所示。

表 11-6　位运算 << 和 >>

位运算	十进制	二进制
x	154	00000000000000000000000010011010
x<<1	308	00000000000000000000000100110100

续表

位运算	十进制	二进制
x<<2	616	00000000000000000000001001101000
x>>1	77	00000000000000000000000001001101
x>>2	38	00000000000000000000000000100110
x>>31	0	00000000000000000000000000000000
x<<31	0	00000000000000000000000000000000
x<<24>>31	-1	11111111111111111111111111111111
y	-154	11111111111111111111111101100110
y<<1	-308	11111111111111111111111011001100
y>>1	-77	11111111111111111111111110110011
y>>31	-1	11111111111111111111111111111111
y<<31	0	00000000000000000000000000000000

位移31位，要么全0，要么全1，分别对应0或-1。位移32位，值不变，超过32位，例如n位，按n%32处理。

11.3 综合案例

11.3.1 取整数指定位域

【例11-1】取一个整数a从右端开始的4 ~ 7位

问题及分析：

（1）先使a右移4位，目的是使要取出的那几位移到最右端（如图11-1所示）。右移到右端可以用如下方法实现：a >> 4。

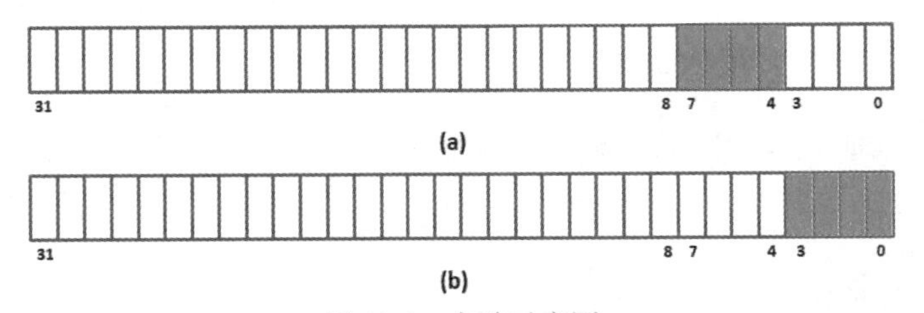

图11-1 右移示意图

（2）设置一个低4位全为1，其余全为0的数。可用如下方法实现：~ (~ 0 << 4)。

（3）将上面二者进行&运算，即：(a>>4) & ~ (~ 0<<4)。

根据上一节介绍的方法，与低4位为1的数进行&运算，就能将这4位保留下来。

程序代码：

```
//c11_1.c
#include <stdio.h>
int main()
{
```

扫一扫，看视频

```
    int a,b,c,d;
    scanf("%x",&a);          //假设输入十六进制数12345678
    b=a>>4;                  //b等于0x01234567
    c=~(~0<<4);              //c等于0x0000000F
    d=b&c;                   //高28位清0，留下低4位
   printf("%x\n",d);         //低4位是十六进制的7，二进制数为0111
   return 0;
}
```

运行结果：

```
12345678
7
```

具体的计算过程如图11-2所示。

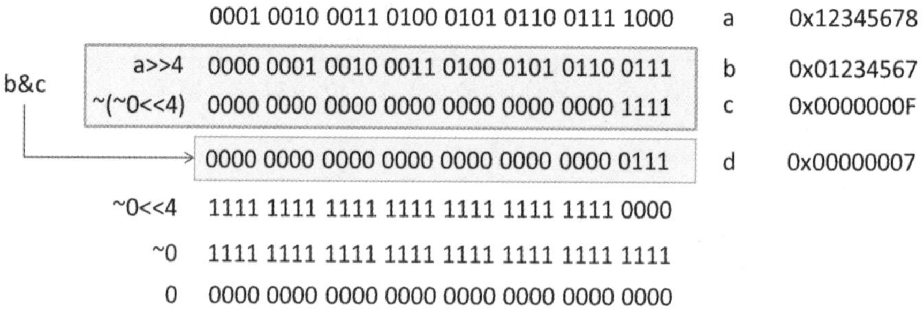

		0001 0010 0011 0100 0101 0110 0111 1000	a	0x12345678
b&c	a>>4	0000 0001 0010 0011 0100 0101 0110 0111	b	0x01234567
	~(~0<<4)	0000 0000 0000 0000 0000 0000 0000 1111	c	0x0000000F
→		0000 0000 0000 0000 0000 0000 0000 0111	d	0x00000007
	~0<<4	1111 1111 1111 1111 1111 1111 1111 0000		
	~0	1111 1111 1111 1111 1111 1111 1111 1111		
	0	0000 0000 0000 0000 0000 0000 0000 0000		

图 11-2　例 11-1 的计算过程示意图

11.3.2　单词首字母转换为大写

【例 11-2】单词首字母转换为大写，其他字母转换为小写

程序代码：

```
//c11_2.c
#include<stdio.h>
int main()
{
    char s[]="liming lihong wangjun wangping dingtao";
    int i;
    for(i=0;s[i]!='\0';i++)
        if(s[i]!=32)
            if(i==0 ||s[i-1]==32)
                s[i]=s[i]&0xDF;
            else
                s[i]=s[i]|0x20;
    printf("%s\n",s);
    return 0;
}
```

扫一扫，看视频

程序中0xDF相当于二进制的11011111，s[i]&0xDF相当于将高5位清0，等同于转换为大写；0x20相当于二进制的00100000，s[i]|0x20相当于将高5位置1，等同于转换为小写。

运行结果：

```
Liming Lihong Wangjun Wangping Dingtao
```

11.3.3 *汉字反显

【例 11-3】编写程序将汉字“语”反显

汉字“语”的点阵信息存储在程序的数组hz1中。每行3个整数，整数只表示低位1个字节的内容，其他高位为0。图形为24*24的点阵，每行3个整数的低位字节（共3个字节）正好表示字体的一行点阵（3*8=24），如图11-3所示。字节中的二进制位0表示空，1表示显示。程序显示部分用“中”打印出来。反显图形正好相反。

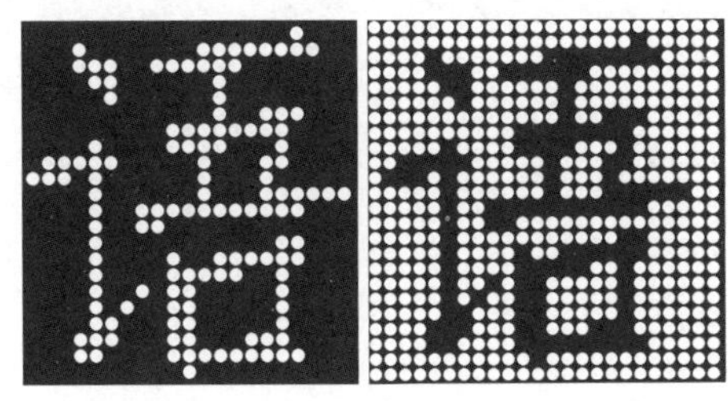

图 11-3　汉字“语”图及其反显图

由于字库中字体是倒立的，需要进行修正，修正后存储在hz2中。

程序代码：

```
//c11_3.c
//作者:Ding Yatao
//日期:2019年8月

#include<stdio.h>
int main()
{
    int hz1[24][3]=
    {
        0x00,0x00,0x00,0x00,0x20,0x00,0x00,0x60,0x00,
        0x00,0x60,0x00,0x30,0x40,0x0C,0x18,0xFF,0xFC,
        0x1C,0x40,0x18,0x00,0x00,0x20,0x00,0x0C,0x40,
        0x10,0x0C,0x00,0x11,0x89,0xFC,0x11,0x88,0xFE,
        0x31,0xF8,0x84,0x3F,0x89,0x84,0x31,0x09,0x84,
        0x21,0x09,0x0C,0x23,0x79,0x0C,0x23,0xDB,0xFC,
        0x62,0x1B,0x04,0x20,0x10,0x00,0x00,0x10,0x00,
        0x00,0x10,0x00,0x00,0x00,0x00,0x00,0x00,0x00
    };
    int hz2[24][24];
    int i,j,k,m,n;

    for(i=0; i<24; i++)
    {
        for(j=0; j<3; j++)
        {
            m=hz1[i][j];
            for(k=7; k>=0; k--)
```

```
                {
                    n=m>>k&0x01;
                    hz2[j*8+7–k][i]=n;
                }
            }
        }
        for(i=0; i<24; i++)
        {
            for(j=0; j<24; j++)
                if(hz2[i][j]==1)            //反显请将==改成!=
                    printf("●");            //●，中等全角字符,反显的时候用■
                else
                    printf("%c%c",32,32);
            printf("\n");
        }
        return 0;
    }
```

上面的程序通过位运算将指定二进制位移动到最低位，然后将其他高位清0。如：

```
m>>k&0x01
```

k从7到0，对应8个二进制位。

若有定义：

```
int mask[8]={128,64,32,16,8,4,2,1};
```

则上面的输出语句可以改成：

```
for(k=0;k<8;k++)
{
    if(m&mask[k]) hz2[j*8+7–k][i]=1;
    else hz2[j*8+7–k][i]=0;
}
```

若i循环改成:for(i=23;i>=0;i--)，将输出字体的投影。

若j循环改成:for(j=2;j>=0;j--)，k循环改成:for(k=7;k>=0;k--)，则输出水平反转字。

实际输出时，请将输出窗口的属性的字体改成点阵字体，大小为8*8。输出图形为正方形，比较美观。

实际应用中，可以读取汉字的点阵字库获取如上数组存储的信息(字模)。汉字字库大小、格式较多，除了点阵字库，还有矢量字库(记录笔画形状、字体轮廓)。单片机由于存储限制，可以使用外挂字库等，具体请参考相关资料。

其他汉字的字库请参考。

“言”：

```
0x00,0x00,0x00,0x00,0x00,0x00,0x02,0x00,0x00,0x02,0x00,0x00,0x02,0x00,0x00,0x02,0x00,0x00,0x02,0x48,0x0
0,0x06,0x4D,0xFF,0x06,0x4C,0x84,0x06,0x48,0x84,0x84,0x49,0x84,0xF4,0x49,0x84,0x74,0xC9,0x84,0x04,0xC9,0x
0C,0x04,0xD9,0x0C,0x04,0x99,0xFC,0x0C,0x9B,0xCC,0x0C,0x80,0x00,0x0C,0x00,0x00,0x0C,0x00,0x00,0x08,0x00,
0x00,0x08,0x00,0x00,0x00,0x00,0x00,0x00,0x00,0x00
```

“程”：

```
0x00,0x00,0x00,0x00,0x00,0x80,0x00,0x81,0x00,0x08,0x82,0x00,0x18,0x8C,0x00,0x11,0xB8,0x00,0x31,0xE0,0x0
C,0x3F,0xFF,0xFE,0x61,0x20,0x00,0xC1,0x30,0x04,0x03,0x00,0x04,0x00,0x08,0x8C,0x7F,0x98,0x8C,0x37,0xD8,0x8
8,0x21,0x19,0x88,0x21,0x1F,0xF8,0x21,0x11,0x08,0x23,0x11,0x08,0x7F,0x31,0x08,0x20,0x31,0x08,0x00,0x00,0x1
8,0x00,0x00,0x18,0x00,0x00,0x00,0x00,0x00,0x00
```

“序”：

```
0x00,0x00,0x00,0x00,0x00,0x02,0x00,0x00,0x0C,0x00,0x00,0x70,0x00,0x0F,0xC0,0x3F,0xFC,0x00,0x18,0x00,0x00
,0x18,0x04,0x00,0x19,0x0C,0x00,0x11,0x0C,0x00,0x11,0x08,0x04,0x91,0x48,0x06,0xF3,0x6C,0x07,0x73,0x7F,0xFF
,0x12,0x98,0x00,0x13,0x88,0x00,0x37,0x18,0x00,0x32,0x18,0x00,0x30,0x1E,0x00,0x20,0x18,0x00,0x20,0x30,0x0
0,0x00,0x00,0x00,0x00,0x00,0x00,0x00,0x00,0x00
```

如果直接读取汉字的点阵字库，程序将可以显示指定的汉字，代码修改如下：

程序代码：

```
//c11_3_2.c
//作者:Ding Yatao
//日期:2019年8月

#include<stdio.h>
unsigned char HzLib24[72];
int readHz24(char hz[3])
{
    FILE *fp;
    char filename[]="D:\\c\\HZK24F";        //点阵字库文件名HZK24F,见本书资源或自行下载
    unsigned char nHZquma;
    unsigned char nHZweima;
    int nOffset;
    fp=fopen(filename,"rb");
    if(fp==NULL) {
        printf("%s not found!\n",filename);
        return 1;
    }

    //区码=高字节-0xA0；位码=低字节-0xA0
   //汉字区位码的区码和位码的取值均在1~94之间
    nHZquma=hz[0]-0xA0;//计算机获得的是机内码
    nHZweima=hz[1]-0xA0;

    nOffset=(94*(nHZquma-16)+(nHZweima-1))*72; //24*24字库的取模方式
    fseek(fp,nOffset,0);
    fread(HzLib24,72,1,fp);
    fclose(fp);
    return 1;
}
int main()
{
    int hz[24][24]= {0};
    int i,j,k;
    int m,n;
    readHz24("语"); //指定汉字
    for(i=0; i<24; i++) {
        for(j=0; j<3; j++) {
            m=HzLib24[i*3+j];
            for(k=7; k>=0; k--) {
                n=m>>k&0x01;
                hz[j*8+7-k][i]=n;
            }
        }
    }
    for(i=0; i<24; i++) {
        for(j=0; j<24; j++)
            if(hz[i][j]==1)          //反显请将==改成!=
```

扫一扫，看视频

```
            printf("●");          //●，中等全角字符,反显的时候用■
        else
            printf("%c%c",32,32);
        printf("\n");
    }
    return 0;
}
```

11.3.4 字符串加密解密

位运算中异或运算有一个特点：两次异或会还原。利用这个特点可以实现简单的加密解密算法。请阅读下面的程序。

【例 11-4】字符串加密解密

程序代码：

扫一扫，看视频

```
//c11_4.c
//作者:Ding Yatao
//日期:2019年8月

#include<stdio.h>
void StringCrypt(char *s,char *password)
{
    char *p=s,*q=password;
    char c1,c2;
    while(*p!='\0')
    {
        c1=*p&0x07;              // 保留后3位 00000***
        c2=*p&0xF8;              // 保留前5位 *****000
        c1=c1^(*q&0x07);         // 后3位异或
        c1=c1&0x07;              // 清除前5位
        *p=c1|c2;                // 合并
        p++;q++;
        if(*q=='\0')q=password;          // 循环使用password字符
    }
}

int main()
{
    char s[]="C Programming.";
    char password[]="123456";
    StringCrypt(s,password);
    printf("%s\n",s);
    StringCrypt(s,password);
    printf("%s\n",s);
    return 0;
}
```

程序中将加密解密字符的后 3 位和password的后 3 位进行异或，实现了简单的加密解密。

运行结果：

```
B"Svjascnilhf,
C Programming.
```

之所以只计算后3位，主要是防止异或后变成不可显示字符。

程序中加密和解密的口令必须一致。如果需要增加加密解密强度，可以将异或的位数作为参数、插入临时的干扰字符字符等。这些问题留给读者思考。

11.3.5 计算网络主机地址

网络分类IP地址包含网络地址和主机号两个部分，如果需要分别计算得到网络地址和主机号，需要通过子网掩码。计算方法是将IP地址和掩码进行按位与运算，得到网络地址，与子网掩码的反码进行按位与运算，得到主机号。

【例11-5】计算网络主机地址

程序代码：

```
//c11_5.c
//作者:Ding Yatao
//日期:2019年8月

#include<stdio.h>
int getAddress(char *IP,char *Mask,char *Net,char *Host)
{
    int c[4],m[4],n[4],h[4];
    int i;
    sscanf(IP,"%d.%d.%d.%d",&c[0],&c[1],&c[2],&c[3]);                //提取IP地址，以.作为分隔符
    sscanf(Mask,"%d.%d.%d.%d",&m[0],&m[1],&m[2],&m[3]);      //提取掩码
    for(i=0;i<4;i++)
    {
        n[i]=c[i]&m[i];            //计算网络地址
        h[i]=c[i]&~m[i];           //计算主机号
    }
    sprintf(Net,"%d.%d.%d.%d\0",n[0],n[1],n[2],n[3]);
    sprintf(Host,"%d.%d.%d.%d\0",h[0],h[1],h[2],h[3]);

}
int main()
{
    char IP[3][16]={"210.10.19.235","129.20.30.216","110.11.11.210"};
    char Mask[3][16]={"255.255.255.128","255.255.0.0","255.128.0.0"};
    char Net[3][16],Host[3][16];
    int i;
    for(i=0;i<3;i++)
    {
        getAddress(IP[i],Mask[i],Net[i],Host[i]);
        printf("IP   :%s\n",IP[i]);
        printf("Mask :%s\n",Mask[i]);
        printf("Net  :%s\n",Net[i]);
        printf("Host :%s\n\n",Host[i]);
    }
    return 0;
}
```

扫一扫，看视频

运行结果：

```
IP   :210.10.19.235
```

```
Mask :255.255.255.128
Net  :210.10.19.128
Host :0.0.0.107

IP   :129.20.30.216
Mask :255.255.0.0
Net  :129.20.0.0
Host :0.0.30.216

IP   :110.11.11.210
Mask :255.128.0.0
Net  :110.0.0.0
Host :0.11.11.210
```

为了方便，程序中使用了sscanf()和sprintf()两个函数。与scanf()和printf()两个函数的区别在于，将输入输出从标准输入输出设备（键盘和屏幕）改成指定的字符串，字符串数组作为函数调用的第一个参数，其他参数类似。

显然，利用sscanf()和sprintf()两个函数的格式化输入输出功能，整型数据和字符串之间的转化就不用再单独编写代码了。

本章小结：

本章介绍的位运算在系统软件开发及将计算机用于检测和控制的领域中有重要应用，也是C语言的特色之一。本章要求读者重点掌握位运算符及其应用。

学好本章必须了解计算机内数据的组织与存储形式、二进制编码原理。

本章介绍的位运算包括按位与（&）、按位或（|）、按位异或（^）、按位取反（~）、左位移（<<）、右位移（>>）。

学好本章对今后计算机系统的编程很有好处。

CHAPTER 12 文件

学习目标：

- 了解文件的基本概念和用途
- 掌握文件指针的概念和文件指针变量的定义方法
- 掌握文件的读、写、定位等基本操作
- 掌握文件操作在程序设计中的应用方法

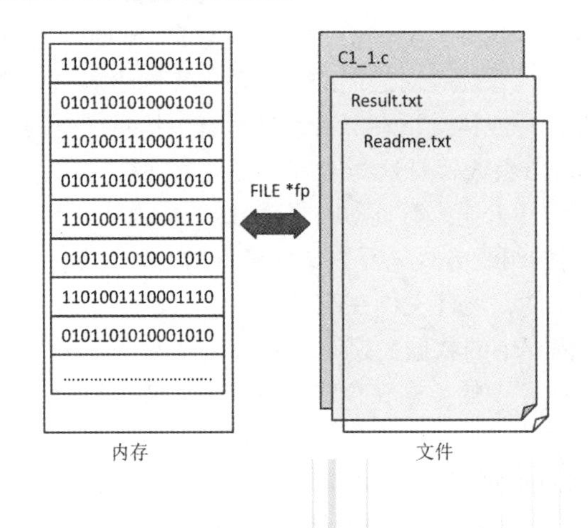

12.1 文件概述

12.1.1 文件的概念

所谓“文件”是指一组相关数据的有序集合。这个数据集有一个名称，叫做文件名。在前面的章节中已经多次使用了文件，例如，源程序文件(.c)、目标文件(.obj)、可执行文件(.exe)、库文件(.lib)、头文件(.h)等。文件通常是存放在外部介质(如硬盘、光盘、优盘等)上的，操作系统也是以文件为单位对数据进行管理的，每个文件都通过唯一的“文件标识”来定位，即文件路径和文件名，例如：

```
C:\11124019200101\program.c
```

其中C:\11124019200101是路径，program.c是文件名。

当需要使用文件的时候，需要将文件调入到内存中。

12.1.2 文件的分类

从不同的角度可对文件作不同的分类。

(1)从用户使用的角度看，文件可分为普通文件和设备文件两种。

普通文件指驻留在磁盘或其他外部介质上的一个有序数据集，可以是源文件、目标文件、可执行程序，也可以是一组待输入处理的原始数据，或者是一组输出结果。源文件、目标文件、可执行程序可称为程序文件，输入输出数据可称为数据文件。

设备文件指与主机相连的各种外部设备，如显示器、打印机、键盘等。在操作系统中，把外部设备也看作一个文件进行管理，对它们的输入输出等同于对磁盘文件的读和写。通常把显示器定义为标准输出文件，一般情况下在屏幕上显示有关信息就是向标准输出文件输出。如前面经常使用的printf、putchar函数就是这类输出。键盘通常被指定标准的输入设备，从键盘上输入就意味着从标准输入文件上输入数据。scanf、getchar函数就属于这类输入。

(2)从文件编码和数据的组织方式来看，文件可分为ASCII文件和二进制文件。

ASCII文件也称文本文件，这种文件在磁盘中存放时每个字符占一个字节，每个字节中存放相应字符的ASCII码。内存中的数据在存储时需要转换为ASCII码。

二进制文件则不同，内存中的数据在存储的时候不需要进行数据转换，存储介质上保存的数据形式与内存数据形式一致。

例如，int型数据12345的存储形式见表12-1。

表12-1　ASCII码与二进制存储的比较

ASCII 码	00110001	00110010	00110011	00110100	00110101	5个字节
二进制	00000000	00000000	00110000	00111001		4个字节

ASCII码的存储占用5个字节，而二进制存储占用4个字节，同内存中的格式。

ASCII码文件可在屏幕上按字符显示。例如，源程序文件就是ASCII文件，用记事本打开可显示文件的内容。由于是按字符显示，因此能读懂文件内容。所以采用ASCII码存储可被操作系统直接识别，但占用存储空间较多，同时要付出由内存的二进制形式转换为ASCII码的时间开销；用二进制存储则节省存储空间和转换时间，但一般不能直接识别。

事实上，C语言系统在处理这些文件时，并不区分类型，都看成是字节流，按字节进行处理。输入输出字节流的开始和结束只由程序控制而不受物理符号（如回车符）的控制。因此也把这种文件称为“流式文件”。

（3）从C语言对文件的处理方法进行分类。旧的C版本（如UNIX系统下使用的C语言）有两种对文件的处理方法：一种叫“缓冲文件系统”，另一种叫“非缓冲文件系统”。

缓冲文件系统是指系统自动地在内存区为每一个正在使用的文件名开辟一个缓冲区。从内存向磁盘输出数据必须先送到内存中的缓冲区，装满缓冲区后才一起送到磁盘去。如果从磁盘向内存读入数据，则一次从磁盘文件将一批数据输入到内存缓冲区（充满缓冲区），然后再从缓冲区逐个将数据送到程序数据区（给程序变量），缓冲区的大小由各个具体的C版本确定，一般为512个字节，如图12-1所示。

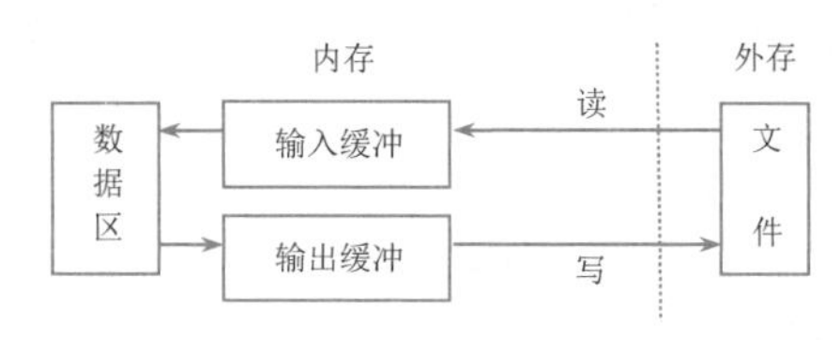

图 12-1　文件读写缓冲示意图

非缓冲文件系统是指系统不自动开辟确定大小的缓冲区，而由程序为每个文件设定缓冲区。

在UNIX系统下，用缓冲文件系统来处理文本文件，用非缓冲文件系统来处理二进制文件。用缓冲文件系统进行的输入输出又称为高级（或高层）磁盘输入输出，用非缓冲文件系统进行的输入输出又称为低级（或低层）输入输出。1983年ANSI C标准决定不采用非缓冲文件系统，而只采用缓冲文件系统。也就是说，用缓冲文件系统既可以处理文本文件，又可以处理二进制文件。本书主要讨论ANSI C的文件系统以及它们的输入输出操作。

12.2 文件操作

12.2.1 FILE 文件类型指针

在C语言程序中，无论是一般磁盘文件还是设备文件，都可以通过文件结构类型的数据集合进行输入输出操作。文件结构是由系统定义的，取名为FILE。有的C语言版本在stdio.h文件中有以下类型定义：

```
typedef struct
{
    short level;                 //缓冲区“满”或“空”的程度
    unsigned flags;              //文件状态标志
    char fd;                     //文件描述符
    unsigned char hold;          //无缓冲区，不读取字符
    short bsize;                 //缓冲区大小
    unsigned char *buffer;       //数据缓冲区位置指针
    unsigned char *curp;         //当前指针指向
    unsigned istemp;             //临时文件指示器
    short token;                 //用于有效性检查
}FILE;
```

有了FILE类型以后可以定义文件类型指针变量：

```
FILE *fp;
```

其中，fp是一个指向FILE类型结构的指针变量，可以通过该结构变量中的文件信息去访问文件。

如果有多个文件，一般应定义多个相应的指针变量，使它们分别指向对应的文件，以实现对不同文件的访问。当然这是对需要同时访问这些文件而言，同一指针变量通过对它的赋值也可以指向不同的文件。

C语言中的标准设备文件是由系统控制的，由系统自动打开和关闭，其文件结构指针由系统命名，用户无须说明即可直接使用。例如：

stdin　　标准输入文件（键盘）
stdout　标准输出文件（显示器）
stderr　　标准错误输出文件（显示器）

对文件进行操作之前必须“打开”文件，打开文件的作用实际上是建立该文件的信息结构，并且给出指向该信息结构的指针，以便对该文件进行访问。文件使用结束之后应该“关闭”该文件。文件的打开与关闭是通过调用fopen和fclose函数来实现的。

12.2.2　文件的打开操作

C语言用fopen()函数来实现文件的打开。fopen函数的调用方式一般为：

```
FILE *fp;
fp=fopen(文件名,文件使用方式);
```

例如：

```
fp=fopen("result.txt","r");
```

它表示要打开名为result.txt的文件，文件使用方式为“读入”，fopen函数返回指向result.txt文件的指针并赋给fp，这样fp就与文件result.txt建立联系了，或者说fp指向result.txt文件。文件使用方式可以是表12-2中的任一项。

表 12-2　文件使用方式标识符

文件使用方式		含义
"r"	（只读，文本）	以只读方式打开一个已有的文本文件
"w"	（只写，文本）	以只写方式建立一个新的文本文件。如果该文件已存在，则将它删去，然后重新建立一个新文件
"a"	（追加，文本）	以添加方式打开一个文本文件，在文件末尾添加。如果该文件不存在，则建立一个新文件后再添加
"rb"	（只读，二进制）	以只读方式打开一个已有的二进制文件
"wb"	（只写，二进制）	以只写方式打开一个二进制文件
"ab"	（追加，二进制）	以添加方式打开一个二进制文件
"r+"	（读写，文本）	以读写方式打开一个已有的文本文件
"w+"	（读写，文本）	以读写方式建立一个新的文本文件
"a+"	（读写，文本）	以读写方式打开一个文本文件，在文件末尾添加和修改，如果文件不存在，则建立一个新文件后再添加和修改
"rb+"	（读写，二进制）	以读写方式打开一个已有的二进制文件
"wb+"	（读写，二进制）	以读写方式建立一个新的二进制文件
"ab+"	（读写，二进制）	以读写方式打开一个二进制文件

注意：

(1) 用以上方式可以打开文本文件或二进制文件，这是ANSI C的规定，即用同一种缓冲文件系统来处理文本文件和二进制文件。但目前使用的有些C编译系统可能不完全提供所有这些功能(例如有的只能用"r"、"w"、"a"方式)，有的C版本不用"r+"、"w+"、"a+"而用"rw"、"wr"、"ar"等，请注意所用系统的规定。

(2) 如果不能实现“打开”的任务，fopen函数会返回一个出错信息。出错的原因可能是：用"r"方式打开一个并不存在的文件；磁盘出故障；磁盘已满，无法建立新文件等。此时fopen函数将带回一个空指针值NULL（NULL在stdio.h文件中已被定义为0）。

下面是常见的打开一个文件的方法：

```
if((fp=fopen("filename","r")) == NULL)
{
  printf("cannot open this file.\n");
  exit(0);
}
```

先检查打开文件有无出错，如果有错就在终端上输出“cannot open this file”。exit函数的作用是关闭所有文件，终止正调用的过程。待程序员检查出错误，修改后再运行。

(3) 用"w"方式打开文件时，只能从内存向该文件输出(写)数据，而不能从文件向内存输入数据。如果该文件原来不存在，则打开时按指定文件名建立一个新文件。如果原来的文件已经存在，则打开时将文件删空，然后重新建立一个新文件，所以务必小心。

用"a"方式打开文件时，向文件的尾部添加新数据，文件中原来的数据保留，但要求文件必须存在，否则会返回出错信息。打开文件时，文件的位置指针在文件末尾。

用'r+"、"w+"、"a+"方式打开文件时，既可以输入也可以输出，不过3种方式是有区别的："r+"方式要求文件必须存在；"w+"方式建立新文件后进行读写；"a+"方式保留文件原有的数据，进行追加或读的操作。

在用文本文件向计算机输入时，应将回车和换行两个字符转换为一个换行符；在输出时，应将换行符转换为回车和换行两个字符。在用二进制文件时，不需要进行这种转换，因为内存中的数据形式与输出到外部文件中的数据形式完全一致，一一对应。这种转换在有的系统上是不需要的。

在程序开始运行时，系统自动打开3个标准文件：标准输入、标准输出、标准出错输出。通常这3个文件都与终端相联系。因此以前我们所用到的从终端输入或输出，都不需要打开终端文件。系统自动定义了3个文件指针stdin、stdout和stderr，分别指向终端输入、终端输出和标准出错输出(也从终端输出)。如果程序中指定要从stdin所指的文件输入数据，就是指从终端键盘输入数据。

在对文件进行操作时必须遵守打开方式的约定，否则会出错。例如以"r"方式打开，却要向文件中写入数据，会导致程序出错。另外要注意对原有文件的保护，如果原有数据需要保留，就不能用"w"或"w+"方式打开，否则将丢失原有的数据。

12.2.3 文件的关闭操作

文件在使用完后应该及时关闭它，以防止它再被误用。“关闭”就是释放文件指针，系统会自动处理缓存数据。释放后的文件指针变量不再指向该文件，为自由的文件指针。这种方式可以避免文件中的数据丢失。释放指针后不能再通过该指针对原对应的文件进行读写操作，除非再次用该指针变量打开该文件。

用fclose函数关闭文件。fclose函数调用的一般形式为：

fclose(文件指针);

例如：

```
fclose(fp);
```

用fopen函数打开文件时所带回的指针赋给fp，把该文件关闭。

应该养成关闭不用文件的习惯，程序结束前应该保证所有操作文件均被关闭，如果不关闭将可能丢失数据。关闭文件的语句通常放在对文件的操作完成之后，也可以放在程序结束之前。由于在向文件写数据时，数据先被输送到缓冲区，待缓冲区充满后才正式输出给文件。如果数据未充满缓冲区而程序结束运行，缓冲区中的数据就会丢失。用fclose函数关闭文件，可以避免这种情况发生，它先把缓冲区中的数据输出到磁盘文件，然后才释放文件指针变量。

如果文件关闭成功，fclose函数的返回值为0；如果关闭出错，则返回值为EOF（-1）。这可以用ferror函数来测试。

12.2.4 文件的读写操作

1. 字符读写函数

（1）字符输入函数fgetc。从指定文件读入一个字符，该文件必须是以读或读写方式打开的。fgetc函数的调用形式为：

ch=fgetc(fp);

说明：fp为文件型指针变量，ch为字符变量。

功能：从fp指向的文件中读取一个字符并赋给变量ch。

如果在执行fgetc读字符时遇到文件结束符或出错，则函数返回一个文件结束标志EOF（-1）。当形参fp为标准输入文件指针stdin时，则读文件字符函数fgetc(stdin)与终端输入函数getchar()具有完全相同的功能。读者可以查看stdio.h文件，其中有：

```
#define getc(_stream)    (--(_stream)->_cnt >= 0? 0xff & *(_stream)->_ptr++ : _filbuf(_stream))
#define getchar()        getc(stdin)
```

【例 12-1】显示文本文件readme.txt的内容

程序代码：

```
//c12_1.c
#include <stdio.h>
#include <stdlib.h>                    //使用了exit函数

int main()
{
    FILE *fp;
    char ch;
    if((fp=fopen("readme.txt","r"))==NULL)
    {
        printf("file open error.\n");
        exit(0);
    }
    while((ch=fgetc(fp))!=EOF)        //EOF是文本文件结束标志，相当于-1
        putchar(ch);
```

```
    fclose(fp);
    return 0;
}
```

在命令行下运行（假设文件d:\c\readme.txt已经存在）：

```
C:\Users\Administrator>D:
D:\>cd \c
D:\c\>c12_1
1234567
D:\c>
```

在界面中输入：

```
D:            // 改变当前磁盘到 D 盘
cd \c         // 改变当前路径到 d:\c
c12_1         // 运行编译连接后的程序 c12_1.exe
```

该程序完成从一文件名为readme.txt的磁盘文件中顺序读取字符，并在标准输出设备显示器上输出。

文本文件的结束标志是EOF（-1）。二进制文件中的数据，某一个字节的值可能是-1，而这又恰好是EOF的值，所以上述程序只适合处理文本文件。ANSI C已允许用缓冲区文件系统处理二进制文件，为了解决上述问题，ANSI C提供了一个feof函数来判断文件是否真的结束。feof(fp)用来测试fp所指向的文件当前状态是否为"文件结束"。如果是文件结束，函数feof(fp)的值为1（真），否则为0（假）。

如果想顺序读取一个二进制文件的数据，将上面的程序修改为：

```
ch=fgetc(fp);
while(!feof(fp))       // 相当于while(feof(fp)==0)
{
  putchar(ch);
  ch=fgetc(fp);
}
…
```

feof(fp)的值为0时表示未到文件尾，feof(fp)的值为1时表示到达文件尾，所以!feof(fp)相当于feof(fp)==0。fgetc读取一个字节的数据赋给字符变量ch（当然可以接着对这些数据进行所需的处理）。直到遇文件结束，feof(fp)的值为1，!feof(fp)的值为0，退出while循环。

上面的程序对于文本文件这种方法也适用。

（2）字符输出函数fputc。fputc函数把一个字符输出到磁盘文件上。其一般形式为：

fputc(ch,fp);

说明：ch是要输出的字符，它可以是一个字符常量，也可以是一个字符变量。fp是文件指针变量，通常它从fopen函数得到返回值。

功能：将字符（ch的值）输出到fp所指向的文件上。如果输出成功，函数返回值是输出的字符；如果输出失败，则返回EOF（-1）。同样，fputc(ch,stdout)的作用是将ch的值在显示器上输出，与函数putchar(ch)的功能完全相同。

【例12-2】从键盘上输入的字符代码顺序存入名为result.txt的磁盘文件中

下面的程序实现从键盘上输入的字符代码顺序存入名为"result.txt"的磁盘文件中，当按Ctrl+Z键时关闭文件，输入结束。注意有的系统需要先回车换行再按Ctrl+Z键。

程序代码：

```
//c12_2.c
#include <stdio.h>
#include <stdlib.h>

int main()
{
    FILE *fp;
    int ch;
    if((fp=fopen("result.txt","w"))==NULL)
    {
        printf("file created error.\n");
        exit(0);
    }
    do
    {
        ch=getchar();           //先输入字符再写到文件中
        fputc(ch,fp);
    } while(ch!=EOF);
    fclose(fp);
    return 0;
}
```

键盘的组合键操作Ctrl+Z可以输入-1。

在命令行下的运行结果：

```
D:\c\>c12_2
ABCDEFG
^Z

D:\c>type result.txt
ABCDEFG

D:\c>
```

【例 12-3】利用fgetc和fputc函数将文本文件readme.txt复制到result.txt中

程序代码：

```
//c12_3.c
#include <stdio.h>
#include <stdlib.h>

int main()
{
    FILE *fp1,*fp2;
    char ch;
    if((fp1=fopen("readme.txt","r"))==NULL)
    {
        printf("file1 openned error.\n");
        exit(0);
    }
    if((fp2=fopen("result.txt","w"))==NULL)
    {
        printf("file2 created error.\n");
```

```
        exit(0);
    }
    while((ch=fgetc(fp1))!=EOF)        //读取文件fp1的内容到ch
        fputc(ch,fp2);                 //将ch写到文件fp2中
    fclose(fp1);
    fclose(fp2);
    return 0;
}
```

运行结果：

在命令行下，直接输入：c12_3<回车>

```
D:\c\c12_3< 回车 >
```

2. 字符串读写函数

（1）读文件字符串函数fgets。从指定文件读入一个字符串，该文件必须是以读或读写方式打开的。fgets函数的调用形式为：

fgets(str,n,fp);

说明：参数str可以是一个字符型数组名或指向字符串的指针；参数n为读取的最多的字符个数；参数fp为要读取文件的指针。

功能：从fp指定的文件中读取长度不超过n-1个字符的字符串，并将该字符串放到字符数组str中。读取成功，函数返回字符数组str的首地址；如果文件结束或出错，则返回NULL。读取操作遇到以下情况结束：

- 已经读取了n-1个字符。
- 当前读取到的字符为回车符。
- 已读取到文件末尾。

注意：

1）使用该函数时，从文件读取的字符个数不会超过n−1个，这是由于在字符串尾部还需自动追加一个'\0'字符，这样读取的字符串在内存缓冲区正好占有n个字节。

2）如果从文件中读取到回车符时，也作为一个字符送入由str所指的内存缓冲区，然后再向缓冲区送入一个'\0'字符。

3）fgets()函数在使用stdin作为fp参数时与gets()函数的功能有所不同：gets()函数把读取到的回车符转换成'\0'字符，而fgets()函数把读取到的回车符作为字符存储，然后在末尾追加'\0'字符。

假设文件readme.txt的内容如下：

1	2	3	4	5	6	7	8	\n	1	2	3	4	5	EOF

设有数组char str[8];，文件指针fp指向readme.txt，读写位置指向字符c。

运行语句fgets(str,8,fp);后，str的内容为：

1	2	3	4	5	6	7	\0

再次运行fgets(str,8,fp);后，str的内容为：

8	\n	\0					

第三次运行fgets(str,8,fp);后，str的内容为：

1	2	3	4	5	\0		

（2）字符串输出函数fputs。fputs函数把一个字符串输出到磁盘文件上。其一般形式为：

```
fputs(str,fp);
```

说明：str可以是指向字符串的指针或字符数组名，也可以是字符串常量；fp为指向写入文件的指针。

功能：将由str指定的字符串写入fp所指向的文件中。

注意：

1）与fgets()函数在输入字符串时末尾自动追加'\0'字符的特性相对应，fputs()函数在将字符串写入文件时，其末尾的'\0'字符自动舍去。

2）当fputs()函数使用stdout作为fp参数时，即fputs(str,stdout)与puts(str)在功能上有所不同：fputs()舍弃输出字符串末尾加入的'\0'字符，而puts()把它转换成回车符输出。

正常操作时，返回值为写入的字符个数；出错时，返回值为EOF（–1）。

【例12-4】将键盘输入的若干行字符存入磁盘文件result.txt中

程序代码：

```
//c12_4.c
#include <stdio.h>
#include <string.h>                    //使用了strlen函数
#include <stdlib.h>

int main()
{
    FILE *fp;
    char str[101];
    if((fp=fopen("result.txt","w"))==NULL)
    {
        printf("file created error.\n");
        exit(0);
    }
    while(strlen(gets(str))>0)
    {
        fputs(str,fp);
        fputs("\n",fp);
    }
    fclose(fp);
    return 0;
}
```

扫一扫，看视频

运行结果：

```
D:\c\>c12_4
ABCDEFG
1234567
^Z

D:\c>type result.txt
ABCDEFG
1234567

D:\c>
```

注意，输入1234567后回车换行，再回车，输入空行，程序退出。

【例12-5】利用fgets和fputs函数将文本文件readme.txt 复制到result.txt中

程序代码：

```
//c12_5.c
#include <stdio.h>
#include <stdlib.h>

int main()
{
    FILE *fp1,*fp2;
    char str[20];
    if((fp1=fopen("readme.txt","r"))==NULL)
    {
        printf("file1 openned error.\n");
        exit(0);
    }
    if((fp2=fopen("result.txt","w"))==NULL)
    {
        printf("file2 created error.\n");
        exit(0);
    }
    while(fgets(str,20,fp1)!= NULL)      //读取文件fp1的内容到字符串str中
        fputs(str,fp2);              //将字符串str写到文件fp2中
    fclose(fp1);
    fclose(fp2);
    return 0;
}
```

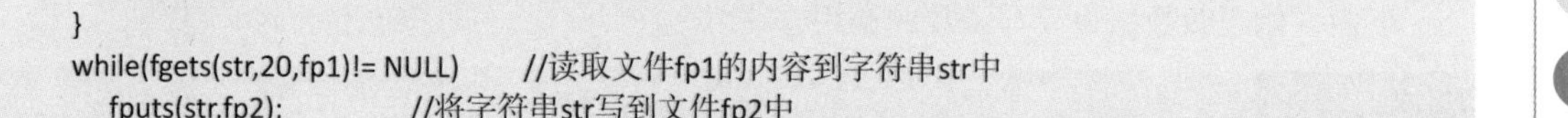

扫一扫，看视频

运行结果：

在命令行下，直接输入:c12_5<回车>

```
D:\c\c12_5< 回车 >
```

3. 数据块读写函数

(1)文件数据块读函数fread。fread函数用来从指定文件中读取一个指定字节的数据块。它的一般调用形式为：

fread(buffer,size,count,fp);

说明:buffer为读入数据在内存中存放的起始地址;size为每次要读取的字符数;count为要读取的次数;fp为文件类型指针。

功能：在fp指定的文件中读取count次数据项(每次size个字节)存放到以buffer所指的内存单元地址中。

注意：

1)当文件以二进制形式打开时，fread函数就可以读取任何类型的信息。例如：

```
fread(array,4,5,fp);
```

其中，array为一个实型数组名，一个实型量占4字节。该函数从fp所指的数据文件中读取5次4字节的实型数据，存储到数组array中。

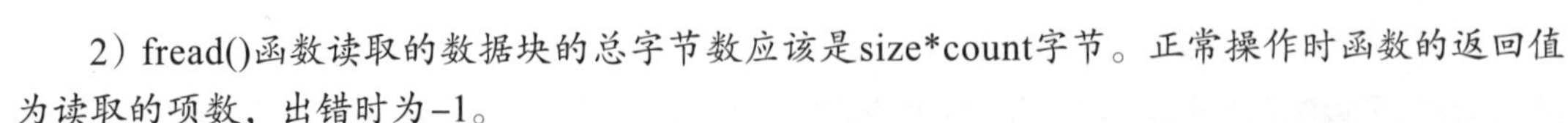

2）fread()函数读取的数据块的总字节数应该是size*count字节。正常操作时函数的返回值为读取的项数，出错时为-1。

（2）文件数据块写函数fwrite。fwrite函数用来将数据输出到磁盘文件上。它的一般调用形式为：

fwrite(buffer,size,count,fp);

说明：buffer为输出数据在内存中存放的首地址；size为每次要输出到文件中的字节数；count为要输出的次数；fp为文件类型指针。

功能：将从buffer为首地址的内存中取出count次数据项（每次size个字节）写入fp所指的磁盘文件中。

注意：

1）当文件以二进制形式打开时，fwrite函数就可以写入任何类型的信息。例如：

```
fwrite(array,2,10,fp);
```

其中，array为一个整型数组名，一个整型量占2字节。该函数将整型数组中10个2字节的整型数据写入由fp所指的磁盘文件中。

2）与fread()函数一样，写入的数据块的总字节是size*count字节。正常操作时返回值为写入的项数，出错时返回值为-1。

下面举例说明数据块读写函数的调用方法。

【例12-6】编程从键盘输入3个学生的数据，存入到文件result.dat中，然后读出并显示在屏幕上

程序代码：

```
//c12_6.c
#include <stdio.h>
#include <stdlib.h>

#define SIZE 3

struct student
{
    int no;
    char name[20];
    int age;
} stud[SIZE],fout;

void student_save()
{
    int i;
    FILE *fp;
    if((fp=fopen("result.dat","wb"))==NULL)
    {
        printf("file created error.\n");
        return;
    }
    for(i=0; i<SIZE; i++)
    {
        if(fwrite(&stud[i],sizeof(struct student),1,fp) != 1)
            printf("file write error.\n");
```

```
    }
    fclose(fp);
}
void student_display()
{
    FILE *fp;
    int i;
    if((fp=fopen("result.dat","rb"))==NULL)
    {
        printf("file openned error.\n");
        return;
    }
    printf("No.\t\tName\tAge \n");
    while(fread(&fout,sizeof(fout),1,fp))
        printf("%4d%20s%4d\n",fout.no,fout.name, fout.age);
    fclose(fp);
}
int main()
{
    int i;
    for(i=0; i<SIZE; i++)
    {
        printf("Please input student %d:",i+1);
        scanf("%d%s%d",&stud[i].no,stud[i].name,&stud[i].age);
    }
    student_save();
    student_display();
    return 0;
}
```

运行结果：

```
D:\c\>c12_6
Please input student 1:1 WangPing 18
Please input student 2:2 LiHong 19
Please input student 3:3 GuYu 20
No.      Name      Age
  1     WangPing   18
  2     LiHong     19
  3     GuYu       20

D:\c>
```

4. 格式化输入输出函数fprintf函数和fscanf函数

前面的章节介绍的printf函数和scanf函数适用于标准设备文件，读写对象是终端。fprintf函数、fscanf函数也是格式化读写函数，但读写对象是磁盘文件。

（1）格式化输入函数fscanf。函数调用的格式为：

fscanf(fp,格式控制串,输入列表);

说明：fp是指向要读取文件的文件型指针，格式控制串与输出列表同scanf函数。

功能：从fp指向的文件中，按格式控制串中的控制符读取相应数据赋给输入列表对应的变量地址中。

例如：

```
fscanf(fp,"%d,%f",&a,&f);
```

该语句完成从指定的磁盘文件中读取ASCII字符，并按"%d"和"%f"格式转换成二进制形式的数据，赋给变量a,f。

（2）格式化输出函数fprintf。函数调用的格式为：

fprintf(fp,格式控制串,输出列表);

说明：fp是指向要写入文件的文件型指针，格式控制串与输出列表同printf函数。

功能：将输出列表中的各个变量或常量，依次按格式控制串中的控制符说明的格式写入fp指向的文件中。

用fprintf和fscanf函数对磁盘文件读写时，使用方便，容易理解，但由于在输入输出时要进行ASCII码和二进制的转换，时间开销大，因此，在内存与磁盘频繁交换数据的情况下，最好不用fprintf和fscanf函数，而用fread和fwrite函数。

5. 其他读写函数

（1）字（整数）输入输出函数getw和putw。putw和getw函数用来对磁盘文件读写一个字（整数）。例如：

```
putw(100,fp);
```

它的作用是将整数100输出到fp所指的文件，而

```
i=getw(fp);
```

的作用是从磁盘文件中读一个整数到内存，赋给整型变量i。

（2）读写其他类型数据。对于系统没有提供对应的函数的，或者提供的函数不能方便地完成读写操作时，这种情况下，用户可以自定义读写函数，这样的函数具有很好的针对性。

例如，定义一个向磁盘文件写一个float型数据（用二进制方式）的函数putfloat：

```
putfloat(float f, FILE *fp)
{
    char *s;
    int i;
    s=&f;
    for(i=0;i<4;i++)
        putc(s[i],fp);
}
```

12.3 文件的定位

文件中有一个位置指针，指向当前读写的位置。顺序读写文件，每次读写一个字符，则读写完一个字符后，该位置指针自动移动，指向下一个字符位置。

如果需要对文件进行随机读写时，需要使用由C语言提供的文件定位函数来实现。

12.3.1 置文件位置指针于文件开头位置的函数 rewind

rewind()函数的一般调用形式为：

rewind(fp);

说明：fp是指向由fopen函数打开的文件指针。

功能：使位置指针重新返回文件的开头，此函数没有返回值。

【例12-7】有一磁盘文件readme.txt，首先将其内容显示在屏幕上，然后把它复制到另一文件result.txt上

程序代码：

```
//c12_7.c
#include <stdio.h>
#include <stdlib.h>

int main()
{
    FILE *fp1,*fp2;
    if((fp1=fopen("readme.txt","r"))==NULL)
    {
        printf("file opened error.\n");
        exit(0);
    }
    if((fp2=fopen("result.txt","w"))==NULL)
    {
        printf("file created error.\n");
        exit(0);
    }
    while(!feof(fp1))
        putchar(fgetc(fp1));
    rewind(fp1); //重置文件位置指针至文件头
    while(!feof(fp1))
        fputc(fgetc(fp1),fp2);
    fclose(fp1);
    fclose(fp2);
    return 0;
}
```

扫一扫，看视频

在命令行下的运行结果：

```
D:\c\c12_7
1234567
D:\c\type result.txt
1234567
```

当文件内容第一次显示在屏幕上后，文件readme.txt的位置指针已指到文件末尾，feof的值为非0（真）。执行rewind函数，使文件的位置指针重新定位于文件开头，并使feof函数的值恢复为0（假）。

12.3.2 改变文件位置指针位置的函数 fseek

对于磁盘文件，顺序读写操作可以按照文件位置指针的自动下移来完成，但是需要随机读写时必须能控制文件位置指针的移动，将文件位置指针移到需要读写的位置上。C语言提供的fseek函数就是用来改变文件位置指针的。

fseek函数的调用形式为：

fseek(fp,offset, whence);

说明：fp为指向当前文件的指针；offset为文件位置指针的位移量，指以起始位置为基准值向前移动的字节数，要求offset为long型数据；whence为起始位置，用整型常量表示，ANSI C

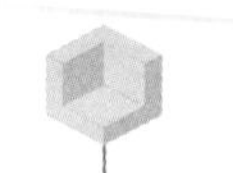

规定该值必须是0、1或2之一，它们表示3个符号常数，在stdio.h中的定义如表12-3所示。

表 12-3 文件的 whence 值

名称	值	起始位置
SEEK_SET	0	文件开头
SEEK_CUR	1	文件当前位置
SEEK_END	2	文件末尾

具体的预处理命令是：

```
#define SEEK_CUR    1
#define SEEK_END    2
#define SEEK_SET    0
```

功能：将文件位置指针移到由起始位置（whence）开始、位移量为offset的字节处。如果函数读写指针移动失败，返回值为-1。

fseek函数一般用于二进制文件，因为文本文件要发生字符转换，计算位置时往往会发生混乱。

下面是fseek函数调用的几个例子：

```
fseek(fp,100L,0);     // 将位置指针移到离文件头 100 个字节处
fseek(fp,50L,1);      // 将位置指针移到离当前位置 50 个字节处
fseek(fp,-20L,2);     // 将位置指针从文件末尾处向后退 20 个字节
```

注意偏移量为长整型，如100L。

利用fseek函数就可以实现随机读写。

12.3.3 取得文件当前位置的函数 ftell

ftell函数的作用是得到流式文件中的当前位置，用相对于文件开头的位移量来表示。由于文件中的位置指针经常移动，往往不容易辨清其当前位置，用ftell函数可以得到当前位置。如果ftell函数的返回值为-1L，则表示出错。例如：

```
if(ftell(fp)==-1L)
    printf("error\n");
```

12.3.4 文件的错误检测

C标准提供一些检测输入输出函数调用中的错误的函数。

1. 文件读写错误检测函数

在调用各种输入输出函数（如fputc、fgetc、fread、fwrite等）时，如果出现错误，则除了函数返回值有所反映外，还可以用ferror函数检查，它的一般调用形式为：

    ferror(fp);

如果ferror的返回值为0（假），则表示未出错。如果返回一个非0值，则表示出错。应该注意，对同一个文件，每一次调用输入输出函数均产生一个新的ferror函数值，因此，应当在调用一个输入输出函数后立即检查ferror函数的值，否则信息会丢失。

在执行fopen函数时，ferror函数的初始值自动置0。

2. 清除文件错误标志函数

clearerr函数的作用是使文件错误标志和文件结束标志置0。假设在调用一个输入输出函数时出现错误，ferror函数值为一个非0值。在调用clearerr(fp)后，ferror(fp)的值变成0。

只要出现错误标志，就一直保留，直到对同一文件调用clearerr函数或rewind函数，或者调用任何其他一个输入输出函数。

12.4 综合案例

12.4.1 文件合并

【例12-8】编程将命令行中指定的文本文件的内容追加到另一个文件之后

问题及分析：

将一个文件的内容追加到另外一个文件，两个文件的打开方式应该分别是"a"和"r"，用fgetc读取字节，用fputc写入字节即可。

程序代码：

```
//c12_8.c
#include <stdio.h>
#include <stdlib.h>

int main(int argc ,char *argv[])
{
    FILE *fp1,*fp2;
    int ch;
    if(argc !=3 )
    {
        printf("Usage: Command Filename1 Filename2\n");
        exit(0);
    }
    if((fp1=fopen(argv[1], "r")) == NULL)
    {
        printf("Can not open file %s\n",argv[1]);
        exit(1);
    }
    if((fp2=fopen(argv[2], "a")) == NULL)       //以追加的方式打开文件
    {
        printf("Can not open file %s\n",argv[2]);
        exit(1);
    }
    fseek(fp2,0L,SEEK_END);                     //定位到文件尾
    while((ch=fgetc(fp1)) != EOF)
        fputc(ch,fp2);
    fclose(fp2);
    fclose(fp1);
    return 0;
}
```

程序编译后，运行方式是在命令行输入以下内容：

```
C:\Users\Administrator>D:
D:\>cd \c
D:\c\>type f1.txt
1234567
D:\c\>type f2.txt
ABCDEFG

D:\c\>c12_8 1.txt 2.txt

D:\c>type f2.txt
ABCDEFG
1234567
D:\c>
```

c12_8对应编译后的可执行文件c12_8.exe，f1.txt、f2.txt是两个文件名，后者将追加到前者的内容之后。

f1.txt的内容是1234567，f2.txt的原始内容是ABCDEFG，运行：

```
c12_8 f1.txt f2.txt
```

后，f2.txt的内容变成：

```
ABCDEFG
1234567
```

在界面中输入：

```
D:            // 改变当前磁盘到 D 盘
cd c            // 改变当前路径到 d:\c
type f1.txt         // 显示 f1.txt 文本文件的内容
type f2.txt         // 显示 f2.txt 文本文件的内容
```

用命令行运行程序的方法请参考第7章的main函数部分。

12.4.2 文件定位读取

【例12-9】演示随机定位读取文件

程序代码：

```
//c12_9.c
//作者:Ding Yatao
//日期:2019年8月

#include<stdio.h>
#include<string.h>
#include<stdlib.h>
struct  student
{
    char name[10];
    int age;
    char sex[3];
    char birthday[11];
};
typedef  struct student STUDENT;
```

```
char buf[20];
int age;
#define RandName(s,n)     sprintf(buf,"%s%d",firstname[x##s],x##n)
#define RandBirthday(n1,n2,n3)  sprintf(buf,"%4d-%02d-%02d",x##n1,x##n2,x##n3)
#define RandSex(n)   do{ \
        if(n%2==0) strcpy(buf,"男"); else strcpy(buf,"女");\
    }while(0)

int CreateFile(char *filename)
{
    int i,randnumber;
    FILE *fp;
    char *firstname[5]= {"张","王","李","孙","丁"};
    STUDENT stud;
    int x1,x2,x3;

    if((fp=fopen(filename,"wb"))==NULL)
    {
        printf("Write File Error.\n");
        return 0;
    }
    srand((unsigned)time(NULL));
    for(i=1; i<=10; i++)
    {
        x1 = rand()%5;                //随机姓的序号
        x2=i;
        RandName(1,2);
        strcpy(stud.name,buf);
        stud.age=rand()%5+20;     //随机年龄
        x1=2000+rand()%10;        //随机年
        x2=rand()%12+1;           //随机月
        x3=rand()%28+1;           //随机日
        RandBirthday(1,2,3);
        strcpy(stud.birthday,buf);
        RandSex(rand());          //随机性别
        strcpy(stud.sex,buf);
        fwrite(&stud,sizeof(STUDENT),1,fp);
    }
    fclose(fp);
    return 1;
}
int main()
{
    int i;
    FILE *fp;
    STUDENT stud;
    if(CreateFile("student.txt")==0) return;
    if((fp=fopen("student.txt","rb"))==NULL)
    {
        printf("File Open Error.\n");
        return;
    }
    for(i=0; i<10; i++)
    {
        fseek(fp,i*sizeof(STUDENT),SEEK_SET);
        fread(&stud,sizeof(STUDENT),1,fp);
        printf("%10s%4d%4s%11s\n",stud.name,stud.age,stud.sex,stud.birthday);
```

```
    }
    fclose(fp);
    return 0;
}
```

运行结果(随机):

```
D:\c\c12_9
    李 1 23 女 2000-01-28
    孙 2 23 女 2005-12-28
    孙 3 22 男 2009-09-07
    张 4 23 女 2007-11-22
    张 5 20 女 2007-05-27
    孙 6 21 男 2004-12-15
    孙 7 24 女 2008-02-01
    丁 8 24 男 2000-05-14
    孙 9 20 女 2006-07-21
   张 10 21 女 2005-06-24
```

分析:

程序中定义了生成姓名、生日、性别的宏，结合随机数创建一些有区别的数据，例如:

```
RandName(1,2);
```

将会被宏替换成:

```
sprintf(buf,"%s%d",firstname[x1],x2)
```

程序中的随机算法还是比较简单的，可以利用这些数据编写其他测试程序，读者需要的话，可以进一步改进随机算法，使数据更具有一般性。

本章小结:

文件是C语言的重要内容。C语言通过库函数操作文件。

本章的主要内容包括:

(1)文件的基本概念，包括分类、输入输出的基本概念、文件的基本操作形式及特点、文件类型指针等。

(2)常用的文件操作库函数，包括fopen、fclose、fgetc、fputc、fgets、fputs、fread、fwrite、fprintf、fscanf、feof、ferror、clearerr、fseek、rewind、ftell等。

(3)文件操作的基本方法，包括读写文本文件和二进制文件、追加操作等。

(4)文件的顺序读写和随机读写。

学习和掌握本章的内容，首先要理解文件的组织形式，在学会打开和关闭的基本操作后，逐步学会如何读写文件的内容，再结合实际需求对文件进行各种形式的操作。在这些操作中关键要控制文件指针的位置，这样才能实现准确的读写操作。

不同形式的读写函数在不同场合具有不同的效能，需要根据实际选用。

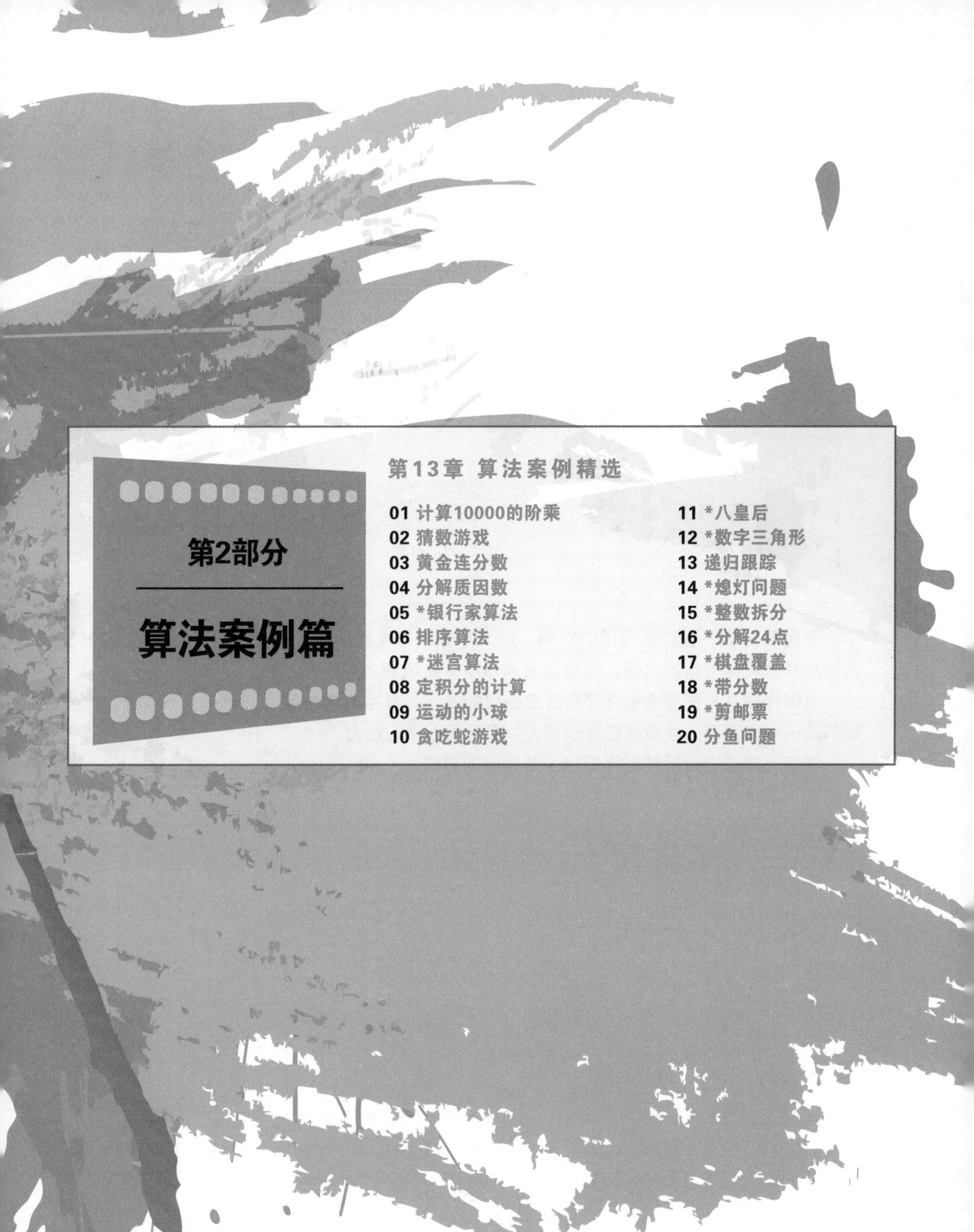

第2部分

算法案例篇

第13章 算法案例精选

01 计算10000的阶乘
02 猜数游戏
03 黄金连分数
04 分解质因数
05 *银行家算法
06 排序算法
07 *迷宫算法
08 定积分的计算
09 运动的小球
10 贪吃蛇游戏
11 *八皇后
12 *数字三角形
13 递归跟踪
14 *熄灯问题
15 *整数拆分
16 *分解24点
17 *棋盘覆盖
18 *带分数
19 *剪邮票
20 分鱼问题

CHAPTER 13

算法案例精选

下面精选了一些经典实用的案例，对大部分程序重新进行了设计，以区别于常规的代码，特别是其他同类书籍的代码，希望读者能从中有所收获。

案例代码从不同层面展示了C语言编程的技巧，其中也包含经常遇到的经典算法，通过阅读和调试这些案例，读者将进一步感受到C语言程序的魅力。

读者可以通过微视频更详细地了解案例的算法。

13.1 计算10000的阶乘

问题及分析:

我们知道:

10000!=1*2*3*4*…*9999*10000

由于是乘法计算，阶乘值增长得很快，用C语言内置类型的整型存储很快就会溢出，通过实际运行得到的10000!共35660个数字，尾数有2499个0。

这就需要采用高精度计算算法。算法的核心技术是利用数组来存储计算结果。

以下程序是常用的方法。

程序代码:

```
//c13_1.c
//作者:Ding Yatao
//日期:2019年1月

#include<stdio.h>
#include<string.h>
#include<malloc.h>
#define N 40000          //10000的阶乘有35660个数字，这里定义一个超过该数字的符号常量
char *result;            //全局指针用来指向运算结果
char *fact(int n)
{
    int i,j,k,num=1,value;
    int data[N]= {1};
    for(i=2; i<=n; i++)
    {
        k=0; //进位
        for(j=0; j<num; j++)
        {
            value=data[j]*i+k;        //乘积
            data[j]=value%10;         //乘积的个位数保存到数组中
            k=value/10;               //计算新的进位
        }
        while(k>0)     //最后一位数字还有进位，需要继续计算
        {
            data[num++]=k%10;
            k=k/10;
        }
    }
    result=(char *)malloc((num+1)*sizeof(char));
    memset(result,0,(num+1)*sizeof(char));
    i=0;
    while(--num>=0)
        result[i++]=data[num]+'0'; //数字转换为字符，并反转数字顺序

    return result;
}
int main()
{
```

```
    printf("%s\n",fact(10000));

    return 0;
}
```

运行结果(字符太多，下面只显示前面一部分)：

```
2846259680917054518906413212119868890148051401702799230794179994274411340003764443772990786757784775815884062142317528830042339940153518739052421161382716174819824199827592418289259787898124253120594659962598670656016157203603239792632873671705574197596209947972034615369811989709261127750048419884541047554464244213657330307670362882580354896746111709736957860367019107151273058728104115864056128116538532596842582599558468814643042558983664931705925171720427659740744613340005419405246230343686915405940406622782824837151203832217864462718382292389963899282722187970245938769380309462733229257055545969002787528224254434802112755901916942542902891690721909708369053987374745248337289952180236328274121704026808676921045155584056717255537201585213282903427998981844931361064038148930449962159999935967089298019033699848440466541923625842494716317896119204123310826865107135451684554093603300960721
03
……
```

算法解析：

上面程序的计算效率较高，下面通过数据跟踪来观察其原理。

假设已经计算到8!，data数组的内容为02304，因为8!等于40320，data中是逆序的。下一步，计算9!，见表13-1。

表13-1　计算9!

计算	0 2 3 0 4 * 9 0 8 8 2 6 3								
循环1	i=9,num=5,k=0								
	j	0	1	2	3	4			
	旧data[j]	0	2	3	0	4			
	value	0 (0*9+0)	18 (2*9+0)	28 (3*9+1)	2 (0*9+2)	36 (4*9+0)			value=data[j]*i+k
	新data[j]	0	8	8	2	6			data[j]=value%10
	k	0	1	2	0	3			k=value/10
循环2	k=3,num=5								
	num						5	6	
	data[num]						3		data[num++]=k%10
	k					3	0		k=k/10
结果：0 8 8 2 6 3 相当于 9!=362880									

其中：

(1)每次计算乘积value时需要加上上一次计算得到的进位k；

(2)j循环结束后可能还有进位k>0，需要第二个循环来处理；

(3)若k>0，执行第二个循环，将进位存储到data中并修改num的值，即结果变长了。

注意：

上面程序的计算效率较高，但有一定的局限性，观察其中计算乘积的语句：

```
value=data[j]*i+k;
```

i因为小于等于10000，data[j]小于10，计算结果是不会溢出的。假如i等于一个超出类型范围的数呢？例如，1234567890123456789（当然，这种假设不可想象，因为这样的阶乘太大，这里只是作为一个示例研究）。

下面是另外一种算法，计算效率可能低点，但不存在上面的溢出问题。

程序代码：

扫一扫，看视频

```
//c13_1_2.c
//作者:Ding Yatao
//日期:2019年1月

#include <stdio.h>
#include <string.h>
#include <malloc.h>
#define BufferSize    40000
#define NumLenth   6
void StringMul(char *a,char *b,char *t);          //用字符串实现的乘法，算法思想见c8_17.c
void Facorial(int num,char *t);                   //计算num的阶乘
void IntToString(int m,char *s);                  //整型数转存为字符串
void Reverse(char *s);                            //字符串反转
int main()
{
    char *t;
    t=(char *) malloc(BufferSize*sizeof(char));   //动态分配存储空间
    Facorial(10000,t);                            //计算10000!，结果存在t中
    printf("%s\n",t);
    free(t);
    return 0;
}
void Reverse(char *s)                           //字符串反转
{
    char *p=s,*q=s,t;
    while(*q!='\0')q++;                         //q指向字符串结束符
    while(p<--q){t=*p;*p++=*q;*q=t;}            //首尾字符交换
}
void IntToString(int m,char *s)                 //整型数转存为字符串
{
    int i;
    char t;
    i=0;
    while(m)
    {
        s[i++]=m%10+'0';                        //取个位数码
        m=m/10;                                 //删除个位数码
    }
    s[i]='\0';
    Reverse(s);
}
void Facorial(int num,char *t)                  //计算num!
{
    int i,j;
```

```
    int m,n;
    char a[NumLenth]="",temp;
    strcpy(t,"1");
    for(i=2;i<=num;i++)
    {
        IntToString(i,a);                          //把2、3、4、…、10000转换成字符串放在a中
        StringMul(a,t,t);                          //a*t，结果放在t中
    }
}
void StringMul(char *a,char *b,char *t)
{
    char **s;
    char *pa=a,*pb=b;
    char c;

    int alenth,blenth;
    int na,nb;
    int i,j,k,p;
    alenth = strlen(a);
    blenth = strlen(b);

    s=(char **)malloc(alenth*sizeof(char*));  //为多级指针变量分配内存
    for(i=0; i<alenth; i++)
    {
        *(s+i)=(char *)malloc((blenth+2)*sizeof(char));
        memset(*(s+i),0,(blenth+2)*sizeof(char));
    }
    for(i=0; i<alenth; i++)                        //按序计算a的每个数字
    {
        k=0;                                       //进位
        na=*(pa+i)-'0';                            //从a中按顺序取数码
        p=0;
        for(j=blenth-1; j>=0; j--)                 // b从后向前取数码去乘a
        {
            nb=*(pb+j)-'0';                        //从b中按逆序取数码
            s[i][p++]=(na*nb+k)%10+'0';            //乘的结果
            k=(na*nb+k)/10;                        //保存进位
        }
        s[i][p]='\0';
        if(k>0)                                    //最后可能还有进位
            s[i][p++]=k+'0';
        s[i][p]='\0';
    }
    strcpy(t,s[0]);                                //第一个乘积作为被加数
    for(i=1; i<alenth; i++)
    {
        k=0;
        p=0;
        c=t[p++];                                  //取1个数码
        t[0]=s[i][0];                              //加数的第一个数字直接存到t[0]
        //被加数t的第1、2…个数字加上加数的第2、3…个数字，相当于t乘10后再加s[i]中的加数
        for(j=1; s[i][j]!='\0'; j++)               //加数的其他数字
        {
            na=s[i][j]-'0';
            nb=c-'0';
            c=t[p];
            t[p++]=(na+nb+k)%10+'0';               //p指向下一个待加数字
```

```
            k=(na+nb+k)/10;
        }
        while(c!='\0')                          //t中剩余数字的处理
        {
            na=c-'0';
            c=t[p];
            t[p++]=(na+k)%10+'0';
            k=(na+k)/10;
        }
        while(k>0)
        {
            t[p++]=k%10+'0';
            k=k/10;
        }
        t[p]='\0';
    }
    Reverse(t);
    for(i=0; i<alenth; i++)
        free(s[i]);
    free(s);
}
```

程序的核心部分是大数的乘法。

每次进行乘法运算的函数调用形式为：

```
StringMul(a,t,t);
```

将a*t的结果放在t中，这样就可以循环重复调用了。

由于被乘数是2~10000，所以乘法运算的速度还是很快的，笔者测试了几次，整个计算时间均少于15秒。

上面程序中StringMul的算法思路请参考8.9.4节，本案例中做了一些改进，性能得到较大的提升。

算法分析：

观察一个具体的计算过程可以更容易地看清算法的思路：

```
12345*999
```

相当于：

```
    999
  12345
  -----
   4995
  3996
 2997
1998
999
--------
12332655
```

首先计算（结果是逆序的，最左边其实就是乘积的个位数）：

```
s[0]    999     // 1*999
s[1]    8991    // 2*999
s[2]    7992    // 3*999
s[3]    6993    // 4*999
s[4]    5994    // 5*999
```

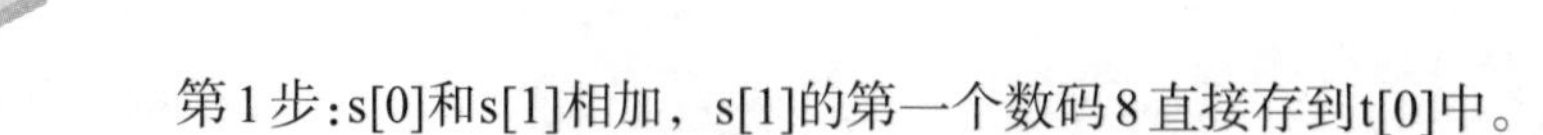

第1步：s[0]和s[1]相加，s[1]的第一个数码8直接存到t[0]中。

```
  999
 8991
------
 88911
```

第2步：88911和s[2]相加，s[2]的第一个数码7直接存到t[0]中。

```
  88911
 7992
------
 778221
```

第3步：778221和s[3]相加，s[3]的第一个数码6直接存到t[0]中。

```
  778221
 6993
------
 6672321
```

第4步：6672321和s[4]相加，s[4]的第一个数码5直接存到t[0]中。

```
  6672321
 5994
------
 55623321
```

最后的结果55623321反转后即为乘法结果：12332655。

Reverse函数也可以增加去除多余0的机制，改进后的Reverse函数如下：

```
//字符串反转
void Reverse(char *s)
{
    char *p=s,*q=s,t;
    while(*q!='\0')q++;            //q指向字符串结束符
    while(*--q=='0');              //删除（忽略）多余的0
    *++q='\0';
    while(p<--q)
    {
        t=*p;                      //首尾字符交换
        *p++=*q;
        *q=t;
    }
}
```

13.2 猜数游戏

问题：

计算机产生一个1 ～ 1000之间的随机整数，用户输入一个正整数，判断是否与计算机产生的随机整数相同，一共有10次猜数机会。

程序先输出一个菜单，用户输入1进入游戏，输入2退出游戏，如图13-1所示。

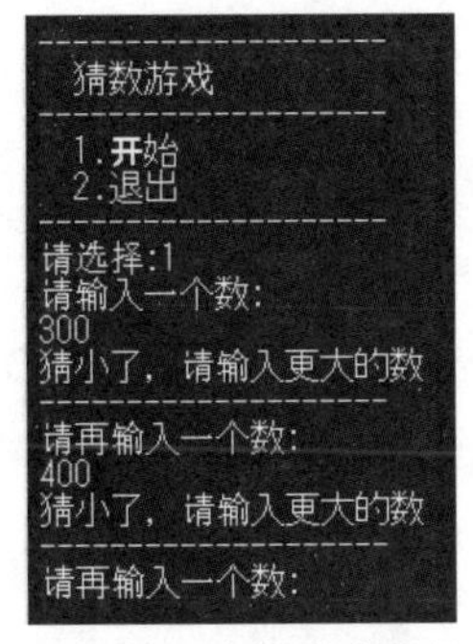

图 13-1　猜数游戏菜单

分析：

猜数游戏程序需要解决以下几个问题：

（1）产生随机数；

（2）引导用户输入一个数；

（3）比较两个数，给出不同的提示信息，例如“大了”还是“小了”；

（4）控制猜数的次数。

C语言产生随机数，需要用到rand()函数，控制次数用循环控制并判断计数器变量的值即可。引导用户输入数可以设计一个简单的菜单。由于需要多次产生随机数，需要用srand()函数重置随机数种子。

程序代码：

```
//c13_2.c
//作者:Ding Yatao
//日期:2019年1月

#include<stdio.h>
#include<stdlib.h>
#include<time.h>
#define WarnMessageLarge        "猜大了，请输入更小的数"
#define WarnMessageSmall        "猜小了，请输入更大的数"
#define WarnMessageRight        "恭喜您，猜对了"
#define SplitNumber             20
#define SplitChar               '_'
#define Times                   10
void PrintLine(void)
{
    int i;
    for(i=0;i<SplitNumber;i++) printf("%c",SplitChar);
    printf("\n");
}
void menu()
{
    PrintLine();
    printf("  猜数游戏 \n");
    PrintLine();
    printf("  1.开始\n");
    printf("  2.退出\n");
    PrintLine();
}
```

```
void guess()
{
    int randnumber, inputnumber;
    char *Message[2]={WarnMessageLarge,WarnMessageSmall};
    int times=1;
    srand((unsigned)time(NULL));        //生成随机数
    randnumber = rand()%1000 + 1;     //生成1~1000之间的随机数
    printf("请输入一个数:\n");
    scanf("%d", &inputnumber);
    while (times<Times)
    {
        if (randnumber == inputnumber)
        {
            printf("%s\n",WarnMessageRight);
            break;
        }
        else
            printf("%s\n",Message[randnumber>inputnumber]);
        times++;
        PrintLine();
        printf("请再输入一个数:\n");
        scanf("%d", &inputnumber);
    }
    if(times==Times)
        printf("您猜了%d次，可惜都没猜对，下次再努力!\n",Times);
}
int main()
{
    int select;
    do{
        menu();
        printf("请选择:");
        scanf("%d", &select);
        switch (select)
        {
            case 1:guess();break;
            case 2:printf("退出游戏！ \n"); break;
            default:printf("输入错误！ \n请重新选择:\n");
        }
    } while(select!=2);
    getchar();
    return 0;
}
```

程序中定义了一些符号常量用来提高灵活性，其中：

```
printf("%s\n",Message[randnumber>inputnumber]);
```

因为randnumber>inputnumber等于0或1，正好对应字符数组Message的下标。

上面的程序虽然难度不大，但也充分考虑到了用户的使用体验，程序根据用户不同的操作输出不同的提示信息。

srand((unsigned)time(NULL));语句用来重置随机数种子。

rand()函数产生一个随机整数。

13.3 黄金连分数

问题及分析：

黄金分割数0.61803... 是一个无理数，这个常数十分重要，在许多工程问题中会出现。有时需要把这个数字求得很精确。

对于某些精密工程，常数的精度很重要。也许你听说过哈勃太空望远镜，它首次升空后就发现了一处人工加工错误，对那样一个庞然大物，其实只是镜面加工时有比头发丝还细许多倍的一处错误而已，却使它成了“近视眼”！

回到本题，如何求得黄金分割数的尽可能精确的值呢？有许多方法。比较简单的一种方法是用黄金连分数，如图13-2所示。

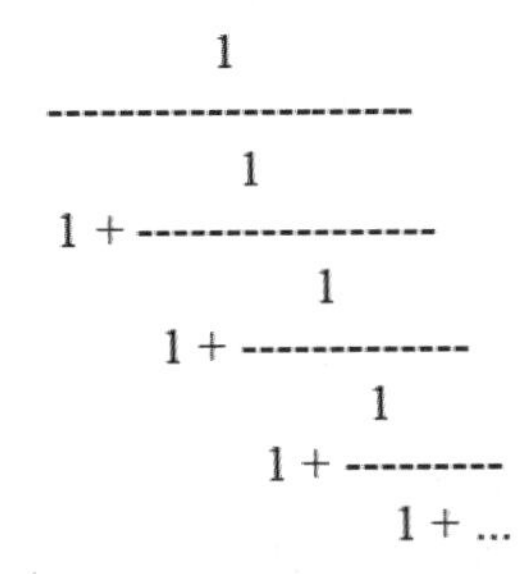

图 13-2　黄金连分数

这个连分数计算的“层数”越多，它的值越接近黄金分割数。

要求：请利用这一特性，求出黄金分割数的足够精确值，要求四舍五入到小数点后100位。

```
小数点后3位的值为：0.618
小数点后4位的值为：0.6180
小数点后5位的值为：0.61803
小数点后7位的值为：0.6180340
（注意尾部的0，不能忽略）
```

任务：写出精确到小数点后100位精度的黄金分割数的值。

注意：尾数的四舍五入！ 尾数是0也要保留！

显然答案是一个小数，其小数点后有100位数字。

程序代码：

```
//c13_3.c
//作者:Ding Yatao
//日期:2019年1月

#include <stdio.h>
#define F 50
int main()
{

    unsigned long long fib[1000], x, y;         //支持C99标准，若不支持请改成unsigned long
    int i;
    int a[100];
    fib[0] = 0;
```

扫一扫，看视频

```
    fib[1] = 1;

    for(i = 2; i <1000 && fib[i–1]>=fib[i–2]; i++)        //fib[i–1]>=fib[i–2]用于判断是否超出
    {
       fib[i] = fib[i–1] + fib[i–2];
    }
    x = fib[F–2];                                          //取最后两个有效的数字
    y = fib[F–1];

    for(i = 0; i < 100; i++)                               //计算100个
    {
       a[i] = x / y;
       x = (x % y) * 10;
       printf("%d", a[i]);
    }
    printf("\n");
    return 0;
}
```

显然，上面的程序受限于C语言的数据类型的长度。C99标准支持long long，如果是C89标准，以上程序中F值会更小。

运行结果：

```
0618033988749894848197195952550862122051066357451853845372318760122958282197178434808386329613332059
```

实际上，fib数组的下标达到95时已经超出值的范围了。

扩展程序：

如果需要提高精度，可以将14.4节介绍的高精度算法应用到本案例中，如下面的程序c13_3_2.c所示。

程序代码：

```
//c13_3_2.c
//作者:Ding Yatao
//日期:2019年2月

#include<stdio.h>
#include<string.h>
#include<malloc.h>
#include<stdlib.h>
#define NumLenth 1000                         // 数字长度设置
#define N 1000

//请将c14_4.c的程序中以下函数的定义部分拷贝插入到这里，由于代码相同，这里省略。
//拷贝开始////////////////////////////////////////
void StringAdd(char *a,char *b,char *t)       // 加法
{
}
void StringSub(char *a,char *b,char *t)       // 减法
{
}
void StringMul(char *a,char *b,char *t)       // 乘法
{
```

扫一扫，看视频

```
}
void StringDiv(char *a,char *b,char *q,char *r)      // 除法
{
}
void Reverse(char *s)                                // 字符串反转
{
}
int StringCompare(char *a,char *b)                   // 大小比较
{
}
//拷贝结束/////////////////////////////////////

int main()
{

    char *fib[N], x[2*NumLenth+1], y[2*NumLenth+1],r[2*NumLenth+1];
    char p[2*NumLenth+1],q[2*NumLenth+1];
    char v[2*NumLenth+1],w[2*NumLenth+1]="10";
    int i,t,n;
    char a[2*NumLenth+1],*e;
    for(i=0; i<N; i++)
       fib[i]=(char *)malloc((2*NumLenth+1)*sizeof(char));
    strcpy(fib[0],"0");
    strcpy(fib[1],"1");
    for(n = 2; n <N; n++) {                          //创建数列
       strcpy(p,fib[n-1]);
       strcpy(q,fib[n-2]);
       StringAdd(p,q,v);
       strcpy(fib[n],v);
    }
    strcpy(x,fib[n-2]);
    strcpy(y,fib[n-1]);
    for(i = 0; i < N; i++) {
       strcpy(p,x);
       strcpy(q,y);
       t=StringCompare(p,q);                         //比较p和q即x和y的大小
       if(t>0)
          StringDiv(p,q,a,r);                        //p除以q，商为a，余数为r
       else if(t<0)
          strcpy(a,"0");
       else
          strcpy(a,"1");                             //等于的情况不会出现，这里只是考虑完整性设计
       printf("%s",a);                               //输出
       if(t<0) {                                     //x<y，将x末尾加0，相当于乘以10
          e=x;
          while(*e!='\0')e++;
          *e++='0';
          *e='\0';
       } else {                                      //x>y
          strcpy(x,r);                               //用余数r替换x
          e=x;                                       //将x末尾加0，相当于乘以10
          while(*e!='\0')e++;
          *e++='0';
          *e='\0';
       }
    }
    printf("\n");
```

```
    for(i=0; i<N; i++)
        free(fib[i]);
    return 0;
}
```

运行结果：

```
0618033988749894848204586834365638117720309179805762862135448622705260462818902449707207204189391137484754088075386891752126633862223536931793180060766726354433389086595939582905638322661319928290267880675208766892501711696207032221043216269548626296313614438149758701220340805887954454749246185695364864449241044320771344947049565846788509874339442212544877066478091588460749988712400765217057517978834166256249407588450006445203283250595273529553081601815587919968755604562085677513972075619636349697969070923258785457578149152837437233465569974362207698349514880478434480037509925507410710389250026895818728003198482754387020980652670941548286194395836755675973815132901946977818409948511805165413743590956142011175952327065845920169131171105770590080251224251397669058579784326133038893104281961400267330094246104014522043891626054456262149914776263367800321072554271289162584436813532570522703763114520910210959658466658297865742661118527929342252413759242582845319216936109789807670992785397757
```

程序的运行受到存储空间大小的限制，读者也可以将局部数组改成全局数组或者全部采用动态存储分配，限制会小些。

13.4 分解质因数

问题及算法分析：

分解质因数是指将一个正整数写成几个质数相乘的形式，其中每个质数都是这个合数的因数，把一个合数用质因数相乘的形式表示出来。

例如，输入120，输出120=2*2*2*3*5。

如何列出这些质因数？需要注意的是，质因数是可以重复的，例如上面的质因数2。

解决方法很简单，从最小的质因数2开始，循环计算除法，见表13-2。

表13-2　分解质因数

n	i	n==i	是否整除	输出的质因数	说明
120	2	否	是	2	
60	2	否	是	2	
30	2	否	是	2	
15	2	否	否		不能整除，继续下一个i
15	3	否	是	3	
5	3	否	否		不能整除，继续下一个i
5	4	否	否		不能整除，继续下一个i
5	5	是		5	最后一个质因数

质因子的查找是需要解决的问题。实际上，只需要循环整除2、3、4……即可，例如除4的时候不可能整除，因为4是合数，4的质因子2已经从被除数中去除了。

程序代码：直接输出质因数

扫一扫，看视频

```
//c13_4.c
#include<stdio.h>
int main()
{
    int n,i;
    printf("input n:");
    scanf("%d",&n);
    printf("%d=",n);
    for(i=2;i<=n;i++)
    {
        while(n!=i)            //i因数可能有多个，全部提取出来
        {
            if(n%i==0)
            {
                printf("%d*",i);
                n=n/i;
            }
            else
                break;
        }
    }
    printf("%d",n);
}
```

程序先从最小的质数i=2开始，然后按下述步骤完成：

（1）如果i整除n，则输出i，并用n除以i的商作为新的正整数n，重复该步骤。

（2）如果i不能整除n，表示n中没有i这个因数，i取下一个值i+1。再重复第1步。

（3）当n等于i，表示没有其他因数了，输出n，完成分解操作。

程序中i会遍历到合数，例如i等于6，由于6的因数2和3在之前已经从n中除去，所以必然有n%i!=0，程序会继续判断下一个数i+1（即7）。

程序中，如果输入的n本身就是质数，循环也会执行n-2次。

上面的程序直接输出质因数，没有保存。下面的程序将质因数存到数组中再输出。

程序代码：保存并输出质因数

扫一扫，看视频

```
//c13_4_2.c
#include<stdio.h>
int main()
{
    int n,i;
    int a[100],num=0;
    printf("input n:");
    scanf("%d",&n);
    printf("%d=",n);
    for(i=2;i<=n;i++)
    {
        while(n!=i)
        {
            if(n%i==0)
            {
                a[num++]=i; //保存到数组中
                n=n/i;
            }
```

```
            else
                break;
        }
    }
    a[num++]=n; //最后一个质因数
    for(i=0;i<num-1;i++)
        printf("%d*",a[i]);
    printf("%d",a[i]);
}
```

思考：

能否修改程序，在记录质因数的同时，统计每个质因数出现的次数？
下面的程序解决了这个问题。

程序代码：保存、统计质因数的个数并输出

```
//c13_4_3.c
#include<stdio.h>
int main()
{
    int n,i,j;
    int a[100],b[100],num=0,count;
    printf("input n:");
    scanf("%d",&n);
    printf("%d=",n);
    for(i=2; i<=n; i++)
    {
        count =0;
        while(1) //最后一个质因数的判断移到循环体内，所以设置为无条件循环
        {
            if(n%i==0)
            {
                if(count==0)a[num++]=i;     //质因数首次出现
                b[num-1]=++count;           //质因数计数
                n=n/i;
                if(n==i)                    //最后一个质因数
                {
                    b[num-1]++;             //最后一个质因数也可能重复出现
                    break;
                }
            }
            else
                break;                      //不是质因数
        }
    }
    for(i=0; i<num; i++)
        for(j=0; j<b[i]; j++)
            if(i+j==0)                      //第一个质因数不输出*
                printf("%d",a[i]);
            else
                printf("*%d",a[i]);
    printf("\n");
    for(i=0; i<num; i++)                    //输出质因数出现的个数
        printf("%d(%d) ",a[i],b[i]);
}
```

运行结果：

```
input n:40320
40320=2*2*2*2*2*2*2*3*3*5*7
2(7) 3(2) 5(1) 7(1)
```

输出结果的最后一行是每个质因数出现的个数。

13.5 *银行家算法

问题及分析：

银行家算法是一个避免死锁的著名算法，是由艾兹格·迪杰斯特拉于1965年设计的。它以银行借贷系统的分配策略为基础，判断并保证系统的安全运行。

顾名思义，银行家算法是来源于银行的借贷业务，一定数量的本金要满足多个客户的借贷周转。为了防止银行家资金无法周转而倒闭，对每一笔贷款必须考察其是否能限期归还。

在操作系统中研究资源分配策略时也有类似问题。系统中有限的资源要供多个进程使用，必须保证得到的资源的进程能在有限的时间内归还资源，以供其他进程使用。如果资源分配不当，就会发生进程循环等待资源，无法继续执行下去的死锁现象。

当某个进程提出资源申请时，算法执行下列步骤以决定是否向其分配资源：

（1）检测该进程所需要的资源是否已超过设定的最大值；

（2）检测是否有可用数量的资源；

（3）试分配资源，运行安全检测算法，若安全，则分配完成；若不安全，则恢复，阻塞该进程。

算法要求在分配资源前获取进程设定的资源需求数，如果进程是动态地加入和退出，算法还需要相应地进行改进。

本程序是一个将应用算法编程实现的典型案例。

程序代码：

扫一扫，看视频

```
//c13_5.c
//作者:Ding Yatao
//日期:2019年2月

#include<stdio.h>
#include<string.h>
#include<stdlib.h>
#include<conio.h>
#define M 4                                          //进程数
#define N 3                                          //资源数
#define
int MAX[M][N]= {{6,5,3},{3,2,2},{8,0,2},{2,3,2}};    //最大资源需求量
int AVAILABLE[N]= {9,5,7};                           //系统可用资源数
int ALLOCATION[M][N]= {{0,0,0},{0,0,0},{0,0,0},{0,0,0}}; //已分配资源数
int NEED[M][N]= {{6,5,3},{3,2,2},{8,0,2},{2,3,2}};   //设定的资源需求数，不能超过
int NEW[N]= {0,0,0};                                 //新的资源需求数
void flashdata(int n,int type) ;                     //刷新数据
int check(void);                                     //安全检测
```

```
void show(int work[N],int available[N],int need[M][N],int allocation[M][N],int finish[M]); //显示资源
int main()
{
    int i=0,j=0;
    char c;
    show(NULL,AVAILABLE,NEED,ALLOCATION,NULL);
    while(1)
    {
        while(1)
        {
            printf("请输入需申请资源的进程号（从0到%d）:",M-1);
            scanf("%d",&i);
            if(i>=0&&i<M)  break;
            else
                printf("输入的进程号不存在，重新输入!\n");
        }
        while(1)
        {
            printf("请输入进程%d申请的资源数:",i);
            for(j=0; j<N; j++)
            {
                scanf("%d",&NEW[j]);
                if(NEW[j]>NEED[i][j])
                {
                    printf("进程%d申请资源数大于%d类设定需求资源量!\n",i,j);
                    printf("申请不合理，出错!请重新选择!\n");
                    break;
                }
                else
                {
                    if(NEW[j]>AVAILABLE[j])
                    {
                        printf("进程%d申请资源数大于系统可用%d类资源量!\n",i,j);
                        printf("申请不合理，出错!请重新选择!\n");
                        break;
                    }
                }
            }
            if(j>=N) break;
        }
        //减少系统可用资源数、增加已分配资源数、减少设定的资源需求数
        flashdata(i,-1);
        if(check()) //检测是否安全
        {
            //不安全的情况，还原
            flashdata(i,1); //增加系统可用资源数、减少已分配资源数、增加设定的资源需求数
        }
    show(NULL,AVAILABLE,NEED,ALLOCATION,NULL);
        printf("\n");
        printf("按'y'或'Y'键继续,否则退出\n");
        c=getch();
        c=c|0x20;        //转换为小写字母
        if(c != 'y') exit(0);
    }
```

```
    return 0;
}

//显示资源情况
void show(int work[N],int available[N],int need[M][N],int allocation[M][N],int status[M] )
{
    int i,j;
    if(work!=NULL)
    {
        printf("资源号 检测可用 实际可用\n");
        for(i=0; i<N; i++)
            printf("%4d%6d%4d\n",i,work[i],available[i]);
    }
    else
    {
        printf("资源号 检测可用 实际可用\n");
        for(i=0; i<N; i++)
            printf("%4d%4d\n",i,available[i]);
    }
    if(status==NULL)
        printf("进程号 需求资源数 已获资源数\n");
    else
        printf("进程号 需求资源数 已获资源数 完成状态\n");
    for(i=0; i<M; i++)
    {
        printf("%4d",i);
        printf("    ");
        for(j=0; j<N; j++) printf("%-3d",need[i][j]);
        printf("   ");
        for(j=0; j<N; j++) printf("%-3d",allocation[i][j]);
        if(NULL!= status)
        {
            printf("   ");
            printf("%-2d", status[i]);
        }
        printf("\n");
    }
    printf("\n");
}

//刷新数据
void flashdata(int n,int type)
{
    int i;
    if(type<=0) type=-1;
    else type = 1;
    for(i=0; i<N; i++)
    {
        AVAILABLE[i]=AVAILABLE[i]+type*NEW[i];
        ALLOCATION[n][i]=ALLOCATION[n][i]-type*NEW[i];
        NEED[n][i]=NEED[n][i]+type*NEW[i];
    }
}
```

```
//安全性检查
int check()
{
    int WORK[N],STATUS[M],LIST[M];
    int i,j,m,k=0,count;
    for(i=0; i<M; i++)  STATUS [i]=0;
    for(i=0; i<N; i++)   WORK[i]=AVAILABLE[i]; //不直接操作AVAILABLE
    for(i=0; i<M; i++) //检查每一个进程
    {
        count=0;
        for(j=0; j<N; j++)//检查i进程的每一个资源
            if(STATUS[i]==0 && NEED[i][j]<=WORK[j])      count++;
            else if(STATUS[i]==0)
                printf("发现进程%d的资源%d需求%d大于可用资源%d\n",i,j,NEED[i][j],WORK[j]);

        if(count!=0 && count!=N)
            printf("进程:%d满足条件的资源数是%d\n",i,count);

        if(count==N) //所有资源需求都可以满足
        {
            for(m=0; m<N; m++) //假设释放i进程的所有资源
                WORK[m]=WORK[m]+ALLOCATION[i][m]; //资源用完后释放，其他进程可用
            STATUS[i]=1;   //设置为安全状态，下一次循环将不检测
            LIST[k]=i;         //记录满足条件的进程
            printf("进程:%d满足条件\n",i);
            k++;
            i=-1;          //每发现一个满足条件的进程，从头再检查验证
        }
        if(count!=0)    //显示当前资源，其中满足条件的不显示（STATUS[i]=1）
            show(WORK,AVAILABLE,NEED,ALLOCATION, STATUS);
    }
    show(WORK,AVAILABLE,NEED,ALLOCATION, STATUS);
    for(i=0; i<M; i++)
        if(STATUS[i]==0) //存在不安全的进程资源申请
        {
            printf("系统不安全!!!本次资源申请不成功!!!\n");
            return 1;
        }
    printf("\n通过安全性检查，本次资源分配成功。\n\n");
    printf("本次安全的进程序列：");
    for(i=0; i<M; i++)
    {
        printf("%d", LIST[i]);
        if(i<M-1)    printf(",");
    }
    printf("\n");
    return 0;
}
```

运行结果(进程号输入1，资源数输入1 1 1)：

```
资源号 实际可用
  0      9
  1      5
```

```
  2     7
进程号 需求资源数 已获资源数
 0       6 5 3       0 0 0
 1       3 2 2       0 0 0
 2       8 0 2       0 0 0
 3       2 3 2       0 0 0

请输入需申请资源的进程号（从 0 到 3）:1
请输入进程 1 申请的资源数 :1 1 1
发现进程 0 的资源 1 需求 5 大于可用资源 4
进程 :0 满足条件的资源数是 2
资源号 检测可用 实际可用
 0       8         8
 1       4         4
 2       6         6
进程号 需求资源数 已获资源数 完成状态
 0        6 5 3       0 0 0     0
 1        2 1 1       1 1 1     0
 2        8 0 2       0 0 0     0
 3        2 3 2       0 0 0     0

进程 :1 满足条件
资源号 检测可用 实际可用          // 因为进程 1 满足条件，释放申请资源
 0        9         8
 1        5         4             // 资源 1 的检测可用数恢复到 5
 2        7         6
进程号 需求资源数 已获资源数 完成状态
 0         6 5 3       0 0 0     0
 1         2 1 1       1 1 1     1
 2         8 0 2       0 0 0     0
 3         2 3 2       0 0 0     0

进程 :0 满足条件
资源号 检测可用 实际可用
 0        9         8
 1        5         4
 2        7         6
进程号 需求资源数 已获资源数 完成状态
 0         6 5 3       0 0 0     1
 1         2 1 1       1 1 1     1
 2         8 0 2       0 0 0     0
 3         2 3 2       0 0 0  .  0

进程 :2 满足条件
资源号 检测可用 实际可用
 0        9         8
 1        5         4
 2        7         6
进程号 需求资源数 已获资源数 完成状态
 0         6 5 3       0 0 0     1
 1         2 1 1       1 1 1     1
 2         8 0 2       0 0 0     1
 3         2 3 2       0 0 0     0

进程 :3 满足条件
资源号 检测可用 实际可用
 0        9         8
```

```
 1        5       4
 2        7       6
进程号 需求资源数 已获资源数 完成状态
 0        6 5 3        0 0 0       1
 1        2 1 1        1 1 1       1
 2        8 0 2        0 0 0       1
 3        2 3 2        0 0 0       1

资源号 检测可用 实际可用
 0        9        8
 1        5        4
 2        7        6
进程号 需求资源数 已获资源数 完成状态
 0        6 5 3        0 0 0       1
 1        2 1 1        1 1 1       1
 2        8 0 2        0 0 0       1
 3        2 3 2        0 0 0       1

通过安全性检查，本次资源分配成功。

本次安全的进程序列：1,0,2,3
资源号 实际可用                                  // 进程 1 的资源申请可以通过
 0        8
 1        4
 2        6
进程号 需求资源数 已获资源数
 0        6 5 3        0 0 0
 1        2 1 1        1 1 1                     // 进程 1 的资源申请可以通过
 2        8 0 2        0 0 0
 3        2 3 2        0 0 0
```

算法解析：

程序中的关键语句是：

```
if(STATUS[i]==0 && NEED[i][j]<=WORK[j]) count++;
```

- 若STATUS[i]==1，则count等于0，检测下一个进程。
- 若NEED[i][j]>WORK[j]，则必然有count<N，检测下一个进程，不过由于STATUS[i]==0，所以会回溯检测（i=-1后下一个i从0开始）。

安全进程序列：1,0,2,3，从完成状态STATUS的值的变化也可以看出。

由于进程0存在需求大于可分配资源的情况，程序跳过，继续检测进程1。假设进程1在资源用完后可以再利用，就像银行借款到期一样，进程0将重获使用资源的机会。

程序若继续运行下去，资源分配将越来越困难，就像银行借款过多一样。

为了阅读程序方便，以上代码中加入中间状态的显示语句：

```
show(WORK,AVAILABLE,NEED,ALLOCATION, STATUS);
```

实际应用时可以删除。

show函数：如果WORK、STATUS传递的是NULL，将不显示对应的数据。

读者也可以观察图13-3来理解check函数中算法的原理，图中左侧是可用资源，右侧是进程及其对应的各资源需求数。

资源			
资源号	0	1	2
资源数	9	5	7

进程												
进程号	0			1			2			3		
状态	0			0			0			0		
资源号	0	1	2	0	1	2	0	1	2	0	1	2
资源数	6	5	3	3	2	2	8	0	2	2	3	2

进程 1 申请资源后:

资源			
资源号	0	1	2
资源数	8	4	6

进程												
进程号	0			1			2			3		
状态	0			0			0			0		
资源号	0	1	2	0	1	2	0	1	2	0	1	2
资源数	6	5	3	3	2	2	8	0	2	2	3	2

检测进程 0：资源 1 不够

资源			
资源号	0	1	2
资源数	9	5	7

进程												
进程号	0			1			2			3		
状态	0			1			0			0		
资源号	0	1	2	0	1	2	0	1	2	0	1	2
资源数	6	5	3	3	2	2	8	0	2	2	3	2

检测进程 1：资源够用，释放资源，状态设置为 1

进程												
进程号	0			1			2			3		
状态	1			1			0			0		
资源号	0	1	2	0	1	2	0	1	2	0	1	2
资源数	6	5	3	3	2	2	8	0	2	2	3	2

检测进程 0：资源够用，状态设置为 1

进程												
进程号	0			1			2			3		
状态	1			1			1			0		
资源号	0	1	2	0	1	2	0	1	2	0	1	2
资源数	6	5	3	3	2	2	8	0	2	2	3	2

检测进程 2：资源够用，状态设置为 1

进程												
进程号	0			1			2			3		
状态	1			1			1			1		
资源号	0	1	2	0	1	2	0	1	2	0	1	2
资源数	6	5	3	3	2	2	8	0	2	2	3	2

检测进程 3：资源够用，状态设置为 1

图 13-3　银行家算法中 check 函数的算法

对于银行业务，读者可以将“进程”理解为“某笔业务或存贷款人”，将“资源”理解为“银行业务中的存取钱数”，“申请资源”就是“贷款或取钱”，“释放资源”相当于“还款或存钱”。不同的资源可以理解成不同性质的钱款，例如活期、定期、借贷等。

13.6 排序算法

问题：

常见的排序算法有：冒泡排序、选择排序、插入排序、希尔排序、归并排序、快速排序、基数排序、堆排序。

排序算法的好坏往往可以从如下几个方面入手：

- 时间（复杂度）：从序列的初始状态到最终排好序的结果状态的过程所花费的时间度量。
- 空间（复杂度）：从序列的初始状态到最终状态所花费的空间开销。
- 场景：不同的排序算法适合不同种类的情景，是对时间复杂度或空间复杂度的选择，二者通常是矛盾的。
- 稳定性：稳定性是除了时间和空间之外必须要考虑的问题，往往也是非常重要的影响选择的因素。稳定的算法在排序的过程中不会改变元素彼此位置的相对次序，反之不稳定的排序算法经常会改变这个次序。

本书前面介绍了冒泡排序和选择排序，下面介绍几种常见的排序算法，读者可以做个比较。

本节案例补充了C语言常用的排序算法，其他未介绍的排序算法需要数据结构等相关知识，这里就不介绍了。

先给出所有排序的代码。

程序代码：

```
//c13_6.c
#include<stdio.h>
#include<malloc.h>
#define N 10
void ShellSort(int array[],int n,int d);
void ShellSort2(int array[],int n, int inc[]);
void DirectInsertSort(int array[],int n);
void BInsertSort(int array[], int n);
void QuickSort(int array[],int low,int high);
void MergeSort(int array[],int low,int high);
void Merge(int array[],int low,int mid,int high);

void PrintArray(int array[],int n)
{
    int i;
    for(i=0; i<n; i++)
        printf("%d ",array[i]);
    printf("\n");
}
int main()
{
    printf("希尔排序:\n");
    int array1[N]= {21,73,52,35,86,97,18,30,66,49};
    PrintArray(array1,N);
    ShellSort(array1,N,N/2);
    PrintArray(array1,N);

    printf("\n设定增量的希尔排序:\n");
    int array2[N]= {21,73,52,35,86,97,18,30,66,49};
    int inc[]= {8,4,2,1};
    PrintArray(array2,N);
    ShellSort2(array2,N, inc);
    PrintArray(array2,N);

    printf("\n直接插入排序:\n");
    int array3[5]= {91,73,52,35,86};
    PrintArray(array3,5);
    DirectInsertSort(array3,5);
    PrintArray(array3,5);

    printf("\n折半插入排序:\n");
    int array4[N]= {21,73,52,35,86,97,18,30,66,49};
    PrintArray(array4,N);
    BInsertSort(array4,N);
    PrintArray(array4,N);

    printf("\n快速排序:\n");
    int array5[6]= {35,52,73,86,91,76};
    PrintArray(array5,6);
    QuickSort(array5,0,5);
```

```
    PrintArray(array5,6);

    printf("\n归并排序：\n");
    int array6[6]= {35,52,73,86,91,76};
    PrintArray(array5,6);
    MergeSort(array5,0,5);
    PrintArray(array5,6);

    return 0;
}

//希尔排序
void ShellSort(int array[],int n,int d)
{
    int i,j,t;
    while(d>=1)
    {
        for(i=d; i<n; i++)                              //分别向每组的有序区域插入
        {
            //printf("d=%d,i=%d,t=%d\n",d,i,array[i]);
            t=array[i];
            for(j=i-d; (j>=i%d) && array[j]>t; j-=d)    //比较与记录后移同时进行
            {
                //printf("j=%d,%d<->%d\n",j,array[j+d],array[j]);
                array[j+d]=array[j];
            }
            if(j!=i-d)
            {
                array[j+d]=t;                                       //插入
                //printf("%2d,%2d,%2d,%2d,%2d\t",d,i,t,j,i-d);      //显示中间过程，可以删除
                //PrintArray(array,N);                               //显示中间过程，可以删除
            }
        }
        d=d/2;
    }
}

//设定增量的希尔排序
void ShellSort2(int array[],int n, int inc[])
{
    int i,j,k=0,t,d;
    d=inc[k++];
    while(d>=1)
    {
        for(i=d; i<n; i++)                              //分别向每组的有序区域插入
        {
            t=array[i];
            for(j=i-d; (j>=i%d) && array[j]>t; j-=d)    //比较与记录后移同时进行
            {
                array[j+d]=array[j];
            }
            if(j!=i-d)
            {
                array[j+d]=t;                           //插入
            }
        }
        d=inc[k++];
```

```
    }
}

//直接插入排序
void DirectInsertSort(int array[],int n)
{
    int i,j;
    int first;                          //第1个元素
    for(i=0; i<n-1; i++)                // n-1轮插入
    {
        first =array[i+1];              //无序组中的第一个元素保存
        j=i;
        //由参考值的位置从右至左扫描，直至发现比参考值小的数或到达有序组的左端
        while(array[j]> first && j>-1)
            array[j+1]=array[j--];      //如果扫描中发现比参考值大的数，则将该数后移一位
        array[j+1]=first;               //将参考值放入空位
    }
}
//折半插入排序
void BInsertSort(int array[], int n)
{
    int i,j,low,mid,high;
    int temp;
    for (i = 1; i < n; i++)
    {
        temp =array[i] ;                // 将array[i]暂存到first
        low = 0;
        high = i -1;
        while (low <= high)             // 在array中折半查找有序插入的位置
        {
            mid = (low + high) / 2;     // 折半位置
            if (temp < array[mid])
                high = mid - 1;         // 插入点在左半区
            else
                low = mid + 1;          // 插入点在右半区
        }
        //插入
        for (j = i ; j >= low+1; j--)
            array[j] = array[j-1];      // 记录后移
        array[low] = temp;              // 插入
    }
}

//快速排序
void QuickSort(int array[],int low,int high)
{
    int temp;
    int i=low,j=high;                               //初始化
    //基准数，经过一轮排序后，该序列左边的数都不大于基准数，右边的数都不小于基准数
    temp=array[i];
    do
    {
        while((array[j]>=temp) && (i<j)) j--;       //从右向左扫描
        if(i<j) array[i++]=array[j];                //右边存在小于基准的数，将它放在左边的空位
        while((array[i]<=temp) && (i<j)) i++;       //从左向右扫描
        if(i<j) array[j--]=array[i];                //左边存在大于基准的数，将它放在右边的空位
    }
```

```
    while(i!=j);                                //当i==j时，结束一轮排序
    //将基准放在恰当的位置，使该序列满足：左边的数都不大于基准，右边的数都不小于基准
    array[i]=temp;
    if(low<i-1) QuickSort(array,low,i-1);       //对基准左边的序列进行递归
    if(high>j+1) QuickSort(array,j+1,high);     //对基准右边的序列进行递归
}

//归并排序
void MergeSort(int array[],int low,int high)
{
    int mid;
    if(low==high) return;
    mid=(high+low)/2;
    MergeSort(array,low,mid);                   //左侧区域
    MergeSort(array,mid+1,high);                //右侧区域
    Merge(array,low,mid,high);                  //归并算法
}
void Merge(int array[],int low,int mid,int high)
{
    int i=low,j=mid+1,k=0;
    int *tempArray;
    tempArray=(int *)malloc((high-low+1)*sizeof(int));   //动态数组
    while(i<=mid && j<=high)
    {
        if(array[i]<array[j])   tempArray[k++]=array[i++];
        else   tempArray[k++]=array[j++];
    }
    while(i<=mid)  tempArray[k++]=array[i++];
    while(j<=high) tempArray[k++]=array[j++];
    for(k=0; k<high-low+1; k++)   array[low+k]=tempArray[k];
    free(tempArray);
}
```

运行结果：

```
希尔排序：
21 73 52 35 86 97 18 30 66 49
18 21 30 35 49 52 66 73 86 97

设定增量的希尔排序：
21 73 52 35 86 97 18 30 66 49
18 21 30 35 49 52 66 73 86 97

直接插入排序：
91 73 52 35 86
35 52 73 86 91

折半插入排序：
21 73 52 35 86 97 18 30 66 49
18 21 30 35 49 52 66 73 86 97

快速排序：
35 52 73 86 91 76
35 52 73 76 86 91

归并排序：
```

```
35 52 73 76 86 91
35 52 73 76 86 91
```

下面逐一分析。

13.6.1 希尔排序

```
void ShellSort(int array[],int n,int d);
```

希尔排序是一种插入排序算法。

希尔排序是按其设计者希尔（Donald Shell）的名字命名的，该算法于1959年公布。

希尔排序是对直接插入排序的一种改进。直接插入排序在对几乎已经排好序的数据操作时效率比较高，即可以达到线性排序的效率，但对于无序的数据效率较低，因为插入排序每次只能将数据移动一位。

希尔排序的思想是：假设有n个数。先取一个小于n的整数d1作为第一个增量，把所有数据分组。所有距离为d1的倍数的记录放在同一个组中。先在各组内进行直接插入排序；然后，取第二个增量d2<d1，重复上述的分组和排序，直至所取的增量等于1，即所有数据放在同一组中进行直接插入排序为止。

一般初次取序列的一半为增量，以后每次减半，直到增量为1。

希尔排序法实质上是一种分组插入方法。

算法分析：

程序中：

（1）外循环i从d开始，循环条件是i<n，循环调整i++；

（2）内循环j从i-d开始，循环条件是(j>=i%d) && array[j]>t，循环调整j=j-d；

（3）是否执行内嵌的if语句取决于j!=i-d表达式。

扫一扫，看视频

程序的排序算法分解见表13-3。

表 13-3　希尔排序算法分解表

结果	d	i	t	j	j 循环条件		说明
					j>=i%d	array[j]>t	退出 j 循环后，若 j==i-d 无插入
21 73 52 35 86 97 18 30 66 49	5	5	97	0	0>=0 真	21>97 假	0==5-5，无插入
21 73 52 35 86 97 18 30 66 49	5	6	18	1	1>=1 真	73>18 真	
21 73 52 35 86 97 73 30 66 49							array[j+d]=array[j];
21 18 52 35 86 97 73 30 66 49				-4	-4>=1 假		插入 :array[j+d]=t;
21 18 52 35 86 97 73 30 66 49	5	7	30	2	2>=2 真	52>30 真	
21 18 52 35 86 97 73 52 66 49							array[j+d]=array[j];
21 18 30 35 86 97 73 52 66 49				-3	-3>=2 假		插入 :array[j+d]=t;
21 18 30 35 86 97 73 52 66 49	5	8	66	3	3>=3 真	35>66 假	3==8-5，无插入
21 18 30 35 86 97 73 52 66 49	5	9	49	4	4>=4 真	86>49 真	
21 18 30 35 86 97 73 52 66 86							array[j+d]=array[j];
21 18 30 35 49 97 73 52 66 86				-1	-1>=4 假		插入 :array[j+d]=t;
	5	10					i<n 假
21 18 30 35 49 97 73 52 66 86	2	2	30	0	0>=0 真	21>30 假	0==2-2，无插入
21 18 30 35 49 97 73 52 66 86	2	3	35	1	1>=1 真	18>35 假	1==3-2，无插入

续表

结果	d	i	t	j	j 循环条件		说明
					j>=i%d	array[j]>t	退出 j 循环后，若 j==i-d 无插入
21 18 30 35 49 97 73 52 66 86	2	4	49	2	2>=0 真	30>49 假	2==4-2，无插入
21 18 30 35 49 97 73 52 66 86	2	5	97	3	3>=1 真	35>97 假	3==5-2，无插入
21 18 30 35 49 97 73 52 66 86	2	6	73	4	4>=0 真	49>73 假	4==6-2，无插入
21 18 30 35 49 97 73 52 66 86	2	7	52	5	5>=1 真	97>52 真	
21 18 30 35 49 97 73 97 66 86							array[j+d]=array[j];
21 18 30 35 49 52 73 97 66 86				3	3>=1 真	35>52 假	插入 :array[j+d]=t;
21 18 30 35 49 52 73 97 66 86	2	8	66	6	6>=0 真	73>66 真	
21 18 30 35 49 52 73 97 73 86							array[j+d]=array[j];
21 18 30 35 49 52 66 97 73 86				4	4>=0 真	49>66 假	插入 :array[j+d]=t;
21 18 30 35 49 52 66 97 73 86	2	9	86	7	7>=1 真	97>86 真	
21 18 30 35 49 52 66 97 73 97							array[j+d]=array[j];
21 18 30 35 49 52 66 86 73 97				5	5=1 真	52>86 假	插入 :array[j+d]=t;
	2	10					i<n 假
21 18 30 35 49 52 66 86 73 97	1	1	18	0	0>=0 真	21>18 真	
21 21 30 35 49 52 66 86 73 97							array[j+d]=array[j];
18 21 30 35 49 52 66 86 73 97				-1	-1>=0 假		插入 :array[j+d]=t;
18 21 30 35 49 52 66 86 73 97	1	2	30	1	1>=0 真	21>30 假	1==2-1，无插入
18 21 30 35 49 52 66 86 73 97	1	3	35	2	2>=0 真	30>35 假	2==3-1，无插入
18 21 30 35 49 52 66 86 73 97	1	4	49	3	3>=0 真	35>49 假	3==4-1，无插入
18 21 30 35 49 52 66 86 73 97	1	5	52	4	4>=0 真	49>52 假	4==5-1，无插入
18 21 30 35 49 52 66 86 73 97	1	6	66	5	5>=0 真	52>66 假	5==6-1，无插入
18 21 30 35 49 52 66 86 73 97	1	7	86	6	6>=0 真	66>86 假	6==7-1，无插入
18 21 30 35 49 52 66 86 73 97	1	8	73	7	7>=0 真	86>73 真	
18 21 30 35 49 52 66 86 86 97							array[j+d]=array[j];
18 21 30 35 49 52 66 73 86 97				6	6>=0 真	66>73 假	插入 :array[j+d]=t;
18 21 30 35 49 52 66 73 86 97	1	9	97	8	8>=0 真	86>97 假	8=9-1，无插入
18 21 30 35 49 52 66 73 86 97	1	10					i<n 假

程序中加入了中间结果的输出，如果不需要的话请删除，运行结果如图 13-4 所示。

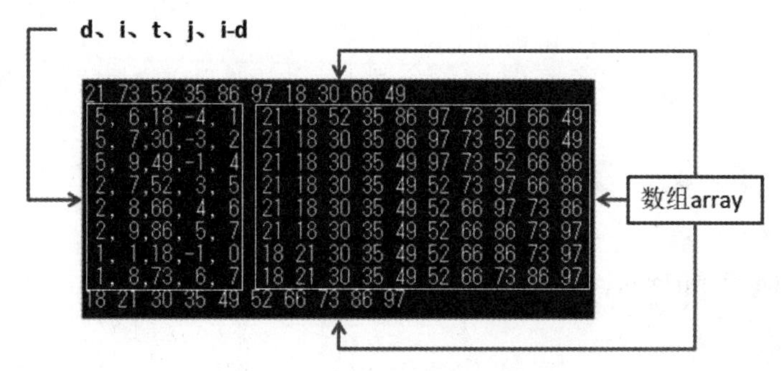

图 13-4　希尔算法输出（含中间结果）

中间过程只输出有插入排序的情况，输出包括两个部分：

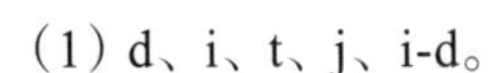

（1）d、i、t、j、i-d。

（2）array数组全部元素。

程序中的分组是通过d实现的，d从n/2开始，所以，最初的每个分组只有2个元素，把第1个元素当成有序序列，然后用j循环实现插入排序算法。经过第1轮后，前面一半的数必然小于后面一半的数；同样的算法对两个部分，就会分成4个区域，前面的区域数必然和小于后面，…，当d=1时，就变成前面的数必然小于后面的数了。

图13-5展示了具体的有插入排序的情况。

21 73 52 35 86 97 18 30 66 49	未排序
21 18 52 35 86 97 73 30 66 49 21 18 30 35 86 97 73 52 66 49 21 18 30 35 49 97 73 52 66 86	d=5
21 18 30 35 49 52 73 97 66 86 21 18 30 35 49 52 66 97 73 86 21 18 30 35 49 52 66 86 73 97	d=2
18 21 30 35 49 52 66 86 73 97 18 21 30 35 49 52 66 73 86 97	d=1
18 21 30 35 49 52 66 73 86 97	已排序

图13-5　希尔算法中有插入的情况

关于d的计算，有的算法先计算出分组排序的次数t：

```
log2(N+1)
```

写成C语言表达式为：

```
(int)(log(N+1)/log(2))
```

然后分别计算d：

```
2^(t-i+1)-1  i=1~t
```

写成C语言表达式为：

```
(int)(pow(2,t-i+1)-1)
```

可能计算的结果不一定是对半，但并不影响排序，这是因为分成的两个区域数的个数虽然不一样，但大小关系是确定的就可以了，最后的d等于1很关键。

设定增量的希尔排序：

void ShellSort2(int array[],int n, int inc[]);

希尔排序中的增量d也可以预先设定在一个数组中，称为设定增量的希尔排序。

例如：

```
int inc[]={8,4,2,1};
```

排序函数修改为：

```
void ShellSort2(int array[],int n, int inc[])
{
    int i,j,k=0,t,d;
    d=inc[k++];
    while(d>=1)
    {
```

```
        for(i=d; i<n; i++)          //分别向每组的有序区域插入
        {
            t=array[i];
            for(j=i–d; (j>=i%d) && array[j]>t; j–=d)     //比较与记录后移同时进行
            {
                array[j+d]=array[j];
            }
            if(j!=i–d)
            {
                array[j+d]=t;                              //插入
            }
        }
        d=inc[k++];
    }
}
```

13.6.2　直接插入排序

void DirectInsertSort(int array[],int n);

直接插入排序算法比较简单，设有数组：

```
int array3[5]= {91,73,52,35,86};
```

算法如下：

```
[91] 73 52 35 86        //从第1个元素开始（1个元素肯定是有序的）
[73 91] 52 35 86        //将第2个元素73插入到有序序列[91]
[52 73 91] 35 86        //将第3个元素52插入到有序序列[73 91]
[35 52 73 91] 86        //将第4个元素35插入到有序序列[52 73 91]
[35 52 73 86 91]        //将第5个元素86插入到有序序列[35 52 73 91]
```

扫一扫，看视频

13.6.3　折半插入排序

扫一扫，看视频

void BInsertSort(int array[], int n);

折半插入排序是对直接插入排序算法的一种改进，排序时不用按顺序依次寻找插入点，而是采用折半查找的方法来加快寻找插入点的速度。

例如将76插入到有序序列[35 52 73 86 91]：

35	52	73	86	91
low		mid		high

将76和mid位置数73比较，大于则在右半区再折半查找，小于则在左半区查找：

35	52	73	86	91
		low	mid	high

最后直到high<low时，查找结束，在low或high+1位置插入76即可。

折半查找只是减少了比较次数，但是元素的移动次数不变，时间复杂度和插入排序一样为$O(n^2)$。

13.6.4　快速排序

void QuickSort(int array[],int low,int high);

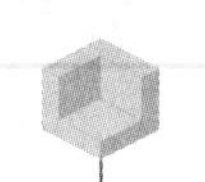

快速排序是对冒泡排序的一种改进。

快速排序由C. A. R. Hoare在1960年提出，其基本思想是：通过一趟排序将要排序的数据分割成独立的两部分，其中一部分的所有数据都比另外一部分的所有数据小，然后按此方法对这两部分数据分别进行快速排序，整个排序过程可以递归进行，以此达到整个数据变成有序序列。

例如，数组：

```
int array[6]={76,52,73,86,91,35};
```

下标	0	1	2	3	4	5
数据	76	52	73	86	91	35

初始化：

```
int low=0,high=5;
int i=low,j=high,temp=76;
```

按下面的步骤排序：

- 从右向左查找，把比76小的放在76的左边

	i					j
下标	0	1	2	3	4	5
数据	76	52	73	86	91	35

array[5]<temp，则array[0]=array[5]，i++：

		i				j
下标	0	1	2	3	4	5
数据	35	52	73	86	91	35

- 从左向右查找，把比76大的放在76的右边

				i		j
下标	0	1	2	3	4	5
数据	35	52	73	86	91	35

array[3]>temp，则array[5]=array[i],j--：

				i	j	
下标	0	1	2	3	4	5
数据	35	52	73	86	91	86

重复上面的两个步骤，直至i==j，最后array[i]=temp，即array[3]=76：

	左侧区域			i==j	右侧区域	
下标	0	1	2	3	4	5
数据	35	52	73	76	91	86

可以看出76左边是小于76的数，右边是大于76的数。

以76为界，将数组分为两个区域，即：array[0]~ array[3]和array[4]~ array[5]，递归执行上面的操作。

左边执行：

```
QuickSort(array,low,i–1);
```

右边执行：

```
QuickSort(array, j+1,high);
```

算法终止于不能再分组。

13.6.5 归并排序

void MergeSort(int array[],int low,int high);

void Merge(int array[],int low,int mid,int high);

归并排序是采用分治法的一个非常典型的应用。

算法思想：将已有序的子序列合并，得到完全有序的序列，即先使每个子序列有序，再使子序列段间有序。若将两个有序表合并成一个有序表，称为二路归并。

例如数组int array[6]={35,52,73,86,91,76}，执行：

```
MergeSort (array,0,5);          //low=0,high=5,mid=2
```

递归调用的过程如图13-6所示。

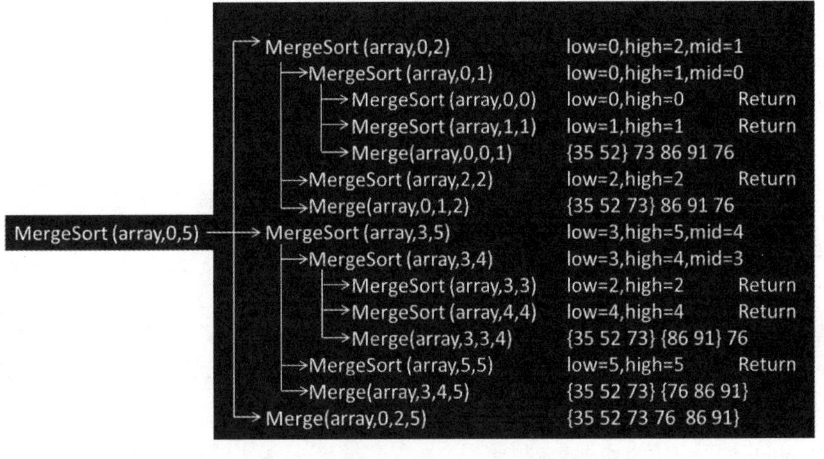

图13-6　MergeSort (array,0,5) 的计算过程

递归调用过程中，最先有效执行的是归并算法是Merge(array,0,0,1)，其次是Merge(array,0,1,2)、Merge(array,3,3,4)，最后是Merge(array,0,2,5)。low等于high时，归并算法Merge直接返回。每次归并算法都会将low~high之间的数有序化。

Merge(array,0,0,1)和Merge(array,3,3,4)实现2个数的有序化；

Merge(array,0,1,2)和Merge(array,3,4,5)实现3个数的有序化；

Merge(array,0,2,5) 实现6个数的有序化；

当数组元素增加时，原理是一样的。

13.7 *迷宫算法

问题及分析：

迷宫是常见的游戏(见图13-7)，很多游客都走过圆明园的迷宫，实现迷宫的方法很多，走法也可能很多。下面是笔者基于回溯法设计的程序，供作者参考。程序的基本算法如图13-8

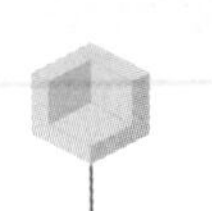

所示。

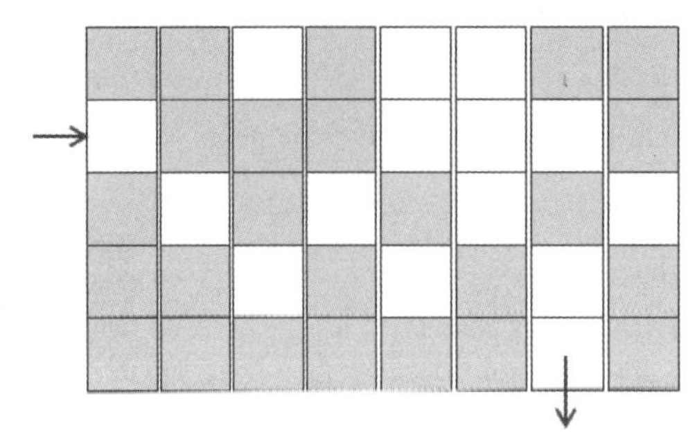

图 13-7　迷宫

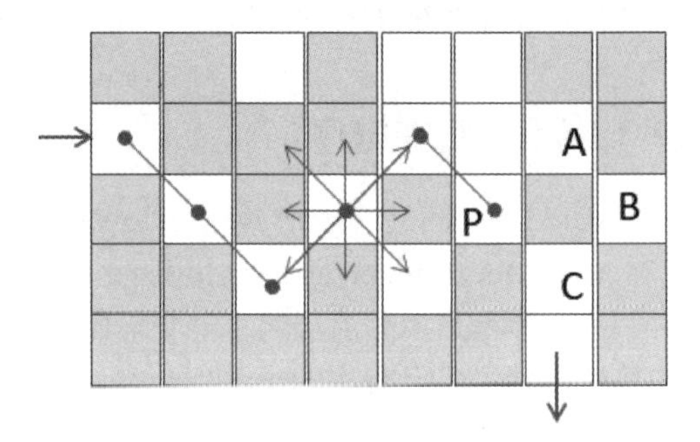

图 13-8　迷宫基本算法

迷宫算法为：

（1）按左、左上、上、右上、右、右下、下、左下八个方向依次查找可走的路径，若有，加入路径表path中，继续；若没有，设置为不可用位置（值为2），回退至上一个位置，调整到下一个方向，继续查找，若没有可走路径，继续回退；

（2）在生成的路径表中，依次查找是否有捷径，例如图13-8中，当前位置P到C，正常生成的路径为：P→A→B→C，因为P可直达C，所以修改为P→C；

（3）如果一直回退到起点，查找失败。

程序代码：

```
//c13_7.c
//作者:Ding Yatao
//日期:2019年8月

#include<stdio.h>
#include<string.h>
#define M 5              //行数
#define N 8              //列数
#define PrintInfo 0      //是否输出提示信息
int ix=1,iy=0;           //入口位置
int ox=4,oy=6;           //出口位置
int top=0;               //路径序号
int firstdirestion;      //首选方向
struct pos               //位置结点
{
    int x,y;             //坐标
    int direction;       //方向
};
//方向提示
char *Direction[8]={"左","左上","上","右上","右","右下","下","左下"};
//方向调节值
int adjustdata[8][2]= {{0,-1},{-1,-1},{-1,0},{-1,1},{0,1},{1,1},{1,0},{1,-1}};
int adjust[8][2];
//迷宫数据：1 不可通过，0 可通过
char mgdata[M][N+1]=
{
    "11010011",
    "01110001",
    "10101010",
    "11010101",
```

```
    "11111101"
};
char mg[M][N+1];
struct pos path[100];                    //路径

//重置迷宫数据
void resetdata()
{
    int i;
    for(i=0; i<M; i++)
        strcpy(mg[i],mgdata[i]);
}

//查找算法
int go(struct pos now)
{
    struct pos next;                     //临时要尝试的结点
    now.direction++;                     //已尝试的方向数

    //无路可走，回退
    if(now.direction==8)
    {
        //起点
        if(top==0)   return 0;           //return返回，停止查找
        //不是起点，还原为可能的结点，可以回退
        mg[now.x][now.y]='2';            //标记为无法继续的结点
        now.direction = -1;
        if(PrintInfo)
            printf("no way can go from (%d,%d,%d)\n",top,now.x,now.y);
        --top;                           //回退一步
        return go(path[top]);            //递归查找
    }

    // 按当前设定的方向，尝试一个新位置
    next.x=now.x+adjust[now.direction][0];
    next.y=now.y+adjust[now.direction][1];
    next.direction=-1;                   //新位置方向数重置


    //越界或1
    if(next.x<0 || next.y<0 || next.y>=N || next.x>=M || mg[next.x][next.y]!='0')
    {
        if(PrintInfo)
            printf("select next error(%d,%d,%d)\n",top,next.x,next.y);
        //放弃这个测试点
        return go(now);                  //继续下一个方向
    }

    //next是出口位置，成功
    if(next.x==ox && next.y==oy)
    {
        path[++top]=next;
        mg[ix][iy]='=';                  //重置入口符号
        mg[ox][oy]='#';                  //重置出口符号
        return 1;
    }
```

```
        //可以作为一个临时合格结点，找下一个结点
        mg[next.x][next.y]='8';
        path[++top]=next;
        if(PrintInfo)
            printf("try go(%d,%d,%d)\n",top,next.x,next.y);

        return go(next);                     //继续查找
    }

    //简化路径
    int getshortest()
    {
        int i,j,k,m,n;
        for(i=0; i<=top-2; i++)
            for(j=top; j>=i+2; j--)
                for(k=0; k<8; k++)
                {
                    if(path[i].x+adjust[k][0]==path[j].x && path[i].y+adjust[k][1]==path[j].y)
                    {
                        n=j-i-1;                 //i和j之间的可以删除了
                        for(m=i+1; m<=top-n; m++)
                            path[m]=path[m+n];
                        top=top-n;
                        return getshortest();
                    }
                }
        return 0;
    }

    //输出路径
    void printpath()
    {
        int i;
        printf("路径:");
        for(i=0; i<=top; i++)
        {
            printf("(%d,%d)",path[i].x,path[i].y);
            if(i<top) printf("-");
        }
        printf("\n");
    }

    int main()
    {
        int i,j,firstdirecton,n;
        struct pos begin;
        struct pos minpath[100];              //最短路径
        int mintop=-1;
        for(firstdirecton=0; firstdirecton<8; firstdirecton++)    //8种首选方向
        {
            printf("首选方向:%s\n",Direction[firstdirecton]);
            for(i=0; i<8; i++)                    //按方向获取方向参数值
            {
                adjust[i][0]=adjustdata[(i+firstdirecton)%8][0];
                adjust[i][1]=adjustdata[(i+firstdirecton)%8][1];
            }
            resetdata();
```

```
    begin.x=ix;                          //入口结点数据
    begin.y=iy;
    begin.direction=-1;
    path[0]=begin;
    top=0;
    n=go(begin);
    if(n==1)
    {
        for(i=0; i<M; i++)
        {
            for(j=0; j<N; j++)
                printf("%2c",mg[i][j]);
            printf("\n");
        }
        printpath();                     //可行的路径
        //找最短的路径
        getshortest();                   //简化路径
        printpath();
        if(top<mintop || mintop==-1)
        {
            mintop=top;
            for(i=0; i<=mintop; i++) minpath[i]=path[i];
        }
    }
    else
        printf("没有找到路径");
  }
  //输出最短路径
  printf("最短路径:");
  for(i=0; i<=mintop; i++)
  {
      printf("(%d,%d)",minpath[i].x,minpath[i].y);
      if(i<mintop)    printf("-");
  }
  printf("\n");
  return 0;
}
```

运行结果:

程序按首选方向分成8种形式查找，=表示入口，#表示出口，8表示可用位置点，2表示不可用位置点，1表示不可通过位置，0表示可通过位置。

```
首选方向：左
11018811
=1118881
18181812
11810181
111111#1
路径 :(1,0)-(2,1)-(3,2)-(2,3)-(1,4)-(0,4)-(0,5)-(1,6)-(1,5)-(2,5)-(3,6)-(4,6)
路径 :(1,0)-(2,1)-(3,2)-(2,3)-(1,4)-(2,5)-(3,6)-(4,6)
首选方向：左上
11018811
=1118281
18181218
11812181
111111#1
```

```
路径 :(1,0)-(2,1)-(3,2)-(2,3)-(1,4)-(0,4)-(0,5)-(1,6)-(2,7)-(3,6)-(4,6)
路径 :(1,0)-(2,1)-(3,2)-(2,3)-(1,4)-(0,5)-(1,6)-(2,7)-(3,6)-(4,6)
.
.
.
路径 :(1,0)-(2,1)-(3,2)-(2,3)-(1,4)-(0,4)-(0,5)-(1,5)-(2,5)-(1,6)-(2,7)-(3,6)-(4,6)
路径 :(1,0)-(2,1)-(3,2)-(2,3)-(1,4)-(2,5)-(3,6)-(4,6)
首选方向 : 左下
11018811
=1118281
18181812
11812181
111111#1
路径 :(1,0)-(2,1)-(3,2)-(2,3)-(1,4)-(0,4)-(0,5)-(1,6)-(2,5)-(3,6)-(4,6)
路径 :(1,0)-(2,1)-(3,2)-(2,3)-(1,4)-(2,5)-(3,6)-(4,6)
最短路径 :(1,0)-(2,1)-(3,2)-(2,3)-(1,4)-(2,5)-(3,6)-(4,6)
```

程序中输出了两条路径，后面的路径是简化的路径。由于首选方向不同，搜索路径并不一致，有的路径可以简化，因为其中有绕弯，比如(1,4)可以直接到(2,5)。

13.8 定积分的计算

问题及分析：

下面利用梯形法来计算第一象限中$f(x)$的定积分。

$$\int_b^a f(x)\mathrm{d}x$$

其中，$f(x)=a_nx^n+a_{n-1}x^{n-1}+\cdots+a_1x+a_0$。

根据定积分的定义分析，将定积分的区间 $[a,b]$ 分成 n 等份区间，构造成n个小梯形，如图13-9所示，小梯形的面积为 (上底+下底) × 高/2，求定积分其实就是求n个等份梯形的面积之和，n越大越接近实际的值。

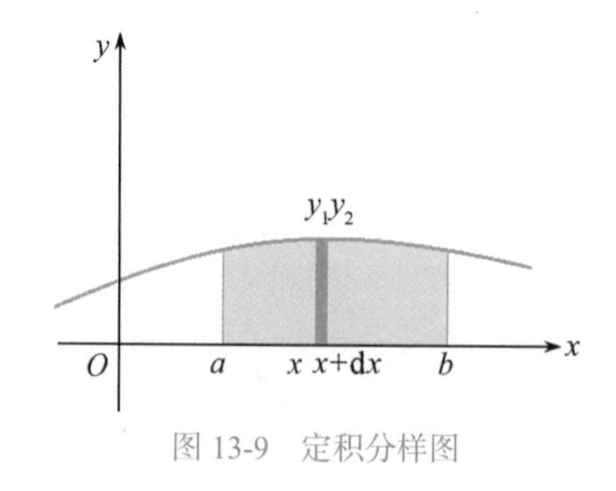

图 13-9　定积分样图

程序代码：

```
//c13_8.c
//作者:Ding Yatao
//日期:2019年8月

#include <stdio.h>
```

```
#include <stdarg.h>
#define N  1000
double definiteintegral(double begin,double end,int argc,...);
double f(double x,int argc,double argd[]);
int main()
{
    double result;
    result=definiteintegral(1.0,5.0,2,1.0,2.0);         // f(x)= a1x+a0， a1=1， a0=2
    printf("result=%lf\n",result);
    result=definiteintegral(1.0,5.0,3,1.0,2.0,3.0);     // f(x)=a2x2+a1x+a0， a2=1， a1=2， a0=3
    printf("result=%lf\n",result);
    return 0;
}

//求积分函数值
//函数的系数存储在数组argd中，函数的参数个数为argc
double f(double x,int argc,double argd[])               // f(x)=anxn+an-1xn-1+…+a1x+a0
{
    double result=0,t=1;
    int i=argc-1;
    while(i>=0)
    {
        result=result+argd[i--]*t;                       // result = a0x0+ a1x1+ a2x2…
        t=t*x;                                           // t= x0、x1、x2…
    }
    return result;
}

//定积分函数，变参形式
double definiteintegral(double begin,double end,int argc,...)
{
    int i;
    double result,t,d,x,y1,y2;
    double argd[20]={0.0};
    va_list v;

    //读取变参
    va_start(v,argc);
    for(i=1;i<=argc;i++)
        argd[i-1]=va_arg(v,double);                     // a0、a1、a2…
    va_end(v);

    //计算积分
    result=0.0;
    d=(end-begin)/N;                                     // (5.0-1.0)/1000
    x=begin;
    y1=f(x,argc,argd);                                   //左侧第1个纵坐标值
    for(i=0; i<N; i++)
    {
        x=x+d;
        y2=f(x,argc,argd);                               //梯形的右边长，下一个纵坐标值
        t=(y1+y2)*d/2;                                   //小梯形面积
        y1=y2;                                           //下一个梯形的左边长
        result=result+t;                                 //面积累加
    }
    return result;
}
```

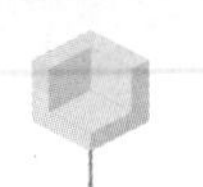

考虑到积分函数的系数的不确定性，程序中采用变参输入系数。定积分函数definiteintegral的第1、2个参数表示区间，第3个参数表示系数的个数，后面变参部分为系数。调用该函数的参数个数取决于实际系数的个数。

函数f根据x值计算y值，计算方法是逆序访问系数，然后逐级乘以自变量项并累加得到。

运行结果：

```
result=20.000000
result=77.333344
```

如果y为负数，并不影响积分的运算，例如：

```
definiteintegral(-1.0,1.0,2,1.0,0.0);        // f(x) = x，a1=1，a0=0
```

result的结果等于0，符合数学计算的需要。

如果只是单纯地计算梯形面积，需要采用绝对值形式，例如：

```
t=(y1>0?y1:-y1+y2>0?y2:-y2)*d/2;
```

也可以直接使用绝对值函数fabs：

```
t=(fabs(y1)+ fabs(y2))*d/2;
```

13.9 运动的小球

问题及分析：

下面的程序模拟一个小球的上下、左右、不定位置运动，如图13-10所示。程序原理很简单，小球的控制分为两种形式：随机或按光标键。关键在于获得标准输出设备句柄GetStdHandle和光标定位函数SetConsoleCursorPosition的使用。下一个案例“贪吃蛇游戏”也用到了这两个函数。

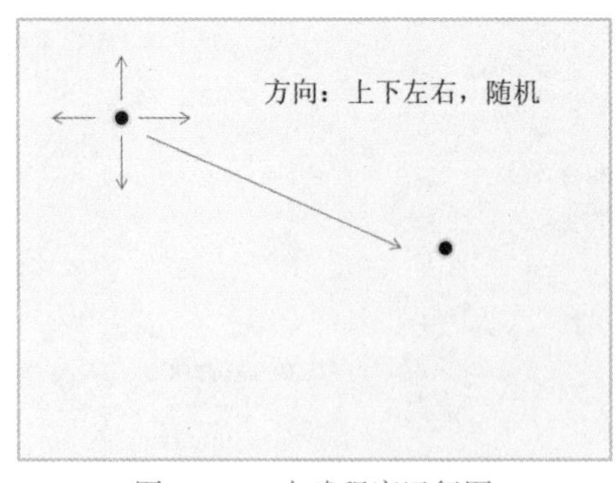

图 13-10　小球程序运行图

程序代码：

```
//c13_9.c

#include <stdio.h>
#include <stdlib.h>
#include <time.h>
```

```
#include <windows.h>
#define BALL "o"                              // 定义小球图形字符
void ball(int x,int y,int dx,int dy,int randnumber);
void printxy(int x,int y,char *s)
int main()
{
    int select;
   HANDLE hOut = GetStdHandle(STD_OUTPUT_HANDLE);  // 获取标准输出设备句柄
   CONSOLE_CURSOR_INFO cinfo;
   cinfo.bVisible = 0;
   SetConsoleCursorInfo(hOut,&cinfo);         //关闭光标显示
    select =4;
    switch(select)
    {
        case 1:
            ball(0,5,1,0,0);                  //起点(0,5)，上下运动
            break;
        case 2:
            ball(5,0,0,1,0);                  //起点(5,0)，左右运动
            break;
        case 3:
            ball(0,5,1,1,0);                  //起点(0,5)，上下左右运动
            break;
        case 4:
            ball(0,5,1,1,1);                  //起点(0,5)，不定位置运动
            break;
    }
    cinfo.bVisible = 1;
   SetConsoleCursorInfo(hOut,&cinfo);         //恢复光标显示
    return 0;
}
void printxy(int x,int y,char *s)
{
    system("cls");
   COORD pos = {x,y};
   HANDLE hOut = GetStdHandle(STD_OUTPUT_HANDLE);  //获取标准输出设备句柄
   SetConsoleCursorPosition(hOut, pos);       //两个参数分别是指定哪个窗体和具体位置
    printf("%s",s);
}

void ball(int x,int y,int dx,int dy,int randnumber)
{
    int left,right,top,bottom;
    left = top= 0;
    right=bottom=20;

    if(randnumber)
    {
        while(1)
        {
            srand((unsigned)time(NULL));      //初始化随机数种子
            x = rand()%bottom;                //随机位置
            y = rand()%right;
            printxy(x,y,BALL);                //随机位置显示小球
        }
    }
    else
```

```
        {
            while(1)
            {
                x = x + dx;
                y = y + dy;
                printxy(x,y,BALL);
                if ((x<=top)||(x>=bottom))dx = -dx;    //横向转向
                if ((y<=left)||(y>=right))    dy = -dy;    //纵向转向
            }
        }
    }
```

程序中小球到达显示设备的边缘时需要转向，转向方法就是将坐标值求反。

13.10 贪吃蛇游戏

问题及分析：

贪吃蛇游戏是一款经典的益智游戏，简单耐玩，在实际应用开发中经常作为算法的参考。通过控制蛇头方向吃到食物，之后蛇身变长，程序中通常设置速度的变化来提高游戏的可玩性，如图 13-11 所示。

图 13-11　贪吃蛇程序运行界面

贪吃蛇游戏的算法并不复杂，主要包括：

- 蛇形结点的创建、移动
- 食物结点的创建
- 撞墙判断
- 加减速
- 得分算法
- 蛇身加长

下面的程序利用双向链表创建蛇形，如图 13-12 所示。双向链表的好处在于容易查找结点，在移动蛇形时算法可以简化。例如，在输出蛇形后，可以根据尾巴结点删除尾巴并设置其前面的结点为蛇尾，如果是单向链表的话，需要从头开始遍历链表，比较麻烦。

图 13-12　蛇形链表

食物结点的创建需要检测是否和蛇身有重合。程序设计了IsSameNode函数来判断两个结点是否位置重合，在判断蛇头是否和蛇身重合(咬了自己)时也可以用到。

重新开始游戏需要在程序中释放上一次链表的存储空间，每次创建食物结点时，也需要对上一个食物空间进行释放操作。

程序代码(完整代码请扫二维码查看):

```
//c13_10.c
//作者:Ding Yatao
//日期:2019年3月
    .
    .
    .
    Play();
    return 0;
}
```

游戏结束后，程序提示是否重新开始，如图13-13所示。

图 13-13　游戏结束后的提示

13.11 *八皇后

问题及分析:

将八位皇后放在一张8 * 8的棋盘上，如图13-14所示，使每位皇后都无法吃掉别的皇后(即任意两个皇后都不在同一条横线、竖线和斜线上)，求一共有多少种摆法。此问题是1848年由棋手马克思·贝瑟尔提出的，解法很多，计算机程序中主要采用排列法、回溯法。

八皇后问题可以扩展到N皇后问题。

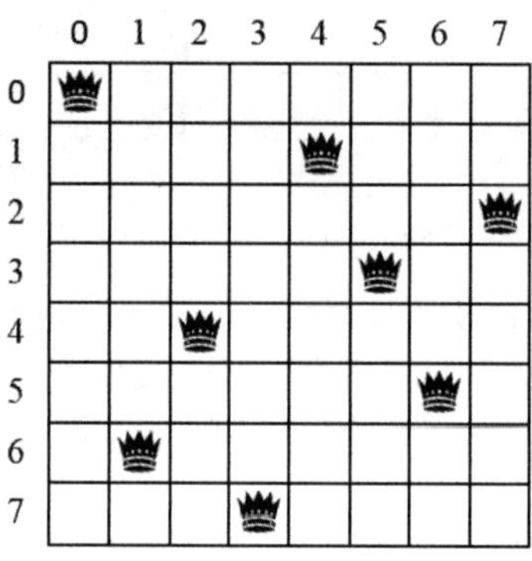

图 13-14　八皇后图形

1. 排列法

如果用0、1、2、3、4、5、6、7记录皇后的列位置（图13-14对应的排列为06471352），则由0~7组成的全排列可以表示所有可能的情况，生成全排列后再逐个检测是否符合“任意两个皇后都不在同一行或对角线上”的要求。

全排列其实就是：

```
01234567
01234576
01234657
01234675
……
76543201
76543210
```

程序代码：

```
//c13_11_1.c
//作者:Ding Yatao
//日期:2019年3月

#include <stdio.h>
#include <string.h>
int count=0;
//输出棋盘
void print(char s[])
{
    int i,j,k;
    for (i = 0; i < 8; i++)
    {
        k=s[i]-'0';
        for(j=0; j<8; j++)
        {
            if(k==j)
                printf("1");
            else
                printf("0");
        }
        printf("\n");
    }
    printf("\n");
}
```

```
void swap(char s[],int i,int j)
{
    char t;
    t=s[i];
    s[i]=s[j];
    s[j]=t;
}
int check(char s[])                         //检测棋盘是否符合要求
{
    int i,j,dy;
    for(j=1; j<8; j++)                      //从第2行开始与前面的所有行比较并检测
    {
        //前j行，由于是排列，不存在在同一行或列的情况，只需要检测是否在对角线上
        for (i = 0; i < j; i++)
        {
            dy = s[i]-s[j];
            if(dy<0) dy=-dy;
            if (j-i==dy) return 0;          //在对角线上，返回0，表示不合格
        }
    }
    return 1;//符合要求
}
void getnext(char s[],int k,int m)          //递归产生排列
{
    int i;
    if(k==m)                                //k等于m时产生一个排列
    {
        if(check(s))
        {
            count++;
            print(s);
        }
    }
    else
        for(i=k; i<=m; i++)
        {
            swap(s,k,i);
            getnext(s,k+1,m);
            swap(s,k,i);
        }

}
int main()
{
    char s[1000]="01234567";
    int n=strlen(s);
    getnext(s,0,n-1);
    printf("count=%d\n",count);
    return 0;
}
```

运行结果（省略前面输出的90个棋盘信息）：

```
00000001
00100000
10000000
```

```
00000100
01000000
00001000
00000010
00010000

00000001
00010000
10000000
00100000
00000100
01000000
00000010
00001000

count=92
```

程序的核心代码是递归产生全排列：

```
for(i=k; i<=m; i++)
{
    swap(s,k,i);              //交换产生新排列
    getnext(s,k+1,m);
    swap(s,k,i);              //还原交换，准备产生下一个排列
}
```

原理如图13-15所示。

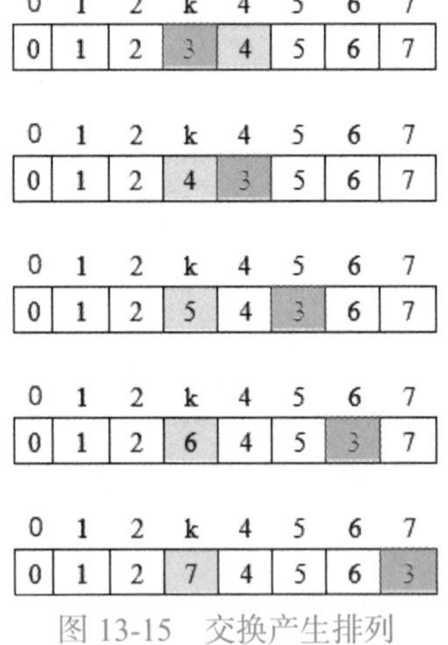

图 13-15　交换产生排列

从k位置开始和后面的数字逐个交换，产生排列，k前面的序列不变。

k=0时，产生8个排列分支；

k=1时，产生7个排列分支；

……

k=7时，即k==m，产生1个排列，即所需要的排列。

为了方便理解，将数据简化，观察排列产生的机制。

设

```
char s[]="123";
```

首次调用：

```
getnext(s,0,2);
```

程序运行过程中数据的变化如下：

```
k=0,m=2,i=0,s="123"          swap("123",0,0)       s="123"
getnext("123",1,2)
k=1,m=2,i=1,s="123"          swap("123",1,1)       s="123"
getnext("123",2,2)
list:123
k=1,m=2,i=1,s="123"          swap("123",1,1)       s="123"
k=1,m=2,i=2,s="123"          swap("123",1,2)       s="132"
getnext("132",2,2)
list:132
k=1,m=2,i=2,s="132"          swap("132",1,2)       s="123"
k=0,m=2,i=0,s="123"          swap("123",0,0)       s="123"
k=0,m=2,i=1,s="123"          swap("123",0,1)       s="213"
getnext("213",1,2)
k=1,m=2,i=1,s="213"          swap("213",1,1)       s="213"
getnext("213",2,2)
list:213
k=1,m=2,i=1,s="213"          swap("213",1,1)       s="213"
k=1,m=2,i=2,s="213"          swap("213",1,2)       s="231"
getnext("231",2,2)
list:231
k=1,m=2,i=2,s="231"          swap("231",1,2)       s="213"
k=0,m=2,i=1,s="213"          swap("213",0,1)       s="123"
k=0,m=2,i=2,s="123"          swap("123",0,2)       s="321"
getnext("321",1,2)
k=1,m=2,i=1,s="321"          swap("321",1,1)       s="321"
getnext("321",2,2)
list:321
k=1,m=2,i=1,s="321"          swap("321",1,1)       s="321"
k=1,m=2,i=2,s="321"          swap("321",1,2)       s="312"
getnext("312",2,2)
list:312
k=1,m=2,i=2,s="312"          swap("312",1,2)       s="321"
k=0,m=2,i=2,s="321"          swap("321",0,2)       s="123"
```

算法的思想很简单，例如：

```
1  getnext("123",0,2)
123
```

将1后的所有数字和1交换，得到：

```
No   s     调用                                              说明
2    123   getnext("123",1,2)
           123   getnext("123",2,2)  还原为123    k=m，得到排列123
3
4          132   getnext("132",2,2)  还原为123    k=m，得到排列132
5    还原为123

6    213   getnext("213",1,2)
7          213   getnext("213",2,2)  还原为213    k=m，得到排列213
8          231   getnext("231",2,2)  还原为213    k=m，得到排列231
9    还原为123

10   321   getnext("321",1,2)
11         321   getnext("321",2,2)  还原为321    k=m，得到排列321
12         312   getnext("312",2,2)  还原为321    k=m，得到排列312
```

13 还原为123

2. 回溯法

以上方法采用字符数组存储排列，下面的算法采用回溯的方法，用整型数组存储位置。

对于N皇后问题，回溯法的核心思想是：假设0~i行已经部署并且符合要求，在第i+1行依次按序部署，每行有N种部署方案。

（1）按0~N-1的次序部署i+1行，如果部署后0~i+1行符合要求，继续部署第i+2行，直至完成所有行的部署，得到一个解决方案；

（2）若i+1行当前方案不符合要求，调整至下一个可行方案，继续下一行的部署；若所有方案均已检测，回溯到第i行，调整至i行的下一个可行方案；

（3）若i行有可行方案，重新在i+1行进行部署，若i行所有方案均已检测，再回溯到i-1行的下一个可行方案。

回溯法在本案例中的应用和前面的迷宫算法类似。

程序代码：

```
//c13_11_2.c
//作者:Ding Yatao
//日期:2019年3月

#include<stdio.h>
int count = 0;
#define N 8
#define PrintInfo 0              //0–不打印测试信息，1–打印测试信息
#define PrintStyle 0             //0–一行输出格式，1–N*N矩阵输出格式

//输出每一种情况下棋盘中皇后的摆放情况
void print(int queen[])
{
    int i,j;
    for (i = 0; i < N; i++)
    {
        if(PrintStyle==0)
            printf("%d",queen[i]);
        else
        {
            for(j=0; j<N; j++)
            {
                if(queen[i]==j) printf("1");
                else printf("0");
            }
            printf("\n");
        }
    }
    printf("\n");
}

//检查是否存在有多个皇后在同一行/列/对角线的情况
int check(int queen[],int row, int m)
{
    int i,dy;
    for (i = 0; i < row; i++)                //前row行
```

```
        {
            dy = queen[i]-m;
            if (0 == dy)                    //同列
                return 0;
            if(dy<0)dy=-dy;
            if (row-i==dy)                  // 对角线
                return 0;
        }
        return 1;                           //有效
    }
    //设置第index个皇后位置
    void getnext(int queen[],int index)
    {
        int m;
        for (m = 0; m < N; m++)
        {
            if (check(queen,index, m))          //检测m位置是否和前面已经部署的方案冲突
            {
                queen[index] = m;
                if(PrintInfo) printf("set queen[%d]=%d\n",index,m);
                if (N-1 == index)               //N个皇后位置都确定
                {
                    count++;
                    if(PrintInfo) printf("count=%d,m=%d\t",count,m);
                    print(queen);
                    queen[index] = 0;           //清0 ，准备检测下一个方案
                    if(PrintInfo) printf("set queen[%d]=0\n",index);
                    return;
                }
                if(PrintInfo) printf("getnext(queen,%d)\n",index+1);
                getnext(queen,index + 1);       //不够N个位置，继续尝试
                queen[index] = 0;               //清0 ，准备检测下一个方案
                if(PrintInfo) printf("set queen[%d]=0,m=%d\n",index,m);
            }
            else if(PrintInfo)   printf("check error:m=%d,index=%d\n",m,index);
        }
    }
    int main()
    {
        int queen[N] = {0};
        getnext(queen,0);
        printf("count=%d\n",count);
        return 0;
    }
```

该程序的运行结果和程序c13_11_1.c相同。

为了更好地理解计算过程，下面设计了包含数据跟踪的程序。为了简化跟踪过程，将上面的程序作以下修改：

（1）N改为4；

（2）#define PrintInfo 0 改成#define PrintInfo 1；

（3）#define PrintStyle 0 改成#define PrintStyle 1。

运行结果（为了节约宝贵的篇幅，只保留必要的提示信息）：

```
set queen[0]=0
```

```
getnext(queen,1)
check error:m=0,index=1
check error:m=1,index=1
set queen[1]=2
getnext(queen,2)
……
set queen[3]=2
count=1,m=2                //第 1 种可行方案 (1302)
0100
0001
1000
0010

set queen[3]=0
……
set queen[3]=1
count=2,m=1                //第 2 种可行方案 (2031)
0010
1000
0001
0100

set queen[3]=0
set queen[2]=0,m=3
……
set queen[0]=0,m=3
count=2                //最终只有两种方案
```

最终只有1302和2031两种方案，如图13-16所示。

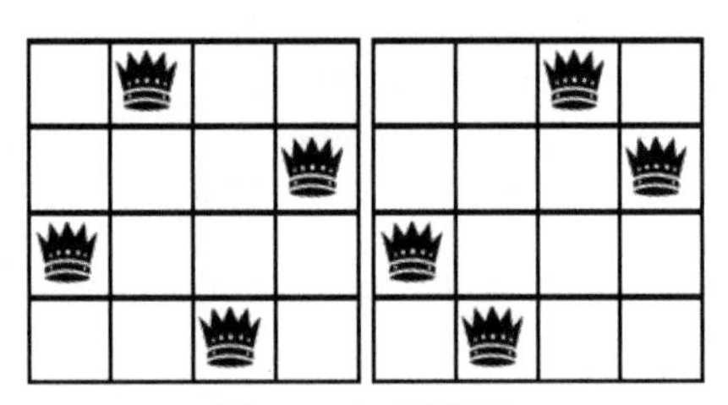

图 13-16　四皇后

以上八皇后程序的运算可以得到92种方案，这里就不给出了。回溯法的效率要高些，因为检测过程中就进行了错误方案的排除，排列法的优点在于检测时不需要检测是否在同一行，只检测是否在对角线。

八皇后算法其实可以扩展到N皇后算法，只需要重新定义N的值。

3. N皇后和N+1皇后的关系

N皇后和N+1皇后的结果是否有关联?

五皇后的结果:(#define PrintStyle 0)

```
02413
03142
13024
14203
20314
24130
```

```
30241
31420
41302
42031
```

六皇后的结果:(#define PrintStyle 0)

```
135024
251403
304152
420531
```

可以看出，在N皇后的方案基础上增加一列和一行，不一定有满足要求的方案。

13.12 *数字三角形

问题及分析:

在如图13-17所示的数字三角形中寻找一条从顶部到底边的路径，使得路径上所经过的数字之和最大。路径上的每一步都只能往左下或右下走。

```
        8
      2   7
    6   2   7
  8   2   3   4
3   6   3   7   4
```

图13-17　数字三角形

1. 遍历的方法

算法的思想很简单，搜索所有的路径，找到数字之和最大的路径。

程序代码:

```
//c13_12.c
//作者:Ding Yatao
//日期:2019年4月

#include<stdio.h>
#define N 5
int sum(int a[][N],int path[])          //计算指定路径的数字之和
{
    int i,n=0;
    for(i=0;i<N;i++) n+=a[i][path[i]];
    return n;
}
void print(int a[][N],int path[])       //输出路径上的数字
{
    int i;
    for(i=0;i<N;i++)
        printf("%d ",a[i][path[i]]);
    printf("\n");
}
```

扫一扫，看视频

```
int getpath(int path[],int end[])              //获取一条新路径
{
    int i;
    for(i=N-1;i>0;i--)
    {
        if(path[i]==path[i-1] && path[i]<end[i]) //确保相邻行的数字可连接
        {
            path[i]++;
            return 1;
        }
    }
   return 0;                                   //最后一条路径
}
void savepath(int path[],int rpath[])          //保存路径
{
    int i;
    for(i=0;i<N;i++)
        rpath[i]=path[i];
}
int main()
{
    static int a[N][N]=
    {{8},
    {2,7},
    {6,2,7},
    {8,2,3,4},
    {3,6,3,7,4}};
    int end[N]={0,1,2,3,4};                    //最后一条路径
    int path[N]={0},rpath[N]={0};
    int max,tmax;
    max=sum(a,path);
    while(getpath (path,end))
    {
        tmax=sum(a,path);
        if(tmax>max)
        {
            max=tmax;
            savepath(path,rpath);
        }
    }
    print(a,rpath);
    printf("max=%d\n",max);
    return 0;
}
```

运行结果：

```
8 7 7 4 7
max=33
```

程序中：

```
if(path[i]==path[i-1] && path[i]<end[i])
{
    path[i]++;
    return 1;
}
```

用于确保数字可连接。如图 13-18 所示，图形中加框的 3 和 6 不可连接在一条路径上。

8-2-2-2-6 对应的path为{0,0,1,1,1}，加框的 6 对应path[4]，等于 1，这时path[3]等于 1，所以path[4]++，路径调整为{0,0,1,1,2}，对应的数字序列为 8-2-2-2-3，如图 13-19 所示。

现在path[4]等于 2，path[3]等于 1，不满足path[4]==path[4-1] && path[4]<end[4]，则检测i=3。

path[3]等于 1，path[2]等于 1，满足条件，则path[3]++，路径调整为{0,0,1,2,2}，对应的数字序列为 8-2-2-3-3，如图 13-20 所示。

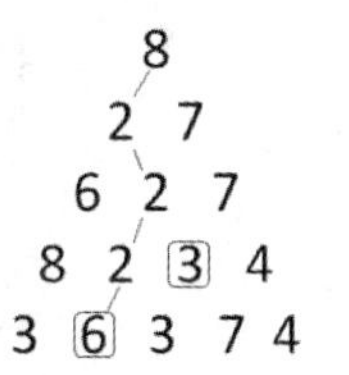

图 13-18　路径 8-2-2-2-6

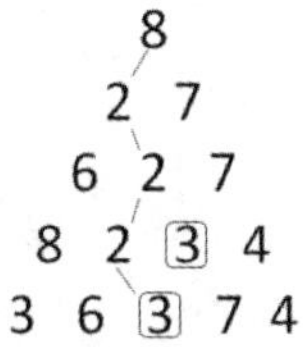

图 13-19　路径 8-2-2-2-3

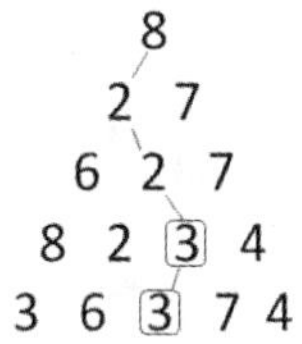

图 13-20　路径 8-2-2-3-3

以此类推，可以获取所有可以连接的路径。

2. 动态规划的方法

动态规划是求解决策过程最优化的数学方法，该算法是把多阶段过程转化为一系列单阶段问题，利用各阶段之间的关系，逐个求解。

对于如图 13-21 所示的数字三角形案例，也可以应用动态规划的算法，具体思想如下：从最后一行开始收敛查找路径，一直查到第 1 行。

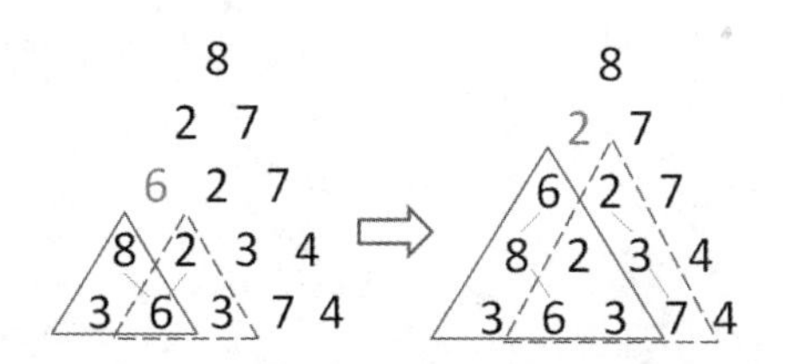

图 13-21　数字三角形动态规划

例如，第 3 行的数字 6，其路径选择基于其下方的左右两个三角形，如图 13-22 所示。

左三角路径 8-6，右三角路径 2-6，因为左三角路径和 14 大于右三角路径和 8，如图 13-23 所示，路径选择是 6+14，即 6-8-6。

基于相同的路径选择方法，第 2 行的数字 2 的路径选择也是基于其下方的左右两个三角形，如图 13-24 所示。

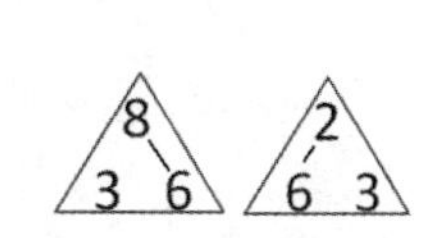

图 13-22　路径选择 1

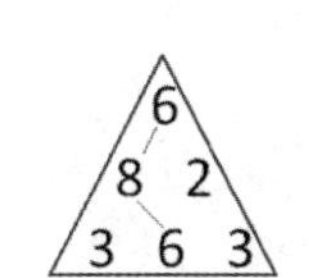

图 13-23　路径选择 2

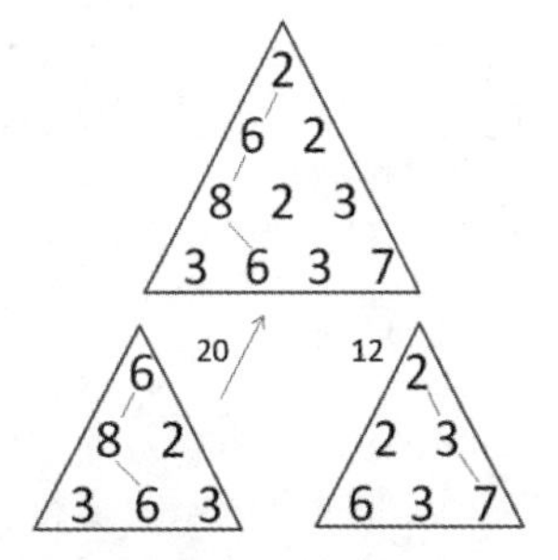

图 13-24　路径选择 3

左三角路径是 6-8-6，右三角路径是 2-3-7，左三角选中路径的和是 20，右三角选中路径的

和是12，所以第2行的数字2的路径选择是2-6-8-6。

最后一行的左三角路径选择是2-6-8-6，右三角路径选择是：7-7-4-7，最终路径是8-7-7-4-7。

程序代码：

```
//c13_12_2.c
//作者:Ding Yatao
//日期:2019年8月

#include <stdio.h>
#define N 5
int max(int a,int b)
{
    if(a<b) return b;
    else return a;
}
int getMax(int a[][N],int i,int j)
{
    int leftMax,rightMax;
    if(i==N-1) return a[i][j];
    leftMax = getMax(a,i+1,j);
    rightMax = getMax(a,i+1,j+1);
    return max(leftMax,rightMax) + a[i][j];
}
int main()
{
    int i,j;
    static int a[N][N]=
    {   {8},
        {2,7},
        {6,2,7},
        {8,2,3,4},
        {3,6,3,7,4}
    };

    printf("%d",getMax(a,0,0));
    return 0;
}
```

扫一扫，看视频

上面的算法看上去比较简单，但存在重复计算三角形路径的问题，为了避免重复计算，下面的程序做了改进。

程序代码：

```
//c13_12_3.c
//作者:Ding Yatao
//日期:2019年8月

#include <stdio.h>
#define N 5
int tmax[N][N];        //用来记录路径的求和，避免重复计算路径和
int max(int a,int b)
{
    if(a<b) return b;
    else return a;
}
```

扫一扫，看视频

```
int getMax(int a[][N],int i,int j)
{
    int leftMax,rightMax;
    if(i==N-1) return a[i][j];
    if(tmax[i+1][j]!=-1) leftMax= tmax[i+1][j];
    else leftMax = getMax(a,i+1,j);
    if(tmax[i+1][j+1]!=-1) rightMax= tmax[i+1][j+1];
    else rightMax = getMax(a,i+1,j+1);
    return max(leftMax,rightMax) + a[i][j];
}
int main()
{
    int i,j;
    static int a[N][N]=
    {{8},
    {2,7},
    {6,2,7},
    {8,2,3,4},
    {3,6,3,7,4}};
    for(i=0;i<N;i++)
        for(j=0;j<N;j++)
            tmax[i][j]=-1;
    printf("%d",getMax(a,0,0));
    return 0;
}
```

上面的程序使用了一个额外的存储数组tmax，其实也可以利用数组的冗余元素来存储路径求和，如图13-25所示。

8	4	7	3	6	3
2	7	11	10	8	14
6	2	7	18	12	20
8	2	3	4	25	22
3	6	3	7	4	33

图 13-25　冗余元素

例如表中14、8分别源于如图13-26所示的三角形中，选中的路径为8-6、2-6的和。

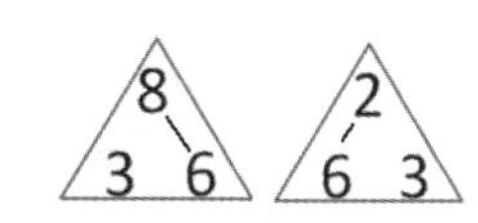

图 13-26　表中数据 14、8 的来源

算法的修改如下：

程序代码：

```
//c13_12_4.c
//作者:Ding Yatao
//日期:2019年8月

#include <stdio.h>
#define N 5
```

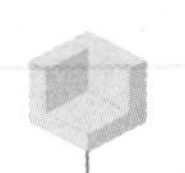


```
#define FLAG 0
enum Direction {left,right};

int max(int a,int b)
{
    if(a<b) return b;
    else return a;
}
int getMax(int a[][N+1],int i,int j)
{
    int direction;
    if(i==N-1)
    {
        //最后一行，元素值就是路径和
        a[N-i-1][N-j] = a[i][j];    // a[0][5]=a[4][0],a[0][4]=a[4][1],...
        return a[i][j];
    }
    //计算左右三角路径选择的和，逆序存储
    for(direction=left; direction<=right; direction++)
        if(a[N-i-2][N-j-direction] == FLAG)
            a[N-i-2][N-j-direction]=getMax(a,i+1,j+direction);
    //存储当前元素对应的路径和
    a[N-i-1][N-j]=max(a[N-i-2][N-j],a[N-i-2][N-j-1])+ a[i][j];
    return a[N-i-1][N-j];
}
int main()
{
    int i,j;
    //定义并初始化三角形数字存储的数组，多加一列，冗余元素正好可以存储所有三角形的路径和
    static int a[N][N+1]=
    {   {8},
        {2,7},
        {6,2,7},
        {8,2,3,4},
        {3,6,3,7,4}
    };

    printf("%d\n",getMax(a,0,0));

    for(i=0; i<N; i++)
    {
        for(j=0; j<=N; j++)
            printf("%-4d",a[i][j]);
        printf("\n");
    }
    return 0;
}
```

以上算法中，FLAG是三角形中没有出现的数字0，如果三角形中出现FLAG（0），需要在调用getMax前对数组a的冗余元素进行初始化，例如，当FLAG是-1时：

```
for(i=0; i<N; i++)
{
 for(j=i+1; j<=N; j++)
    a[i][j]=FLAG;
}
```

如果需要打印出路径，可以在main函数的语句return 0;前增加以下代码：

```
printf("%3d",a[0][0]);
a[N-1][N] = a[N-1][N] - a[0][0];            //25
for(i=1; i<N; i++)
{
    for(j=N; j>=N-i; j--)
        if(a[N-i-1][j]==a[N-1][N])          // 找到25的列位置4
        {
            printf("%3d",a[i][N-j]);        //输出a[1][1]，即7
            a[N-1][N] = a[N-1][N] - a[i][N-j];  // 18
            break;
        }
}
```

13.13 递归跟踪

问题及分析：

递归调用是函数调用的一种特殊形式，利用递归函数可以简化程序，实现很多特殊的算法。

递归调用的本质也是嵌套调用，只不过每次调用自身而已，其调用的原理和嵌套调用类似。我们知道，循环语句是将分程序重复运行，递归调用其实是将函数的所有代码重复运行。不同于分程序的重复运行，函数的递归调用每次需要为调用创建函数的运行环境，包括动态的存储空间，函数内的标识符、连接的处理、传入参数和返回值的处理等。

下面是一个简单的递归调用案例。

程序代码：

```
//c13_13.c
//作者:Ding Yatao
//日期:2019年4月
//运行环境：Dev C++ 5.11

#include<stdio.h>
int f(int n)
{
    int s;
    int t=n;
    if(n==1)
        s=1;
    else
        s=n+f(n-1);         //递归调用
    printf("%p,%p,%p\n",&t,&s,&n);
    printf("%d,%d,%d,%d\n",t,s,n,*(&t+1));
    return s;
}

int main()
{
    int m=5;
```

```
    int sum;
    sum=f(m);
    printf("sum=%d",sum);
    return 0;
}
```

运行结果：

```
0062FD78,0062FD7C,0062FD90
1,1,1,1
0062FDB8,0062FDBC,0062FDD0
2,3,2,3
0062FDF8,0062FDFC,0062FE10
3,6,3,6
0062FE38,0062FE3C,0062FE50
4,10,4,10
0062FE78,0062FE7C,0062FE90
5,15,5,15
sum=15
```

分析：

- s、t的地址连续，s先声明，但地址比t大。
- 形参n的地址大于局部变量s、t，形参是优先分配内存的。
- 每次递归调用都分配一个地址块，所谓递归调用相当于同名的嵌套调用。
- 观察地址差，每次函数调用大概分配4*16个字节（0062FE90 ～ 0062FE50），当然，这与递归函数的设计以及编译器有关。

读者可以增加类似下面的函数，对内存分析：

```
int printmemory(int *p)
{
    int i=0;
    while(i<32)
    {
        printf("%p,",*p++);
        i++;
        if(i%16==0) printf("\n");
    }
    return 0;
}
```

然后在递归函数中调用，如printmemory(&n-16);，这样可以获取n前后64个字节的内存信息。

下面是在笔者的机器上测试的抓图，如图13-27所示，图中可以找到s、t、n的存储位置及值。由于环境不同，运行结果并非是固定的。

函数调用可能存在返回值的问题，通常调用时会传递给被调用函数返回值的存储位置，即值地址，读者可以发现，图13-27中返回值就存储在s、t的附近，当然具体的值地址如何确定，由编译系统决定，通常放在地址块的起止位置。

```
0028FD88,0028FD8C,0028FDA0              s,t                                                                                n
1,1,1,1
0028FD64,00000001,00000001,00000001,00000001,009E2E4B,00000000,00000000,00000026,01000000,00000001,000
00000001,777A3CFE,00000000,009E25C0,009E25C0,0028FE04,7531F480,009E0000,00000000,7531F489,00000002,000
0028FDC8,0028FDCC,0028FDE0
2,3,2,3
0028FDA4,00000002,00000003,00000002,00000003,0028FE04,7531F480,009E0000,00000000,7531F489,00000002,000
00000002,00000024,0028FDF4,00000004,00000000,8A1E5E59,0028FE04,7531F600,0000000C,00000000,00000003,002
0028FE08,0028FE0C,0028FE20
3,6,3,6
0028FDE4,00000003,00000006,00000003,00000006,8A1E5E59,0028FE04,7531F600,0000000C,00000000,00000003,000
00000003,7532118E,75321162,33900170,0000000C,009E2E90,00000000,00401F20,0028FE2C,7779E046,00000004,753
0028FE48,0028FE4C,0028FE60
4,10,4,10
0028FE24,00000004,0000000A,00000004,0000000A,009E2E90,00000000,00401F20,0028FE2C,7779E046,00000004,000
00000004,000000D0,00405014,00401C8A,00000038,00000030,FFFFFFFF,007142B0,00000002,0028FE8C,00000005,004
0028FE88,0028FE8C,0028FEA0
5,15,5,15
0028FE64,00000005,0000000F,00000005,0000000F,00000030,FFFFFFFF,007142B0,00000002,0028FE8C,00000005,000
00000005,00405000,0028FEC8,00401F7B,00401F20,00000000,0000000C,00000005,009E2E50,0000000C,0028FF88,004
sum=15
0028FEBC,0028FEB8,00401500
```

图 13-27　递归函数演示程序的运行结果

每次递归调用所需的存储空间大小可能也是不固定的，如果函数内部使用了动态内存分配机制的话，情况可能更为复杂。

例如：

```
int f(int n)
{
    …
    char s = (char*)malloc(n*sizeof(char)); //每次调用分配的大小不一样
    …
    f(n–1);
   …
}
```

虽然总的存储需求是变化的，但每次调用所需要的记录块的大小是一样的，这个可以通过对函数内声明的变量进行统计累加得到，作为应用级别的用户无须关心编译器和操作系统的处理机制。

需要注意的是，物理地址通常是受系统保护的，用户获取的通常是虚拟地址，除非是一些简单的系统才会是开放式的。直接通过地址访问和分析数据通常是不提倡的，也是不安全的，这也是计算机语言普遍采用标识符访问数据的原因。

每次递归调用都是需要分配内存空间的，上面程序中如果进行以下调用：

```
f(100000);
```

系统通常因为无法分配存储而崩溃，改成循环：

```
for(i=0;i<100000;i++)
    sum=sum+i;
```

则不会出现存储崩溃的情况，因为这个循环需要的存储空间几乎可以忽略。

13.14 *熄灯问题

问题及分析：

有一个由按钮组成的矩阵，每行有6个按钮，共5行，如图13-28所示。每个按钮的位置上有一盏灯。按下一个按钮后，该按钮以及周围位置（上、下、左、右）的灯都会改变一次。即，如果灯原来是点亮的，就会被熄灭；如果灯原来是熄灭的，则会被点亮。矩阵角上的按钮可以改变3盏灯的状态；矩阵边上的按钮可以改变4盏灯的状态；其他的按钮可以改变5盏灯的状态。

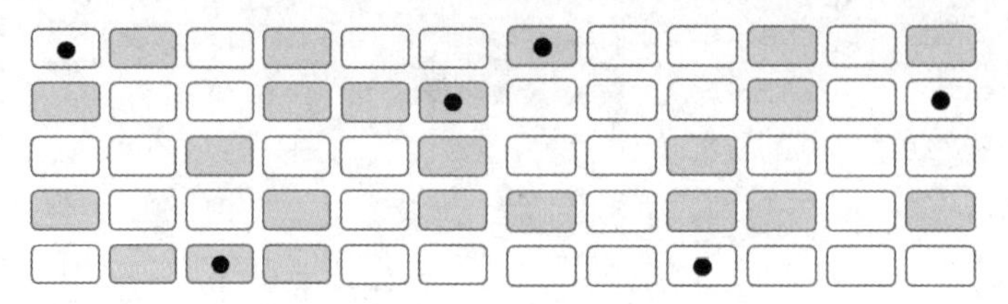

图 13-28　熄灯问题规则

图13-28的左侧标注了3个待按下的按钮，右侧是按下3个按钮后的效果。

编写程序，确定需要按下哪些按钮，每个按钮最多只需要按下一次，恰好使得所有的灯都熄灭。

根据上面的规则，按钮被按下的顺序对最终的结果没有影响；对第i行中每盏点亮的灯，按下第i+1行对应的按钮（相同列），就可以熄灭第i行的全部灯。

程序代码：

扫一扫，看视频

```
//c13_14.c
//作者:Ding Yatao
//日期:2019年4月

#include<stdio.h>
#include<string.h>
#define M 5
#define N 6
int getbit(int x,int n)
{
    x=x>>n;
    x=x&1;
    return x;
}
void setlight(char t[][N+1],int x,int y)
{
    int d[M][2]= {{0,0},{0,1},{0,-1},{1,0},{-1,0}};
    int i,j;
    int dx,dy;
    for(i=0; i<M; i++) {
        dx=x+d[i][0];
        dy=y+d[i][1];
        if(dx>=0&&dx<M&&dy>=0&&dy<N) //范围内，改变状态
            if(t[dx][dy]=='0') t[dx][dy]='1';
            else t[dx][dy]='0';
    }
}
void print(char t[][N+1])
{
    int i;
    for(i=0; i<M; i++)
        printf("%s\n",t[i]);
    printf("\n");
}
int main()
```

```
{
    char s[M][N+1]= {
        "010100",
        "100111",
        "001001",
        "100101",
        "011100"
    };
    char t[M][N+1],v[M][N+1];
    unsigned i;
    int j,k;
    print(s);
    for(i=0; i<64; i++) // 000000 – 111111
    {
        for(j=0; j<M; j++)
        {
            strcpy(t[j],s[j]);
            for(k=0; k<N; k++)     v[j][k]='0';
            v[j][k]='\0';
        }
        for(j=0; j<N; j++)
            if(getbit(i,N–j–1))
            {
                setlight(t,0,j);      //按i的位，若为1,按按钮，0则忽略
                v[0][j]='1';
            }
        for(j=1; j<M; j++) //后4行
            for(k=0; k<N; k++)
                if(t[j–1][k]=='1')
                {
                    setlight(t,j,k);
                    v[j][k]='1';
                }
        for(j=0; j<N; j++)
            if(t[M–1][j]!='0') break;
        if(j>=N) print(v);
    }
    return 0;
}
```

分析：

程序中用数组t保存当前处理的状态。数组v存储按钮的设置，0表示不按，1表示按下按钮。程序中从第1行开始处理，由于6个按钮共有2^6种排列方法，所以设置了一个64次的循环，循环变量i的低6位二进制代码正好表示按钮设置的状态。函数getbit取出指定位的二进制；函数setlight用来处理指定位置(x,y)周边按钮的状态调整，函数中数组d设置了5组调整数据，正好对应该位置的上、下、左、右、中5个位置。由于边界的位置按钮数要少些，故设置了越界判断。

程序按行依次处理后，如果最后一行正好也是全0，即处在全关闭的状态，则程序获得了一个解决方案，否则，尝试处理下一个方案。

每个方案的起点都是由i驱动的，第1行确定后，后续行的按钮布局也就确定了。

为了更清楚地了解算法的实现过程，下面的程序输出了中间过程（根据demo参数决定是否输出）。

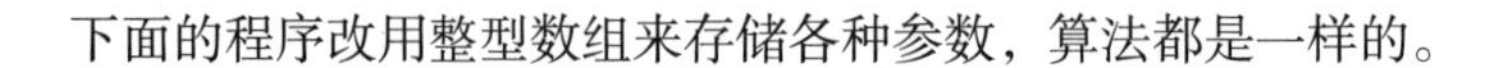

下面的程序改用整型数组来存储各种参数，算法都是一样的。

程序代码：

扫一扫，看视频

```
//c13_14_2.c
//作者:Ding Yatao
//日期:2019年4月

#include<stdio.h>
#define M 5
#define N 6

enum Bool {False,True};     //False 0，True 1

//取指定位
int getbit(int x,int n)
{
    x=x>>n;          // 0000 0000 0010 1000>>3，得到：0000 0000 0000 0101
    x=x&1;           // 0000 0000 0000 0001
    return x;        // 1
}

//点击(x,y)处按钮的状态修改
void setlight(int t[][N],int x,int y)
{
    int d[M][2]= {{-1,0},{1,0},{0,-1},{0,1},{0,0}}; //上，下，左，右，中
    int i,j;
    int dx,dy;
    for(i=0; i<M; i++)
    {
        dx=x+d[i][0];
        dy=y+d[i][1];
        if(dx>=0&&dx<M&&dy>=0&&dy<N)        //越界检测
            if(t[dx][dy]==0)    t[dx][dy]=1;
            else    t[dx][dy]=0;
    }
}

//输出：原始状态，当前状态和按钮设置
void print(int s[][N],int t[][N],int v[][N])
{
    int i,j;
    printf("%10s\t%10s\t%10s\n","原始状态","当前状态","按钮设置");
    for(i=0; i<M; i++)
    {
        for(j=0; j<N; j++)  printf("%2d",s[i][j]);
        printf("\t");
        for(j=0; j<N; j++)  printf("%2d",t[i][j]);
        printf("\t");
        for(j=0; j<N; j++)  printf("%2d",v[i][j]);
        printf("\n");
    }
    printf("\n");
}

int main( )
{
```

```
    int s[M][N]=                //原始状态：0关，1开
    {
        {0,1,0,1,0,0},
        {1,0,0,1,1,1},
        {0,0,1,0,0,1},
        {1,0,0,1,0,1},
        {0,1,1,1,0,0}
    };
    int t[M][N]= {0},v[M][N]= {0};
    unsigned int n;
    print(s,t,v);
    for(n=0; n<64; n++)         //二进制的000000 ~ 111111，共64种状态
        if(find(s,t,v,n,False))
            find(s,t,v,n,True);     //重现过程
    return 0;
}
int find(int s[][N],int t[][N],int v[][N],int n,int demo)
{
    int i,j;
    //复制原始状态，初始化按钮布局参数
    for(i=0; i<M; i++)
        for(j=0; j<N; j++)
        {
            t[i][j]=s[i][j];
            v[i][j]=0;
        }
    //根据n决定第1行按钮布局
   for(i=0; i<N; i++)
        if(getbit(n,N-i-1))
        {
            setlight(t,0,i); //按i的位，若为1,按按钮，0则忽略
            v[0][i]=1;
        }
    if(demo==True)
    {
        printf("第1行按钮参数:");
        for(i=0; i<N; i++)
            printf("%2d",getbit(n,N-i-1));
        printf("\n\n第1行按钮处理后:\n");
        print(s,t,v);
    }
    for(i=1; i<M; i++) //后M-1行
    {
        for(j=0; j<N; j++)
            if(t[i-1][j]==1)
        {
                setlight(t,i,j);
                v[i][j]=1;
            }
        if(demo==True)
        {
            printf("第%d行按钮处理后:\n",i+1);
            print(s,t,v);
        }
    }
    //检测
    for(i=0; i<N; i++)
```

```
        if(t[M-1][i]!=0) break;
    if(i>=N)return n;
    else return 0;
}
```

运行结果：

```
原始状态   当前状态   按钮设置
010100  000000  000000
100111  000000  000000
001001  000000  000000
100101  000000  000000
011100  000000  000000

第1行按钮参数:101000

第1行按钮处理后:
原始状态   当前状态   按钮设置
010100  111000  101000
100111  001111  000000
001001  001001  000000
100101  100101  000000
011100  011100  000000

第2行按钮处理后:
原始状态   当前状态   按钮设置
010100  000000  101000
100111  011011  111000
001001  110001  000000
100101  100101  000000
011100  011100  000000

第3行按钮处理后:
原始状态   当前状态   按钮设置
010100  000000  101000
100111  000000  111000
001001  010001  011011
100101  111110  000000
011100  011100  000000

第4行按钮处理后:
原始状态   当前状态   按钮设置
010100  000000  101000
100111  000000  111000
001001  000000  011011
100101  000101  010001
011100  001101  000000

第5行按钮处理后:
原始状态   当前状态   按钮设置
010100  000000  101000
100111  000000  111000
001001  000000  011011
100101  000000  010001
011100  000000  000101
最后得到的按钮设置参数如下:
```

```
101000
111000
011011
010001
000101
```

整个操作过程如图13-29所示。

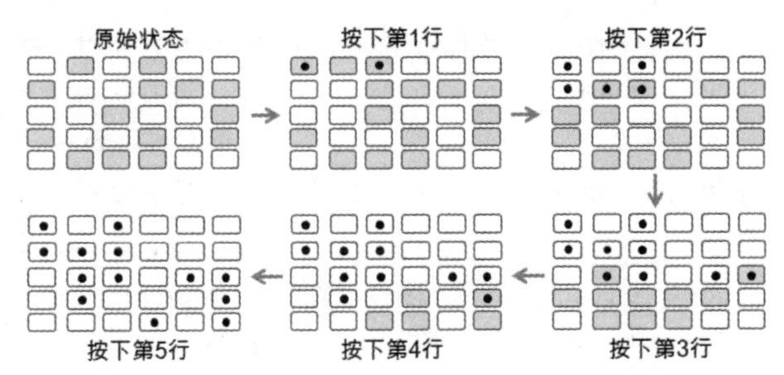

图13-29　操作过程示意图

观察图13-29，可以得到下面的规律：

- 原来是打开的灯，其周边设置的按钮数(含自身)是奇数；
- 原来是关闭的灯，其周边设置的按钮数(含自身)是偶数。

13.15 *整数拆分

问题及分析：

将正整数n表示成一系列正整数之和：$n=n_1+n_2+\cdots+n_k$，其中$n_1 \geqslant n_2 \geqslant \cdots \geqslant n_k \geqslant 1$，$k \geqslant 1$。正整数$n$的这种表示形式称为正整数$n$的划分。求正整数$n$的不同划分的个数。

例如，n=8时的拆分序列如下：

```
8
71
62
611
53
521
5111
44
431
422
4211
41111
332
3311
3221
32111
311111
2222
22211
221111
2111111
11111111
```

算法分析：

设最大拆分数为m，将不大于m的划分个数记作split(n,m,lenth)，用s数组存储拆分的整数，lenth记录存储位置。递归及操作关系如表13-4所示。

表 13-4 split 函数

函数调用	关系	分支	说明	标注
split(n,m,lenth)	m=1	存 n 个 1，输出 s，终止拆分后返回	余数 n 只能用 1 拆分	(1)
	n<m	split(n,n,lenth)	最大拆分数 m>n，按 n 拆分	(2)
	n==m	存 n，输出 s	n 不能再用 m 拆分，终止，输出	(3.1)
		split(n,n-1,lenth)	继续按小数 n-1 拆分	(3.2)
	n>m	存 m	可以用 m 拆分，先存 m	
		split(n-m,m,lenth+1)，继续按 m 拆分	余数 n-m 再用 m 拆分	(4.1)
		split(n,m-1,lenth)，按 m-1 拆分	m 拆分完成后，再按 m-1 拆分	(4.2)

例如n=8，m=3，执行过程如表13-5所示（标注中显示了调用的层次）。

表 13-5 n=8,m=3 的拆分执行过程

关系（n 和 m）	调用	s	是否拆分结束	标注
8>3	split(5,3,1)	3		(4.1)
5>3	split(2,3,2)	3 3		(4.1)
2<3	split(2,2,2)	3 3		(2)
2=2	split(2,1,2)	3 3 2	√	(3.1) (3.2)
m=1	split(2,1,2)	3 3 1 1	√	(1)
5>3	split(5,2,2)	3		(4.2)
5>2	split(3,2,2)	3 2		(4.1)
3>2	split(1,2,3)	3 2 2		(4.1)
1<2	split(1,1,3)	3 2 2		(2)
m=1	split(1,1,3)	3 2 2 1	√	(1)
3>2	split(3,1,3)	3 2		(4.2)
m=1	split(3,1,2)	3 2 1 1 1	√	(1)
5>2	split(5,1,2)	3		(4.2)
m=1	split(5,1,1)	3 1 1 1 1 1	√	(1)
8>3	split(8,2,1)			(4.2)
8>2	split(6,2,1)	2		(4.1)
6>2	split(4,2,2)	2 2		(4.1)
4>2	split(2,2,3)	2 2 2		(4.1)
2=2	split(2,1,3)	2 2 2 2	√	(3.1) (3.2)
m=1	split(2,1,3)	2 2 2 1 1		(1)
4>2	split(4,1,3)	2 2		(4.2)
m=1	split(4,1,2)	2 2 1 1 1 1	√	(1)
6>2	split(6,1,2)	2		(4.2)
m=1	split(6,1,1)	2 1 1 1 1 1 1	√	(1)
8>2	split(8,1,1)			(4.2)
m=1	split(8,1,0)	1 1 1 1 1 1 1 1	√	(1)

程序的执行过程如图 13-30 所示。

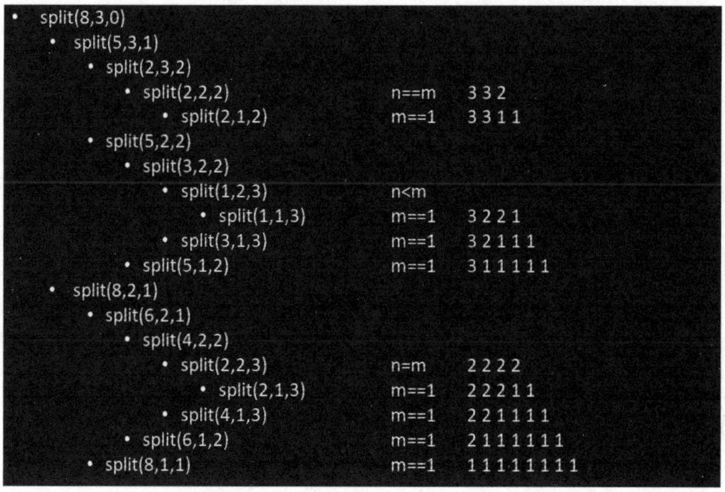

```
• split(8,3,0)
    • split(5,3,1)
        • split(2,3,2)
            • split(2,2,2)                n==m    3 3 2
                • split(2,1,2)            m==1    3 3 1 1
        • split(5,2,2)
            • split(3,2,2)
                • split(1,2,3)            n<m
                    • split(1,1,3)        m==1    3 2 2 1
                • split(3,1,3)            m==1    3 2 1 1 1
            • split(5,1,2)                m==1    3 1 1 1 1 1
    • split(8,2,1)
        • split(6,2,1)
            • split(4,2,2)
                • split(2,2,3)            n=m     2 2 2 2
                    • split(2,1,3)        m==1    2 2 2 1 1
                • split(4,1,3)            m==1    2 2 1 1 1 1
            • split(6,1,2)                m==1    2 1 1 1 1 1 1
        • split(8,1,1)                    m==1    1 1 1 1 1 1 1 1
```

图 13-30 split(8,3,0) 的运行过程

程序代码：

```
//c13_15.c
//作者:Ding Yatao
//日期:2019年4月

#include <stdio.h>
int s[100];
void print(int lenth)
{
    int i;
    for(i=0; i<lenth; i++) printf("%2d",s[i]);
    printf("\n");
}
void split(int n,int m,int lenth)
{
    int i;
    if(m<1) return ;

    //n个1
    if(m==1)
   {
        for(i=1; i<=n; i++)
            s[lenth++]=1;
        print(lenth);
        return;
    }

    // n小于最大拆分数m，按n拆分
    if(n<m)
    {
        split(n,n,lenth);
    }
    // n等于最大拆分数m，拆分终止，输出，按m-1继续拆分
    if(n==m)
```

```
        {
            s[lenth]=n;
            print(lenth+1);
            split(n,m-1,lenth);
        }
        //n大于最大拆分数m，存m，余数n-m按m继续拆分，拆分完成后，再按m-1继续拆分
        if(n>m)
        {
            s[lenth]=m;
            split(n-m,m,lenth+1);
            split(n,m-1,lenth);
        }
    }
    int main()
    {

        split(8,8,0);
        return 0;
    }
```

13.16 *分解 24 点

问题及分析：

给出4个小于10的正整数，可以使用加、减、乘、除4种运算以及括号把这4个数连接起来，得到一个表达式，表达式的值等于24。

例如有4个数1、3、5、8，可以有：

```
24=(8*(5+(1-3)))
24=((1+8)+(3*5))
24=(8*(1-(3-5)))
24=((3*5)+(1+8))
```

如果允许整除的话，还有：

```
24=((1/5)+(3*8))
```

如果是用n个整数分解任意整数m呢？例如，用以下8个数分解100。答案有：

```
1 2 3 4 5 6 7 8
No.1    100=((3+7)*((5+6)+(((1+2)+4)-8)))
No.2    100=((8*((3+4)+7))+((1-2)-(5+6)))
No.3    100=((8-7)+((5+6)*((3+4)+(1*2))))
No.4    100=(((1/2)-(5-(3+4)))+(7*(6+8)))
No.5    100=((4+6)*((5+(2+(1+3)))+(7-8)))
No.6    100=((7*8)+((5+(2+4))*((1-3)+6)))
No.7    100=((7+(1*3))*((5+(2+4))-(8/6)))
No.8    100=((1/3)-(8-(6*(7+(5+(2+4))))))
No.9    100=(((2+3)+5)*(((1+4)+6)+(7-8)))
No.10   100=((5*((2+3)+6))-((1-4)*(7+8)))
No.11   100=(5*((7/(1*4))+(8+((2+3)+6))))
No.12   100=((8*((2+3)+6))+((1/4)+(7+5)))
……
```

这里就不再一一列出了。

下面的程序可以实现上面的需求。

程序代码：

```
//c13_16.c
//作者:Ding Yatao
//日期:2019年8月

#include <stdio.h>
#include<string.h>

#define true 1
#define false 0
#define N 4
#define RESULT 24
#define INTDIV true     //是否允许整除
#define OnlyFirst false  //是否只查找第1个

int count=0;
int t[N-1][3];           //存储分解算式，N个数，有N-1个算式
int OpNumber;            //运算符个数
char op[]="+-*/";        //运算符

static int print(void);
static int sum(int a,int p,int b);
static int f(int a[],int n);

int f(int a[],int n)
{
    int b[N];
    int i,j,k,p,q;
    if(n==1)
        return (a[0]==RESULT);
    for(i=0; i<n-1; i++)
    {
        for(j=i+1; j<n; j++)
        {
            q=0;
            for(k=0; k<n; k++)
                if(k!=i&&k!=j)
                    b[q++]=a[k];
            for(p=0; p<OpNumber; p++)
            {
                if(a[j]!=0 && (INTDIV==true || a[i]%a[j]==0))
                {
                    b[q]=sum(a[i],p,a[j]);
                    if(f(b,n-1))
                    {
                        //当最后一层n==1返回true时，逐层返回，否则继续找下一个
                        t[n-2][0] = a[i];
                        t[n-2][1] = p;
                        t[n-2][2] = a[j];
                        if(n==N)
                        {
                            count++;
                            if(!OnlyFirst)   printf("No.%d\t",count);
                            print();
                            if(OnlyFirst)    return true;
                            //继续找下一个
```

```
                    }
                    else return true;   // 返回上一级递归调用 n=2,3,4,...,N
                }
            }
            //尝试下一个b[q]
        }
        //下一个j
    }
    //下一个i
    }
    return false;
}

int sum(int a,int p,int b)
{
    int m;
    switch(p)
    {
        case 0:
            return a+b;
        case 1:
            return a–b;
        case 2:
            return a*b;
        case 3:
            if(b && (INTDIV || a%b==0))
                return a/b;
    }
    return m;
}

int print(void)
{
    int value[N–1],Flag[N–1]= {0}; //Flag存储算式是否被套用
    int i,j;
    char r[N–1][100]; //套用算式
    char temp[100],p[100];
    //计算所有分解算式的值
    for(i=0; i<N–1; i++)
        value[i]=sum(t[i][0],t[i][1],t[i][2]);
    //生成最后一个运算式
    sprintf(r[N–2],"(%d%c%d)",t[N–2][0],op[t[N–2][1]],t[N–2][2]);

    //逆序处理套用算式
    for(i=N–3; i>=0; i––)
    {
        //逆序搜索是否有等值算式
        strcpy(temp,"");
        //左值
        for(j=N–2; j>i; j––)
            if(Flag[j]==0 && t[i][0]==value[j])
            {
                sprintf(temp,"(%s%c",r[j],op[t[i][1]]);
                Flag[j]=1;
                break;
            }
        //左值未套用
        if(j<=i)
            sprintf(temp,"(%d%c",t[i][0],op[t[i][1]]);
```

```
        //右值
        for(j=N-2; j>i; j--)
            if(Flag[j]==0 && t[i][2]==value[j])
            {
                strcat(temp,r[j]);
                strcat(temp,")");
                Flag[j]=1;
                break;
            }
        //右值未套用
        if(j<=i)
        {
            sprintf(p,"%d)",t[i][2]);
            strcat(temp,p);
        }
        //存储处理后的算式
        strcpy(r[i],temp);
    }
    printf("%d=%s\n",RESULT,r[0]);
    return 0;
}
int main()
{
    int a[N],i;
    OpNumber=strlen(op);
    while(true)
    {
        count=0;
        printf("输入%d个整数(输入0退出):\n",N);
        for(i=0; i<N; i++)
        {
            scanf("%d",&a[i]);
            if(a[i]==0) return 1;
        }
        f(a,N);
        if(count==0) printf("未能找到分解算式\n");
    }
    return 0;
}
```

算法思想:

(1)从n个数中抽取2个数，进行加、减、乘、除运算；

(2)将(1)得到的值和剩余的n-2个数再如(1)一样进行运算；

(3)如果最后得到的值等于目标值，算法终止或继续查找下一个分解算式。

程序中函数f是递归的，由于采用循环递归的方式，相当于遍历所有可能的算式。其中关键的代码是：

(1)当n==1时，如果获得目标值，返回true，再逐级保存算式，返回顶级层，调用print函数输出分解算式；否则返回false，终止递归；

(2)如果需要查找所有可能的分解算式(修改OnlyFirst宏为false)，只需要在步骤(1)中，当返回顶级层时，放弃返回true即可；

(3) print函数用套用子算式的方法输出完整的分解算式。t数组保存了所有子算式的参数，print函数在整合时逆序加入套用子算式。需要注意的是，由于每个算式都仅包含左值、运算符、右值，所以整合过程需要进行左右值匹配，相等的情况下作套用替换，并记录是否被套用，每个子算式只能被套用1次；

（4）对于两个整数，除法运算在C语言中是整除，程序允许设置是否整除，如果允许的话（修改INTDIV宏为true），1/5、9/4分别等于0、2。

上面的程序是允许增加运算符的，如果增加的话，需要同时修改sum函数，以增加对应的计算。

以上算法中n个数字是运行后输入的，能否遍历一个集合中所有的数字实现相同的算法呢？更换下面的主函数即可实现。

程序代码：

```
//C13_16_2.c
…… //同上
int main()
{
    int i,j;
    int a[N],b[N];
    int m[10]={1,2,3,4,5,6,7,8,9,10};     //数字集合
    OpNumber=strlen(op);
    for(i=0;i<N;i++)
    {
        b[i]=i;
        a[i]=m[i];
    }
    while(true)
    {
        count=0;
        for(i=0;i<N;i++)
            printf("%d ",a[i]);
        printf("\n");
        f(a,N);
        if(count==0) printf("未能找到分解算式\n");
        for(i=0;i<N;i++)
            if(b[i]<i+10-N)break;
        if(i>=N) break;
        //下一组
        for(i=N-1;i>=0;i--)
            if(b[i]<i+10-N)             //还有可用的m元素
            {
                b[i]++;            //指向下一个m元素
                //重置后面的b元素
                for(j=i+1;j<N;j++)
                    b[j]=b[i]+j-(i+1)+1;
                //重置a
                for(j=0;j<N;j++)
                    a[j]=m[b[j]];
                break;
            }
    }
    return 0;
}
```

扫一扫，看视频

运行结果（最后几行）：

```
……
5 7 9 10
24=(9-(5*(7-10)))
```

```
5 8 9 10
未能找到分解算式
6 7 8 9
未能找到分解算式
6 7 8 10
24=((6*7)-(8+10))
6 7 9 10
未能找到分解算式
6 8 9 10
24=(6-(9*(8-10)))
7 8 9 10
未能找到分解算式
```

13.17 *棋盘覆盖

问题及分析：

在一个$2^k \times 2^k$个方格组成的棋盘中，恰有一个方格与其他方格不同，称该方格为一特殊方格，且称该棋盘为一特殊棋盘。在棋盘覆盖问题中，如图13-31所示，要用图示的4种不同形态的L形骨牌覆盖给定的特殊棋盘上除特殊方格以外的所有方格，且任何两个L形骨牌不得重叠覆盖。

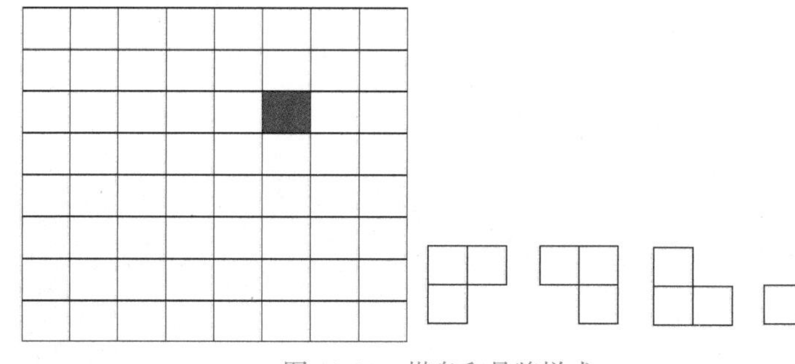

图 13-31　棋盘和骨牌样式

程序代码：

```
//c13_17.c
//作者:Ding Yatao
//日期:2019年4月

#include <stdio.h>
int rect[1024][1024]= {0};
int level=1;
int area[4][2]= {{0,0},{0,1},{1,0},{1,1}}; //分区号
void chess(int left, int top, int x0, int y0, int n)
{
    int i,j;
    int s,t;
    int x,y,x1,y1;
    if (n == 1) return;
    s = n/2;                    // 分割棋盘
    x=(x0-left)/s;              // 计算特征点所在分区
    y=(y0-top)/s;
```

```
    t=level++;
    for(i=0; i<4; i++)
    {
        x1=area[i][0];
        y1=area[i][1];
        if(x==x1 && y==y1) //特征点所在区
        {
            chess (left+x1*s, top+y1*s, x0, y0, s);
        }
        else  //其他区
        {
            rect[left + s +x1– 1][top + s +y1– 1] = t;        //分区中心的值（除了特征点分区）
            chess (left+x1*s, top+y1*s, left+s+x1–1, top+s+y1–1, s); //缩小分区
        }
    }
}
void print(int n)
{
    int i,j;
    for(i=0; i<n; i++)
    {
        for(j=0; j<n; j++)
            printf("%5d",rect[i][j]);
        printf("\n");
    }
}
int main()
{
    int i,k,x,y,n=1;
    printf("输入k:");
    scanf("%d",&k);
    for(i=0; i<k; i++) n=n*2;
    printf("输入特征点坐标：");
    scanf("%d%d",&x,&y);
    chess (0,0,x,y,n);
    print(n);
    return 0;
}
```

运行结果：

```
输入 k:3
输入特征点坐标：2 5
  3  3   4   4  8   8   9   9
  3  2   2   4  8   7   7   9
  5  2   6   6  10  0   7   11
  5  5   6   1  10  10  11  11
 13  13  14  1  1   18  19  19
 13  12  14  14 18  18  17  19
 15  12  12  16 20  17  17  21
 15  15  16  16 20  20  21  21
```

运行结果如图 13-32 所示。

3	3	4	4	8	8	9	9
3	2	2	4	8	7	7	9
5	2	6	6	10	0	7	11
5	5	6	1	10	10	11	11
13	13	14	1	1	18	19	19
13	12	14	14	18	18	17	19
15	12	12	16	20	17	17	21
15	15	16	16	20	20	21	21

图 13-32　算法运行结果

算法分析：

（1）将棋盘分为4个等份；

（2）将无特征方格的3个等份的中心角方格数组置为t，有特征方格的不处理；

（3）所有4个等份递归调用相同的算法。

递归调用过程中，每次都需要计算特征方格所在区域，即使没有实际的特征方格，无特征方格的对应角方格也填入t，当区域只剩1个方格时，直接填入t，如图13-33所示。

这就是图13-32中2、7、12、17排列样式的原因。其他数字都是只剩1个方格时填入的。

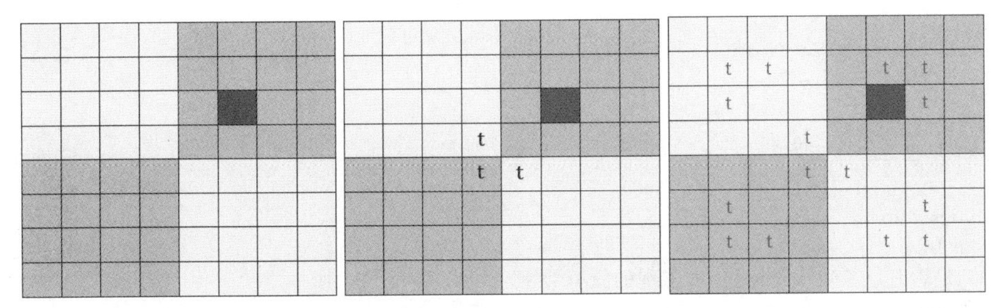

图 13-33　样式 1

图13-34可以再次验证以上算法的思想（k=4，特征方格坐标3,12）。

4	4	5	5	9	9	10	10	25	25	26	26	30	30	31	31
4	3	3	5	9	8	8	10	25	24	24	26	30	29	29	31
6	3	7	7	11	11	8	12	27	24	28	28	32	32	29	33
6	6	7	2	2	11	12	12	27	27	28	23	0	32	33	33
14	14	15	2	19	19	20	20	35	35	36	23	23	40	41	41
14	13	15	15	19	18	18	20	35	34	36	36	40	40	39	41
16	13	13	17	21	18	22	22	37	34	34	38	42	39	39	43
16	16	17	17	21	21	22	1	37	37	38	38	42	42	43	43
46	46	47	47	51	51	52	1	1	67	68	68	72	72	73	73
46	45	45	47	51	50	52	52	67	67	66	68	72	71	71	73
48	45	49	49	53	50	50	54	69	66	66	70	74	74	71	75
48	48	49	44	53	53	54	54	69	69	70	70	65	74	75	75
56	56	57	44	44	61	62	62	77	77	78	65	65	82	83	83
56	55	57	57	61	61	60	62	77	76	78	78	82	82	81	83
58	55	55	59	63	60	60	64	79	76	76	80	84	81	81	85
58	58	59	59	63	63	64	64	79	79	80	80	84	84	85	85

图 13-34　k=4，特征方格坐标 3,12 的结果

程序中t值的变化对于同一层次的调用是相等的，所以才会得到L形图案，对于有特征方格

区域（或含假想的特征方格）则没有放入t的操作。另外，总是左上区域首先被调用，所以左上区域的数字首先变化。读者也可以尝试下面的i循环：

```
for(i=3;i>=0;i--)
  ……
```

13.18 *带分数

问题及分析：

100 可以表示为带分数的形式：

```
100 = 3 + 69258 / 714
100 = 82 + 3546 / 197
……
```

特征：数字1~9分别出现且只出现一次（不包含0）。

下面先给出一种算法程序。

程序代码：

```
//c13_18.c
//作者:Ding Yatao
//日期:2019年4月

#include<stdio.h>
int Max,Min;
//检测是否有重复数字并标注n中出现的所有数字
int check(int f[],int n)
{
    while(n>0)
    {
        if(f[n%10]!=0)
            return 0;

        f[n%10] = 1;
        f[10]++;
        n /= 10;
    }
    return 1;
}

//复制数组
void copy(int a[],int b[],int n)
{
    int i;
    for(i=0; i<n; i++)
        a[i]=b[i];
}

//判断n是几位整数
int getbit(int n)
{
    int count=0;
    while(n>0)
```

```
    {
        count++;
        n=n/10;
    }
    return count;
}

//取n位最大的数
int gettop(int f[],int n)
{
    int i,ntop=0;
    for(i=9; i>=1&&n; i--)
    {
        if(f[i]==0)
        {
            f[i]=1;
            n--;
            ntop=ntop*10+i;
        }
    }
    return ntop;
}

//取n位最小的数
int getdown(int f[],int n)
{
    int i,ndown=0;
    for(i=1; i<=9&&n; i++)
    {
        if(f[i]==0)
        {
            f[i]=1;
            n--;
            ndown=ndown*10+i;
        }
    }
    return ndown;
}
//重置数组
void reset(int f[])
{
    int i;
    for(i=1; i<10; i++) f[i]=0;
    f[0]=1;
}
//标注t中出现的所有数字
void set(int f[],int t)
{
    while(t>0)
    {
        f[t%10]=1;          //数字出现标记为1，未出现标记为0
        t=t/10;
    }
}
//根据左值和右值，计算分母值域并保存在Max、Min中
int getrange(int left,int right)
{
    int i,n;
    int nleft,nright,ntop,nbegin;
```

```
    int count=0,topnum;
    int f[10]= {1,0,0,0,0,0,0,0,0,0};
    int min[2];
    int m[9][2];

    set(f,left);
    nleft=getbit(left);       //已经用过的数码个数
    nright=getbit(right);     //右值数码个数

    Max=Min=0;
    if(nleft>7) return;       //8、9不可能，因为至少有1个分母、1个分子

    nbegin = (9-nleft)/2;     //分子最少位数
    ntop=8-nleft;             //分子最多位数
    for(i=nbegin; i<=ntop; i++)
    {
        reset(f);
        set(f,left);
        n=gettop(f,i);
        if(n==0) continue;
        min[0]=getdown(f,ntop-i+1);
        if(min[0]==0) continue;
        n= n/min[0];
        if(getbit(n)<nright)  continue;

        reset(f);
        set(f,left);
        n=getdown(f,i);
        if(n==0) continue;
        min[1]=gettop(f,ntop-i+1);
        if(min[1]==0) continue;
        n= n/min[1];
        if(getbit(n)<=nright)
        {
            m[count][0]=min[0];
            m[count][1]=min[1];
            count++;
        }
    }
    Min=m[0][0];
    Max=m[0][1];
    for(i=1; i<count; i++)
    {
        if(m[i][0]<Min) Min = m[i][0];
        if(m[i][1]>Max) Max = m[i][1];
    }
}

int main()
{
    int i,n = 100;
    int left,right,up,down;
    int count = 0;
    int f[11],t[11];
    for (left = 1; left < n; left++)
    {
        reset(f);
        f[10] = 0;                              //最后一个元素用来保存用过的数字个数
        right = n - left;
```

```
        if(check(f,left)==0)    continue;

        copy(t,f,11);                       //保存状态

        getrange(left,right);               //获取分母值的范围
        for(down=Min; down<=Max; down++)
        {
            copy(f,t,11);                   //恢复初始状态
            if(!check(f,down))continue;     //检测分母
            up = right*down;
            if(!check(f,up))continue;       //检测分子
            if(f[10]==9)
            {
                printf("%d+%d/%d\n",left,up,down);
                count++;
            }
        }
    }
    printf("count=%d\n",count);
    return 0;
}
```

运行结果：

```
3+69258/714
81+5643/297
81+7524/396
82+3546/197
91+5742/638
91+5823/647
91+7524/836
94+1578/263
96+1428/357
96+1752/438
96+2148/537
count=11
```

上面的程序是经过优化的，排除了不必要的检测数据。如果不考虑效率，下面的程序就可以完成。

程序代码：

```
//c13_18_2.c
//作者:Ding Yatao
//日期:2019年4月
#include<stdio.h>
int check(int f[],int n)
{
    while(n>0)
    {
        if(f[n%10]!=0)    return 0;
        f[n%10] = 1;
        f[10]++;
        n /= 10;
    }
    return 1;
```

扫一扫，看视频

```
}
void copy(int a[],int b[],int n)
{
    int i;
    for(i=0; i<n; i++)
        a[i]=b[i];
}
void reset(int f[])
{
    int i;
    for(i=0; i<10; i++) f[i]=0;
    f[0]=1;
}
int main()
{
    int i,n = 100;
    int left,right,up,down;
    int count = 0;
    int f[11],t[11];
    for (left = 1; left < n; left++)
    {
        reset(f);
        f[10] = 0;                          //最后一个元素用来保存用过的数字个数
        right = n – left;
        if(check(f,left)==0)   continue;
        copy(t,f,11);                       //保存状态
        //不考虑范围，分母最多4位数
        for(down=1; down<=9999; down++)
        {
            copy(f,t,11);                   //恢复初始状态
            if(!check(f,down))continue;     //检测分母
            up = right*down;
            if(!check(f,up))    continue;   //检测分子
            if(f[10]==9)
            {
                printf("%d+%d/%d\n",left,up,down);
                count++;
            }
        }
    }
    printf("count=%d\n",count);
    return 0;
}
```

13.19 *剪邮票

问题及分析：

如图 13-35 所示，有 15 张连在一起的邮票。现在要从中剪下 5 张，要求必须是连着的，仅仅连接一个角不算相连。比如图 13-35 中符合要求的有：

```
1、2、3、4、5
1、2、3、4、6
```

```
……
1、2、3、7、12
……
```

请计算，一共有多少种不同的剪取方法。

1	2	3	4	5
6	7	8	9	10
11	12	13	14	15

图 13-35　剪邮票算法样式

为了判断数字相连的方便，将图中的数字进行调整，如图13-36所示。第2行数字全部加1，第3行数字全部加2，这样5和7不相连，11和13不相连，符合图中的连接状态。这时任意数字n的下一个可能连接的数有：

```
n+1、n-1、n+6、n-6
```

如果这4个值是6的倍数、小于1、大于17，必然超出边界。

1	2	3	4	5
7	8	9	10	11
13	14	15	16	17

图 13-36　调整图

程序的算法主要包括：

- 遍历所有的5数字组合。
- 检测5数字组合是否连接。

从图13-36中也观察到，涉及多列的连接，相邻行的数字必须有对应的同列数字。也可以理解成，每个数字在四个方向（上、下、左、右）至少能找到一个相连的数字。

程序代码：

```
//c13_19.c
//作者:Ding Yatao
//日期:2019年5月

#include <stdio.h>
enum bool {false,true};

#define M  5                                  //列数，取邮票数
#define N  ((M+1)*3)                          //3行M+1列，多一辅助列

int f[M];
int status[N];
int linkstatus[N];

int count;
int linkcount;

int direction[4] = {-1,1,M+1,-M-1};
```

```
//重置
int reset(int a[],int n)
{
    int i;
    for(i=0; i<n; i++)
        a[i]=0;
}

//取n的下一个连接数，若是可连接的，linkcount加1
//若没有可连接的数，返回，这时linkcount小于5
//若f中的数都有连接数，linkcount等于5
void getlink(int n)
{
    int i,j,next;
    for(i=0; i<4; ++i) //从4个方向找
    {
        next = n+direction[i];                    //得到4个方向的数字
        if(next<=0||next>=N) continue;            //无效值（超出范围）
        if(next%(M+1)==0) continue;               //右边值（超出边界）
        for(j=0; j<M; ++j)
        {
            if(f[j]==next&&!linkstatus[next])     //找到可连接的数
            {
                linkstatus[next] = 1;             // 设置为已经被连接，防止回路
                linkcount++;                      // 连接数
                getlink(next);
            }
        }
    }
}

//检测是否全连接
int check()
{
    int i;
    for(i=1; i<M; ++i)
        if(f[i]<f[i-1]) return false;         //出现逆序

    reset(linkstatus,N);
    linkcount = 1;
    linkstatus[f[0]] = 1;
    getlink(f[0]);                            //从f[0]开始检测连接数
    if(linkcount==5) return true;
    return false;
}

//递归取m张邮票
void dfs(int m)
{
    int i;
    if(m>0)
    {
        for(i=1; i<N; ++i)
        {
            if(!status[i]&&i%(M+1)!=0)        //忽略M+1倍数，实现M和M+2不相连
            {
                f[M-m] = i;                   // M-m 0,1,2,...,M-1
```

```
                status[i]=1;
                dfs(m-1);                          //dfs(0)时检测
                status[i]=0;                       //返回时，逐级还原状态
            }
        }
        return;
    }
    //取满M个数，检测
    if(check())
    {
        count=count + 1;
        for(i=0; i<M; ++i) printf("%d ",f[i]-f[i]/(M+1));   //还原原来的数字
        printf("\n");
    }
}

int main()
{
    reset(status,N);
    dfs(M);
    printf("count=%d\n",count);
    return 0;
}
```

程序中函数dfs用递归方式产生所有的数字组合，其执行过程见表13-6。

表 13-6　函数 dfs 的执行过程

dfs	m	i	f	status
dfs(5)	5	1	1,0,0,0,0	0,1,0,0,0,0,0,0,0,0,0,0,0,0,0,0,0,0
dfs(4)	4	1 跳过		
		2	1,2,0,0,0	0,1,1,0,0,0,0,0,0,0,0,0,0,0,0,0,0,0
dfs(3)	3	1,2 跳过		
		3	1,2,3,0,0	0,1,1,1,0,0,0,0,0,0,0,0,0,0,0,0,0,0
dfs(2)	2	1,2,3 跳过		
		4	1,2,3,4,0	0,1,1,1,1,0,0,0,0,0,0,0,0,0,0,0,0,0
dfs(1)	1	1,2,3,4 跳过		
		5	1,2,3,4,5	0,1,1,1,1,1,0,0,0,0,0,0,0,0,0,0,0,0
dfs(0)	0	check();count++，输出 1,2,3,4,5；返回		0,1,1,1,1,0,0,0,0,0,0,0,0,0,0,0,0,0
dfs(1)	1	6	跳过	
		7	1,2,3,4,7	0,1,1,1,1,0,0,1,0,0,0,0,0,0,0,0,0,0
dfs(0)	0	check();count++，输出 1,2,3,4,7；返回		0,1,1,1,1,0,0,0,0,0,0,0,0,0,0,0,0,0
dfs(5)	1	8	1,2,3,4,8	0,1,1,1,1,0,0,0,1,0,0,0,0,0,0,0,0,0
	0	check();count++，输出 1,2,3,4,8；返回		0,1,1,1,1,0,0,0,0,0,0,0,0,0,0,0,0,0
	……			
dfs(1)	1	17	1,2,3,4,17	0,1,1,1,1,0,0,0,0,0,0,0,0,0,0,0,0,1
	0	check()，不符合要求；返回		0,1,1,1,1,0,0,0,0,0,0,0,0,0,0,0,0,0
dfs(1)	1	循环结束，返回		0,1,1,1,1,0,0,0,0,0,0,0,0,0,0,0,0,0
dfs(2)	2	5	1,2,3,5,0	0,1,1,1,1,1,0,0,0,0,0,0,0,0,0,0,0,0
dfs(1)	1	……		
……				

图13-37展示了算法的要点。

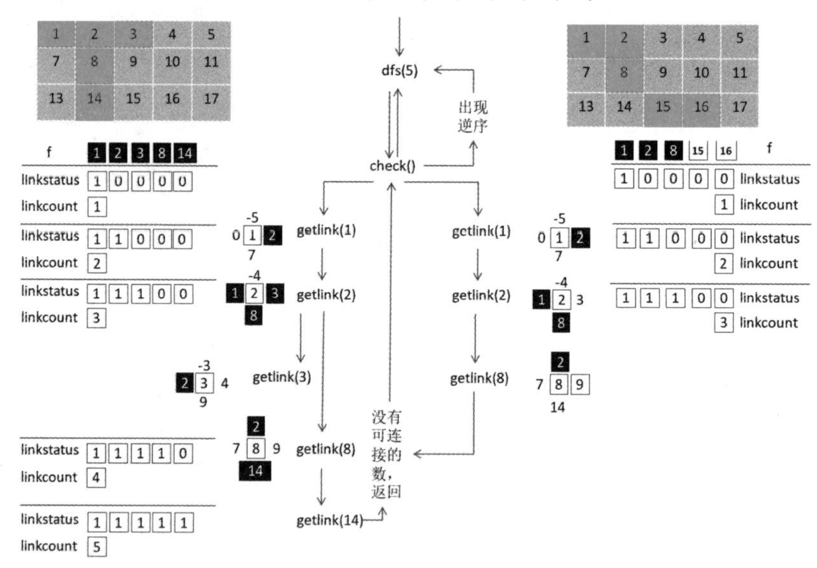

图13-37　剪邮票算法图解

从图13-37中可以看出：

（1）dfs函数负责从1,2,3,4,5,7,8,9,10,11,13,14,15,16,17序列中按序抽取5个不同的数，5个数从小到大排列，存放在f数组中。这个操作相当于先求组合C_{15}^{5}，再按从小到大排序。

（2）check函数负责检测f是否符合要求，检测方法是：

1）如果发现不是从小到大的顺序，返回false；

2）调用getlink函数，统计这5个数是否都是可连接的，如果全部可连接，linkcount等于5，返回true；否则返回false；

3）getlink函数从数n的4个方向查找数，如果可连接并且是f数组的元素，就将linkcount加1，每个f数组的元素被计数后，将linkstatus置为1，以防止重复计算。

图中1、2、3、8、14的linkcount等于5；而1、2、8、14、15，因为数8没有找到连接数，从而无法继续调用getlink(next)而中断，linkcount等于3，check函数返回false。

注意，左侧getlink(3)找不到连接数，所以没有将linkcount加1；getlink(8)是在getlink(2)之后的递归调用，因为在getlink(2)的循环中找到两个连接数。

运行结果（最后几行的输出）：

```
......
8 9 10 13 15
8 9 10 14 15
8 9 11 12 13
8 9 12 13 14
8 9 13 14 15
8 10 13 14 15
8 11 12 13 14
8 12 13 14 15
9 10 12 13 14
9 10 13 14 15
9 11 12 13 14
```

```
9 12 13 14 15
10 12 13 14 15
11 12 13 14 15
count=186
```

13.20 分鱼问题

问题及分析：

5个人（A、B、C、D、E）合伙捕了一天的鱼，由于太辛苦，晚上都休息了，没有分鱼。第二天一早，A第一个醒来，将鱼平分为5份，把多余的一条扔回河中，然后拿着自己的一份回家了;B第二个醒来，但不知道A已经拿走了一份鱼，于是他将剩下的鱼平分为5份，扔掉多余的一条，然后只拿走了自己的一份；接着C、D、E依次醒来，也都按同样的办法分鱼。问这5个人至少合伙捕到多少条鱼？每个人醒来后所看到的鱼是多少条？

假设5个人合伙捕了x条鱼，A、B、C、D、E醒来后看到的鱼分别为x_0、x_1、x_2、x_3、x_4，则应该有下面的等式：

$$x_0= x$$
$$x_1= (x_0-1)/5*4$$
$$x_2= (x_1-1)/5*4$$
$$x_3= (x_2-1)/5*4$$
$$x_4= (x_3-1)/5*4$$

显然，5个人合伙可能捕到的鱼的条数x并不唯一。

x_4看上去至少是6，即5个人每人1条，多余1条，但依次逆推并不一定满足要求，因为x_0、x_1、x_2、x_3、x_4都必须是整数，同样$(x_0-1)/5$、$(x_1-1)/5$、$(x_2-1)/5$、$(x_3-1)/5$、$(x_4-1)/5$也必须都是整数。

如果x_4等于6不能满足整除的需求，应该调整为5*2+1，还不行，再调整为5*3+1，直至满足所有的整除要求。

程序代码：

```
//c13_20.c
//作者:Ding Yatao
//日期:2019年7月

#include<stdio.h>
int a[5];
//分鱼递归函数
int fish(int n, int x)
{
    if((x-1)%5 == 0)
    {
        if(n == 1)
            return 1;        //不再分了
        else
        {
            a[n-2]=(x-1)/5*4;
            return fish(n-1, (x-1)/5*4); //递归
        }
```

```
        }
        else
            return 0; //x不满足整除的要求，返回0
    }
    int main()
    {
        int i=0, flag=0, x=6;
        do
        {
            if(fish(5, x)) //将x传入分鱼函数
            {
                printf("五个人合伙捕到的鱼总数为%d\n", x);
                for(i=4; i>=0; i--) printf("%c:%d\n",'E'-i,a[i]);
                break;
            }
            else
            {
                x=x+5;
                a[4]=x;
                for(i=0; i<4; i++) a[i]=0;
            }
        }while(1);
        return 0;
    }
```

运行结果：

```
五个人合伙捕到的鱼总数为 3121
A:3121          // 剩下鱼数：(3121-1)/5*4 = 2496，不需要满足 3121%4==0
B:2496          // 剩下鱼数：(2496-1)/5*4 = 1996
C:1996          // 剩下鱼数：(1996-1)/5*4 = 1596
D:1596          // 剩下鱼数：(1596-1)/5*4 = 1276
E:1276          // 剩下鱼数：(1276-1)/5*4 = 1020，不需要满足 (1020-1)%5==0
```

这个程序也可以采用回溯的方法，如下面的程序：

程序代码：

扫一扫，看视频

```
//c13_20_2.c
//作者:Ding Yatao
//日期:2019年8月

#include<stdio.h>
int main()
{
    int i=0;
    int x[5]= {6};
    while(i<4)
    {
        if((x[i]-1)%5==0 && x[i]%4==0)
        {
            x[i+1]=x[i]*5/4+1;
            i++;
        }
        else
        {
            x[0]=x[0]+5;
```

```
            i=0;
        }
    }
    printf("五个人合伙捕到的鱼总数为%d\n", x[4]);
    for(i=4; i>=0; i--) printf("%c:%d\n",'E'-i,x[i]);
    return 0;
}
```

分析：

程序中需要判断两个条件：

```
(x[i]-1)%5==0    //剩下的鱼数减1可以分为5等份
x[i]%4==0        //B、C、D、E看到的鱼数必须是4的倍数，因为计算x[i+1]=x[i]*5/4+1;的结果必须是整数
```

E显然是“粗心”的，因为其留下的鱼数1020不能再按前面4个人的“丢1条再分5份”的做法了，如果E是位“细心”的合伙人，程序需要修改，保证其剩下的鱼数可以再用同样的方法分为5份。

将：

```
if((x[i]-1)%5==0 && x[i]%4==0)
```

改成：

```
if((x[i]-1)%5==0 && x[i]%4==0 && ((x[0]-1)/5*4-1)%5==0)
```

运行结果：

```
五个人合伙捕到的鱼总数为 15621
A:15621
B:12496
C:9996
D:7996
E:6396
```

案例到这里，笔者有点惴惴不安了，这几位老兄的捕鱼数是不是有点多了？相信读者不会见怪，这里的重点是算法。

第3部分

综合案例篇

第14章　综合案例精选

01 基于Excel文档的管理系统

02 多用户的停车场管理系统

03 *基于SQLite数据库的通讯录管理系统

04 *高精度算术运算

05 基于Turbo C和EasyX的五子棋游戏

06 *俄罗斯方块

07 分形图形

08 代码雨

09 闪闪红星

10 月亮和星星

CHAPTER 14 综合案例精选

本章的案例展示了几种不同的应用场合下编写的综合性程序，具有一定的实用价值。为了区别于其他书籍中类似的案例，作者精心设计并赋予了一定的特色。

14.1 基于Excel文档的管理系统

本案例是以Excel的csv格式文档为数据存储体的管理系统，包括读、写、查、删、改、排序等基本操作。

Excel的csv格式文档是以逗号分隔的文本格式，可以在Excel中直接打开编辑，所以csv格式文档既具有普通文本文档的特点，也具有Excel文档的特点，是一种非常有价值的数据存储形式。

例如下面的文档test.csv，如图14-1所示，程序默认存储在D:\c下，请读者根据实际情况作相应修改。

由于文本文件中的数据是无类型的，都是字符，所以程序中需要加以识别和判断，例如日期形式、数值形式等的判断。

另外，文档的列数不是固定的，这也需要在程序中计算并处理，例如本案例程序采用单向链表为数据结构，所有列的数据也是动态分配内存，结点的数据域是指针数组，数组元素指向动态分配的内存。

为了便于编程，结点中设计了id域，表示记录号。

A	B	C	D	E	F
姓名	性别	班级	出生日期	学号	成绩
佘文兵	女	2020市场营销1班	2002/2/5	3070149	78
李卓	女	2020市场营销1班	2002/2/6	3070143	87
赵忠良	女	2020市场营销1班	2002/2/7	3070123	87
李婷	男	2020市场营销1班	2002/2/8	3070144	77
王敏	男	2020市场营销1班	2002/2/9	3070130	86
王海声	女	2020市场营销1班	2002/2/10	3070140	80
廖凌同	女	2020市场营销1班	2002/2/11	3070116	77
温高培	男	2020市场营销1班	2002/2/12	3070133	84
焦志宏	女	2020市场营销1班	2002/2/13	3070113	88
邵志豪	女	2020市场营销1班	2002/2/14	3210113	80
陈诚诚	女	2020市场营销1班	2002/2/15	3070101	82
袁明恒	女	2020市场营销1班	2002/2/16	3070139	89
丁志文	女	2020市场营销1班	2002/2/17	3070148	81

图 14-1 csv 表数据

程序基本框架：

程序基本框架如图14-2所示。

扫一扫，看视频

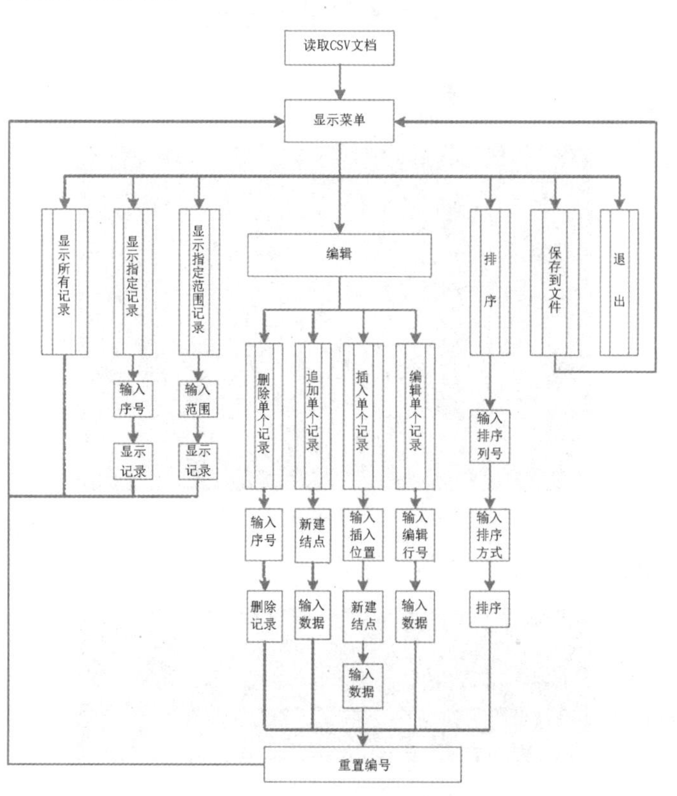

图 14-2 基于 Excel 文档的管理系统流程图

程序代码：

```
//c14_1.c
//作者:Ding Yatao
//日期:2019年8月
    .
    .
    .
    }
    return 0;
}
```

运行结果：

程序运行后，显示菜单，如图 14-3 所示。

图 14-3　主菜单

按 1，显示全部记录，如图 14-4 所示。

序号	姓名	性别	班级	出生日期	学号	成绩
0001	余文兵	女	2020市场营销1班	2002-02-05	70149	78
0002	李卓	女	2020市场营销1班	2002-02-06	70143	87
0003	赵忠良	女	2020市场营销1班	2002-02-07	70123	87
0004	李婷	男	2020市场营销1班	2002-02-08	70144	77
0005	王敏	男	2020市场营销1班	2002-02-09	70130	86
0006	王海声	女	2020市场营销1班	2002-02-10	070140	80
0007	廖麦同	女	2020市场营销1班	2002-02-11	070116	77
0008	温高培	男	2020市场营销1班	2002-02-12	070133	84
0009	焦志宏	女	2020市场营销1班	2002-02-13	070113	88
0010	邵志豪	女	2020市场营销1班	2002-02-14	210113	80
0011	陈诚诚	女	2020市场营销1班	2002-02-15	070101	82
0012	袁明恒	女	2020市场营销1班	2002-02-16	070139	89
0013	丁志文	女	2020市场营销1班	2002-02-17	070148	81

总记录数:13

图 14-4　显示全部记录

按 2，显示指定记录，如图 14-5 所示。

图 14-5　显示指定记录

按 3，显示指定范围的记录，如图 14-6 所示。

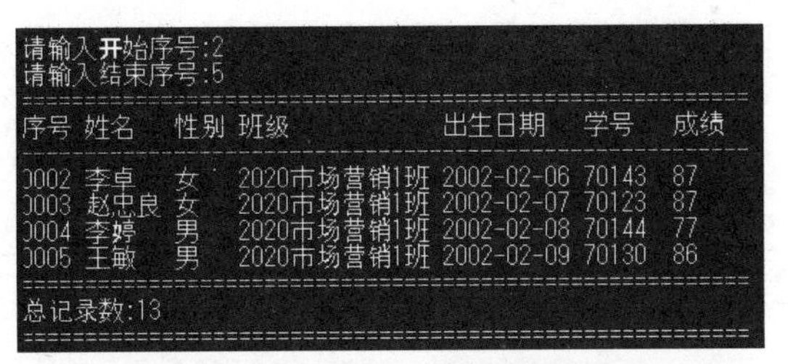

```
请输入开始序号:2
请输入结束序号:5
==================================================================
序号 姓名   性别 班级            出生日期   学号   成绩
------------------------------------------------------------------
0002 李卓   女   2020市场营销1班 2002-02-06 70143  87
0003 赵忠良 女   2020市场营销1班 2002-02-07 70123  87
0004 李婷   男   2020市场营销1班 2002-02-08 70144  77
0005 王敏   男   2020市场营销1班 2002-02-09 70130  86
==================================================================
总记录数:13
==================================================================
```

图 14-6　显示指定范围的记录

按4，删除指定记录。

按5，增加一条记录。

按6，插入一条记录，如图14-7所示。

```
请输入插入行号：4
请输入姓名:张三
请输入性别:男
请输入班级:2020计算机网络
请输入出生日期:2004-02-12
请输入学号:20200100202
请输入成绩:80
==================================================================
序号 姓名   性别 班级            出生日期   学号        成绩
------------------------------------------------------------------
0001 佘文兵 女   2020市场营销1班 2002-02-05 70149       78
0002 李卓   女   2020市场营销1班 2002-02-06 70143       87
0003 赵忠良 女   2020市场营销1班 2002-02-07 70123       87
0004 李婷   男   2020市场营销1班 2002-02-08 70144       77
0005 张三   男   2020计算机网络  2004-02-12 20200100202 80
0006 王敏   男   2020市场营销1班 2002-02-09 70130       86
0007 王海声 女   2020市场营销1班 2002-02-10 070140      80
0008 廖凌同 女   2020市场营销1班 2002-02-11 070116      77
0009 温高培 男   2020市场营销1班 2002-02-12 070133      84
0010 焦志宏 女   2020市场营销1班 2002-02-13 070113      88
0011 邵志豪 女   2020市场营销1班 2002-02-14 210113      80
0012 陈诚诚 女   2020市场营销1班 2002-02-15 070101      82
0013 袁明恒 女   2020市场营销1班 2002-02-16 070139      89
0014 丁志文 女   2020市场营销1班 2002-02-17 070148      81
==================================================================
总记录数:14
==================================================================
```

图 14-7　插入一条记录

按7，编辑一条记录。

按8，排序，如图14-8所示。

```
表中有以下列:1 姓名 2 性别 3 班级 4 出生日期 5 学号 6 成绩
请输入排序的列号:6
请输入排序的方式(0 顺序 1 逆序):1
==================================================================
序号 姓名   性别 班级            出生日期   学号        成绩
------------------------------------------------------------------
0001 袁明恒 女   2020市场营销1班 2002-02-16 070139      89
0002 焦志宏 女   2020市场营销1班 2002-02-13 070113      88
0003 赵忠良 女   2020市场营销1班 2002-02-07 70123       87
0004 李卓   女   2020市场营销1班 2002-02-06 70143       87
0005 王敏   男   2020市场营销1班 2002-02-09 70130       86
0006 温高培 男   2020市场营销1班 2002-02-12 070133      84
0007 陈诚诚 女   2020市场营销1班 2002-02-15 070101      82
0008 丁志文 女   2020市场营销1班 2002-02-17 070148      81
0009 张三   男   2020计算机网络  2004-02-12 20200100202 80
0010 邵志豪 女   2020市场营销1班 2002-02-14 210113      80
0011 王海声 女   2020市场营销1班 2002-02-10 070140      80
0012 佘文兵 女   2020市场营销1班 2002-02-05 70149       78
0013 李婷   男   2020市场营销1班 2002-02-08 70144       77
0014 廖凌同 女   2020市场营销1班 2002-02-11 070116      77
==================================================================
总记录数:14
==================================================================
```

图 14-8　按指定列的指定方式排序

按9，保存到文件。程序中读文件名和保存的文件名设置成同一文件名，所以保存文件就是保存当前读到的文件。

程序中进行排序时，由于是以单向链表定义数据结构的，所以，排序过程中始终需要记录结点的左结点，如pleft、qleft、minleft，算法类似于选择排序。

如果在p结点后找到比数据域小或大的结点min，则将p和min交换，结点交换算法如图14-9所示。

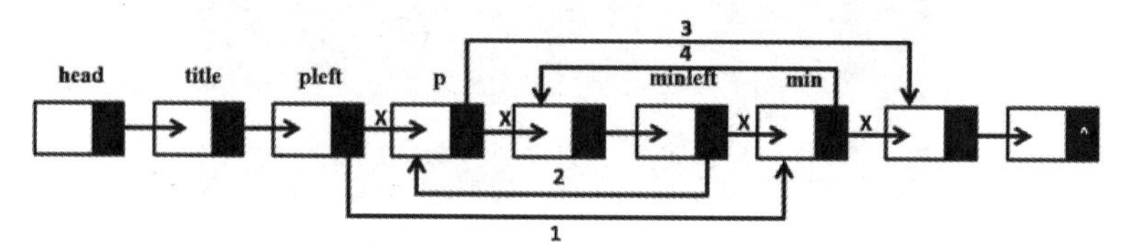

1. pleft->right = min;
2. minleft->right=p;
3. q=p->right;
4. p->right=min->right;
5. min->right=q;

图 14-9　结点 p 和 min 的交换算法

首先p结点的左结点的右指针域指向min，然后min结点的左结点的右指针域指向p，p结点的右指针域指向min的右指针域指向的结点，注意需要用q临时存储p->right，最后min的右指针域指向q，即原来p的右指针域指向的结点。

思考：

请读者考虑采用双向链表实现该系统。

14.2 多用户的停车场管理系统

问题及分析：

停车场管理系统的功能主要包括车辆进出登记、计费、查询等。很多C语言编写的类似程序都是单用户的，实际上，停车场通常有多个出入口，需要多用户管理，如图14-10所示。

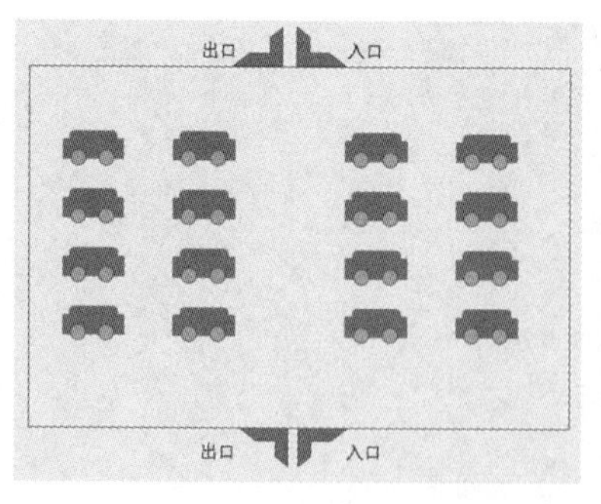

图 14-10　停车场

多用户程序需要解决数据共享的问题，无论是基于文本或者数据库，都存在对同一数据进行增删改。考虑到停车场的数据容量并不太大，这里采用文本文件作为数据的存储形式。

为了避免数据操作的并发，下面的程序设计成每个出入口的用户所处理的数据单独存放，进出的数据也分文档存储，查询时通过搜索所有用户的文档进行合成计算。

程序中设定一个超级用户，具有每日清除初始化数据的权限。

车辆进入，记录车牌号、入场时间在进场数据文档中；

车辆离开，搜索所有用户进场数据，计算停车费，登记在出场数据文档中；

每个出入口保存一个进出场统计子表，共合成统计使用。

进出时间的计算是系统需要处理的一个关键问题，下面的程序中使用了C语言的时间处理函数并设计了几个格式转换函数。

程序基本框架:

停车场管理系统框架如图14-11所示。

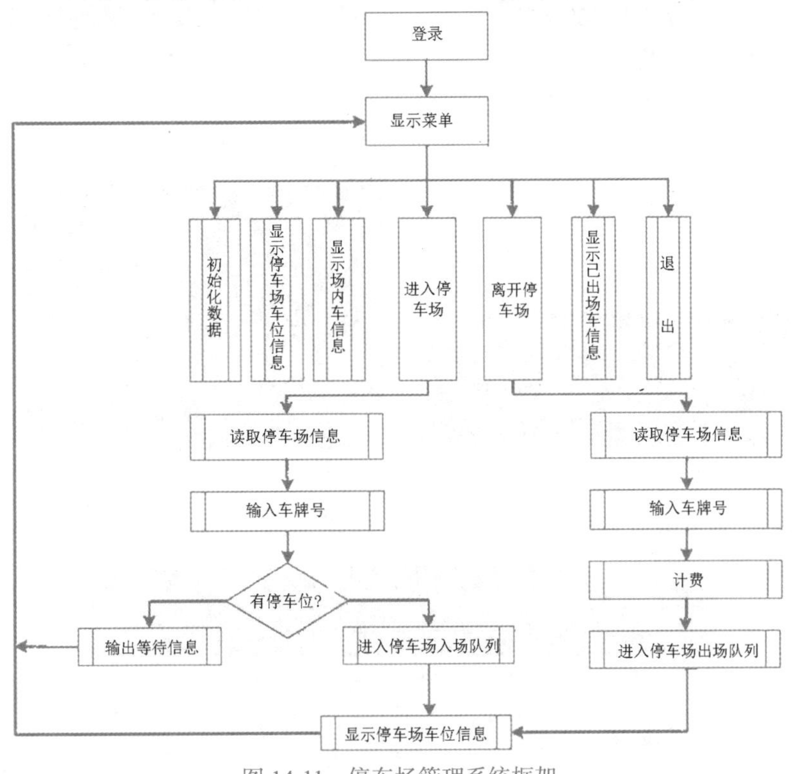

图 14-11 停车场管理系统框架

程序代码（完整代码请扫二维码查看）:

```
//c14_2.c
//作者:Ding Yatao
//日期:2019年6月
    .
    .
    .
    }
    menu();
}
```

扫一扫，看代码

运行结果:

运行后，自动创建用户文档user.dat，登录（默认超级用户admin，口令admin），显示的菜单如图14-12所示。

选择5，输入进场车辆车牌号，如图14-13所示。

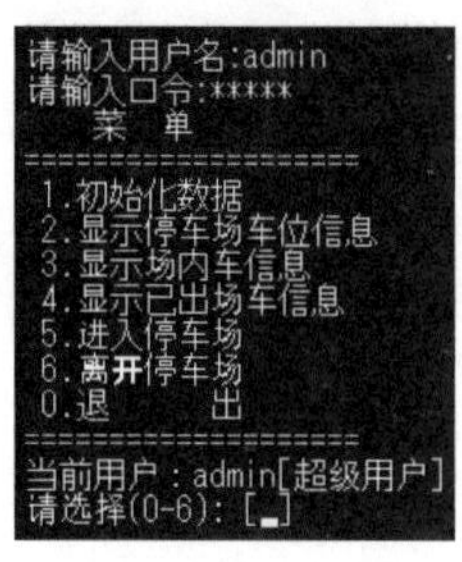

图 14-12 菜单

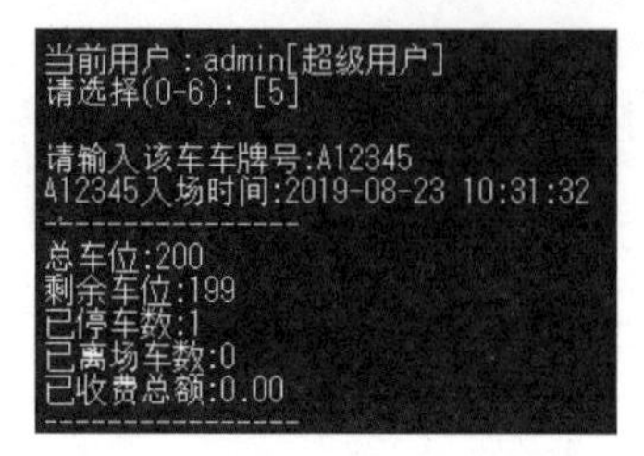

图 14-13 输入进场车辆车牌号

选择3，显示场内车信息，如图14-14所示。

假设A23456离场，选择6，显示停车时间及收费信息，如图14-15所示。

图 14-14 显示场内车信息

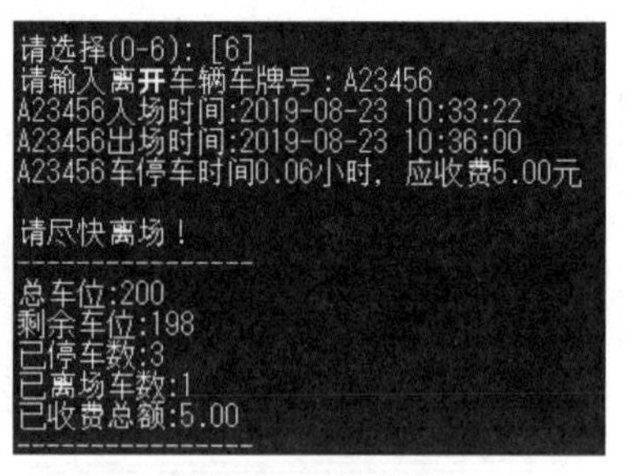

图 14-15 离场

可以选择4，显示出场车辆信息，如图14-16所示。

图 14-16 显示出场车辆信息

注意：

- 程序中车辆出场时，可以删除其在场的结点数据，也可以不删；
- 车辆信息以链表结构存储，增删比较方便；
- 计费函数采用较为简单的方式，具体应用时请按实际情况修改；
- 车辆信息以车牌号为标识，实际应用时可以接入号牌识别模块。

目前实际应用的停车场管理系统可在此基础上做以下功能扩展：

（1）计费接口的扩展，包括微信、支付宝等；

（2）会员系统，为每个入场的车辆建立档案，提高管理效率和水平。

如果停车场数据量较大，可采用专业的数据库作为存储媒介，例如14.3节介绍的SQLite数据库。

无论系统采用的平台如何变化，其核心思想都是类似的。随着收费接口技术水平的提高，很多停车场的出入口已经实现了无人值守。

14.3 *基于SQLite数据库的通讯录管理系统

笔者原计划介绍基于MySQL数据库的管理系统，临时改变计划，原因是基于SQLite的C

语言系统的资料较少，而基于MySQL的资料容易找到。

SQLite数据库是目前普遍采用的中小型数据库，在很多终端作为数据存储的主要形式，例如手机、平板等。手机的通讯录也是基于SQLite的。

SQLite其实是一个软件库，实现了自给自足的、无服务器的、零配置的、事务性的SQL数据库引擎。SQLite 是在世界上最广泛部署的SQL数据库引擎。SQLite 源代码不受版权限制。SQLite可以到官方站点（http://www.sqlite.org/download.html）下载。

本案例利用SQLite数据库设计了一个简单的通讯录管理系统，希望读者通过此案例快速入门并能开发需要的应用系统。

通常，在C语言的学习系统中(教材、资源等)，很少涉及专业的数据库，所以，在介绍系统之前，读者需要了解环境的搭建，不同的系统和开发平台不太一样。本案例基于Windows下的Dev C++。当然，对Visual C++ 6.0和Visual Studio 2010的使用方法也作了说明。

14.3.1　Visual C++ 6.0 下使用 SQLite 库的方法

（1）从官网下载的源码包（如sqlite-amalgamation-3140200.zip）中提取 sqlite3.h ；下载32位的包，如sqlite-dll-win32-x86-3280000.zip，提取sqlite3.dll、sqlite3.def；将几个文件放在同一目录下，如D:\Sqlite\32。

（2）进入控制台，利用VC安装目录下的\bin\lib.exe文件（C:\Program Files (x86) \Microsoft Visual Studio 10.0\VC\bin）生成.lib文件，方法是：进入 def 文件所在的目录（D:\Sqlite\32）。执行如下命令：

```
"C:\Program Files (x86)\Microsoft Visual Studio\VC98\Bin\lib" /MACH INE:IX86 /DEF:sqlite3.def
```

该命令生成两个文件:sqlite3.lib和sqlite3.exp，具体请参考图14-17。

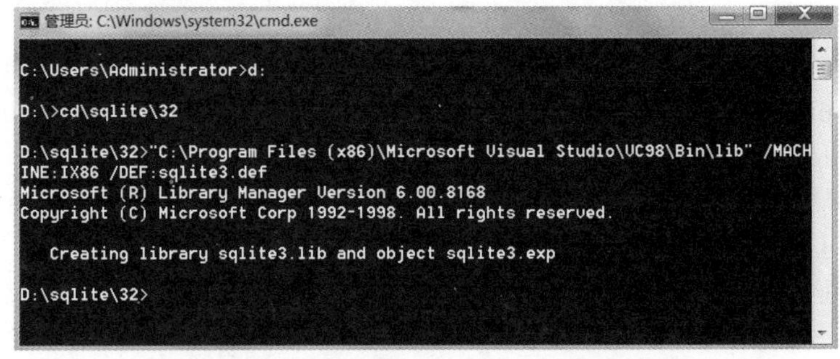

图 14-17　生成文件 sqlite3.lib（32 位系统）

运行该命令时，如果提示找不到 MSPDB60.DLL 或 MSPDB100.dll 等文件，可在 VC 安装目录中搜索该文件，并拷贝到C:\Program Files (x86)\Microsoft Visual Studio\VC98\Bin下。

（3）将.h、.lib、.dll文件放到工程中，按照使用其他动态库一样的方法使用，或者在程序中加入：

```
#include "sqlite3.h"
#pragma comment(lib, "sqlite3.lib")
```

14.3.2　Visual Studio 2010 下使用 SQLite 库的方法

（1）从官网下载的源码包（如sqlite-amalgamation-3140200.zip）中提取 sqlite3.h ；下载64位的包，如sqlite-dll-win64-x64-3280000.zip，提取sqlite3.dll、sqlite3.def；将几个文件放在同

一目录下，如D:\Sqlite\64。

（2）进入控制台，利用VC安装目录下的\bin\lib.exe文件（C:\Program Files (x86)\Microsoft Visual Studio 10.0\VC\bin）生成.lib文件，方法是：进入 def 文件所在的目录（D:\Sqlite\64）。执行如下命令：

```
"C:\Program Files (x86)\Microsoft Visual Studio 10.0\VC\Bin\lib" /MACH INE:IX86 /DEF:sqlite3.def
```

该命令生成两个文件：sqlite3.lib和sqlite3.exp，具体请参考图14-18。

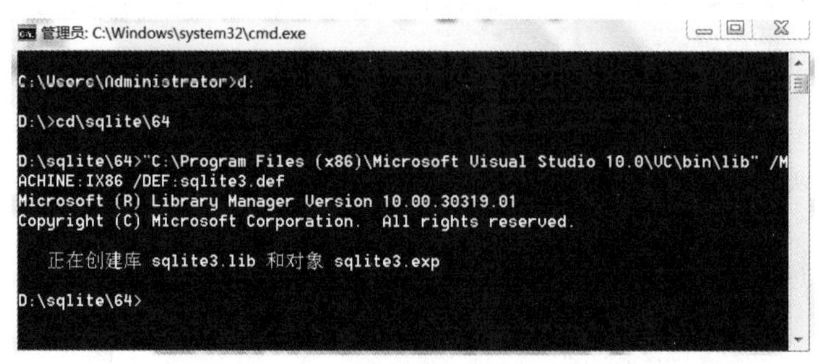

图 14-18　生成文件 sqlite3.lib（64 位系统）

运行该命令时，如果提示找不到 MSPDB60.DLL 或 MSPDB100.dll 等文件，可在 VC 安装目录中搜索该文件，并拷贝到bin下即可。

（3）将.h、.lib、.dll文件放到工程中，按照使用其他动态库一样的方法使用，或者在程序中加入如下语句：

```
#include "sqlite3.h"
#pragma comment(lib, "sqlite3.lib")
```

14.3.3　Dev C++ 下使用 SQLite 库的方法

（1）下载sqlite-dll-win64-x64-3270200.zip和sqlite-amalgamation-3270200.zip，前者包含sqlite3.dll和sqlite3.def文件，后者包含所需的头文件。

注意，如果操作系统是32位，请下载sqlite-dll-win32-x86-3280000.zip，否则编译后提示“应用程序无法正常启动0xc000007b”。

提取文件到指定目录，如C:\Program Files (x86)\Dev-Cpp\MinGW64\bin。

（2）Dev-c++ 使用gcc，因此需要将sqlite3.dll转换成sqlite3.a。从网站下载一个动态库格式转换工具，如http://www.qtcn.org/download/mingw-utils-0.3.tar.gz，解压后将reimp.exe放到C:\Program Files (x86)\Dev-Cpp\MinGW64\bin目录下面。

（3）32位系统按Visual C++ 6.0的方法，64位系统按Visual Studio 2010的方法，生成sqlite3.lib和sqlite3.exp，拷贝到C:\Program Files (x86)\Dev-Cpp\MinGW64\bin目录下面。

（4）打开cmd命令窗口，先输入cd进入C:\Program Files (x86)\Dev-Cpp\MinGW64\bin目录下：

```
C:\Users\Administrator>cd "C:\Program Files (x86)\Dev-Cpp\MinGW64\bin"
```

（5）执行以下命令，得到sqlite3.def：

```
C:\Program Files (x86)\Dev-Cpp\MinGW64\bin>reimp -d sqlite3.lib
```

（6）执行dlltool工具，得到sqlite3.a库文件：

```
C:\Program Files (x86)\Dev-Cpp\MinGW64\bin>dlltool.exe -dllname sqlite3.dll --def sqlite3.def --output-lib sqlite3.a
```

（7）编写程序。新建一个项目，类型为控制台工程，将sqlite3.a、sqlite3.dll和sqlite3.h文件拷贝到工程目录下。然后在菜单中选择项目属性（按快捷键Ctrl+H），选择参数页框，加入库sqlite3.a。

在程序代码中，加入如下语句：

```
#include "sqlite3.h"
```

这样gcc编译时将附加sqlite3库。

具体见下面的案例操作说明。

注意：

本节详细介绍了三种环境下制作所需要的库文件的方法，这是使用外部库文件的常规方法，对于深度编程者非常重要，也是程序员应具备的基本能力。

（1）Visual C++中需要将sqlite3.dll转换成sqlite3.lib。

（2）Dev C++中的gcc需要再将sqlite3.lib转换成sqlite3.a。

14.3.4 关于SQLite中的SQL语句

SQLite支持SQL（Structured Query Language）语句，这给数据操作带来极大的方便，其特点：不区分大小写，每条语句后加“;”结尾。

关键字：select、insert、update、delete、from、create、where、desc、order、by、group、table、alter、view、index等，数据库中不能使用关键字命名表和字段。

（1）新建表：

```
CREATE TABLE table_name(
  column1 datatype,
  column2 datatype,
  column3 datatype,
  .....
  columnN datatype,
  PRIMARY KEY( one or more columns )
);
```

（2）删除表：

```
DROP TABLE database_name.table_name;
```

（3）添加数据：

```
INSERT INTO table_name( column1, column2....columnN)
VALUES ( value1, value2....valueN);
```

（4）修改数据：

```
UPDATE table_name
SET column1 = value1, column2 = value2....columnN=valueN
[ WHERE  CONDITION ];
```

（5）删除数据：

```
DELETE FROM table_name
WHERE  {CONDITION};
```

（6）查询：

```
SELECT column1, column2....columnN
FROM   table_name
WHERE  CONDITION
```

```
ORDER BY column_name {ASC|DESC};
```

（7）计算记录条数：

```
SELECT COUNT(column_name)
FROM   table_name
WHERE  CONDITION;
```

另外，SQLite提供了sqlite3.exe，可以直接操作管理数据库，如图 14-19 所示。

```
D:\c\contact\sqlite3.exe
SQLite version 3.28.0 2019-04-16 19:49:53
Enter ".help" for usage hints.
Connected to a transient in-memory database.
Use ".open FILENAME" to reopen on a persistent database.
sqlite> .open contact.db
sqlite> .tables
Contact
sqlite> .show
        echo: off
         eqp: off
     explain: auto
     headers: off
        mode: list
   nullvalue: ""
      output: stdout
colseparator: "|"
rowseparator: "\n"
       stats: off
       width:
    filename: contact.db
sqlite>
```

图 14-19　运行 SQLite3.exe

也可以利用SQLite的工具SQLite Browser或SQLiteSpy操作数据库，如图 14-20 所示。

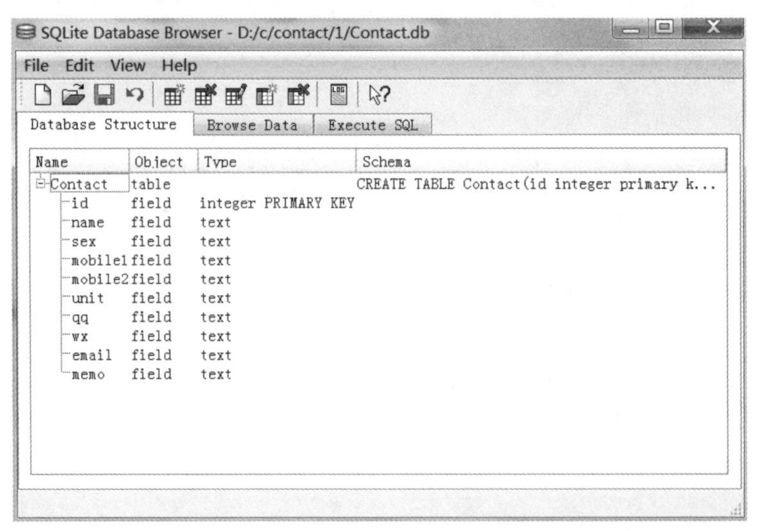

图 14-20　运行 SQLite Browser

具体请查阅相关资料。这里不再赘述。

 14.3.5　通讯录管理系统

程序框架：

通讯录管理系统框架如图 14-21 所示。

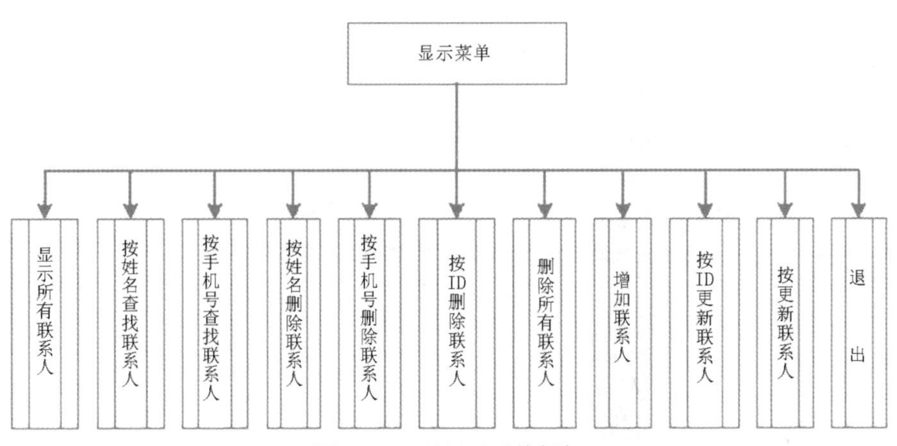

图 14-21　通讯录系统框架

笔者选择Dev C++ 5.11作为编程环境，其他环境请参考14.3.1节和14.3.2节。

项目创建步骤如下：

（1）新建文件夹D:\C\Contact，将sqlite3.a、sqlite3.h、sqlite3.dll文件复制到D:\c\contact下。

（2）新建项目contact，选择Console Application和C Project，如图14-22所示。

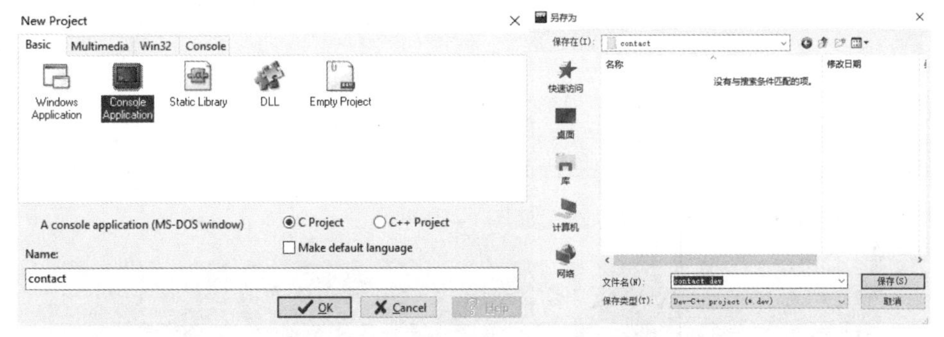

图 14-22　新建 contact 文件夹及项目

（3）项目自动创建main.c，将程序代码输入main.c中，另存为contact.c，并将sqlite3.a添加到连接库中（项目选项Project Options），如图14-23所示。

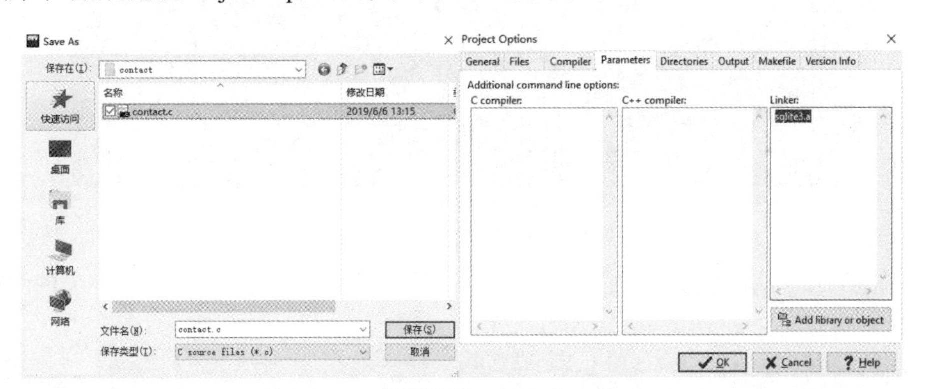

图 14-23　编写代码，加入库 sqlite3.a

（4）编译运行（作者的sqlite3库是64位的，编译选择64位方式）。编译前后的文件列表如图14-24所示。

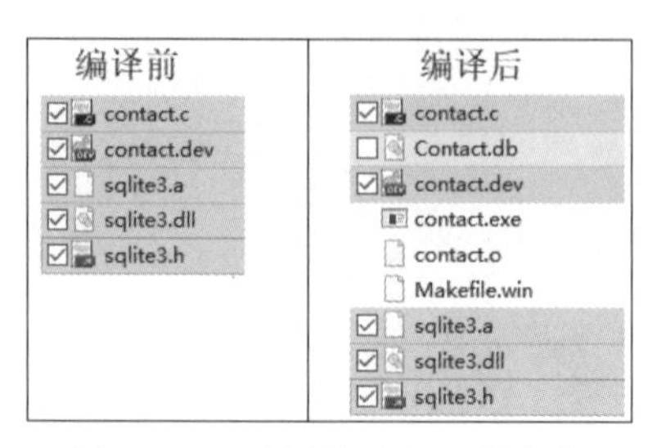

图 14-24　编译前后的文件变化

程序代码（完整代码请扫二维码查看）：

```
//contact.c
//作者:Ding Yatao
//日期:2019年6月
//运行环境：Dev C++ 5.11
//1.请先将sqlite3.a、sqlite3.h、sqlite3.dll文件复制到D:\c\contact下
//2.编译前将sqlite3.a添加到连接库列表中
//3.选择编译方式（32位或64位，根据库的格式确定）
    .
    .
    .
    }
    return 0;
}
```

运行结果：

程序实现了基本的数据增删改操作，如图14-25所示。

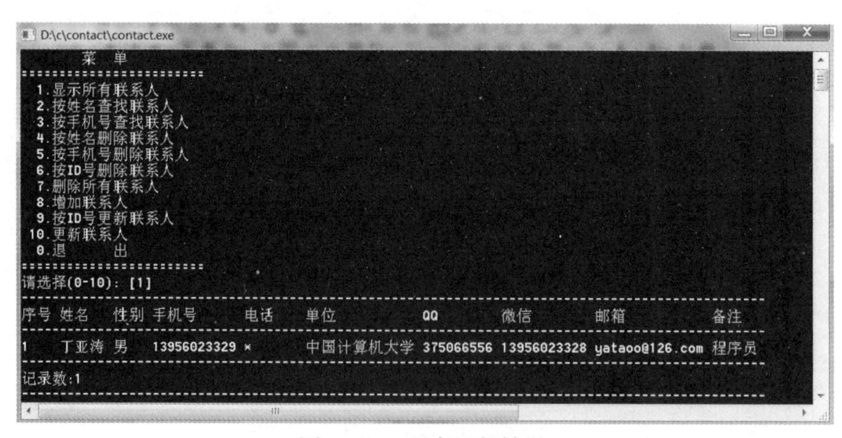

图 14-25　程序运行效果

具体的其他运行界面这里不再一一给出了，为了读者阅读方便，下面对自定义的函数作些必要的说明。

```
int PrintLine(char c,int n);
```

输出n个字符c并换行，用于输出程序中的分隔线；

```
int getstring(char *s);
```

自定义的输入字符串函数，功能强于gets和scanf，逐个字符判断是否是换行符，如果直接回车，默认返回“*”，这样可以避免数据库报错，因为列不允许为空；

```
int menu();
```

菜单，其选项值用宏定义的符号常量，好处在于易于扩展；

```
int Show(char *csql);
```

显示表数据，参数csql若为空串，输出所有记录，否则按csql查询输出。

输出记录函数较为复杂，调用了sqlite3_get_table系统函数，结果存储在多级指针getTable指向的存储空间，类似于指针数组。为了具有通用性，函数中检测每列最长数据，从而决定输出时的列宽，列宽用FieldLenth记录，并用sprintf生成输出格式。

```
int CreateDB();
```

创建数据库，如果已经创建就打开数据库；

```
int CreateTable();
```

创建数据库中的表，如果已经存在，则返回；本案例中表的id列为主键，其值是自动生成的，不需要代码维护。

```
int InsertRecord(RECORD *record);
```

插入一条记录，记录需要预先输入，程序中允许直接回车忽略输入某列，忽略相当于输入“*”；案例中除了id列以外都是text类型，相当于字符型，这样实现起来非常方便，不需要考虑类型的问题，不过如果需要计算，则转换类型也是必不可少的。

```
int FindByName(char *name);
```

按姓名查找记录；

```
int FindByMobile(char *mobile);
```

按手机号查找记录；

```
int DeleteAll();
```

删除所有记录；

```
int DeleteByName(char *name);
```

按姓名查找并删除记录；

```
int DeleteById(char *cid);
```

按id值查找并删除记录；

```
int DeleteByMobile(char *mobile);
```

按手机号查找并删除记录；

```
int trim(char *s);
```

删除字符串的前后空格；

```
int UpdateChar(char *fieldname,char *oldvalue,char *newvalue);
```

按指定列fieldname，将原值oldvalue替换成新值newvalue；

```
int UpdateCharById(char *cid,char *fieldname,char *newvalue);
```

按id值查找记录，将指定列fieldname的值替换成新值newvalue。

14.4 *高精度算术运算

问题：

请问如何计算如下各行算式？

```
12382948284233243000035+343345
12382948284233243000035-343345
12382948284233243000035*343345
12382948284233243000035/343345
```

C语言的内置数据类型已经不能满足以上数据的计算了。下面的程序通过字符串存储实现了十进制大数的算术运算，唯一可以限制程序的只是存储空间的大小。

程序代码：

```
//c14_4.c
//作者:Ding Yatao
//日期:2019年8月
    .
    .
    .
    }
    else return 1;                    //大于，返回1
}
```

运行结果：

```
12382948284233243000035+343345=12382948284233243343380
12382948284233243000035-343345=12382948284233242656690
12382948284233243000035*343345=4251623378650062817847017075
12382948284233243000035/343345=36065614132237961*343345+280490
```

算法分析：

程序中的加法算法请参考4.5节关于高精度的加法计算；乘法的算法请参考8.9.4节例8-17大数的乘法函数和13.1节的乘法函数。下面介绍程序中用到的减法和除法算法。

减法算法的计算如下，其中右起第1位如图14-26所示，右起第2位如图14-27所示。

																						p	
1	2	3	8	2	9	4	8	2	8	4	2	3	3	2	4	3	0	0	0	0	3	5	无需借位
																	3	4	3	3	4	5	
																						q	
																						0	
																						x	

图 14-26　右起第1位

程序中指针p指向被减数，q指向减数，v用于查找可借位的数码，如果是0，继续向左查找，因为被减数小于减数，肯定可以找到可借位的数码。找到后0更改为9，然后将对应位数码（如3）加10再减去减数数码（如4）得到加法计算的结果（如9）。

除法算法如图14-28所示。

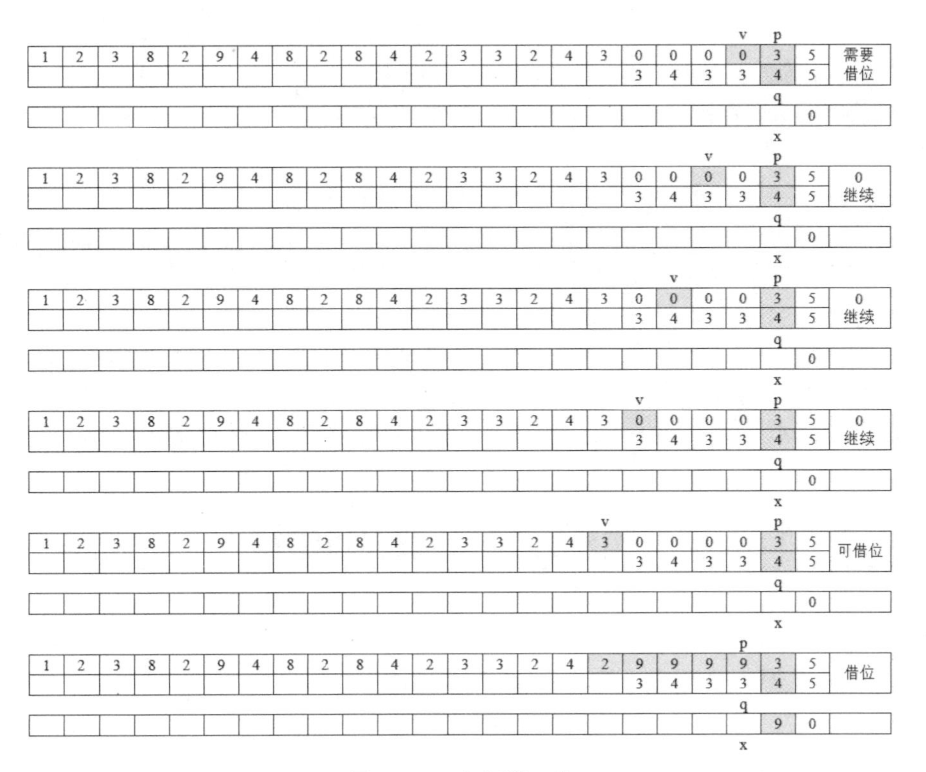

图 14-27　右起第 2 位

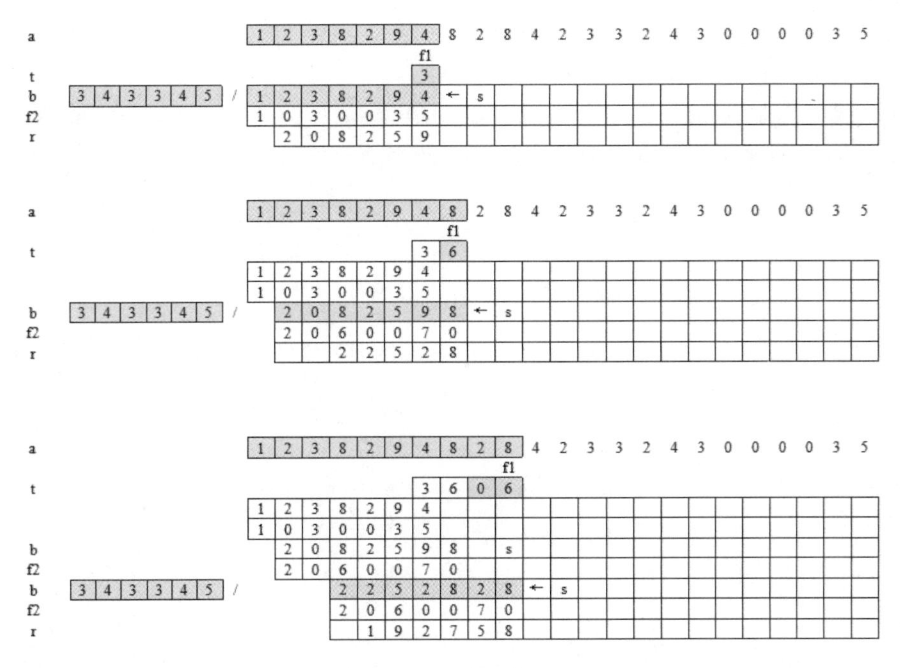

图 14-28　除法算法

a是被除数，b是除数，t存储商，r存储余数，s是临时的被除数，f1 是临时的商，f2 是临时的商和除数的乘积。f1 得到的商将逐个存储到t中。

在除法算法中，f1 的值是通过除数逐个乘以 1~9 并和s比较获得，算法需要保证s大于等于

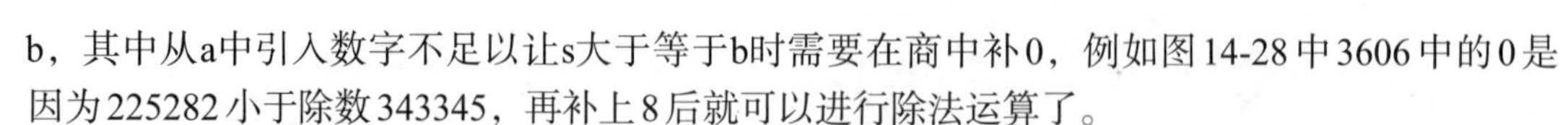

b，其中从a中引入数字不足以让s大于等于b时需要在商中补0，例如图14-28中3606中的0是因为225282小于除数343345，再补上8后就可以进行除法运算了。

最终a的所有数码都被引用后，得到的余数如果小于s，除法终止。最终的结果是获得商t和余数r。

需要注意的是：除法算法调用了乘法函数、减法函数和大数比较函数。

当然，算法也可以修改为：用除数b乘以一个数，直到大于a，不过这种思路虽然简单并容易实现，但效率很低，因为乘法次数太多，并且都是大数的乘法运算。读者可以尝试编写这样的程序，但笔者并不推荐。

需要注意的是，本案例中除法运算只输出商和余数，如果需要得到小数部分，可以继续进行除法运算。例如：余数280490，除数343345，如果需要得到2位小数，可以将280490乘以100，变成28049000，再除以343345，得到的商就是小数部分。这个功能留给读者完成。

14.5 基于Turbo C和EasyX的五子棋游戏

14.5.1 基于 DOSBOX 的 Turbo C 环境搭建

五子棋游戏简单有趣，下面的程序实现了该游戏。

由于程序中用到了Turbo C的graphic.h和bios.h，读者首先需要搭建编译环境，以适应Turbo C的使用。

C语言有大量的代码是基于Turbo C的，作为本书的重要补充，下面介绍如何在64位Windows下创建Turbo C的运行环境。

（1）下载或复制Turbo C，笔者通过直接复制Turbo C 2.0完成。例如在D盘建立文件夹D:\Dos，将TC文件夹复制至D:\Dos下，如图14-29所示。

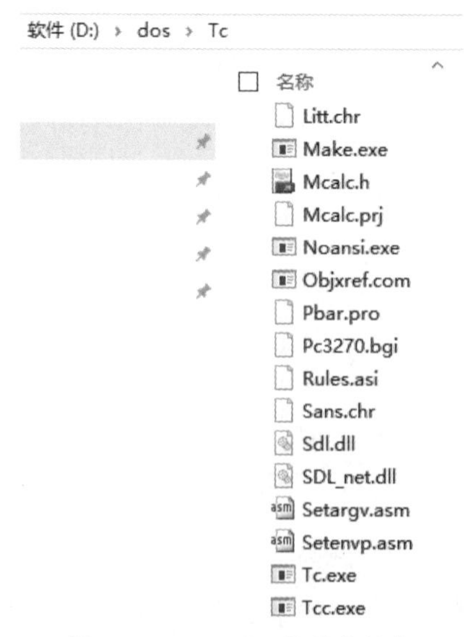

图14-29　Turbo C 软件文件夹

（2）下载DOSBOX软件，该软件模拟DOS环境，可以在该环境中运行很多旧的程序。下载后直接运行安装即可。笔者下载的版本是DOSBOX 0.74版。安装后运行桌面的快捷方式，进入DOSBOX，如图14-30所示。

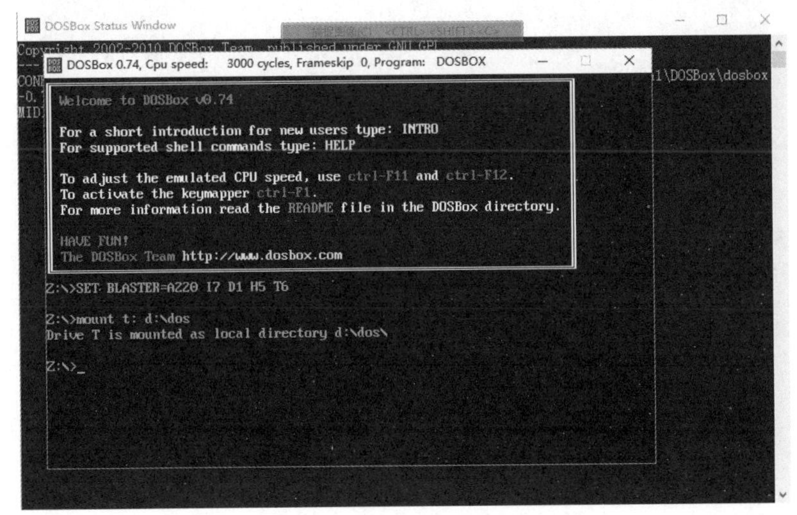

图 14-30　运行 DOSBOX

在命令提示符Z:\>下运行：

```
mount t: d:\dos
```

将会把d:\dos路径映射为T盘。继续运行：

```
t:
cd\tc
tc
```

将启动Turbo C 2.0，如图14-31所示。

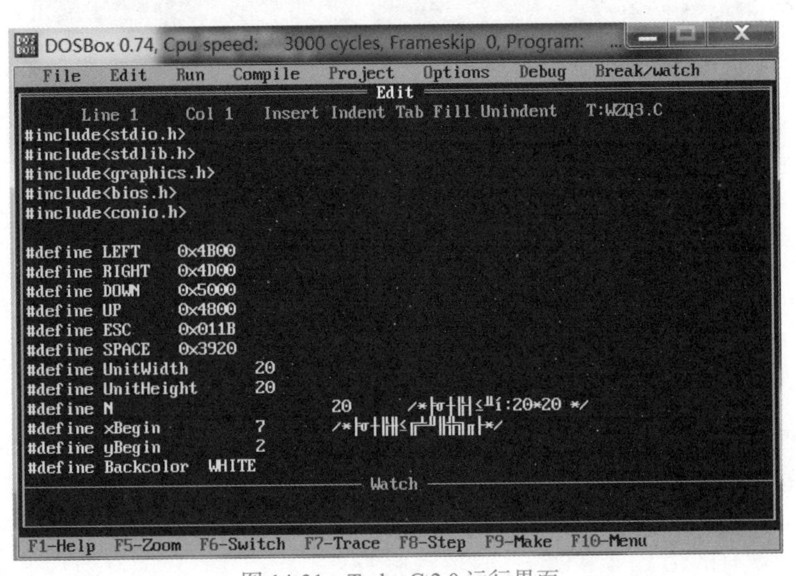

图 14-31　Turbo C 2.0 运行界面

初次使用，请修改关键路径，如图14-32所示。

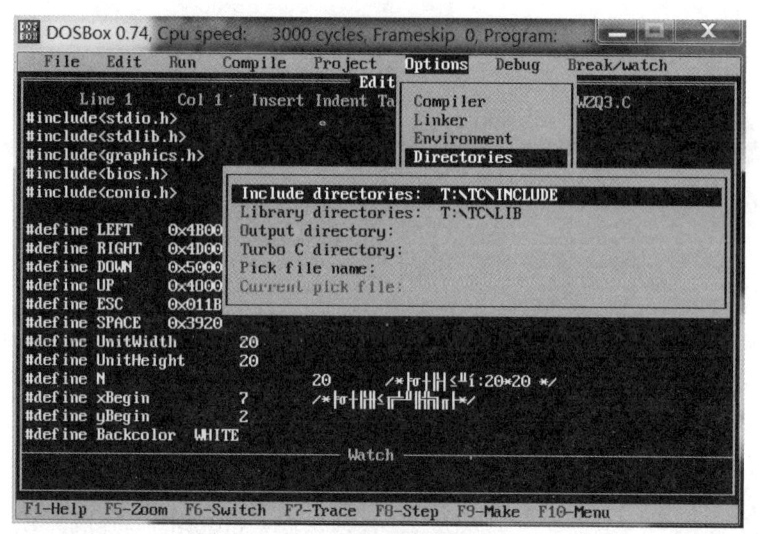

图 14-32　配置关键目录

其中：

```
Include directories:T:\TC\INCLUDE
Library directories:T:\TC\LIB
```

分别是头文件路径和库文件路径。

按ESC键回到上一层，选择保存配置，回车确认，如图14-33所示。

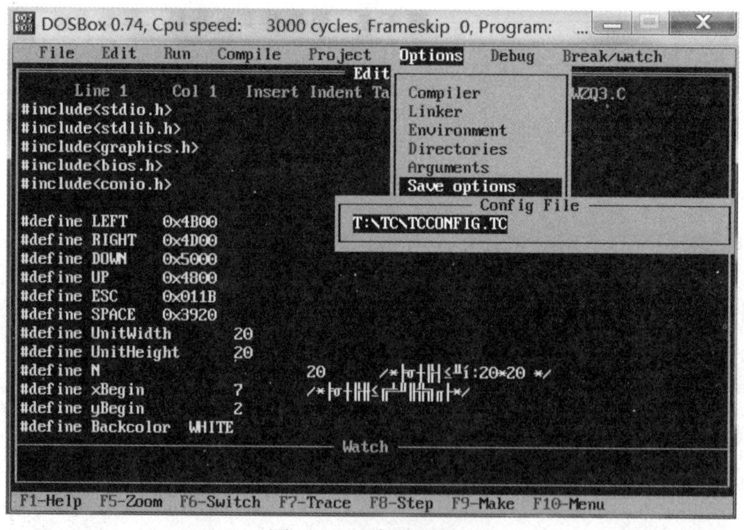

图 14-33　保存配置

读者也可以下载内嵌了DOSBOX的Turbo C，直接运行TC.exe即可。当然，如果能如上自行配置环境最好。

14.5.2　*Turbo C 下的五子棋游戏程序

扫一扫，看视频

程序运行界面：

五子棋程序的游戏运行界面如图14-34所示。

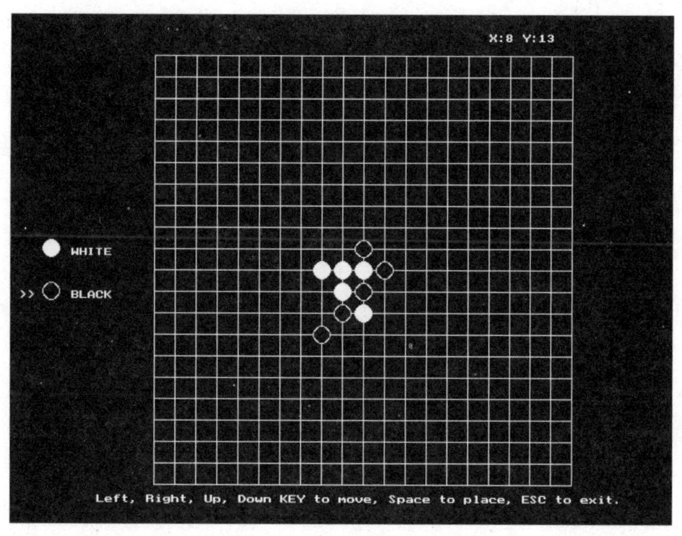

图 14-34　五子棋游戏界面

算法分析：

五子棋游戏的算法并不复杂，主要包括：

（1）若当前角色是WHITE，按光标键，移动白子。假设从A位置移动到B位置，若A位置有棋子，显示该棋子，否则显示白子，显示后B位置原先若有棋子，显示原棋子，否则清除B的临时棋子；

（2）若当前角色是BLACK，与步骤（1）类似操作；

（3）每次移动棋子，显示位置，指示当前角色；

（4）按空格键时，若当前位置为空白，则落子，检查是否能判断输赢，若能判断输赢，输出赢方，否则切换角色，继续步骤（1）或（2）。

程序代码（完整代码请扫二维码查看）：

```
/*c14_5.c*/
/*作者:Ding Yatao*/
/*日期:2019年8月*/
    .
    .
    .
    }
}
```

按F9键完成编译连接，按Ctrl+F9键运行程序。初次使用的读者可能因为不能用鼠标感觉不方便，但习惯了就好。为了能用鼠标，笔者用Dev C++编辑代码，保存后，在TC中打开，编译运行，效果还是不错的。

这里特别介绍用Turbo C完成该游戏的主要目的是“不忘旧程序”，毕竟这些都是宝贵的C语言程序资源，其算法思想至今仍然可以借鉴和再利用。

14.5.3　*EasyX 图形库下的五子棋游戏程序

关于Turbo C的图形函数库，已经有很多替代的模块，常见的有EasyX、EGE等。下面先介绍EasyX，EGE在14.8节介绍。

首先需要下载安装EasyX（https://easyx.cn/downloads/），笔者下载的是2018春分版EasyX库，下载后直接运行，如图14-35所示。

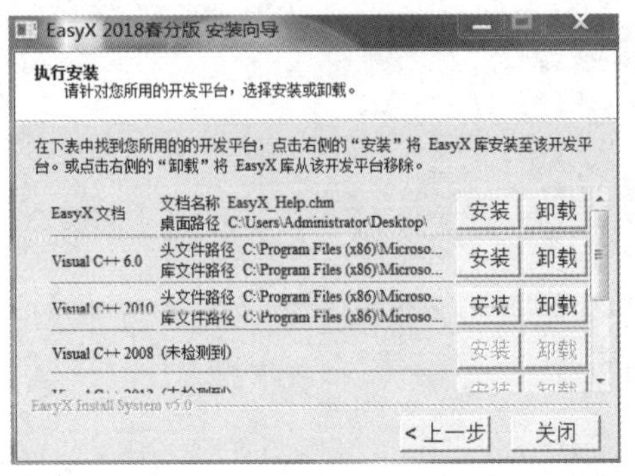

扫一扫，看视频

图 14-35　安装 EasyX 头文件和库文件

EasyX默认支持Visual C++，笔者选择Visual C++ 6.0，安装后自动将头文件及库文件拷贝到Visual C++的目录下。运行Visual C++，包含头文件graphic.h即可使用其中的库函数。

按Visual C++调试C程序的步骤，创建控制台项目，新建源程序，需要注意的是，源程序必须以.cpp为扩展名。

为了让读者阅读方便，笔者只是对上面的程序做必要的修改，代码如下：

程序代码（完整代码请扫二维码查看）：

```
//c14_5_2.cpp
//作者:Ding Yatao
//日期:2019年8月
    .
    .
    .


    return key.k;
}
```

扫一扫，看代码

程序的运行结果同图14-33。

EasyX提供了更丰富的图形函数，例如：

- clearcircle　　清空圆形区域。
- fillcircle　　画有边框的填充圆。
- solidcircle　　画无边框的填充圆。
- setfillcolor　　设置填充色。
- setbkmode　　设置画图或画线的模式：透明或不透明。
- setlinecolor　　设置画线颜色。
- setlinestyle　　设置画线样式。

感兴趣的读者可以利用这些函数改进上面的程序。

扫一扫，看视频

14.6 *俄罗斯方块

俄罗斯方块（Tetris，俄文Тетрис）是一款由俄罗斯人阿列克谢·帕基特诺夫（Алексей

Пажитнов，英文Alexey Pazhitnov）于1984年6月发明的休闲游戏。

俄罗斯方块原名是俄语Тетрис（英语是Tetris），这个名字来源于希腊语tetra，而游戏的作者最喜欢网球（tennis）。于是，他把两个词tetra和tennis合二为一，命名为Tetromino，这也就是俄罗斯方块名字的由来。

游戏说明：

由小方块组成的不同形状的板块陆续从屏幕上方落下来，玩家通过调整板块的位置和方向，使它们在屏幕底部拼出完整的一条或几条。这些完整的横条随即消失，给新落下来的板块腾出空间，与此同时，玩家得到分数奖励。没有被消除掉的方块不断堆积起来，一旦堆到屏幕顶端，玩家便告输，游戏结束。

基本规则：

（1）一个用于摆放小型正方形的平面虚拟场地，其标准大小：行宽为10，列高为20，以每个小正方形为单位。

（2）一组由4个小型正方形组成的规则图形，英文称为Tetromino，中文统称为方块，共有7种，分别以S、Z、L、J、I、O、T这7个字母的形状命名，如图14-36所示。

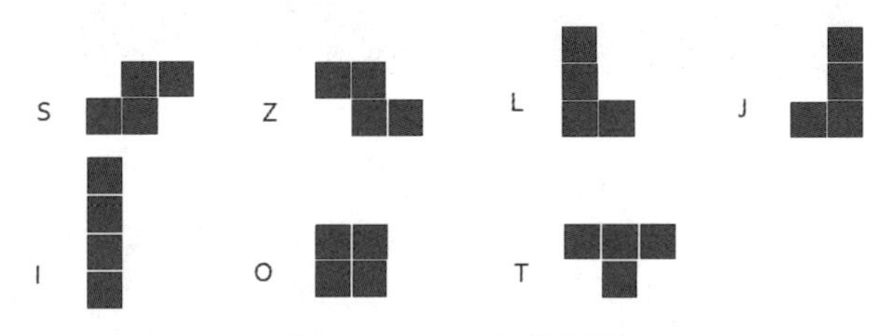

图 14-36　7中方块图形

（3）玩家可以进行的操作有：以90度为单位旋转方块，以格子为单位左右移动方块，让方块加速落下。

（4）方块移到区域最下方或落到其他方块上无法移动时，就会固定在该处，而新的方块出现在区域上方开始落下。

（5）当区域中某一列横向格子全部由方块填满，该列会消失并成为玩家的得分。同时删除的列数越多，得分指数上升。

（6）当固定的方块堆到区域最上方而无法消除层数时，游戏结束。

（7）通过设计者预先设置的随机发生器不断地输出单个方块到场地顶部，以一定的规则进行移动、旋转、下落和摆放，锁定并填充到场地中。每次摆放如果将场地的一行或多行完全填满，则组成这些行的所有小正方形将被消除，并且以此来换取一定的积分或者其他形式的奖励。而未被消除的方块会一直累积，并对后来的方块摆放造成各种影响。

（8）如果未被消除的方块堆放的高度超过场地所规定的最大高度，则游戏结束。

程序代码（完整代码请扫二维码查看）：tetris.c

```
//tetris.c
//作者:Ding Yatao
//日期:2019年8月
    .
    .
    .
}
```

扫一扫，看代码

运行结果：

俄罗斯方块游戏界面如图14-37所示。

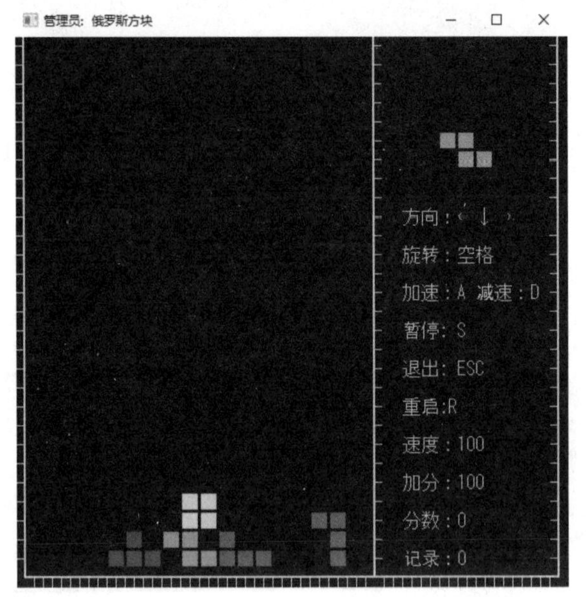

图14-37　俄罗斯方块游戏界面

程序分析：

程序中存储7种方块图形采用了字符数组的方式，例如，T图形的字符串为：

```
0000111001000000
```

相当于：

0	0	0	0
1	1	1	0
0	1	0	0
0	0	0	0

图形的数据结构采用了一个联合：

```
typedef union
{
    char pos[16];
    char XY[4][4];
} BLOCK;
```

字符串0000111001000000保存在pos成员，由于是联合，自动被分成4行，存在成员XY中。BLOCK.XY[row][col]正好表示对应坐标的位置。

Reverse()函数实现了图形的向左旋转，例如：

0	0	0	0
0	1	0	0
0	1	1	0
0	1	0	0

对应的字符串是：

```
0000010001100100
```

关键代码是：

```
*(t+i*4+j) = *(s+j*4+4–i–1);
```

写成数组引用的形式也可以：

```
t[i*4+j] =s[j*4+4–i–1];
```

旋转得到的数组t的i行j列是原数组的j行4-i-1列。

Flash()函数是核心程序，其算法思想是：

- 从最底行向上检测查找满格行；
- 找到满格行，清除该行，将上一行数据迁移到当前行；
- 若上一行也是满格行继续上步操作；若不是满格行，继续查找；
- 找到空行则返回；
- 若全部区域未发现满格行、空行，游戏结束，统计并刷新右侧信息。

Play()函数为主控程序，其功能有：

- 产生新的图形；
- 接收按键，分支处理；
- 如果没有按键，自动下移图形；
- 若图形不能下移，即遇到边框或已经占用的图形，重新开始Play()；
- 若有按键：
  - 方向键：移动图形；
  - 空格：旋转图形；
  - ESC：退出；
  - 加速键或减速键：调整速度值sleeptime；
  - R/r：重启游戏，运行StartGame()；
  - S/s：调用kbhit()，等待按键后继续。

思考：向右旋转图形如何操作?

0	0	1	0
0	1	1	0
0	0	1	0
0	0	0	0

14.7 图形程序设计

14.7.1 DEV C++ 中 EGE 图形库的安装

C语言开发图形程序具有运行效率的优势，Turbo C内置了图形库，在Visual C++和Dev C++下需要安装兼容的图形库。14.5 节介绍了EasyX的安装，这里不再介绍。如果读者需要在

Dev C++下也能使用图形库，可按下面的步骤操作：

（1）下载图形库及对应的头文件。

官方网站:http://xege.org/

笔者下载的是ege19.01版本，对应的文件是ege19.01.7z，解压缩后的文件夹结构如图14-38所示。

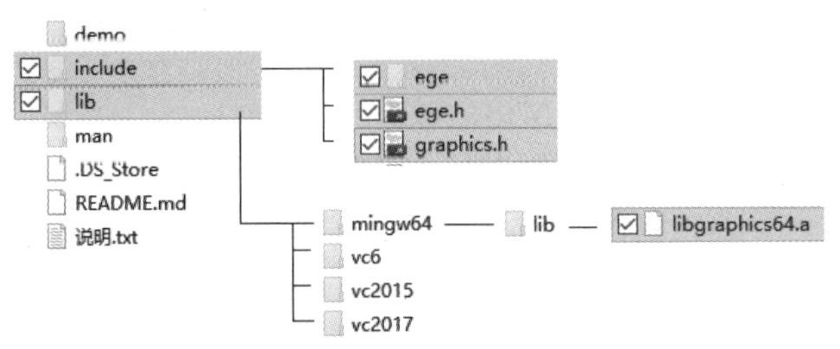

图 14-38　EGE 库压缩包的文件夹内容

如果没有Dev C++，该网站也提供下载。

笔者Dev C++的安装路径为：

```
C:\Program Files (x86)\Dev-Cpp
```

如果读者的路径不一样请调整。

（2）将压缩包内include中的文件夹ege和文件ege.h、graphics.h 复制到如下文件夹中：

```
C:\Program Files (x86)\Dev-Cpp\MinGW64\lib\gcc\x86_64-w64-mingw32\4.9.2\include
```

（3）将压缩包内 lib\mingw64\lib中的libgraphics64.a文件复制到如下文件夹中：

```
C:\Program Files (x86)\Dev-Cpp\MinGW64\lib\gcc\x86_64-w64-mingw32\4.9.2
```

（4）在Dev C++中新建程序文档，在菜单栏选择 Tools->Compiler Options（工具->编译选项），填入如下语句，如图14-39所示。

```
-lgraphics64 -luuid -lmsimg32 -lgdi32 -limm32 -lole32 -loleaut32
```

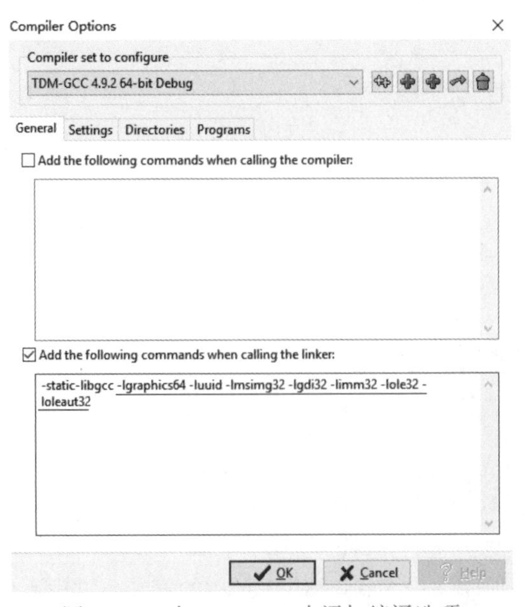

图 14-39　在 DEV C++ 中添加编译选项

需要注意的是，使用图形库需要将程序文件的扩展名改成.cpp，编译时按要求选择32位或64位方式。

EGE图形函数库也支持Visual C++，具体请按下载文档中的说明操作。

14.7.2 分形图形

分形图形是一种迷人的图形，可以充分展示C语言中图形设计和数学的结合。

所谓分形，是一个数学术语，通常被定义为“一个粗糙或零碎的几何形状，可以分成数个部分，且每一部分都（至少近似地）是整体缩小后的形状”，即具有自相似的性质。分形（Fractal）一词是芒德勃罗（B.B.Mandelbrot）创造出来的，其原意具有不规则、支离破碎等意义。1973年，芒德勃罗在法兰西学院讲课时首次提出了分形的设想。

分形几何是一门以不规则几何形态为研究对象的几何学。由于不规则现象在自然界普遍存在，因此分形几何学又被称为描述大自然的几何学。分形几何学建立以后，很快就引起了各个学科领域的关注。分形几何在理论和实用上都具有重要价值。

下面通过几种典型的分形图形的输出，展示分形图形之美，希望读者喜欢。

程序代码（完整代码请扫二维码查看）：Fractal.cpp

```
//文件: Fractal.cpp
//作者:Ding Yatao
//日期:2019年8月
//测试环境:DEV C++5.11（含EGE19.01图形库）或Visual C++（含EasyX图形库）
    .
    .
    .
    }
}
```

运行结果：

运行程序，输出的分形图形如图14-40所示。

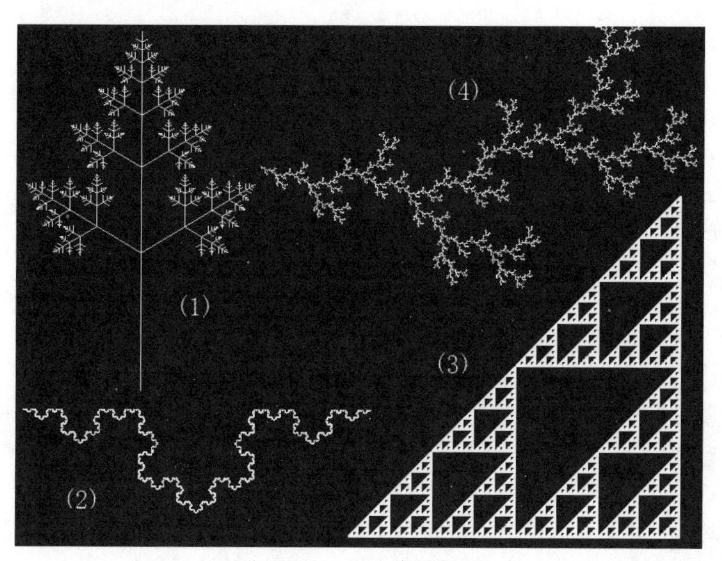

图14-40 几种分形图形

分形图有很多，这里只是简单领略其美丽的风景。本节主要基于分形理论的算法进行讲解，其原理不做过多解释，留给感兴趣的读者继续研究。

14.7.3　代码雨

1. Visual C++ 下实现代码雨程序

代码雨是程序员很喜欢的一种放松形式，网络中有很多类似的代码，是在不同编程环境中实现的。编者写了一段代码，在Visual C++中运行，效果如图14-41所示。

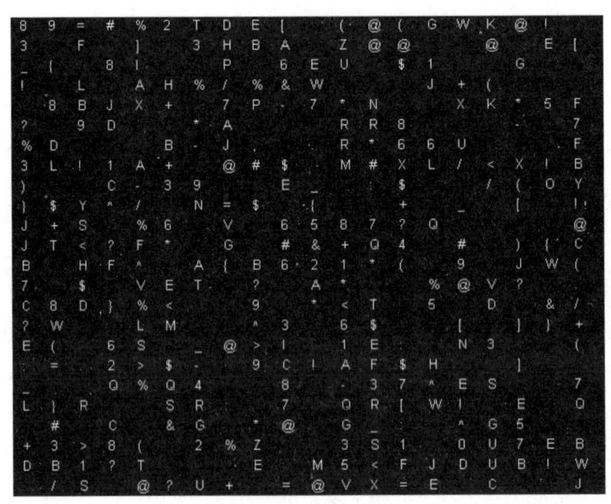

图 14-41　代码雨

扫一扫，看视频

字符由上而下快速下沉，就像代码从天而降，实现起来难度不大，但需要发挥程序员的想象力。

程序代码（完整代码请扫二维码查看）：coderain.cpp

```
//文件: coderain.cpp
//作者:Ding Yatao
//日期:2019年8月
//测试环境:Visual C++（含EasyX图形库）
    .
    .
    .
    closegraph();
    return 0;
}
```

扫一扫，看代码

程序分析：

程序思路主要包括：

（1）buffer记录满屏的所有字符，Color记录所有字符的颜色；

（2）每次循环首先随机生成第一行的字符及其颜色；

（3）显示所有字符；

（4）执行下移操作，将第i-1行移动到i行。

观察图14-42，可以发现0行的字符逐步下移，这样就产生了代码“下雨”的效果。

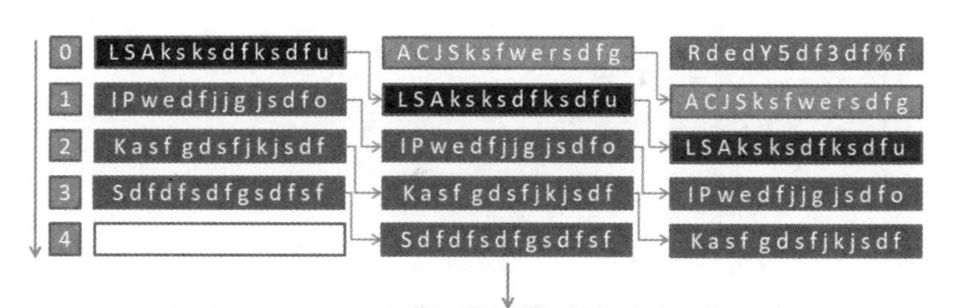

图 14-42　代码雨程序分析

2. Dev C++下实现代码雨程序

扫一扫，看视频

Dev C++不能支持EasyX，请参考14.7.1节安装EGE库，然后将程序修改如下(完整代码请扫二维码查看)：

```
//文件:coderain2.cpp
//作者:Ding Yatao
//日期:2019年8月
//测试环境:DEV C++5.11（含EGE19.01图形库）
    .
    .
    .
    closegraph();
    return 0;
}
```

扫一扫，看代码

运行结果：

有logo的代码雨的程序运行结果如图14-43所示。

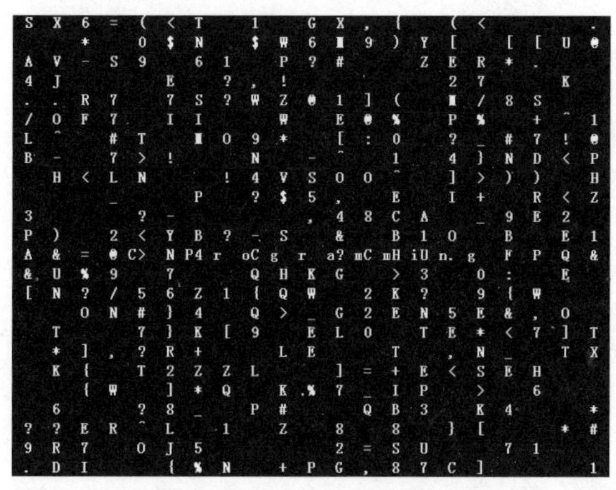

图 14-43　有 logo 的代码雨

虽然类似于前面Visual C++环境下的运行结果，但程序作了以下多种变化：

(1)不用outtextxy函数，因为EGE库中文本颜色的设置变化太少，选择使用画点函数putpixel，该函数支持的颜色数较多，容易产生期望的颜色变换。

(2)由于使用了putpixel函数，英文字体的绘制需要读取字库，程序中给出了16点阵的英文字库。

(3)在屏幕中央显示logo：C Progamming。

(4)屏幕尺寸、缓存大小、行列数全部自动计算和动态分配。

14.7.4 闪闪红星

问题：

如何输出如图 14-44 所示的图形？

图 14-44　闪闪发光的五角星

程序代码：

```
//文件:star.cpp
//作者:Ding Yatao
//日期:2019年8月
//测试环境:DEV C++5.11（含EGE19.01图形库）

#include <stdio.h>
#include <stdlib.h>
#include "graphics.h"
#include <conio.h>
#include <windows.h>
#include <math.h>

#define COLWIDTH 30        //列间距
#define ROWHEIGHT 20
#define SPEED 5            //速度

#define UPI  (PI/180)

int star(double Star[5][2],int ox,int oy,int R,double dxy)
{
    int i , j ;
    int x1,y1,x2,y2;
    while(1)
    {
        clearviewport();                        //清除显示区域
        setcolor(0xFFFF00);                     //线条颜色
        circle(ox,oy,R);                        //画五角星外的圆
        for(i=0;i<10;i++)
        {
            line(Star[i%5][0]*R+ox,Star[i%5][1]*R+oy,
```

```
            Star[(i+2)%5][0]*R+ox,Star[(i+2)%5][1]*R+oy);
        }
        for(i=1; i<=500; i++)
        {
            for(j=0; j<360; j+=3)                //每次绕圆画360/3条短直线
            {
                x1=ox+cos(j*UPI)*(1+i*dxy)*R;
                y1=oy+sin(j*UPI)*(1+i*dxy)*R;
                x2=ox+cos(j*UPI)*(1+(i+1)*dxy)*R;
                y2=oy+sin(j*UPI)*(1+(i+1)*dxy)*R;
                line(x1,y1,x2,y2);
                if(kbhit()!=0)    return 1;       //按任意键退出
            }
            Sleep(SPEED);
        }
    }
    return 0;
}

int main()
{
    int LEFT,TOP,RIGHT,BOTTOM,CLIP;
    int ox,oy;
    int x1,y1,x2,y2;
    int R=100;
    double dxy=2.0/100;
    double Star[5][2]=
    {
        0,-1,
        cos(18*UPI),-sin(18*UPI),
        cos(54*UPI),sin(54*UPI),
        -cos(54*UPI),sin(54*UPI),
        -cos(18*UPI),-sin(18*UPI)
    };
    setinitmode(1, 0, 0);
    initgraph(-1,-1);
    getviewport(&LEFT,&TOP,&RIGHT,&BOTTOM,&CLIP);
    ox = (RIGHT-LEFT)/2;
    oy = (BOTTOM-TOP)/2;
    star(Star,ox,oy,R,dxy);
    closegraph();
    return 0;
}
```

14.7.5 月亮和星星

问题描述：

(1)输出月亮和指定数量的星星。

(2)月亮位置固定，星星从左向右缓慢移动。图形输出的结果如图14-45所示。

输出月亮图形很简单，设置颜色，画填充色圆。移动的星星需要解决三个问题：

图 14-45　月亮和星星

（1）随机创建并记录位置和大小。

（2）显示所有星星后，需要全部右移。

（3）左侧空出部分的填充。

左侧需要填充的部分可从右侧超出的部分调整得到。

扫一扫，看视频

程序代码：

```
//文件:moonandstar.cpp
//作者:Ding Yatao
//日期:2019年8月
//测试环境:DEV C++5.11（含EGE19.01图形库）

#include <stdio.h>
#include <stdlib.h>
#include "graphics.h"
#include <conio.h>
#include <windows.h>

#define SPEED 20    //速度
#define N 100     //星星的数量
int moonandstar(double data[8][2],int ox,int oy)
{
    int i,j,r,x,y;
    int POS[N][3]; //记录所有星星的位置和大小
    int W=2*ox,H=2*oy;
    //适当的颜色变换
    int color[6]={0xFFFFFF,0xDDDDDD,0x999999,0x777777,0x999900,0x666600};
    setcolor(WHITE);
    //随机产生星星的位置和大小
    for(i=0; i<N; i++)
    {
        POS[i][0]=rand()%100/100.0*W;
        POS[i][1]=rand()%100/100.0*H;
        POS[i][2]=rand()%5+1;
    }
    while(1)
    {
        clearviewport(); //清除显示区域
        //开始显示
```

```
        for(i=0; i<N; i++)
        {
            //画月亮
            setcolor(WHITE);
            setfillcolor(WHITE);
            fillellipse(200,200,100,100);
            setfillcolor(BLACK);
            //画星星
            x=POS[i][0];
            y=POS[i][1];
            r=POS[i][2];
            setcolor(color[i%6]);
            for(j=0; j<8; j++)
            {
                line(data[j%8][0]*r+x,data[j%8][1]*r+y,
                   data[(j+1)%8][0]*r+x,data[(j+1)%8][1]*r+y);
            }
            POS[i][0]=POS[i][0]+5; //向右移动需要修改横向坐标
            //左侧坐标小于5的区域重新创建坐标和大小参数
            if(POS[i][0]<5)
            {
                POS[i][0]=rand()%100/100.0*W;
                POS[i][1]=rand()%100/100.0*H;
                POS[i][2]=rand()%5+1;
            }
            //超出部分移动到屏幕的左侧
            if(POS[i][0]>W)
                POS[i][0]=POS[i][0]%W;
        }
        if(kbhit()!=0)    return 1; //按任意键退出
        Sleep(SPEED);
    }
}

int main()
{
    int LEFT,TOP,RIGHT,BOTTOM,CLIP;
    int ox,oy;
    int x1,y1,x2,y2;
    int R=100;
    double dxy=2.0/100;
    //星星的坐标比例，共8个顶点
    double data[8][2]=
    {
        0,-2,
        0.2,-0.2,
        1,0,
        0.2,0.2,
        0,2,
        -0.2,0.2,
        -1,0,
        -0.2,-0.2,
    };
    setinitmode(1, 0, 0);
    initgraph(-1,-1);
    getviewport(&LEFT,&TOP,&RIGHT,&BOTTOM,&CLIP);
    ox = (RIGHT-LEFT)/2;
```

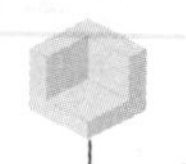


```
    oy = (BOTTOM-TOP)/2;
    moonandstar (data,ox,oy);
    closegraph();
    return 0;
}
```

附录

附录A 常用字符与ASCII码对照表

ASCII 值	HEX	字符	ASCII 值	HEX	字符	ASCII 值	HEX	字符
32	20	空格	64	40	@	96	60	`
33	21	!	65	41	A	97	61	a
34	22	"	66	42	B	98	62	b
35	23	#	67	43	C	99	63	c
36	24	$	68	44	D	100	64	d
37	25	%	69	45	E	101	65	e
38	26	&	70	46	F	102	66	f
39	27	'	71	47	G	103	67	g
40	28	(	72	48	H	104	68	h
41	29	)	73	49	I	105	69	i
42	2A	*	74	4A	J	106	6A	j
43	2B	+	75	4B	K	107	6B	k
44	2C	,	76	4C	L	108	6C	l
45	2D	-	77	4D	M	109	6D	m
46	2E	.	78	4E	N	110	6E	n
47	2F	/	79	4F	O	111	6F	o
48	30	0	80	50	P	112	70	p
49	31	1	81	51	Q	113	71	q
50	32	2	82	52	R	114	72	r
51	33	3	83	53	S	115	73	s
52	34	4	84	54	T	116	74	t
53	35	5	85	55	U	117	75	u
54	36	6	86	56	V	118	76	v
55	37	7	87	57	W	119	77	w
56	38	8	88	58	X	120	78	x
57	39	9	89	59	Y	121	79	y
58	3A	:	90	5A	Z	122	7A	z
59	3B	;	91	5B	[	123	7B	{
60	3C	<	92	5C	\	124	7C	|
61	3D	=	93	5D	]	125	7D	}
62	3E	>	94	5E	^	126	7E	~
63	3F	?	95	5F	_	127	7F	DEL

附录B　常用库函数

常用库函数涉及低级和高级I/O、串和文件操作、存储分配、进程管理、数据转换、数字运算、图形功能、日期管理等多方面的内容。

子程序包含在库文件(.lib)中，所有的函数原型都在一个或多个头文件(.h)中。由于篇幅有限，下面仅将常用的函数列出。

1. 数学函数

数学函数的原型包含在math.h中。

名称	用法与功能	函数说明
acos	double acos(double x) 计算 $\cos^{-1}(x)$	-1 ≤ x ≤ 1 返回计算结果
asin	double asin(double x) 计算 $\sin^{-1}(x)$	-1 ≤ x ≤ 1 返回计算结果
atan	double atan(double x) 计算 $\tan^{-1}(x)$	返回计算结果
atan2	double atan2(double x, double y) 计算 $\tan^{-1}(x/y)$	y 不等于 0 返回计算结果
cos	double cos(double x) 计算 cos(x)	x 单位为弧度 返回计算结果
exp	double exp(double x) 求 e^x 的值	返回计算结果
fabs	double fabs(double x) 求 x 的绝对值	返回计算结果
floor	double floor(double x) 求不大于 x 的最大整数	返回计算结果
fmod	double fmod(double x,double y) 求整除 x/y 的余数	y 不等于 0 返回计算结果
log	double log(double x) 求 lnx	返回计算结果
log10	double log10(double x) 求 $\log_{10}x$	返回计算结果
pow	double pow(double x,double y) 求 x^y 的值	返回计算结果
sin	double sin(double x) 计算 sin(x)	x 单位为弧度 返回计算结果
sqrt	double sqrt(double x) 计算 $\sqrt{x}$	x ≥ 0 返回计算结果
tan	double tan(double x) 计算 tan(x)	x 单位为弧度 返回计算结果

2. 字符函数

字符函数的原型包含在ctype.h中。

名称	用法与功能	函数说明
isalnum	int isalnum(int ch) 检查 ch 是否为字母或数字	ch 是字母或数字则返回 1，其他字符则返回 0
isalpha	int isalpha (int ch) 检查 ch 是否为字母	ch 是字母则返回 1，其他字符则返回 0
iscntrl	int iscntrl (int ch) 检查 ch 是否为控制字符	ASCII 码 0x7f、0x00 ～ 0x1f 是则返回 1，否则返回 0
isdigit	int isdigit (int ch) 检查 ch 是否为数字（0 ～ 9）	是则返回 1，否则返回 0
isgraph	int isgraph (int ch) 检查 ch 是否为可打印字符	ASCII 码 0x21 ～ 0x7e 是则返回 1，否则返回 0
islower	int islower (int ch) 检查 ch 是否为小写字母	是则返回 1，否则返回 0
isprint	int isprint (int ch) 检查 ch 是否为可打印字符	ASCII 码 0x21 ～ 0x7e 是则返回 1，否则返回 0
isspace	int isspace m(int ch) 检查 ch 是否为空格、制表符或换行符等	ASCII 码 0x09 ～ 0x0d、0x20 是则返回 1，否则返回 0
isupper	int isupper (int ch) 检查 ch 是否为字母或数字	是则返回 1，否则返回 0
isxdigit	int isxdigit (int ch) 检查 ch 是否为字母或数字	是则返回 1，否则返回 0
tolower	int tolower m(int ch) 检查 ch 是否为字母或数字	返回 ch 对应的小写字母
toupper	int toupper (int ch) 检查 ch 是否为字母或数字	返回 ch 对应的大写字母

3. 字符串函数

字符串函数的原型包含在string.h中。

名称	用法与功能	函数说明
memcpy	void *memcpy(void *destin, void *source, unsigned n); 从源 source 中复制 n 个字节到目标 destin 中	返回指向 destin 的指针
memchr	void *memchr(void *s, char ch, unsigned n); 在数组 s 的前 n 个字节中搜索字符 ch	返回指向 s 中 ch 第一次出现的位置指针；若没有找到则返回 NULL
memmove	void *memmove(void *destin, void *source, unsigned n); 将 source 中前 n 个字符移动到 destin 中	返回指向 destin 的指针
memset	void *memset(void *s, char ch, unsigned n); 设置 s 中的所有字节为 ch，s 数组的大小由 n 给定	返回指向 destin 的指针

续表

名称	用法与功能	函数说明
memicmp	int memicmp(void *s1, void *s2, unsigned n); 比较两个串 s1 和 s2 的前 n 个字节，忽略大小写	s1<s2 返回负数 s1=s2 返回 0 s1>s2 返回正数
stpcpy	char *stpcpy(char *destin, char *source); 复制字符串 source 到字符串 destin	返回 destin
strcat	char *strcat(char *destin, char *source); 将字符串 source 连接到 destin 之后，取消 destin 的串结束符‘\0’	返回 destin
strchr	char *strchr(char *s, char c); 在串 s 中查找字符 c 的第一个匹配之处	返回指向该位置的指针，否则返回 NULL
strcmp	int strcmp(char *s1, char *s2); 比较两个串 s1 和 s2	s1<s2 返回负数 s1=s2 返回 0 s1>s2 返回正数

strrev	char *strrev(char *s);
	串倒转
		char *s= "string";
		strrev(s);
		printf("%s\n",s);
		结果为：gnirts

strstr	int strstr (char *s1, char *s2); 在串 s1 中查找 s2 的第一次出现位置	返回指向该位置的指针，否则返回 NULL
strupr	char *strupr(char *s); 将串中的小写字母转换为大写字母	返回 s
strlwr	char *strlwr(char *s); 将串中的大写字母转换为小写字母	返回 s
strlen	unsigned int strlen(char *s) 统计串 s 中字符的个数（不包括结束符‘\0’）	返回字符个数

4. 输入输出函数

输入输出函数的原型包含在stdio.h中。

名称	用法与功能	函数说明
clearerr	void clearerr(FILE *fp); 清除文件指针错误	
close	int close(int handle); 关闭文件	成功则返回 0，否则返回 -1
feof	int feof(FILE *fp); 检查文件是否结束	是则返回非 0，否则返回 0
fclose	int fclose(FILE *fp); 关闭文件 fp，释放文件缓冲区	成功则返回 0，失败则返回 EOF
ferror	int ferror(FILE *fp); 测试文件 fp 是否有错	若检测到错误则返回非 0 值，否则返回 0
fgetc	int fgetc(FILE *fp); 从文件中读取下一个字符	成功时返回文件中的下一个字符；至文件结束或出错时返回 EOF

续表

名称	用法与功能	函数说明
fgets	char *fgets(char *s,int n,FILE *fp); 从文件读 n-1 个字符或遇换行符‘\n’为止，把读出的内容存入 s 中。与 gets 不同，fgets 在 s 末尾保留换行符。一个空字节被加入 s，用来标记串的结束	成功时返回 s 所指的字符串；在出错或遇到文件结束时返回 NULL
fopen	FILE*fopen (char *filename, char *mode); 打开文件 filename	出错则返回 NULL；成功则返回文件指针
fprintf	int fprintf(FILE *fp, char *format[,argument,...]); 按格式串 format 指定格式依次输出表达式 argument 的值到 fp 中	返回写的字符个数；出错时返回 EOF
fputc	int fputc(int c,FILE *fp); 写一个字符到文件 fp 中	成功时返回所写的字符；失败或出错时返回 EOF
fputs	int fputs(const char *s,FILE *fp); 把 s 所指的以空字符终结的字符串送入文件 fp 中，不加换行符 '\n'，不拷贝串结束符 '\0'	成功时返回最后的字符；出错时返回 EOF
free	void free(void *block); 释放先前分配的首地址为 block 的内存块	
fscanf	int fscanf(FILE *fp, char *format,address,...); 按照由 format 所指的格式从文件 fp 中读入数据送到 address 所指向的内存变量中	返回成功地扫描、转换和存储输入字段的个数；遇文件结束时返回 EOF
fseek	int fseek(FILE *fp,long offset,int whence); 设置文件指针指到新的位置，新位置与 whence 给定的文件位置的距离为 offset 字节	返回当前位置，否则返回 -1
ftell	long int ftell(FILE *stream); 返回当前文件指针位置。偏移量是文件开始算起的字节数	出错时返回 -1L，是长整数的 -1 值
fwrite	int fwrite(char *s,unsigned size,unsigned n,FILE *fp); 把 s 指向的 n*size 个字节输出到文件 fp 中	成功时返回确切的数据项数（不是字节数）；出错时返回短（short）计数值，可能是 0
fread	int fread(char *s,unsigned size, unsigned n,FILE *fp); 从文件 fp 中当前指针位置开始读取 n*size 个字节到 s 中	成功时返回所读的数据项数（不是字节数）；遇到文件结束或出错时可能返回 0
getc	int getc(FILE *fp); 从文件 fp 中读入下一个字符	返回读入的字符，否则返回 EOF
getchar	int getchar(void); 从 stdin 流中读字符	返回读入的字符，否则返回 -1
getch	int getch(void); 从控制台无回显地取一个字符	返回读入的字符，否则返回 -1

续表

名称	用法与功能	函数说明
gets	char *gets(char *s) 从标准输入设备读取字符串存入 s 中	返回 s，否则返回 NULL
putc	int putc(int ch, FILE *fp); 输出一个字符到指定文件 fp 中	返回输出的字符，否则返回 EOF
putchar	int putchar(int ch); 在 stdout 上输出字符	返回输出的字符，否则返回 EOF
puts	int puts(char *string); 送一字符串到标准输出设备中，并将 '\0' 转换为回车换行符	返回换行符，否则返回 EOF
printf	int printf(char *format,arguments,…) 在 format 串控制下依次输出 arguments 项	返回输出字符的个数，否则返回负数
rewind	void rewind(FILE *fp); 将 fp 文件的指针重新置于文件头，并清除文件结束标志和错误标志	成功时返回 0，出错时返回 -1
scanf	int scanf(char *format,arguments,…) 在 format 串控制下输入数据到 arguments 项，其中 arguments 为指针	正常返回读入并赋值的个数；出错时返回 0

5. 其他函数

名称	用法与功能	函数说明
abs	int abs(int n); 计算 n 的绝对值	返回计算结果
atof	double atof(char *s); 把字符串 s 转换成浮点数	返回计算结果
atoi	int atoi(char *s); 把字符串 s 转换成整型数	返回计算结果
atol	long atol(char *s); 把字符串 s 转换成长整型数	返回计算结果
chdir	int chdir(char *path); 改变工作目录至 path	正常时返回 0，出错时返回 -1
clrscr	void clrscr(void); 清除文本模式窗口	类似于 system("cls");
delay	void delay(unsigned milliseconds); 将程序的执行暂停一段时间（毫秒）	
exit	void exit(int status); 终止程序运行	
fabs	double fabs(double x); 计算双精度 x 的绝对值	返回计算结果
itoa	char *itoa(int value, char *string, int radix); 把一整数转换为字符串，radix 为进制	返回指向 string 的指针
malloc	void *malloc(unsigned size); 分配 size 字节内存	返回所分配的内存地址，错误时返回 0

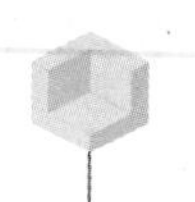

续表

名称	用法与功能	函数说明
mkdir	int mkdir(char *pathname); 建立一个目录	正常时返回 0，出错时返回 -1
rmdir	int rmdir(char *pathname); 删除一个目录	正常时返回 0，出错时返回 -1
rand	int rand(void); 产生 0 ～ RAND_MAX 之间的伪随机数	返回伪随机数
random	int random(int n) 产生 0 ～ n 之间的随机数	
randomize	void randmize(); 初始化随机函数，要求包含 time.h	
strtod	double strtod(char *str, char **endptr); 将字符串转换为 double 型值	返回运算结果
strtol	long strtol(char *str, char **endptr, int base); 将串转换为长整数	返回运算结果
system	int system(char *command) 发出一个 DOS 命令	例如：system("cls");，清屏
window	void window(int left, int top, int right, int bottom) 定义活动文本模式窗口	(left, top)、(right, bottom) 分别为窗口左上角和右下角坐标

附录C　题库及考试软件系统

为了方便读者检测学习效果，本书提供练习题库及考试系统，需要的可登录如下网站练习：

http://www.yataoo.com

C语言练习题库及考试软件系统是下载的软件系统的组成部分，下面只介绍C语言部分。

直接运行下载的程序，进入登录界面，如图D-1所示。

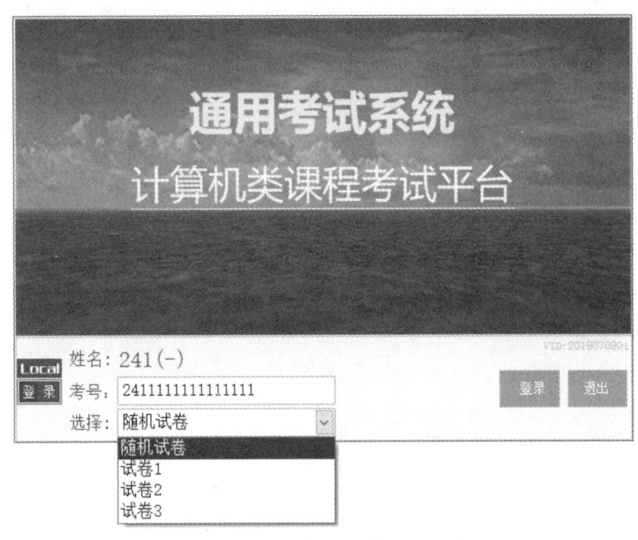

图 D-1　通用考试系统登录界面

输出登录号:2411111111111111，前3位为“241”，后13位随机。读者可以选择指定试卷，也可随机组卷。

登录成功后，进入做题界面，如图D-2所示。

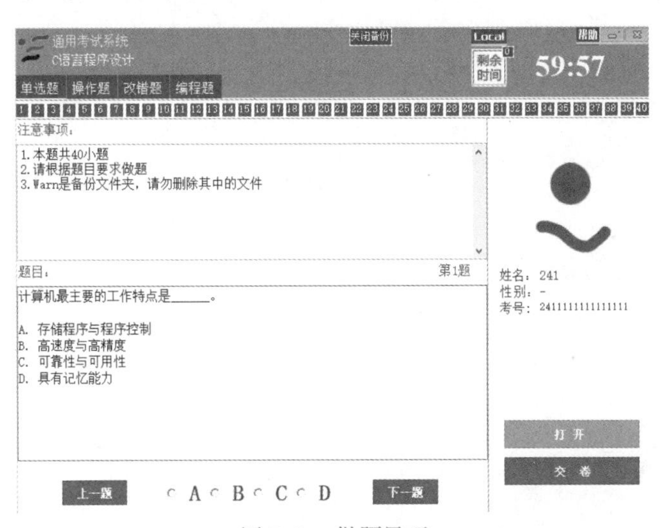

图 D-2　做题界面

做完后交卷，系统自动评分并显示评卷结果，如图D-3所示。

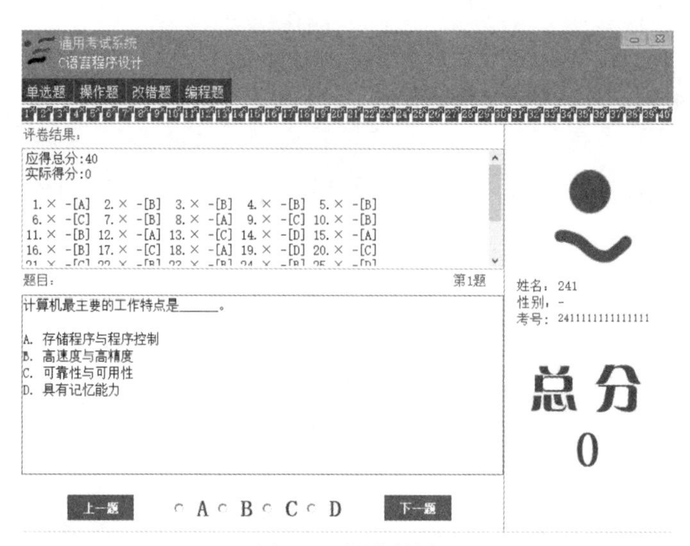

图 D-3　评分结果

该系统为完善的考试平台，目前服务于很多高校的课程考试。系统具有命题、考务、数据分析等全套功能，可以快速部署到网络中。如果读者需要将其应用于课程考试，可详细阅读网站的相关说明或联系作者。